PARTIELLE

DIFFERENTIALGLEICHUNGEN

UND DEREN

ANWENDUNG AUF PHYSIKALISCHE FRAGEN.

Holzstiche
aus dem xylographischen Atelier
von Friedrich Vieweg und Sohn
in Braunschweig.

Papier
aus der mechanischen Papier-Fabrik
der Gebrüder Vieweg zu Wendhausen
bei Braunschweig.

PARTIELLE
DIFFERENTIALGLEICHUNGEN

UND DEREN

ANWENDUNG AUF PHYSIKALISCHE FRAGEN.

VORLESUNGEN

VON

BERNHARD RIEMANN.

FÜR DEN DRUCK BEARBEITET UND HERAUSGEGEBEN

VON

KARL HATTENDORFF.

MIT IN DEN TEXT EINGEDRUCKTEN HOLZSTICHEN.

DRITTE AUFLAGE.

BRAUNSCHWEIG,
DRUCK UND VERLAG VON FRIEDRICH VIEWEG UND SOHN.
1882.

VORREDE.

Die Vorlesungen über partielle Differentialgleichungen, welche ich hiermit in dritter Auflage der Oeffentlichkeit übergebe, sind von Riemann während seiner akademischen Thätigkeit in Göttingen gehalten, und zwar im Winter 1854/55, im Winter 1860/61 und im Sommer 1862. Ueber den grössten Theil derselben findet sich neben einer Reihe kürzerer Notizen eine zusammenhängende Ausarbeitung von Riemann's eigener Hand vor. Dieselbe ist allerdings in der Form, in welcher sie vorliegt, nicht zur Veröffentlichung bestimmt gewesen. Man hat sie vielmehr als sorgfältige Vorbereitung für den mündlichen Vortrag anzusehen. Danach würde man durchaus gegen Riemann's Absicht gehandelt haben, wenn man seine Ausarbeitung wörtlich hätte zum Abdruck bringen wollen. Doch ist dieselbe für die Herausgabe von grosser Wichtigkeit, insofern der Gedankengang und die Entwicklung der Formeln fast durchweg beibehalten werden konnte und musste. Dass ich bei der Redaction mir freie Hand gehalten habe, rechne er fand den Begriff der beschleunigenden Kraft, den Begriff einer einfachen Bewegungsursache. Diesem Schritte fügte Newton einen zweiten hinzu: er fand den Begriff eines anziehenden Centrums, den Begriff einer einfachen Kraftursache. Mit diesen beiden Grundbegriffen, dem Begriff der beschleunigenden Kraft und dem Begriff eines anziehenden oder abstossenden Centrums construirt die Physik noch heute. Noch die heutige mathematische Speculation von Laplace, Poisson, Cauchy wird da, wo der Faden der Beobachtungen sie zu leiten aufhört, allein bestimmt durch das Bestreben, die Erscheinungen auf diese beiden Grundbegriffe zurückzuführen. In Bezug auf die Begriffe, welche man in der Physik der Naturerklärung zu Grunde legt, steht man also noch heute auf dem Standpunkte Newton's. Es ist seit Newton kein neuer Fortschritt gemacht; alle Versuche, über diese Grundbegriffe hinaus ins Innere der Natur zu dringen, sind bis jetzt missglückt; der Einfluss der späteren philosophischen Systeme, wo er sich in der physikalischen Literatur geltend gemacht, hat nur den Erfolg gehabt, die ursprüngliche Auffassung Newton's zu verunstalten und Inconsequenzen in dieselbe einzuführen.

Wesentlich vervollkommnet aber ist die Methode, durch welche man von den einfachen Grundgesetzen, die für Raumpunkte und Zeitpunkte gelten, — von den Differentialgleichungen — zu den Gesetzen für endliche Zeiträume und ausgedehnte Körper fortschreitet. In der ersten Zeit nach der Erfindung der Differentialrechnung konnte man nur gewisse abstracte Fälle behandeln: man betrachtete in der Lehre vom freien Fall die Masse der Körper als im Schwerpunkte vereinigt, man dachte sich die Himmelskörper als mathematische Punkte, man behandelte in der Lehre vom Pendel zuerst nur das mathematische Pendel, d. h. eine starre, um einen Punkt drehbare Linie mit einem schweren Punkte versehen, so dass man den Fortschritt vom Unendlichkleinen zum Endlichen nur nach einer Dimension, in Bezug auf eine Variable, die Zeit, zu machen hatte. Im allgemeinen aber muss man, um aus den Elementargesetzen die Erscheinungen abzuleiten, den Fortschritt vom Unendlichkleinen zum Endlichen nach mehr als einer Dimension machen. Denn die Elementargesetze beziehen sich auf Raum- und Zeitpunkte, die Erscheinungen aber auf ausgedehnte Körper. Solche Aufgaben führen, allgemein zu reden — in besonderen Fällen kann sich allerdings das Problem vereinfachen —, auf partielle Differentialgleichungen. Erst sechzig Jahre nach dem

Erscheinen von Newton's Principien*) wurde die erste physikalische Aufgabe gelöst, welche auf eine partielle Differentialgleichung führt. Es war dies die von d'Alembert ausgeführte Bestimmung der Schwingungen, welche eine gespannte Saite machen kann. Es dauerte indessen noch lange, ehe man allgemeine Methoden fand, durch welche sich physikalische Aufgaben, die auf partielle Differentialgleichungen führen, lösen lassen. Diesen Fortschritt verdankt man Fourier, welcher zuerst solche Methoden bei seinen Untersuchungen über die Verbreitung der Wärme in festen Körpern anwandte. Es geschah dies fast ebenso lange nach dem Ursprunge der partiellen Differentialgleichungen, als dieser auf die Gründung der Differentialrechnung folgte. Die Principien Newton's erschienen 1687, die von d'Alembert gegebene Lösung des Problems der schwingenden Saiten 1747, wieder 60 Jahre später, am 21. December 1807, theilte Fourier der Pariser Akademie die erste Arbeit über die Wärme mit.

Seitdem bilden in allen physikalischen Theorien partielle Differentialgleichungen die eigentlichen Grundlagen der Rechnung. In der Lehre von den Schallschwingungen in gasförmigen, liquiden und festen Körpern, bei den Untersuchungen über die Elasticität der Körper, in der Optik, überall bilden partielle Differentialgleichungen die eigentlichen Grundgesetze, die sich an der Erfahrung bestätigen lassen. Man geht freilich in der Darstellung dieser Theorien meistens von der Annahme von Molekülen aus, welche bestimmte von der Entfernung abhängige Anziehungs- oder Abstossungskräfte auf einander ausüben. Es werden dann die Werthe der Constanten in den partiellen Differentialgleichungen abhängig von der Vertheilung der Moleküle und dem Gesetz, nach welchem sie in die Ferne wirken. Aber man ist weit davon entfernt, bestimmte Schlüsse über die Art der Vertheilung der Moleküle und das Gesetz der von ihnen ausgeübten Anziehungen und Abstossungen machen zu können; ja es ist meistens nicht einmal die Möglichkeit gezeigt worden, dass man diese Vertheilung der Moleküle und diese Anziehungs- und Abstossungsgesetze so annehmen könne, dass die Constanten in den partiellen Differentialgleichungen die der Erfahrung entsprechenden Werthe erhalten. In allen diesen physikalischen Theorien, bei allen Erscheinungen, welche man durch Annahme von Molekularkräften erklärt, bilden also jetzt

*) Philosophiae naturalis principia mathematica. Londini 1687. 4.

partielle Differentialgleichungen die eigentliche, durch die Erfahrung festgestellte Grundlage. Dasselbe gilt auch von den Erscheinungen, welche man durch Annahme von Anziehungs- und Abstossungskräften erklärt, die umgekehrt proportional dem Quadrat der Entfernung wirken: von dem Magnetismus, der Elektricität und von der Gravitation, sobald man es dabei mit ausgedehnten Körpern zu thun hat. Als Laplace im Jahre 1782 sich mit Untersuchungen beschäftigte, bei denen die Gestalt der Himmelskörper in Betracht kam, war das erste, was er that, dass er aus Newton's Anziehungsgesetz ein Gesetz ableitete, nach welchem sich Richtung und Grösse der Schwerkraft von Ort zu Ort ändert, die Vertheilung der sie bewirkenden Massen mag sein, welche sie wolle. Die partielle Differentialgleichung, in welcher sich dieses Gesetz ausspricht, bildet die Grundlage für alle weiteren Schlüsse. Ebenso beruht die Theorie des Erdmagnetismus auf dem Gesetz, nach welchem sich Richtung und Grösse der erdmagnetischen Kraft von Ort zu Ort ändert, einem Gesetz, welches ganz unabhängig davon ist, wie die Ursachen dieser magnetischen Kraft, die magnetischen Fluida oder die Ampère'schen Ströme im Innern der Erde angeordnet sind.

Was sich eben auf dem Wege der Induction als Thatsache ergeben hat, dass die eigentlichen Grundlagen der mathematischen Physik partielle Differentialgleichungen sind, ergibt sich auch *a priori*. Wahre Elementargesetze können nur im Unendlichkleinen, nur für Raum- und Zeitpunkte stattfinden. Solche Gesetze aber werden im allgemeinen partielle Differentialgleichungen sein, und die Ableitung der Gesetze für ausgedehnte Körper und Zeiträume aus ihnen erfordert die Integration derselben. Es sind also Methoden nöthig, durch welche man aus den Gesetzen im Unendlichkleinen diese Gesetze im Endlichen ableitet, und zwar in aller Strenge ableitet, ohne sich Vernachlässigungen zu erlauben. Denn nur dann kann man sie an der Erfahrung prüfen.

Erster Abschnitt.

Bestimmte Integrale.

§. 2.

Grundbegriffe. Das einfache bestimmte Integral.

Wir müssen zuerst uns über einige Grundbegriffe verständigen. Dahin gehört vor allem der Begriff der Stetigkeit. Eine Grösse y, die von x abhängt, ist eine stetige Function von x, wenn y mit x sich nur allmählich ändert, d. h. wenn die Aenderung von x sich immer so klein annehmen lässt, dass die zugehörige Aenderung von y kleiner ist als eine willkürlich gegebene Grösse ε. Diesen Charakter setzen wir vorläufig für die Functionen als Bedingung voraus. Ueber die Art der Abhängigkeit wollen wir nichts voraussetzen, auch nicht einmal, dass man aus dem x immer das y finden könne, sondern nur, dass zu jedem x ein y gehöre, und dass sich y mit x allmählich ändere. Diese Abhängigkeit wird am besten durch geometrische Curven repräsentirt, für welche x und y die rechtwinkligen Coordinaten bilden. Es braucht dabei nicht einmal ein festes Gesetz für die Curven bekannt zu sein, sondern die Curven, die wir behandeln, sind oft sehr unregelmässig. Die Stetigkeit drückt sich dann dadurch aus, dass die Curve in einem ununterbrochenen Zuge fortgeht.

Diese Curve begrenzt mit den beiden Ordinaten ihres Anfangs- und Endpunktes und dem zwischen ihnen liegenden Stück der

Abscissenaxe einen gewissen Flächenraum von ganz bestimmter Grösse. Wir nennen die Abscisse des Anfangspunktes a, des Endpunktes b, theilen (Fig. 1) das Stück zwischen den Endpunkten

Fig. 1.

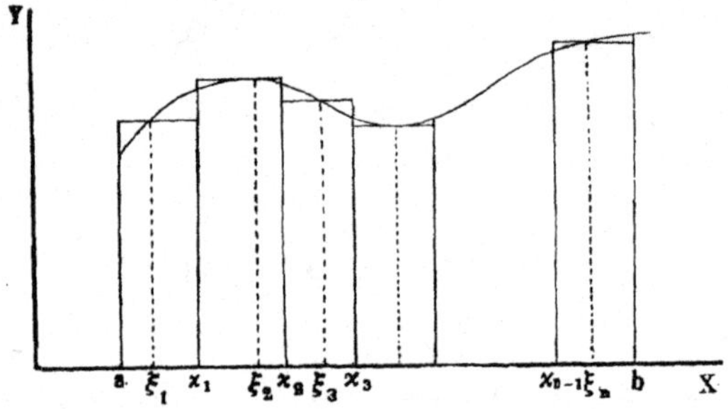

der Abscissen a und b in gewisse Theile und bezeichnen die ganzen Abscissen bis zu diesen Theilpunkten durch $x_1, x_2, x_3, \ldots x_{n-1}$. Die Ordinaten oder Functionswerthe wollen wir durch $y = f(x)$ bezeichnen. Wir errichten dann in den einzelnen Theilpunkten Ordinaten und legen zwischen zwei auf einander folgenden Ordinaten durch irgend einen dazwischen fallenden Punkt der Curve eine Parallele zur Abscissenaxe. Die Abscissen dieser Punkte seien $\xi_1, \xi_2, \ldots \xi_n$, so dass

$$\begin{aligned} a &< \xi_1 < x_1, \\ x_1 &< \xi_2 < x_2, \\ &\ldots\ldots\ldots\ldots \\ x_{k-1} &< \xi_k < x_k, \\ &\ldots\ldots\ldots\ldots \\ x_{n-1} &< \xi_n < b. \end{aligned}$$

Durch diese Construction erhalten wir lauter Rechtecke, deren Inhalt sich leicht berechnen lässt. Die Summe dieser Rechtecke ist

$$S = (x_1 - a) f(\xi_1) + (x_2 - x_1) f(\xi_2) + \cdots + (b - x_{n-1}) f(\xi_n).$$

Der Werth, den die Summe S annehmen kann, hängt ausser von der Gestalt der Curve oder der Form der Function $f(x)$ noch ab von der Theilung der Strecke zwischen $x = a$ und $x = b$, also der Wahl der Grössen $x_1, x_2, \ldots x_{n-1}$, und von der Wahl der Grössen $\xi_1, \xi_2, \ldots \xi_n$ innerhalb der Intervalle. Es lässt sich aber beweisen, dass, wenn sämmtliche Differenzen $x_k - x_{k-1}$ kleiner als eine Grösse δ sind, alle Werthe, welche S annehmen kann, innerhalb eines bestimmten Wertheintervalles fallen, und dass sich dieses Wertheintervall, wenn δ immerfort abnimmt, immermehr auf einen bestimmten Grenzwerth zusammenzieht.) Bezeichnen wir mit M den grössten, mit m den kleinsten Werth, welchen S annehmen kann, während sämmtliche Theilstrecken $x_k - x_{k-1}$ kleiner als δ sind, so ist zu beweisen, dass bei einer Abnahme von δ

1) M nie zunimmt,
2) m nie abnimmt,
3) die Differenz $M - m$ zuletzt unendlich klein wird.

Es genügt nicht etwa, dass $M - m$ unendlich klein werde, also die beiden äussersten Werthe von S einander unendlich nahe rücken. Dabei könnte zugleich eine Verschiebung des Intervalles stattfinden, innerhalb dessen die möglichen Werthe von S fallen. Dass nun aber eine solche Verschiebung nicht stattfindet, ergibt sich leicht. Denn wenn δ kleiner wird, so sind die Werthe, die S noch annehmen kann, unter den früheren mit enthalten. Wenn also S jetzt den Werth M erreichen kann, so konnte es diesen früher auch annehmen. Der grösste Werth, den S annehmen kann, war also früher wenigstens auch $= M$ und kann also nicht zunehmen, wenn δ abnimmt. Ebenso folgt, dass der kleinste Werth m nicht abnehmen kann, wenn δ kleiner wird.

Um nun zu beweisen, dass die Differenz $M - m$ mit δ unendlich klein wird, bezeichnen wir in dem Falle oder in einem Falle, wo S den Werth M erreicht, den Werth der Grösse n mit n', die Grössen $x_1, x_2, \ldots x_{n-1}$ mit $x'_1, x'_2, \ldots x'_{n'-1}$ und die Grössen $\xi_1, \xi_2, \ldots \xi_n$ mit $\xi'_1, \xi'_2, \ldots \xi'_{n'}$. Dann ist also

$$M = (x'_1 - a) f(\xi'_1) + (x'_2 - x'_1) f(\xi'_2) + \cdots + (b - x'_{n'-1}) f(\xi'_{n'}).$$

In entsprechender Weise sei

$$m = (x''_1 - a) f(\xi''_1) + (x''_2 - x''_1) f(\xi''_2) + \cdots + (b - x''_{n''-1}) f(\xi''_{n''}).$$

Wir wollen nun beide Summen so transformiren, dass in beiden der Reihe nach dieselben Differenzen der Werthe von x vorkommen. Zu diesem Ende wenden wir beide Theilungen gleichzeitig an und bezeichnen die Abscissen der Theilpunkte nach der Grösse geordnet, durch $r_1, r_2, \ldots r_{\mu-1}$, so dass

$$\left.\begin{matrix} x'_1, x'_2, \ldots x'_{n'-1} \\ x''_1, x''_2, \ldots x''_{n''-1} \end{matrix}\right\} = r_1, r_2, \ldots r_{\mu-1}$$

und

$$r_1 < r_2 < r_3 \ldots < r_{\mu-1}.$$

Fallen dann zwischen x'_{k-1} und x'_k eine oder mehrere Grössen x'', so tritt an die Stelle der Differenz $x'_k - x'_{k-1}$ eine Summe von mehreren auf einander folgenden $r_i - r_{i-1}$. Durch diese Transformation wird

$$M = (r_1 - a) f(\varrho'_1) + (r_2 - r_1) f(\varrho'_2) + \cdots + (b - r_{\mu-1}) f(\varrho'_\mu).$$

Die Grössen ϱ' stimmen mit den Grössen ξ' überein, und zwar so, dass an einigen Stellen mehrere auf einander folgende ϱ' denselben Werth haben.

Ebenso wird

$$m = (r_1 - a) f(\varrho''_1) + (r_2 - r_1) f(\varrho''_2) + \cdots + (b - r_{\mu-1}) f(\varrho''_\mu).$$

Subtrahiren wir Glied für Glied, so wird

$$M - m = (r_1 - a)\{f(\varrho'_1) - f(\varrho''_1)\} + (r_2 - r_1)\{f(\varrho'_2) - f(\varrho''_2)\} + \cdots$$
$$+ (b - r_{\mu-1})\{f(\varrho'_\mu) - f(\varrho''_\mu)\}.$$

Nun können aber ϱ'_k und ϱ''_k sich höchstens um 2δ unterscheiden, denn bei den Theilpunktabscissen $x'_1, x'_2, \ldots$ lag ϱ'_k mit r_k und r_{k-1} in demselben Intervall und unterscheidet sich also von keinem derselben um mehr als δ. Dasselbe gilt von ϱ''_k, und folglich können sich ϱ'_k und ϱ''_k höchstens um 2δ unterscheiden. Bezeichnet also d die grösste Aenderung, die $f(x)$ erleiden kann, während x um 2δ wächst, so sind sämmtliche $f(\varrho'_k) - f(\varrho''_k) < d$, und daher

$$M - m < d(r_1 - a + r_2 - r_1 + r_3 - r_2 + \cdots + b - r_{\mu-1}),$$

d. h.

$$M - m < d(b - a).$$

Es sollte aber die Function $f(x)$ stetig sein, folglich wird d mit 2δ unendlich klein, und damit verengert sich das Grösseninterval, innerhalb dessen die Werthe von S fallen, immer mehr, ohne sich dabei zu verschieben. Die Grösse S nähert sich also einer bestimmten Grenze, wenn δ unendlich klein wird.

Es ist nun leicht zu sehen, dass dieser Grenzwerth von S zugleich den Inhalt F der von der Curve, den Endordinaten und der Abscissenaxe begrenzten Fläche ausdrückt. Denn zieht man für jedes Theilstück die Parallele mit der Abscissenaxe durch den höchsten Punkt der Curve, so wird $S > F$, zieht man sie durch den tiefsten Punkt, so wird $S < F$. Folglich fällt der Grenzwerth von S mit F zusammen *).

---

*) Man vergleiche die Darstellung, welche Riemann in Art. 4 und 5 der Abhandlung über die Darstellbarkeit einer Function durch eine trigonometrische Reihe gegeben hat. (Abhandlungen der königl. Gesellschaft der Wissenschaften zu Göttingen Bd. 13. — Riemann's gesammelte Werke. Leipzig 1876. S. 213.)

Diesen Grenzwerth nennt man das bestimmte Integral und bezeichnet ihn wegen seines häufigen Vorkommens mit einem besondern Zeichen, nämlich mit

$$\int_a^b f(x)\,dx.$$

Dabei bedeutet dx den unendlich klein werdenden Unterschied von je zwei auf einander folgenden Werthen von x, also $x_1 - a$, $x_2 - x_1, \ldots$, wie auch in der Differentialrechnung mit dx ein unendlich kleiner Zuwachs von x bezeichnet wird.

Die Grössen $\xi_1, \xi_2, \ldots \xi_n$ können innerhalb der für sie vorgeschriebenen Intervalle beliebig gewählt werden, ohne dass der Grenzwerth von S dadurch beeinflusst wird. Man kann also $\xi_1 = a$, $\xi_2 = x_1, \ldots \xi_n = x_{n-1}$ setzen. Dann lautet die Definition des bestimmten Integrals

$$(1) \qquad \int_a^b f(x)\,dx = lim\Big\{(x - a)\,f(a) + (x_2 - x_1) f(x_1) + \cdots + (b - x_{n-1})\,f(x_{n-1})\Big\}.$$

Man kann aber auch $\xi_1 = x_1$, $\xi_2 = x_2, \ldots \xi_n = b$ setzen. Dann erhält man

$$(2) \qquad \int_a^b f(x)\,dx = lim\Big\{(x - a) f(x_1) + (x_2 - x_1) f(x_2) + \cdots + (b - x_{n-1})\,f(b)\Big\}.$$

Die Reihen auf der rechten Seite von (1) und (2) nähern sich, wie oben bewiesen, demselben Grenzwerthe, und dieser Grenzwerth ist das bestimmte Integral.

Das Gesetz, nach welchem die Eintheilung von $b - a$ vorgenommen wird, ist gleichgültig, wenn nur die Ordinaten sich beliebig nahe bringen lassen. Zur Berechnung von einzelnen bestimmten Integralen hat man sehr verschiedene Arten der Eintheilung von $b - a$ in Anwendung gebracht. Auf diese Weise besteht die Rechnung mit bestimmten Integralen viel länger als die Differentialrechnung. So hat schon Wallis die von krummen Linien begrenzten Flächen durch Einschliessen von beiden Seiten berechnet. Ja, *mutatis mutandis* hat selbst Archimedes diese Methode bei seiner Berechnung von krummen Linien.

§. 3.

Beispiel von Wallis.

Wallis hatte schon besonders solche Curven betrachtet, deren Gleichung von der Form $y = m x^k$ ist, die also zu der Gattung der Parabeln gehören. Man hat nur darauf zu sehen, dass die Unterschiede der Abscissen alle ins Unendliche abnehmen. Setzen wir z. B. fest, dass die Werthe $a, x_1, x_2, \ldots x_{n-1}, b$ eine geometrische Progression bilden sollen, um so die Quadratur der Parabel zu finden. Wir nehmen also

$$\sqrt[n]{\frac{b}{a}} = \sigma,$$

so dass $x_1 = a\sigma$, $x_2 = a\sigma^2, \ldots x_\nu = a\sigma^\nu$ ist. Die einzelnen Glieder der Summe haben dann die Form $f(a\sigma^\nu) \,.\, a\sigma^\nu \,.\, (\sigma - 1)$ und die Summe überhaupt ist

$$\sum_{\nu=0}^{n-1} f(a\sigma^\nu) \,.\, a\sigma^\nu \,.\, (\sigma - 1).$$

Setzen wir nun z. B. $f(x) = x^k$, so erhalten wir für die Summe

$$a^{k+1}(\sigma - 1)\sum_0^{n-1} \sigma^{(k+1)\nu}.$$

Beachtet man, dass die geometrische Reihe

$$\sum_0^{n-1} \sigma^{(k+1)\nu} = 1 + \sigma^{k+1} + \sigma^{2(k+1)} + \cdots + \sigma^{(n-1)(k+1)}$$

$$= \frac{\sigma^{n(k+1)} - 1}{\sigma^{k+1} - 1}$$

ist, so erhält man für die obige Summe

$$a^{k+1} \cdot \left\{\left(\frac{b}{a}\right)^{k+1} - 1\right\} \cdot \frac{\sigma - 1}{\sigma^{k+1} - 1}$$

$$= (b^{k+1} - a^{k+1}) \cdot \frac{\sigma - 1}{\sigma^{k+1} - 1}.$$

Hier ist nur noch der letzte Factor von σ abhängig. Es ist aber

$$\frac{\sigma - 1}{\sigma^{k+1} - 1} = \frac{1}{1 + \sigma + \sigma^2 + \cdots + \sigma^k}.$$

Lässt man nun n ins Unendliche wachsen, so nähert sich σ immer mehr dem Grenzwerthe 1, und man erhält als Grenzwerth der oben betrachteten Summe

$$(b^{k+1} - a^{k+1}) \cdot \frac{1}{k+1}.$$

Gewöhnlich ist es am bequemsten, sich die Werthe von x als äquidistant zu denken. Dann ist also irgend ein Theil

$$= \frac{b-a}{n} = \delta.$$

Das bestimmte Integral wird in diesem Falle definirt durch die Gleichung

$$(3) \qquad \int_a^b f(x)\,dx = lim\;\delta \Big\{ f(a) + f(a+\delta) + f(a+2\delta) + \cdots + f(a + \overline{n-1}\,\delta) \Big\},$$

oder auch durch die Gleichung

$$(4) \qquad \int_a^b f(x)\,dx = lim\;\delta \Big\{ f(a+\delta) + f(a+2\delta) + f(a+3\delta) + \cdots + f(a+n\delta) \Big\}.$$

§. 4.

Vorzeichen der Bestandtheile des bestimmten Integrals.

Bei der Figur 1 haben wir angenommen, dass die Curve ganz oberhalb der Abscissenaxe liege. Ist dies nicht durchweg der Fall, aber immer noch $b > a$, so kommen die Theile, bei denen die Ordinate negativ ist, auch negativ in Rechnung. Dies ist bei der geometrischen Interpretation des bestimmten Integrals zu beachten. Es ist dann also gleich dem Inhalte der Flächenstücke oberhalb der Abscissenaxe, vermindert um den Inhalt der Flächenstücke unterhalb.

Ist $b < a$, so haben alle Glieder entgegengesetzte Vorzeichen wie vorher.

§. 5.

Eigenschaften des bestimmten Integrals.

Aus der Definition des bestimmten Integrals ergibt sich eine Reihe von Eigenschaften desselben, die jetzt betrachtet werden sollen.

I. Zunächst ist

$$\int_a^b f(x)\,dx = -\int_b^a f(x)\,dx. \tag{5}$$

Denn bei der Entwicklung der Reihe wird nur $\delta = \frac{b-a}{n}$ in $-\frac{b-a}{n} = -\delta$ umgewandelt. Wendet man also auf das Integral links die Gleichung (3), auf das Integral rechts die Gleichung (4) des §. 3 an, so erhält man

$$\int_a^b f(x)\,dx = lim\,\delta\left\{f(a) + f(a+\delta) + \cdots + f(a + \overline{n-1}\,\delta)\right\}$$

und

$$\int_b^a f(x)\,dx = -\,lim\,\delta\left\{f(b-\delta) + f(b-2\delta) + \cdots + f(b-n\delta)\right\}.$$

Daraus geht durch Addition hervor

$$\int_a^b f(x)\,dx + \int_b^a f(x)\,dx = 0.$$

II. Es ist

$$\int_a^b c\,.\,f(x)\,dx = c\int_a^b f(x)\,dx, \tag{6}$$

weil bei der Entwicklung der linken Seite c in jedem einzelnen Gliede als Factor auftritt und sich also als gemeinschaftlich absondern lässt.

III. Hat man $f(x) = \varphi(x) \pm \psi(x)$, so ist

(7)
$$\int_a^b \left\{\varphi(x) \pm \psi(x)\right\} dx$$

$$= lim\ \delta \left\{\varphi(a) \pm \psi(a) + \varphi(a+\delta) \pm \psi(a+\delta) + \cdots \right.$$
$$\left. + \varphi(a + \overline{n-1}\,\delta) \pm \psi(a + \overline{n-1}\,\delta)\right\}$$
$$= lim\ \delta \left\{\varphi(a) + \varphi(a+\delta) + \cdots + \varphi(a + \overline{n-1}\,\delta)\right\}$$
$$\pm\ lim\ \delta \left\{\psi(a) + \psi(a+\delta) + \cdots + \psi(a + \overline{n-1}\,\delta)\right\}$$
$$= \int_a^b \varphi(x)\,dx \pm \int_a^b \psi(x)\,dx.$$

IV. Man kann jedesmal das Zeichen des bestimmten Integrals angeben, wenn die Function innerhalb der Grenzen ihr Zeichen nicht ändert. Denn dann sind die Glieder der Reihe entweder alle positiv oder alle negativ, und daher muss die Summe der Reihe sich einer positiven oder aber einer negativen Grenze nähern. Und zwar ist das Zeichen des Integrals übereinstimmend mit dem Zeichen der Function, wenn $b - a$ einen positiven Werth hat; im entgegengesetzten Falle haben das Integral und die Function entgegengesetzte Zeichen.

§. 6.

Einschliessung zwischen Grenzen, wenn die Function unter dem Integralzeichen ein Product ist.

Es stehe unter dem Integralzeichen ein Product von zwei Functionen $\varphi(x) \,.\, f(x)$, und der zweite Factor möge innerhalb der Grenzen sein Zeichen nicht ändern. Die Function $\varphi(x)$ habe innerhalb dieser Grenzen den grössten Werth M und den kleinsten Werth N; also ist dann innerhalb der Grenzen $M - \varphi(x)$ nie negativ, und auch $\varphi(x) - N$ nie negativ. Wenn wir daher mit $f(x)$ multipliciren, so behalten die Producte innerhalb der Grenzen immer ihr Zeichen, und zwar dasselbe Zeichen wie $f(x)$. Also $\{M - \varphi(x)\} \,.\, f(x)$ und $\{\varphi(x) - N\} \,.\, f(x)$ gehen nicht vom Positiven zum Negativen über oder umgekehrt, sondern können höchstens gleich Null werden, wie es auch wenigstens einmal der Fall ist bei $M - \varphi(x) = 0$ und $\varphi(x) - N = 0$. Wenden wir auf diese beiden Functionen den Satz IV. des vorigen Paragraphen an, so kennen wir das Zeichen der Integrale

$$\int_a^b \left\{ M - \varphi(x) \right\} f(x)\, dx$$

und

$$\int_a^b \left\{ \varphi(x) - N \right\} f(x)\, dx.$$

Beide Integrale haben unter gleichen Bedingungen dasselbe Zeichen mit ihrer Function oder aber das entgegengesetzte, und haben also unter einander gleiche Zeichen. Es lässt sich aber auf beide Integrale der Satz III. des vorigen Paragraphen anwenden. Demnach haben die Differenzen

$$M \int_a^b f(x)\, dx - \int_a^b \varphi(x) f(x)\, dx$$

und

$$\int_a^b \varphi(x) f(x)\, dx - N \int_a^b f(x)\, dx$$

dasselbe Zeichen. Daraus folgt, dass $\int_a^b \varphi(x) f(x)\, dx$ zwischen den Grenzen $M \int_a^b f(x)\, dx$ und $N \int_a^b f(x)\, dx$ liegt. Diese beiden Grenzwerthe haben den einen Factor, nämlich das Integral

$$\int_a^b f(x)\, dx$$

gemein. Also ist das Integral

$$\int_a^b \varphi(x) f(x)\, dx$$

gleich jenem gemeinschaftlichen Factor, multiplicirt mit einem zwischen M und N liegenden Werthe ϱ. Man kann ϱ auch als Werth angeben, welchen $\varphi(x)$ einmal annimmt zwischen a und b, also $\varrho = \varphi(a + \overline{b - a}\, \varepsilon)$, wenn ε ein positiver echter Bruch ist. Dann haben wir

(8) $$\int_a^b \varphi(x) f(x)\, dx = \varphi(a + \overline{b - a}\,\varepsilon) \int_a^b f(x)\, dx,$$

unter der Voraussetzung, dass $f(x)$ zwischen a und b sein Zeichen nicht ändert.

Diesen Satz können wir auf jedes bestimmte Integral anwenden, wir brauchen nur $f(x) = 1$ zu setzen. Dann ist

$$\int_a^b f(x)\, dx = b - a, \text{ also auch}$$

$$\int_a^b \varphi(x)\, dx = (b - a)\varphi(a + \overline{b - a}\,\varepsilon),$$

was sich bei der geometrischen Auffassung auch von selbst versteht.

§. 7.

Zerlegung des Intervalls. Differentiation des bestimmten Integrals.

Aus der Erklärung des bestimmten Integrals folgt unmittelbar, dass

(9) $$\int_a^b f(x)\, dx = \int_a^c f(x)\, dx + \int_c^b f(x)\, dx.$$

Jedes Integral kann demnach in mehrere zerlegt werden durch Zerlegung des Integrations-Intervalles.

Hierin spricht sich deutlich aus, dass ein bestimmtes Integral seinen Werth ändert, wenn man seine Grenzen ändert. Denn es ist nach (9) das zwischen den Grenzen a und b genommene Integral verschieden sowohl von dem Integral zwischen a und c, als auch von dem Integral zwischen c und b. Es liegt daher der Gedanke nahe, zu untersuchen, wie ein bestimmtes Integral sich mit seinen Grenzen ändert. Zunächst suchen wir nach der Abhängigkeit des Integrals von seiner oberen Grenze. Wir setzen

(10) $$u = \int_a^b f(x)\, dx,$$

$$u' = \int_a^{b+h} f(x)\,dx = \int_a^b f(x)\,dx + \int_b^{b+h} f(x)\,dx.$$

Also ist

$$u' - u = \int_b^{b+h} f(x)\,dx = h\,.\,f(b + h\varepsilon)$$

und

$$\frac{u' - u}{h} = f(b + h\varepsilon)$$

für

$$1 > \varepsilon > 0.$$

Wird hier aber h immer kleiner, so nähert sich die rechte Seite der letzten Gleichung dem Werthe $f(b)$ und auf der linken erhalten wir den Differentialquotienten $\frac{\partial u}{\partial b}$. Also ist

(11) $$\frac{\partial u}{\partial b} = f(b).$$

Dann geben wir der unteren Grenze des Integrals (10) einen Zuwachs und erhalten

$$\int_{a+h}^{b} f(x)\,dx = -\int_b^{a+h} f(x)\,dx.$$

Es ist aber auch $u = -\int_b^a f(x)\,dx$, und folglich

(12) $$\frac{\partial u}{\partial a} = -f(a).$$

Eine dritte Aenderung des Integrals kann herrühren von einer Aenderung der Function selbst, die unter dem Integralzeichen steht. Es sei $f(x, \alpha)$ diese Function. Zunächst soll sich nur α ändern, so dass wir z. B. nur von einer Curve auf die andere übergehen, ohne dass sich zugleich Anfang und Ende der Curve ändern solle. Wir haben demnach

(13) $$u = \int_a^b f(x, \alpha)\,dx,$$

$$u' = \int_a^b f(x, \alpha + h)\,dx,$$

also $$u' - u = \int_a^b \Big\{ f(x, \alpha + h) - f(x, \alpha) \Big\}\,dx,$$

und $$\frac{u'-u}{h} = \int_a^b \frac{f(x, \alpha + h) - f(x, \alpha)}{h}\, dx.$$

Lässt man h ins Unendliche abnehmen, so ist $\frac{u'-u}{h}$ der Differentialquotient von u nach α und auch $\frac{f(x, \alpha+h) - f(x, \alpha)}{h}$ der Differentialquotient der Function $f(x, \alpha)$ nach α. Wir haben demnach

$$(14) \qquad \frac{\partial u}{\partial \alpha} = \int_a^b \frac{\partial f(x,\alpha)}{\partial \alpha}\, dx.$$

Diese Operation hat schon Leibniz gemacht. Er nennt sie *differentiare de curva in curvam*, d. h. von einer Curve zu einer unendlich nahen übergehen. Man nennt diese Rechnung auch Differentiiren unter dem Integralzeichen.

Jetzt ist es leicht, die Aenderung des Integrals zu finden, die von einer gleichzeitigen Aenderung aller drei Grössen a, b, $f(x)$ herrührt. Wir nehmen an, dass alle drei Grössen von α abhängen. Wenn wir aber einen Ausdruck haben, der mehrere Grössen a, b, c ... enthält, und jede dieser Grössen von α abhängig ist, so findet sich

$$\frac{dF(a,b,c\ldots)}{d\alpha} = \frac{\partial F}{\partial a}\frac{da}{d\alpha} + \frac{\partial F}{\partial b}\frac{db}{d\alpha} + \frac{\partial F}{\partial c}\frac{dc}{da} + \cdots$$

Sind also in dem Integral (13) auch a und b Functionen von α, so haben wir

$$(15) \qquad \frac{du}{d\alpha} = \int_a^b \frac{\partial f(x,\alpha)}{\partial \alpha}\, dx + f(b,\alpha)\frac{db}{d\alpha} - f(a,\alpha)\frac{da}{d\alpha}.$$

In dieser Formel sind die früheren speciellen Resultate mit enthalten.

§. 8.

Unendlichwerden der Function unter dem Integralzeichen.

Die in §. 2 gegebene Definition des bestimmten Integrals ist nicht mehr zutreffend, wenn die unter dem Integralzeichen stehende

Function für einen Werth $x = c$ zwischen a und b unendlich wird. Dann hat das bestimmte Integral

$$\int_a^b f(x)\,dx$$

im allgemeinen keinen Sinn mehr. In einem Falle ist man jedoch übereingekommen, ihm noch eine Bedeutung unterzulegen. Wenn nämlich k_1 und k_2 beliebig gewählte positive endliche Zahlen sind und ε ebenfalls positiv und vorläufig endlich, so haben die Integrale

$$\int_a^{c-k_1\epsilon} f(x)\,dx \text{ und } \int_{c+k_2\epsilon}^b f(x)\,dx$$

nach §. 2 eine bestimmte Bedeutung. Ihre Werthe sind endlich und im allgemeinen von $k_1\,\varepsilon$ und resp. $k_2\,\varepsilon$ abhängig. Nähert sich nun bei unendlich abnehmendem ε die Summe

$$\int_a^{c-k_1\epsilon} f(x)\,dx + \int_{c+k_2\epsilon}^b f(x)\,dx$$

einer bestimmten endlichen Grenze, die von den willkürlichen Grössen k_1 und k_2 unabhängig ist, so versteht man unter dem bestimmten Integral

$$\int_a^b f(x)\,dx$$

eben diesen Grenzwerth.

Als Beispiel betrachten wir das bestimmte Integral

$$\int_a^b \frac{dx}{x^\mu},$$

dessen Werth in §. 3 bereits ermittelt ist. Wir haben dort nur $k = -\mu$ zu setzen und erhalten

$$\int_a^b \frac{dx}{x^\mu} = \frac{b^{1-\mu} - a^{1-\mu}}{1-\mu}.$$

Ist $\mu > 0$, so wird die Function

$$\frac{1}{x^\mu}$$

unendlich gross für $x = 0$. Es tritt also der oben betrachtete Fall ein, wenn $x = 0$ nicht ausserhalb der Integrationsgrenzen a

und b liegt. Dann wird eine besondere Untersuchung nöthig. Es sei $a = 0$ und b positiv. Dann haben wir für ein positives $k\varepsilon$

$$\int_{k\varepsilon}^{b} \frac{dx}{x^{\mu}} = \frac{b^{1-\mu}}{1-\mu} - \frac{k^{1-\mu}\varepsilon^{1-\mu}}{1-\mu}$$

und es fragt sich, welchem Grenzwerthe die rechte Seite für ein unendlich abnehmendes ε sich annähert. Dieser Grenzwerth ist nur dann von k unabhängig, wenn $\lim \varepsilon^{1-\mu} = 0$ wird, d. h. wenn $\mu < 1$ ist. Dann haben wir also

$$\int_{0}^{b} \frac{dx}{x^{\mu}} = \frac{b^{1-\mu}}{1-\mu}$$

$$1 > \mu > 0.$$

§. 9.

Unendlichwerden der Grenzen.

Es ist noch die Frage zu beantworten, was man unter dem bestimmten Integral zu verstehen habe, wenn eine der Grenzen, z. B. die obere Grenze, unendlich gross wird. Alsdann betrachten wir zunächst das bestimmte Integral

$$\int_{a}^{k\omega} f(x)\,dx,$$

unter der Voraussetzung, dass k eine beliebige positive endliche Constante und ω positiv sei. Dieses Integral hat eine bestimmte Bedeutung, wenn $f(x)$ innerhalb der Grenzen continuirlich ist und die Grenzen a und $k\omega$ endlich sind. Nähert sich dann der Werth dieses Integrals bei unendlich wachsendem ω einer bestimmten endlichen Grenze, die von k unabhängig ist, so wird dieser Grenzwerth das bestimmte Integral zwischen den Grenzen a und ∞ genannt.

Wir betrachten als Beispiel das Integral

$$\int_{a}^{k\omega} \frac{dx}{x^{\mu}} = \frac{(k\omega)^{1-\mu}}{1-\mu} - \frac{a^{1-\mu}}{1-\mu}.$$

Darin müssen a und $k\omega$ positiv genommen werden. Bei unendlich wachsendem ω nähert sich $\omega^{1-\mu}$ nur dann der Grenze 0, wenn

$\mu > 1$ ist. Dann wird der Grenzwerth der rechten Seite von k unabhängig und wir haben

$$\int_a^\infty \frac{dx}{x^\mu} = \frac{a^{1-\mu}}{\mu - 1}.$$
$$\mu > 1.$$

§. 10.

Das Doppelintegral.

Wir haben jetzt noch die doppelten oder überhaupt die vielfachen Integrale zu besprechen. Denken wir uns eine Function von zwei Veränderlichen,

$$z = f(x, y),$$

also geometrisch die dritte Coordinate einer krummen Fläche zu zwei anderen x und y, und es sei $f(x, y)$ endlich und continuirlich für jede Werthencombination (x, y), in welcher x zwischen a und b, y zwischen g und h liegt. Die Gleichungen $x = a, x = b, y = g, y = h$ legen vier Ebenen fest, die rechtwinklig auf der xy-Ebene stehen und einander paarweise parallel sind. Diese vier Ebenen und die beiden vollständig begrenzten Flächenstücke, welche sie aus der krummen Fläche und aus der xy-Ebene herausschneiden, bilden die Begrenzung eines Raumes von völlig bestimmtem Inhalt, der sich folgendermaassen berechnen lässt.

Wir schalten zwischen $x = a$ und $x = b$ die Zwischenwerthe $x_1, x_2, \ldots x_{n-1}$, zwischen $y = g$ und $y = h$ die Zwischenwerthe $y_1, y_2, \ldots y_{m-1}$ ein, so dass

$$a < x_1 < x_2 \ldots < x_{n-1} < b,$$
$$g < y_1 < y_2 \ldots < y_{m-1} < h.$$

Legen wir dann durch die Theilpunkte auf der x-Axe Ebenen parallel zur yz-Ebene und durch die Theilpunkte auf der y-Axe Ebenen parallel zur xz-Ebene, so zerschneiden diese Ebenen den zu betrachtenden Raum in mn prismatisch begrenzte Raumtheile. Jeder Theil hat zur Grundfläche ein in der xy-Ebene liegendes Rechteck und zur gegenüberliegenden Begrenzung ein auf der krummen Fläche liegendes, krummlinig begrenztes Viereck (Fig. 2). Wir bilden nun das Product

$$(x_{\nu+1} - x_\nu)(y_{\mu+1} - y_\mu) f(x_\nu, y_\mu)$$

und zwar der Reihe nach für alle ganzen ν von 0 bis $n - 1$ und für alle ganzen μ von 0 bis $m - 1$. Die Summe der so entstehenden mn Producte weicht von dem gesuchten Rauminhalte um so weniger ab, je kleiner die Differenzen $(x_{\nu+1} - x_\nu)$ und $(y_{\mu+1} - y_\mu)$

Fig. 2.

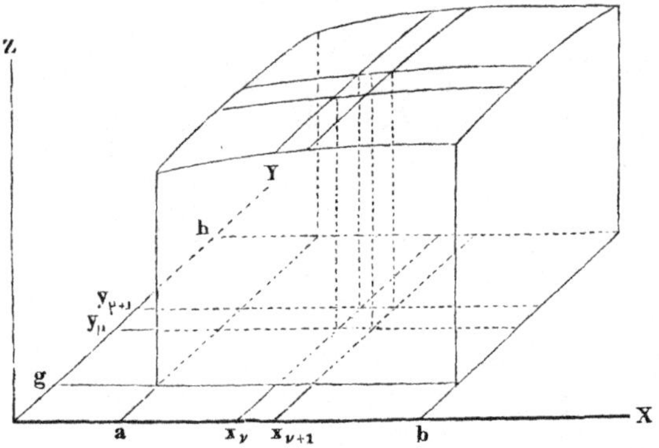

genommen werden. Die Summe gibt den Rauminhalt selbst, wenn die Differenzen unendlich klein sind. Dieser Grenzwerth, dem sich die Summe um so mehr annähert, je kleiner man die Differenzen $(x_{\nu+1} - x_\nu)$ und $(y_{\mu+1} - y_\mu)$ nimmt, heisst das Doppelintegral und wird mit

$$\int_a^b \int_g^h f(x, y)\, dx\, dy$$

bezeichnet. Die Definition des Doppelintegrals lautet also

$$(16) \qquad \int_a^b \int_g^h f(x, y)\, dx\, dy$$

$$= lim \sum_{\nu=0}^{n-1} \sum_{\mu=0}^{m-1} (x_{\nu+1} - x_\nu)(y_{\mu+1} - y_\mu) f(x_\nu, y_\mu).$$

Die Doppelsumme lässt sich in zweifacher Weise berechnen. Entweder nimmt man zunächst alle Glieder, die dasselbe x enthalten, und summirt also zuerst in Beziehung auf y. Der Grenzwerth, dem sich diese Summe annähert für $lim\, m = \infty$, ist das einfache Integral

$$\int_g^h f(x_\nu, y)\, dy$$

multiplicirt mit $(x_{\nu+1} - x_\nu)$. In dem gewonnenen Resultat setzt man ν der Reihe nach $= 0, 1, 2, \ldots n - 1$ und summirt. Der Grenzwerth der Summe für $lim\ n = \infty$ ist dann das gesuchte Doppelintegral. Bei diesem Rechnungsgange ist dasselbe also

$$= \int_a^b dx \left\{ \int_g^h f(x, y)\, dy \right\}.$$

Oder aber man nimmt zuerst die Summirung über alle x und dann erst die Summirung über alle y vor. Dadurch wird das Doppelintegral

$$= \int_g^h dy \left\{ \int_a^b f(x, y)\, dx \right\}.$$

Nun ist aber

$$\sum_{\nu=0}^{n-1} (x_{\nu+1} - x_\nu) \left\{ \sum_{\mu=0}^{m-1} (y_{\mu+1} - y_\mu)\, f(x_\nu, y_\mu) \right\}$$
$$= \sum_{\mu=0}^{m-1} (y_{\mu+1} - y_\mu) \left\{ \sum_{\nu=0}^{\nu-1} (x_{\nu+1} - x_\nu)\, f(x_\nu, y_\mu) \right\},$$

und diese Gleichung behält ihre Gültigkeit, wie klein man auch die Differenzen $(x_{\nu+1} - x_\nu)$ und $(y_{\mu+1} - y_\mu)$ nehmen möge. Folglich haben wir auch

$$(17) \qquad \int_a^b dx \left\{ \int_g^h f(x, y)\, dy \right\} = \int_g^h dy \left\{ \int_a^b f(x, y)\, dx \right\}.$$

Dieser Satz enthält eins der wichtigsten Principien für die Berechnung von bestimmten Integralen.

Wird für eine Werthencombination (x', y') innerhalb des Gebietes der Integration die Function $f(x, y)$ unendlich, so kann im allgemeinen von dem bestimmten Integral nicht mehr die Rede sein. Man schliesst dann von der Integration ein prismatisch begrenztes Gebiet aus, das die Unstetigkeitsstelle in sich enthält. Dies Gebiet ist zunächst so zu wählen, dass seine zur z-Axe parallele Begrenzung nirgends unendlich lang ist. Das so modificirte Integral hat eine bestimmte Bedeutung. Es fragt sich dann, ob sein Werth sich einer bestimmten endlichen Grenze nähert, wenn man den Querschnitt des ausgeschlossenen Gebietes in beliebiger Weise unendlich klein werden lässt. Ist ein solcher Grenzwerth vorhanden, der zugleich unabhängig von der Weise ist, in welcher man jenen Querschnitt unendlich klein macht, so nennt man diesen Grenzwerth das Doppelintegral.

Für den Fall, dass nicht alle Integrationsgrenzen endlich sind, hat man den in §. 9 vorgezeichneten Weg einzuschlagen.

§. 11.

Herleitung des bestimmten Integrals aus dem unbestimmten; Benutzung des Doppelintegrals zur Werthermittlung des einfachen Integrals.

Für manche Functionen kann man das bestimmte Integral angeben innerhalb zwei beliebiger Grenzen a und b, für andere lässt es sich nur unter gewissen Voraussetzungen darstellen. Wir untersuchen also, wann wir im Stande sein werden, für ein bestimmtes Integral

$$u = \int_a^b f(x)\, dx$$

den Werth anzugeben, welches auch die Grenzen a und b sein mögen.

Denken wir uns den Fall, man wüsste eine Function $\varphi(b)$ anzugeben, die auf dem für b zulässigen Werthengebiete überall endlich und stetig variabel ist, und deren Differentialquotient an jeder Stelle desselben Gebietes mit $f(b)$ übereinstimmt, also

$$\frac{d\,\varphi(b)}{d\,b} = f(b),$$

dann unterscheiden sich die beiden Functionen u und $\varphi(b)$ nur durch eine additive Constante: es ist

$$u = \varphi(b) + c.$$

Liegt nun a innerhalb des Werthengebietes, für welches $\varphi(b)$ endlich und stetig variabel ist, so darf man in der letzten Gleichung speciell a statt b setzen. Das Integral u wird in diesem Falle zu Null, weil seine Grenzen zusammenfallen. Wir haben

$$\int_a^a f(x)\, dx = 0 = \varphi(a) + c,$$

und daher ist

$$u = \varphi(b) - \varphi(a).$$

Man nennt aber eine Function $\varphi(x)$, welche durch ihre Derivation eine andere $f(x)$ erzeugt, das unbestimmte Integral

$$\int f(x)\,dx = \varphi(x) + c.$$

Wenn also das unbestimmte Integral sich angeben lässt und endlich und stetig veränderlich ist für ein Werthengebiet der unabhängigen Variablen x, welches die Grenzen a und b des bestimmten Integrals in sich begreift, so kann man das bestimmte Integral aus dem unbestimmten herleiten. Man hat die Werthe durch Subtraction zu verbinden, welche das unbestimmte Integral annimmt, wenn man statt x die obere und die untere Grenze der Integration setzt.

Wäre dies der einzige Weg, das bestimmte Integral zu finden, so gäbe es gar keine besondere Disciplin der bestimmten Integrale. Aber in vielen Fällen kann man den Werth des bestimmten Integrals ermitteln, während das unbestimmte Integral sich nicht finden lässt. Ein wichtiges Hülfsmittel für diese unabhängige Herstellung bestimmter Integrale ist der im vorigen Paragraphen abgeleitete Satz von der Umkehrung der Integrationsordnung bei doppelten Integralen. Hiervon wollen wir einige Beispiele nehmen und zwar solche, deren Resultate wir weiter gebrauchen werden.

§. 12.

Beispiel.

Haben wir das Doppelintegral

$$\int\int x^{y-1}\,dx\,dy$$

zu betrachten, so lässt sich die Integration in Beziehung auf x zwischen beliebigen Grenzen a und b ausführen. Denn es ist das unbestimmte Integral

$$\int x^{y-1}\,dx = \frac{x^y}{y} + c,$$

also

$$\int_a^b x^{y-1}\,dx = \frac{b^y - a^y}{y}.$$

Soll nun die Integration nach y zwischen den Grenzen g und h ausgeführt werden, so haben wir

$$\int_g^h dy \left\{\int_a^b x^{y-1}\, dx\right\} = \int_g^h \frac{b^y - a^y}{y}\, dy.$$

Das letzte Integral lässt sich aber unbestimmt nicht ermitteln, wenn über a und b nicht besondere Voraussetzungen gemacht werden. Wir können aber das vorgelegte Doppelintegral in anderer Ordnung schreiben, also zuerst

$$\int x^{y-1}\, dy$$

suchen. Dies ist $\dfrac{x^{y-1}}{lg\, x}$, also haben wir dann

$$\int_g^h x^{y-1}\, dy = \frac{x^{h-1} - x^{g-1}}{lg\, x},$$

und das Doppelintegral ist

$$\int_a^b dx \left\{\int_g^h x^{y-1}\, dy\right\} = \int_a^b \frac{x^{h-1} - x^{g-1}}{lg\, x}\, dx.$$

Auch hier kann man auf der rechten Seite das unbestimmte Integral nicht herstellen. Wir haben aber eine Relation zwischen zwei Integralen gewonnen, nemlich

$$\int_a^b \frac{x^{h-1} - x^{g-1}}{lg\, x}\, dx = \int_g^h \frac{b^y - a^y}{y}\, dy.$$

Das Integral rechts lässt sich nur dann ermitteln, wenn die transscendenten Ausdrücke unter dem Integralzeichen wegfallen, und dies findet statt, wenn $a = 0$, $b = 1$ gesetzt wird. Dadurch erhalten wir

$$(18)\qquad \int_0^1 \frac{x^{h-1} - x^{g-1}}{lg\, x}\, dx = \int_g^h \frac{1}{y}\, dy = lg\, \frac{h}{g}.$$

Doch müssen hier h und g beide positiv sein. Denn nur in dem Falle, dass wir von g nach h nicht durch 0 hindurchgehen, ist das Integral

$$\int_g^h \frac{dy}{y}$$

auszuführen, weil sonst $\frac{1}{y} = \infty$
wird bei $y = 0$.

§. 13.

Beispiele.

Wir haben $$\int e^{-ax} dx = \frac{e^{-ax}}{-a} + c.$$

Hier können wir also ein bestimmtes Integral aus dem unbestimmten finden, indem wir für x einmal die obere, einmal die untere Grenze einsetzen und die Resultate durch Subtraction verbinden. Die Potenz e^{-ax} vereinfacht sich aber in dem Falle, dass $x = \infty$ oder $x = 0$ ist. Nehmen wir also diese beiden Grenzen und beachten, dass $e^{-a \cdot \infty} = 0$, $e^{-a \cdot 0} = 1$ wird für ein positives a, so ergibt sich

$$(19) \qquad \int_0^\infty e^{-ax}\, dx = \frac{1}{a} \qquad a > 0.$$

In derselben Weise erhalten wir

$$\int e^{-(a+b\sqrt{-1})x}\, dx = \frac{e^{-(a+b\sqrt{-1})x}}{-(a+b\sqrt{-1})} + c.$$

Setzen wir auch hier die Grenzen 0 und ∞ und nehmen a positiv, weil nur in diesem Falle die Function an der oberen Grenze nicht unendlich wird, so haben wir

$$(20) \qquad \int_0^\infty e^{-(a+b\sqrt{-1})x}\, dx = \frac{1}{a+b\sqrt{-1}}, \qquad a > 0.$$

Hieraus gehen noch zwei specielle Gleichungen hervor, indem wir das Reelle und das Imaginäre separiren. Es ist nemlich einerseits

$$e^{-(a+b\sqrt{-1})x} = e^{-ax}(\cos bx - \sqrt{-1}\, \sin bx)$$

und andererseits

$$\frac{1}{a+b\sqrt{-1}} = \frac{a-b\sqrt{-1}}{a^2+b^2}.$$

Folglich ergibt sich

$$(21) \qquad \int_0^\infty e^{-ax} \cos bx\, dx = \frac{a}{a^2+b^2}, \qquad a > 0.$$

$$(22) \qquad \int_0^\infty e^{-ax} \sin bx\, dx = \frac{b}{a^2+b^2}. \qquad a > 0.$$

§. 14.

Beispiel.

Wir haben nach der Formel (19)

$$\int_0^\infty e^{-yx}\,dx = \frac{1}{y},$$

unter der Bedingung, dass y positiv sei. Diese Gleichung können wir auf beiden Seiten mit einem von y abhängigen Differentialausdruck multipliciren und darauf integriren, wenn nur die Bedingung erfüllt wird, dass y positiv bleibe. Wir wollen z. B. nehmen

$$\int_g^h \frac{\sin\beta y}{y}\,dy = \int_g^h \sin\beta y\,dy \left\{\int_0^\infty e^{-yx}\,dx\right\}$$

$$= \int_g^h dy \left\{\int_0^\infty e^{-xy}\sin\beta y\,dx\right\}$$

$$= \int_0^\infty dx \left\{\int_g^h e^{-yx}\sin\beta y\,dy\right\}.$$

Wir thun nun besser, zu particularisiren, indem wir $g = 0$, $h = \infty$ setzen. Dann ist also

$$\int_0^\infty \frac{\sin\beta y}{y}\,dy = \int_0^\infty dx \left\{\int_0^\infty e^{-xy}\sin\beta y\,dy\right\}.$$

Das innere Integral auf der rechten Seite ist nach (22) bekannt, wenn wir x positiv voraussetzen. Der Werth des inneren Integrals ist dann

$$= \frac{\beta}{x^2+\beta^2},$$

und wir haben also noch

$$\int_0^\infty \frac{\beta\,dx}{x^2+\beta^2}$$

zu suchen. Das unbestimmte Integral lässt sich ausführen. Es ist

$$\int \frac{\beta\, d x}{x^2 + \beta^2} = arc\ tg\ \frac{x}{\beta} + c.$$

Wenn wir hier aber zu dem bestimmten Integral übergehen, so müssen wir auf das Vorzeichen von β Acht geben. Es wird für $x = \infty$

$$arc\ tg\ \frac{x}{\beta} = + \frac{\pi}{2},$$

wenn β positiv, dagegen

$$arc\ tg\ \frac{x}{\beta} = - \frac{\pi}{2},$$

wenn β negativ ist. Für $x = 0$ fällt beide Male $arc\ tg\ \frac{x}{\beta}$ weg. Wir erhalten also

$$(23) \qquad \int_0^\infty \frac{\sin \beta y}{y}\, d y = \begin{cases} + \frac{\pi}{2} \text{ für } \beta > 0, \\ 0 \quad \text{,, } \beta = 0, \\ - \frac{\pi}{2} \text{ ,, } \gamma < 0. \end{cases}$$

Hier stossen wir zuerst auf ein Phänomen, das sehr interessant und wichtig ist. Das Integral (23) hängt nemlich von der darin vorkommenden constanten Grösse β ab. Der Werth des Integrals

Fig. 3.

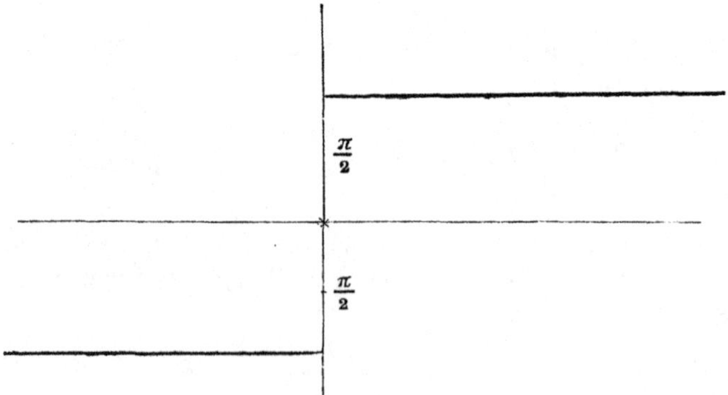

ist $+ \frac{\pi}{2}$ für jedes positive β, unabhängig von dem Zahlwerthe von β; er ist $- \frac{\pi}{2}$ für jedes negative β, ebenfalls unabhängig von dem

Zahlwerthe von β; er ist 0 für $\beta = 0$. In Bezug auf β findet also in dem Werthe des Integrals eine Discontinuität statt, ein Sprung oder eigentlich zwei Sprünge neben einander. Diese Erscheinung kann man sich auch graphisch darstellen, indem man β als Abscisse, den Integralwerth als Ordinate einer Curve betrachtet (Fig. 3). Für negative Abscissen ist diese Curve eine Parallele zur Abscissenaxe, im Abstande $\frac{\pi}{2}$ unterhalb, für positive Abscissen eine Parallele zur Abscissenaxe, im Abstande $\frac{\pi}{2}$ oberhalb, und der Punkt der Curve für $\beta = 0$ fällt isolirt in den Anfangspunkt der Coordinaten.

§. 15.

Beispiel.

Eine ähnliche Discontinuität haben wir bei dem Integral

$$\int_0^\infty \frac{\sin y}{y} \cos \gamma y \, dy.$$

Es ist hier $\sin y \cos \gamma y = \frac{1}{2} \left\{ \sin (1 + \gamma) y + \sin (1 - \gamma) y \right\}$.

Also zerfällt auch das bestimmte Integral in zwei andere

$$\int_0^\infty \frac{\sin y}{y} \cos \gamma y \, dy = \frac{1}{2} \int_0^\infty \frac{\sin (1 + \gamma) y}{y} \, dy + \frac{1}{2} \int_0^\infty \frac{\sin (1 - \gamma) y}{y} \, dy.$$

Die beiden Integrale rechts sind von der Form (23), und wir können nun drei Fälle unterscheiden.

Ist $\gamma > 1$, so ist $(1 + \gamma)$ positiv, $(1 - \gamma)$ negativ, also die Summe der beiden Integrale $= 0$.

Ist $1 > \gamma > -1$, also $(1 + \gamma)$ positiv und $(1 - \gamma)$ positiv, so werden beide Integrale einander gleich und beide positiv, sie geben also die Summe $+ \frac{\pi}{2}$.

Ist endlich $\gamma < -1$, so wird $1 + \gamma < 0$, $1 - \gamma > 0$, also sind die beiden Integrale entgegengesetzt gleich und ihre Summe $= 0$.

Also erhalten wir

$$(24)\qquad \int_0^\infty \frac{\sin y}{y} \cos \gamma y\, d y = \begin{cases} 0 \text{ für } \gamma > 1, \\ \frac{\pi}{2} \quad \text{„} \quad 1 > \gamma > -1, \\ 0 \quad \text{„} \quad -1 > \gamma. \end{cases}$$

Hier würde γ als Abscisse, der Integralwerth als Ordinate einer Curve angesehen werden können (Fig. 4). Diese Curve ist

Fig. 4.

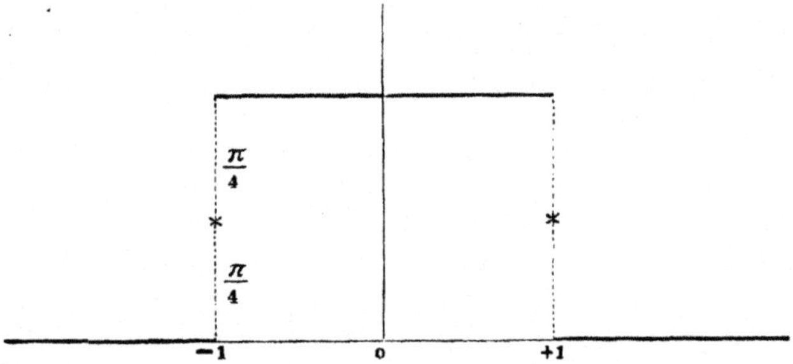

eine Parallele zur Abscissenaxe, im Abstande $\frac{\pi}{2}$ oberhalb, für alle Abscissen zwischen -1 und $+1$, sie fällt dagegen mit der Abscissenaxe zusammen für alle Abscissen, deren absoluter Betrag grösser als 1 ist. Für $\gamma = \pm 1$ ist der Integralwerth weder 0 noch $\frac{\pi}{2}$, sondern das arithmetische Mittel von beiden, $\frac{\pi}{4}$. Denn für $\gamma = +1$ wird das zweite der obigen Integrale $= 0$, das erste $= \frac{\pi}{4}$, und für $\gamma = -1$ wird das erste $= 0$, das zweite $= \frac{\pi}{4}$. Die Punkte der Curve für $\gamma = \pm 1$ sind also isolirte Punkte im Abstande $+\frac{\pi}{4}$ von der Abscissenaxe.

Man kann das Resultat auch schreiben

$$(25)\qquad \frac{2}{\pi}\int_0^\infty \frac{\sin y}{y} \cos \gamma y\, d y = \begin{cases} 0 \text{ für } \gamma > 1, \\ \frac{1}{2} \quad \text{„} \quad \gamma = 1, \\ 1 \quad \text{„} \quad 1 > \gamma > -1, \\ \frac{1}{2} \quad \text{„} \quad \gamma = -1, \\ 0 \quad \text{„} \quad -1 > \gamma. \end{cases}$$

Dies Integral hat also eine merkwürdige Discontinuität.

§. 16.

Einführung neuer Variabeln. Beispiel.

Bei jedem bestimmten Integral kann man eine andere Veränderliche einführen, welche der ersten proportional ist, wenn man nur die Grenzen und das Differential danach ändert. Z. B. für $x = ky$ wird

$$\int_a^b f(x)\,dx = \int_{\frac{a}{k}}^{\frac{b}{k}} f(ky)\,k\,dy.$$

Von diesem Satze wollen wir sofort eine Anwendung machen. Wir gehen aus von den Formeln (21) und (22). Schreiben wir in (21) y statt a, so ist die Formel gültig, wenn y grösser als 0 bleibt. Wir multipliciren mit $\sin ky\,dy$ auf beiden Seiten und integriren von $y = 0$ bis ∞, was nach der für y gefundenen Bedingung erlaubt ist. Es ergibt sich

$$\int_0^\infty \frac{y \sin ky}{y^2 + b^2}\,dy = \int_0^\infty \cos bx\,dx \left\{\int_0^\infty e^{-xy} \sin ky\,dy\right\}.$$

Auf der rechten Seite lässt sich aber das in der Klammer enthaltene Integral ausführen nach (22), da x positiv bleibt. Es wird also

$$(26) \qquad \int_0^\infty \frac{y \sin ky}{b^2 + y^2}\,dy = \int_0^\infty \frac{k \cos bx}{k^2 + x^2}\,dx.$$

Dies ist freilich nur eine Gleichung zwischen zwei Integralen, von denen jedes einzelne ohne weiteres nicht ausführbar ist. Durch eine kleine Veränderung können wir sie jedoch so umgestalten, dass sich wirklich der Werth der Integrale ermitteln lässt. Setzen wir auf der linken Seite der letzten Gleichung

$$y = \frac{b}{k}\,x,$$

damit der Sinus auf der rechten Seite und der Cosinus auf der linken dann zu demselben Bogen gehören, so erhalten wir unter dem ersten Integral

$$\frac{x \sin b x}{b^2 + \left(\frac{b}{k}\right)^2 x^2} \left(\frac{b}{k}\right)^2 d x = \frac{x \sin b x}{k^2 + x^2} d x.$$

Für die Grenzen müssen wir nun die entsprechenden Werthe suchen. Soll die obere Grenze $+\infty$ werden, so müssen wir für b und k dieselben Zeichen voraussetzen. Die untere Grenze wird 0. Danach erhalten wir aus (26)

$$(27) \qquad \int_0^\infty \frac{k \cos b x}{k^2 + x^2} d x = \int_0^\infty \frac{x \sin b x}{k^2 + x^2} d x. \qquad \left(\frac{b}{k} > 0\right).$$

Zwischen diesen beiden Integralen finden wir leicht eine weitere Relation durch Differentiation unter dem Integralzeichen. Setzen wir nemlich

$$(28) \qquad u = \int_0^\infty \frac{\cos b x}{k^2 + x^2} d x,$$

so wird

$$\frac{d u}{d b} = -\int_0^\infty \frac{x \sin b x}{k^2 + x^2} d x.$$

Also erhalten wir die Gleichung

$$k u = -\frac{d u}{d b}$$

oder

$$k d b = -\frac{d u}{u}.$$

Daraus geht durch Integration hervor

$$k b = -lg\, u + lg\, c$$

oder

$$u = c e^{-k b},$$

worin c die Integrationsconstante bezeichnet, die aber nur von b unabhängig zu sein braucht. Um ihren Werth zu bestimmen, haben wir einen Fall zu suchen, in welchem der Werth des Integrals bekannt ist. Ein solcher Fall ist $b = 0$. Dann wird einerseits $u = c$, andererseits

$$u = \int_0^\infty \frac{d x}{k^2 + x^2}.$$

Nun ist aber das unbestimmte Integral

$$\int \frac{d x}{k^2 + x^2} = \frac{1}{k} \operatorname{arc\,tg} \frac{x}{k} + const.$$

An der untern Grenze erhalten wir immer 0, an der obern aber $\frac{\pi}{2k}$, wenn k positiv ist, dagegen $\frac{-\pi}{2k}$, wenn k negativ ist. Es ergibt sich also $kc = \pm\frac{\pi}{2}$, je nachdem k positiv oder negativ ist. Wir erhalten demnach, da jedes der Integrale in (27) $= ku$ ist:

$$(29) \qquad \int_0^\infty \frac{x \sin bx}{k^2 + x^2}\, dx = \begin{cases} +\frac{\pi}{2} e^{-bk} \text{ für } b > 0,\ k > 0, \\ -\frac{\pi}{2} e^{-bk} \quad ,, \quad b < 0,\ k < 0. \end{cases}$$

Zu diesem Resultate sind wir von der Gleichung (26) aus gelangt, indem wir die Substitution

$$y = \frac{b}{k} x$$

anwandten, die aber nur zulässig erscheint, wenn $\frac{b}{k} > 0$ ist. Wir können jedoch das Resultat von dem Vorzeichen von k unabhängig machen. Es ist nemlich nur zu bemerken, dass auf der rechten Seite der Exponent von e in beiden Fällen wesentlich negativ ist. Bezeichnen wir also mit $\sqrt{k^2}$ die positive Quadratwurzel aus k^2, so können wir die Gleichung (29) auch so schreiben:

$$(30) \qquad \int_0^\infty \frac{x \sin bx}{k^2 + x^2}\, dx = \begin{cases} +\frac{\pi}{2} e^{-b\sqrt{k^2}} \text{ für } b > 0, \\ -\frac{\pi}{2} e^{+b\sqrt{k^2}} \quad ,, \quad b < 0. \end{cases}$$

In dieser Gleichung kommt die positive oder negative Zahl k selbst gar nicht mehr vor, sondern auf der einen Seite nur ihr Quadrat, auf der andern nur ihr absoluter Zahlwerth. Die Gleichung (30) ist demnach allgemein gültig. Man kann sich davon auch auf dem folgenden Wege überzeugen. Ist

$$\frac{b}{k} < 0,$$

so substituiren wir auf der linken Seite von (26)

$$y = -\frac{b}{k} x,$$

und erhalten dadurch statt der Gleichung (27)

$$(27^*) \qquad -\int_0^\infty \frac{k \cos bx}{k^2 + x^2}\, dx = \int_0^\infty \frac{x \sin bx}{k^2 + x^2}\, dx \qquad \left(\frac{b}{k} < 0\right).$$

Bezeichnen wir dann wieder das Integral (28) mit u, so ergibt sich jetzt

$$\frac{du}{db} = +ku,$$

und folglich

$$u = ce^{+kb}.$$

Die Integrationsconstante c bestimmt sich wie vorher. Es wird wieder

$$kc = \pm\frac{\pi}{2},$$

je nachdem k positiv oder negativ ist. Wir erhalten also statt der Gleichung (29) jetzt

$$(29^*) \qquad \int_0^\infty \frac{x \sin bx}{k^2 + x^2}\, dx = \begin{cases} +\frac{\pi}{2}\, e^{+kb} & \text{für } b > 0,\ k < 0, \\ -\frac{\pi}{2}\, e^{+kb} & \text{,, } b < 0,\ k > 0. \end{cases}$$

Diese und die Gleichung (29) sind in (30) zusammengefasst.

Man sieht noch leicht, dass

$$(31) \qquad u = \int_0^\infty \frac{\cos bx}{k^2 + x^2}\, dx = \begin{cases} \frac{\pi}{2\sqrt{k^2}}\, e^{-b\sqrt{k^2}} & \text{für } b > 0, \\ \frac{\pi}{2\sqrt{k^2}}\, e^{+b\sqrt{k^2}} & \text{,, } b < 0 \end{cases}$$

ist. Nehmen wir $b = 0$, so ist die Gleichung (27) nicht mehr gültig. Es wird dann der Werth des Integrals (30) $= 0$, weil $\sin bx = 0$ ist für jedes x. Das Integral (31) hat dagegen für $b = 0$ den Werth $\frac{\pi}{2\sqrt{k^2}}$.

Wir nehmen k positiv und addiren die Gleichungen (30) und (31), nachdem die letztere mit k multiplicirt ist. Dann ergibt sich

$$(32) \qquad \int_0^\infty \frac{x \sin bx + k \cos bx}{k^2 + x^2}\, dx = \begin{cases} \pi e^{-bk} & \text{für } b > 0, \\ \frac{\pi}{2} & \text{,, } b = 0, \\ 0 & \text{,, } b < 0. \end{cases}$$

Es findet also auch hier für $b = 0$ eine Discontinuität statt. Nehmen wir b als Abscisse und den Integralwerth als Ordinate einer Curve (Fig. 5), so ist diese für positive Abscissen eine logarithmische Linie, welche die positive Abscissenaxe zur Asymptote hat und die Ordinatenaxe im Abstande π vom Anfangspunkte trifft. Für negative Abscissen fällt die Curve mit der Abscissenaxe zusammen, und der Punkt, welcher zu $b = 0$ gehört, liegt weder

Fig. 5.

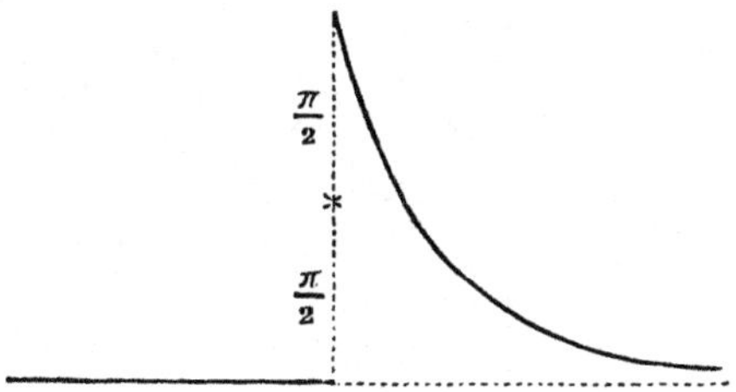

auf dem einen, noch auf dem andern Zweige, sondern isolirt im Abstande $\frac{\pi}{2}$ über der Abscissenaxe.

§. 17.

Beispiel.

Wir wollen noch das Integral

$$\int_0^\infty e^{-xx}\, dx$$

ableiten und zu dem Zwecke ausgehen von dem Doppelintegral

$$\int_0^\infty \int_0^\infty e^{-xx-yy}\, dx\, dy$$

$$= \int_0^\infty e^{-xx}\, dx \left\{ \int_0^\infty e^{-yy}\, dy \right\}$$

$$= \left\{ \int_0^\infty e^{-yy}\, dy \right\} \left\{ \int_0^\infty e^{-xx}\, dx \right\}.$$

Es ist nemlich bei der Integration nach x das Element des Integrals $= e^{-xx}\, dx$, multiplicirt mit einem Integrale, das x gar nicht enthält und deshalb als constanter Factor vor das Integralzeichen gesetzt werden kann. Ferner haben wir

$$\int_0^\infty e^{-xx}\,dx = \int_0^\infty e^{-yy}\,dy,$$

weil es auf den Integrationsbuchstaben nicht ankommt. Das Doppelintegral

$$\int_0^\infty\int_0^\infty e^{-xx-yy}\,dx\,dy$$

ist also gleich dem Quadrate des einfachen Integrals

$$\int_0^\infty e^{-xx}\,dx.$$

Wenn wir jetzt statt y eine andere Variable t einführen und setzen

$$y = xt,$$

so ist $dy = x\,dt$, weil in dem Integral nach y immer x constant ist. Die Grenzen für t sind wieder 0 und ∞, und wir erhalten

$$\int_0^\infty\int_0^\infty e^{-xx-yy}\,dx\,dy$$

$$= \int_0^\infty dx \left\{\int_0^\infty e^{-xx(1+t^2)}\,x\,dt\right\}$$

$$= \int_0^\infty dt \left\{\int_0^\infty e^{-xx(1+t^2)}\,x\,dx\right\}.$$

In dem letzten Ausdrucke lässt sich die Integration nach x unbestimmt ausführen, nemlich

$$\int e^{-xx(1+t^2)}\,x\,dx = -\frac{e^{-xx(1+t^2)}}{2(1+t^2)} + c,$$

also

$$\int_0^\infty e^{-xx(1+t^2)}\,x\,dx = \frac{1}{2(1+t^2)}.$$

Es bleibt daher nur noch das Integral nach t, nemlich

$$\int_0^\infty \frac{dt}{2(1+t^2)} = \frac{1}{2}\, arc\; tg\; \infty = \frac{\pi}{4}.$$

Folglich ist

(33) $$\int_0^\infty e^{-xx}\,dx = \frac{\sqrt{\pi}}{2}.$$

Es kann hier nur das positive Vorzeichen der Quadratwurzel gelten, weil die Function unter dem Integralzeichen wesentlich positiv ist.

§. 18.

Beispiel.

Führt man in (33) statt x eine proportionale Variable ein, z. B. durch die Substitution

$$x = ay, \qquad a > 0,$$

so ist

$$\int_0^\infty e^{-aayy}\,a\,dy = \frac{\sqrt{\pi}}{2},$$

also

$$\int_0^\infty e^{-aayy}\,dy = \frac{\sqrt{\pi}}{2a}$$

und

$$\int_0^\infty e^{-\alpha xx}\,dx = \frac{1}{2}\sqrt{\frac{\pi}{\alpha}}.$$

Auch hier ist die Quadratwurzel mit positivem Zeichen zu nehmen. Aus der letzten Gleichung kann man eine Menge anderer bestimmter Integrale ableiten durch das Differentiiren unter dem Integralzeichen. Differentiirt man, und zwar n-mal in Beziehung auf α, so findet sich

$$\int_0^\infty e^{-\alpha xx}(-xx)^n\,dx = \frac{\sqrt{\pi}}{2}\left(-\frac{1}{2}\right)\left(-\frac{3}{2}\right)\cdots\left(-\frac{2n-1}{2}\right)\alpha^{-\frac{2n+1}{2}}$$

oder

(34) $$\int_0^\infty e^{-\alpha xx}\,x^{2n}\,dx = \frac{1}{2}\sqrt{\frac{\pi}{\alpha}}\,\frac{1\,.\,3\,.\,5\,.\,.\,.\,(2n-1)}{2^n\alpha^n}$$

$$= \frac{1}{2}\sqrt{\frac{\pi}{\alpha}}\,\frac{(2n)!}{n!}\,\frac{1}{(4\alpha)^n}.$$

Diese Gleichung gilt auch noch für $n = 0$, weil wir dann auf den einfacheren Fall, von dem wir ausgingen, zurückkommen.

Aus dem eben gefundenen Integral wollen wir noch ein anderes ableiten durch Reihenentwicklung. Wir nehmen

$$\int_0^\infty e^{-\alpha x x} \cos \beta x \, d x$$

und lösen den Cosinus in eine Reihe auf, die nach geraden Potenzen von x fortschreitet. Dann können wir jedes Glied nach der vorigen Formel berechnen. Wir erhalten

$$\int_0^\infty e^{-\alpha x x} \cos \beta x \, d x = \int_0^\infty d x \, e^{-\alpha x x} \sum_{n=0}^\infty \frac{(-\beta^2 x^2)^n}{(2n)!}$$

$$= \sum_0^\infty \frac{(-\beta^2)^n}{(2n)!} \int_0^\infty e^{-\alpha x x} x^{2n} \, d x$$

$$= \sum_0^\infty \frac{(-\beta^2)^n}{(2n)!} \frac{1}{2} \sqrt{\frac{\pi}{\alpha}} \frac{(2n)!}{n!} \frac{1}{(4\alpha)^n}$$

$$= \frac{1}{2} \sqrt{\frac{\pi}{\alpha}} \sum_0^\infty \frac{1}{n!} \left(\frac{-\beta^2}{4\alpha}\right)^n,$$

d. h.

$$(35) \qquad \int_0^\infty e^{-\alpha x x} \cos \beta x \, d x = \frac{1}{2} \sqrt{\frac{\pi}{\alpha}} \, e^{-\frac{\beta\beta}{4\alpha}},$$

worin β keiner Beschränkung unterliegt, aber $\sqrt{\frac{\pi}{\alpha}}$ positiv zu nehmen ist.

Zweiter Abschnitt.

Unendliche Reihen.

---

§. 19.

Definition der convergenten unendlichen Reihe.

Wir gehen jetzt über zu der Entwicklung von Functionen in sogenannte trigonometrische Reihen, d. h. in Reihen, welche fortschreiten nach den Sinus und Cosinus der Vielfachen der veränderlichen Grösse. Bevor wir diese Entwicklung vornehmen, ist es zweckmässig, einige allgemeine Betrachtungen über die Convergenz unendlicher Reihen vorauszuschicken.

Es sei

$$s_n = a_0 + a_1 + a_2 + \cdots + a_n.$$

Ist dann $lim\ s_n = c$ für $n = \infty$ und c eine bestimmte endliche Zahl, so heisst die unendliche Reihe

$$a_0 + a_1 + a_2 + \cdots$$

convergent, und c ist ihre Summe.

In diesem Falle hat man für $lim\ n = \infty$

$$lim\ (s_n - s_{n-1}) = 0,$$

und

$$lim\ (s_{n+m} - s_n) = 0,$$

wie gross auch m gewählt werden möge. D. h. mit anderen Worten: in einer convergenten unendlichen Reihe ist

$$lim\ a_n = 0,$$

$$lim\ (a_{n+1} + a_{n+2} + \cdots + a_{n+m}) = 0.$$

Wir betrachten zunächst eine Reihe, deren Glieder sämmtlich positiv sind,

(36) $$p_0 + p_1 + p_2 + \cdots$$

und fragen, unter welchen Bedingungen sie convergire. Wir setzen

$$s_n = p_0 + p_1 + p_2 + \cdots + p_n.$$

Die Bedingung, dass $\lim p_n = 0$ sei, genügt hier nicht, um die Convergenz der Reihe zu sichern. Man überzeugt sich davon an der harmonischen Reihe

$$\frac{1}{1} + \frac{1}{2} + \frac{1}{3} + \cdots + \frac{1}{n} + \cdots$$

Hier ist $\lim \frac{1}{n} = 0$. Aber die Summe der Reihe wird unendlich gross, wenn n ins Unendliche zunimmt. Denn man kann den Bruch $\frac{1}{n}$ durch ein bestimmtes Integral ausdrücken:

$$\frac{1}{n} = \int_0^1 x^{n-1}\, dx.$$

Dadurch erhält man

$$s_n = \int_0^1 \frac{1 - x^n}{1 - x}\, dx,$$

und diese Summe nähert sich für wachsende n der Grenze

$$\lim s_n = \int_0^1 \frac{dx}{1 - x}.$$

Die Function unter dem Integral wird an der obern Grenze unendlich. Wir nehmen also statt dieser obern Grenze $1 - k\varepsilon$, indem wir mit k eine willkürliche positive Constante und mit ε einen positiven echten Bruch bezeichnen, welcher der Null beliebig angenähert werden kann. Das unbestimmte Integral lässt sich herstellen, es ist

$$\int \frac{dx}{1 - x} = -\, lg\,(1 - x)$$

und daher

$$\int_0^{1-k\varepsilon} \frac{dx}{1 - x} = -\, lg\,(1 - \overline{1 - k\varepsilon}) = -\, lg\, k\,\varepsilon.$$

Lassen wir nun ε in 0 übergehen, so wird

$$\lim\,(-\, lg\, k\,\varepsilon) = +\,\infty.$$

Wir müssen demnach zu der Bedingung, dass $lim\ p_n = 0$ sei, noch eine andere hinzufügen. Lässt sich nun eine endliche Zahl A angeben, so dass

$$lim\ s_n < A$$

bleibt, so folgt daraus die Convergenz der Reihe. Denn es muss, da sämmtliche Glieder der Reihe positiv sind, die Summe s_n zunehmen mit wachsendem n. Lassen wir aber eine veränderliche Zahl x das Intervall von 0 bis A stetig wachsend durchlaufen, so muss sich dabei ein Werth $x = c$ finden, der so beschaffen ist, dass $lim\ s_n$ die Werthe von x noch überschreitet, die kleiner sind als c, dagegen die Werthe nicht erreicht, die grösser sind als c. Dann ist

$$lim\ s_n = c$$

und deshalb die Reihe convergent.

Bringt man die Glieder der Reihe (36) in irgend eine andere Anordnung, so fragt es sich, ob dadurch der Grenzwerth von s_n geändert werde. Es zeigt sich, dass dies nicht der Fall ist. Denn man braucht nur in der neu geordneten Reihe bis zu einer Stelle zu gehen, der alle Glieder mit dem Index $< n + 1$ vorhergehen. Als Summe der Glieder bis zu dieser Stelle erhält man dann einen Werth, der entweder $= s_n$ ist oder noch näher an c liegt, als s_n. Daher nähert sich auch hier die Summe derselben Grenze c, wenn man n ins Unendliche wachsen lässt. D. h. die Summe der Reihe ist unabhängig von der Anordnung der Glieder.

§. 20.

Eintheilung der convergenten Reihen in zwei Classen.

Wir betrachten die Reihe

$$(37) \qquad a_0 + a_1 + a_2 + a_3 + \cdots,$$

welche positive und negative Glieder enthalten soll. Die positiven Glieder für sich mögen eine Reihe bilden

$$(38) \qquad p_0 + p_1 + p_2 + p_3 \cdots \qquad (lim\ p_n = 0),$$

und die negativen Glieder für sich eine Reihe

$$(39) \qquad -q_0 - q_1 - q_2 - q_3 \cdots \qquad (lim\ q_n = 0).$$

Bei der Untersuchung über die Convergenz der Reihe (37) sind vier Fälle zu unterscheiden, nemlich

1. die Summe der Reihe (38) ist unendlich, die Summe der Reihe (39) endlich;
2. die Summe von (38) ist endlich, die Summe von (39) unendlich;
3. die Summe von (38) und die Summe von (39) sind beide endlich;
4. die Summe von (38) und die Summe von (39) sind beide unendlich.

Im ersten und zweiten Falle ist die Reihe (37) divergent, ihre Summe ist im ersten Falle $+\infty$, im zweiten Falle $-\infty$.

Im dritten Falle ist die Reihe (37) convergent, ihre Summe unabhängig von der Anordnung der Glieder. Man überzeugt sich davon durch die folgende Betrachtung. Es sei P die Summe der unendlichen Reihe (38), $-Q$ die Summe der unendlichen Reihe (39). Die Reihen (37), (38), (39) seien ursprünglich so geordnet, dass

$$\begin{aligned} & a_0 + a_1 + \cdots + a_{m+n+1} \\ = & \, p_0 + p_1 + \cdots + p_m \\ - & \, q_0 - q_1 - \cdots - q_n. \end{aligned}$$

Wir bezeichnen die Summe auf der linken Seite dieser Gleichung mit s_{m+n+1} und setzen

$$p_0 + p_1 + \cdots + p_m = P_m,$$
$$q_0 + q_1 + \cdots + q_n = Q_n.$$

Dann ist bei der ursprünglichen Anordnung der Glieder

$$lim\ s_{m+n+1} = lim\ (P_m - Q_n) = lim\ P_m - lim\ Q_n = P - Q,$$

also nach der Voraussetzung eine bestimmte endliche Zahl.

Werden nun die Glieder der Reihe (37) in beliebig veränderter Reihenfolge genommen, so braucht man in der neu geordneten Reihe nur bis zu einer Stelle zu gehen, welcher sämmtliche p mit dem Index $< m+1$ und sämmtliche q mit dem Index $< n+1$ voraufgehen. Die Summe der Reihe bis zu dieser Stelle ist dann entweder $P_m - Q_n$, oder sie liegt zwischen $P - Q_n$ und $P_m - Q$. Folglich nähert sich auch diese Summe, wenn man die Gliederzahl ins Unendliche zunehmen lässt, der Grenze $P - Q$.

Im vierten Falle kann man die Glieder der Reihe (37) stets so anordnen, dass ihre Summe einen beliebigen Werth K erhält. Man nimmt so lange positive Glieder, bis der Werth K eben überschritten ist, dann so lange negative Glieder, bis die Summe eben unter K herabsinkt, und wiederholt dasselbe Verfahren beliebig oft, so nähert sich die Summe der Reihe fortwährend dem Grenzwerthe K. Denn bricht man die Reihe bei einem positiven Gliede ab, so dass

$$p_0 + \cdots \quad + p_{\mu-1} < K,$$
$$p_0 + \cdots \quad + p_{\mu-1} + p_\mu > K$$

ist, so unterscheidet sich die Summe der Reihe von der Grösse K um weniger als p_μ. Bricht man dagegen bei einem negativen Gliede ab, so dass man

$$p_0 + \cdots \quad - q_{\nu-1} > K,$$
$$p_0 + \cdots \quad - q_{\nu-1} - q_\nu < K$$

erhält, so ist die Summe der Reihe um weniger als q_ν von der Grösse K verschieden. Es ist aber $lim\; p_\mu = 0$ und $lim\; q_\nu = 0$. Wenn man also das Verfahren nur hinreichend lange fortsetzt, so kann man die Summe der Reihe beliebig nahe an die Grösse K bringen.

Wir haben demnach zwei Classen von convergenten Reihen zu unterscheiden, nemlich solche, deren Summe unabhängig von der Anordnung der Glieder ist, und solche, die je nach der Anordnung der Glieder eine andere Summe geben.

Zu der letztgenannten Classe gehört das folgende Beispiel. Wir nehmen die harmonische Reihe sowohl für die Reihe der p als für die Reihe der q. Wird die Reihe (37) dann so gebildet, dass die Glieder abwechselnd positives und negatives Zeichen haben, so hat man

$$lim\left[1 - 1 + \frac{1}{2} - \frac{1}{2} + \frac{1}{3} - \frac{1}{3} \cdots\right] = 0.$$

Nehmen wir aber stets zwei positive Glieder und darauf ein negatives, so ergibt sich

$$lim\left[1 + \frac{1}{2} - 1 + \frac{1}{3} + \frac{1}{4} - \frac{1}{2} + \cdots + \frac{1}{2m-1} + \frac{1}{2m} - \frac{1}{m} \cdot\cdot\right]$$
$$= lim\left\{\sum_{n=1}^{2m} \frac{1}{n} - \sum_{1}^{m} \frac{1}{n}\right\} = lim \sum_{n=m+1}^{2m} \frac{1}{n}$$
$$= lim\, \frac{1}{m}\left[\frac{1}{1+\frac{1}{m}} + \frac{1}{1+\frac{2}{m}} + \cdots + \frac{1}{1+\frac{m-1}{m}} + \frac{1}{1+\frac{m}{m}}\right]$$
$$= \int_1^2 \frac{dx}{x} = lg\, 2.$$

Man kann aber auch ganz allgemein $lg\,k$ als Summe der Reihe herstellen. Denn nimmt man stets k positive Glieder zusammen und darauf ein einziges negatives, so ergibt sich

$$lim\left[1+\frac{1}{2}+\cdots+\frac{1}{k}-1+\frac{1}{k+1}+\frac{1}{k+2}+\cdots+\frac{1}{2k}-\frac{1}{2}\cdots\right]$$

$$= lim\left\{\sum_{n=1}^{km}\frac{1}{n}-\sum_{n=1}^{m}\frac{1}{n}\right\} = lim\sum_{m+1}^{km}\frac{1}{n}$$

$$= lim\,\frac{1}{m}\left\{\frac{1}{1+\frac{1}{m}}+\frac{1}{1+\frac{2}{m}}+\cdots+\frac{1}{1+\frac{(k-1)m}{m}}\right\}$$

$$=\int_1^k\frac{dx}{x}=lg\,k.$$

Zu den Reihen, deren Glieder in einer bestimmt vorgeschriebenen Anordnung genommen werden müssen, gehören die Reihen, welche nach den Sinus und Cosinus der Vielfachen der Veränderlichen fortschreiten, und diese sollen in den folgenden Paragraphen den Gegenstand der Betrachtung bilden.

§. 21.

Die Reihe, welche nach den Sinus der Vielfachen des Argumentes fortschreitet.

Wir betrachten die Reihe

(40) $$a_1\,sin\,x+a_2\,sin\,2x+a_3\,sin\,3x+\cdots$$

Eine solche Entwicklung scheint mit der nach Potenzen von x im wesentlichen übereinzustimmen, sie ist aber durchaus davon verschieden. Es wird sich zeigen, dass in der Form (40) sich selbst solche Functionen entwickeln lassen, deren Verlauf ganz unregelmässig ist, und die, je nachdem die Veränderliche zwischen anderen Grenzen liegt, ganz verschiedene Gesetze befolgen, analog den Erscheinungen bei den discontinuirlichen bestimmten Integralen. Solche Reihen sind zuerst behandelt bei dem Probleme der schwingenden Saiten, mit welchem sich um die Mitte des vorigen Jahrhunderts Daniel Bernoulli, Euler, Lagrange u. a. beschäftigten. Bei der Art, wie Dan. Bernoulli die Aufgabe behandelte, wurde es nöthig, eine Function $f(x)$ in eine solche Reihe zu entwickeln, und zwar musste die Entwicklung gültig sein für alle

Werthe von x zwischen 0 und π. Bernoulli bestimmte die Coefficienten der Entwicklung nicht, sagte aber: was für eine Curve auch gezeichnet werden möge, die Ordinate müsse sich doch immer in dieser Form darstellen lassen. Er berief sich darauf, dass in der Reihe eine unendliche Anzahl von Coefficienten vorkomme. War die Behauptung Bernoulli's richtig, so musste man nachweisen können, dass die Entwicklung auch für die Ordinaten einer gebrochenen Linie passt, ebenso gut wie für jede andere Curve. Dies bestritt Euler, weil man auch in der Reihe

$$a + bx + cx^2 + \cdots$$

die Coefficienten nicht so bestimmen könne, dass die Linie von einem bestimmten Punkte aus ihre Richtung plötzlich ändere. Dies ist freilich richtig, denn $f(x) = a + bx$ stellt eine gerade Linie dar bis ins Unendliche, aber keine gebrochene Linie. In der That schien damals die Darstellung einer gebrochenen Linie auch in der Form (40) nicht möglich, und Bernoulli konnte auf den Einwurf Euler's nichts weiter erwidern, als dass man eine unendliche Anzahl von Coordinaten habe und diese beliebig bestimmen könne.

Erst durch spätere Untersuchungen hat es sich herausgestellt, dass es möglich ist, die Ordinaten einer gebrochenen Linie in der Form der Reihe (40) auszudrücken. Am einfachsten ist diese Entwicklung, indem man von einer endlichen Anzahl von Gliedern zu einer unendlichen übergeht. Man sucht also zunächst für einzelne besondere Werthe der Variablen die zugehörigen Werthe der Function durch die Reihe (40) auszudrücken, ohne sich jedoch an eine beschränkte Anzahl zu binden. Wenn man dann die Anzahl dieser Werthe immer weiter vermehrt, so kommt man endlich zu einer unbestimmten Anzahl. Also, geometrisch aufgefasst, bestimmt man zuerst für einzelne Abscissen die Ordinate, und zwar für immer mehr und mehr, und geht dann zu der unendlichen Anzahl über, d. h. man nimmt die ganze Curve.

§. 22.

Summirung der $\overline{n-1}$ ersten Glieder. Grenzwerth für $n = \infty$.

Wir wollen die Reihe aus $n - 1$ Gliedern bestehen lassen, also setzen:

(41) $f(x) = a_1 \sin x + a_2 \sin 2x + \cdots + a_{n-1} \sin \overline{n-1}\, x.$

Diese Function hat den Werth 0 für $x = 0$ und für $x = \pi$. Wir wollen daher ihren Verlauf nur für solche x betrachten, die grösser als 0 und kleiner als π sind. Unter dieser Beschränkung können wir für $n - 1$ bestimmte, beliebig gewählte Werthe von x die Functionswerthe in Uebereinstimmung bringen je mit der entsprechenden Ordinate einer willkürlich genommenen Curve. Dadurch erhalten wir nemlich $n - 1$ Bedingungsgleichungen, in welchen die $n - 1$ Unbekannten $a_1, a_2, \cdots a_{n-1}$ lineär vorkommen. Diese werden sich also, allgemein zu reden, aus den Bedingungsgleichungen eindeutig bestimmen lassen. Wir wählen die $n - 1$ bestimmten Werthe von x so, dass sie eine arithmetische Progression bilden, also

$$\frac{\pi}{n}, \frac{2\pi}{n}, \frac{3\pi}{n}, \cdots \frac{m\pi}{n}, \cdots \frac{\overline{n-1}\,\pi}{n},$$

und bezeichnen die zugehörigen Ordinaten der Curve mit resp.

$$y_1, y_2, y_3, \cdots y_m, \cdots y_{n-1}.$$

Dann sind $n - 1$ Werthe der Function $f(x)$ festgelegt durch die Gleichungen

$$f\left(\frac{\pi}{n}\right) = y_1, f\left(\frac{2\pi}{n}\right) = y_2, \cdots f\left(\frac{m\pi}{n}\right) = y_m, \cdots f\left(\frac{\overline{n-1}\,\pi}{n}\right) = y_{n-1}.$$

Daraus ergeben sich für die $n - 1$ unbekannten Coefficienten in (41) die Gleichungen

$$f\left(\frac{\pi}{n}\right) = a_1 \sin\frac{\pi}{n} + a_2 \sin 2\frac{\pi}{n} + \cdots + a_{n-1} \sin(n-1)\frac{\pi}{n},$$

$$f\left(\frac{2\pi}{n}\right) = a_1 \sin\frac{2\pi}{n} + a_2 \sin 2\frac{2\pi}{n} + \cdots + a_{n-1} \sin(n-1)\frac{2\pi}{n},$$

. . . .

$$f\left(\frac{\overline{n-1}\,\pi}{n}\right) = a_1 \sin\frac{\overline{n-1}\,\pi}{n} + a_2 \sin 2\,\frac{\overline{n-1}\,\pi}{n} + \cdots$$
$$\cdots + a_{n-1} \sin(n-1)\,\frac{\overline{n-1}\,\pi}{n}.$$

Aus diesen Gleichungen haben wir die Werthe der Grössen $a_1, a_2, \cdots a_{n-1}$ zu bestimmen. Hierfür hat zuerst Lagrange*)

*) Miscellanea Taurinensia. Tomus I. Recherches sur la nature et la propagation du son. — Misc. Taur. Tom. III. Des vibrations d'une corde tendue et chargée d'un nombre quelconque de poids. (Pag. 247.) — Ueber die directe Lösung mit Hülfe der Determinanten-Theorie sehe man nach in dem Aufsatze: Solution de la question 979, par M. E. de Hunyady. (Nouvelles Annales de Mathématiques. 2. série. Tome 11. 1872.)

ein sehr einfaches Mittel angegeben. Wenn man nemlich jede Gleichung mit einem besondern unbestimmten Coefficienten multiplicirt und dann sämmtliche Gleichungen addirt, so lässt sich das System der unbestimmten Coefficienten so bestimmen, dass in der Summe alle Grössen a bis auf eine mit 0 multiplicirt sind. Im allgemeinen würde die Ermittlung des Werthes der unbestimmten Coefficienten von einer ähnlichen Frage abhängen, wie die Lösung der Gleichungen selbst. Für unsere Gleichungen aber gibt es ein sehr einfaches Factorensystem. Um irgend ein a zu berechnen, hat man jede Gleichung mit dem Doppelten des Factors zu multipliciren, mit welchem das a in der Gleichung schon multiplicirt ist. Soll also a_m ermittelt werden, so multipliciren wir die erste Gleichung mit $2\,sin\,m\frac{\pi}{n}$, die zweite mit $2\,sin\,m\frac{2\pi}{n}$, die dritte mit $2\,sin\,m\frac{3\pi}{n}$, u. s. f., die letzte mit $2\,sin\,m\frac{\overline{n-1}\,\pi}{n}$ und addiren die Resultate. Es fragt sich dann, was in der Summe multiplicirt ist mit a_k für $k \gtrless m$, und was multiplicirt ist mit a_m. Als Factor von a_k erhalten wir

$$A_k = 2\left(sin\,k\frac{\pi}{n}\,sin\,m\frac{\pi}{n} + sin\,k\frac{2\pi}{n}\,sin\,m\frac{2\pi}{n} + \cdots \right.$$
$$\left. \cdots + sin\,k\frac{\overline{n-1}\,\pi}{n}\,sin\,m\frac{\overline{n-1}\,\pi}{n}\right).$$

Hier lässt sich jedes Glied verwandeln nach der Formel

$$2\,sin\,\alpha\,sin\,\beta = cos\,(\alpha-\beta) - cos\,(\alpha+\beta).$$

Dadurch ergibt sich als Factor von a_k

$$A_k = cos\,(k-m)\frac{\pi}{n} + cos\,(k-m)\frac{2\pi}{n} + \cdots + cos\,(k-m)\frac{\overline{n-1}\,\pi}{n}$$
$$-\left[cos\,(k+m)\frac{\pi}{n} + cos\,(k+m)\frac{2\pi}{n} + \cdots + cos\,(k+m)\frac{\overline{n-1}\,\pi}{n}\right].$$

Es kommt also darauf an, zu summiren

$$s = cos\,\theta + cos\,2\,\theta + \cdots + cos\,(n-1)\,\theta.$$

Multiplicirt man auf beiden Seiten dieser Gleichung mit $2\,cos\,\theta$ und verwandelt die Producte von Cosinus in Summen, so erhält man

$$2\,s\,cos\,\theta = 1 + cos\,\theta + cos\,2\,\theta + \cdots + cos\,(n-2)\,\theta$$
$$+ cos\,2\,\theta + cos\,3\,\theta + cos\,4\,\theta + \cdots + cos\,n\,\theta.$$

Für die erste Reihe auf der rechten Seite können wir schreiben $1 - \cos(n-1)\theta + s$, für die zweite Reihe $\cos n\theta - \cos\theta + s$ und erhalten also aus der letzten Gleichung

$$2s(1-\cos\theta) = -(1-\cos\theta) + \{\cos(n-1)\theta - \cos n\theta\},$$

oder

$$s = -\frac{1}{2} + \frac{\cos(n-1)\theta - \cos n\theta}{2(1-\cos\theta)}$$

$$= -\frac{1}{2} + \frac{2\sin\frac{1}{2}\theta\sin\frac{2n-1}{2}\theta}{4\sin\frac{1}{2}\theta\sin\frac{1}{2}\theta}$$

$$= -\frac{1}{2} + \frac{\sin(2n-1)\frac{\theta}{2}}{2\sin\frac{1}{2}\theta}.$$

Mit Hülfe dieser Formel lässt sich der gefundene Ausdruck für A_k summiren. Die Formel kann allerdings in ihrem letzten Gliede die Form $0:0$ annehmen, wenn $\sin\frac{1}{2}\theta = 0$, also θ ein Vielfaches von 2π ist. Dies tritt aber in unserm Falle nicht ein, da k und m beide kleiner als n und von einander verschieden sind. Wir haben nun einmal $\theta = (k-m)\frac{\pi}{n}$, und einmal $\theta = (k+m)\frac{\pi}{n}$ zu setzen: in beiden Fällen liegt dann der Zahlwerth von θ zwischen 0 und 2π. Nehmen wir nun $\theta = \frac{h\pi}{n}$, wo h immer eine ganze Zahl und entweder $= k - m$ oder $= k + m$ ist, so wird

$$s = -\frac{1}{2} + \frac{\sin\left(h\pi - \frac{h\pi}{2n}\right)}{2\sin\frac{h\pi}{2n}}.$$

Auf der rechten Seite kann der Nenner des zweiten Gliedes nicht $= 0$ werden. Lösen wir im Zähler den Sinus der Differenz auf und beachten, dass $\sin h\pi = 0$ ist, so wird

$$s = -\frac{1}{2} - \frac{\sin\frac{h\pi}{2n}\cos h\pi}{2\sin\frac{h\pi}{2n}} = -\frac{1}{2}(1+\cos h\pi).$$

Dieser Werth von s ist 0 oder -1, je nachdem h ungerade oder gerade ist. Es sind aber $k-m$ und $k+m$ immer gleichzeitig gerade oder ungerade, und folglich haben die beiden Reihen, deren Differenz $= A_k$ ist, immer denselben Werth. Der gesuchte Factor von a_k ist also $= 0$, wenn k von m verschieden ist.

Der Factor von a_m findet sich, indem wir in A_k setzen $k = m$. D. h. es ist

$$A_m = 1 + 1 + \cdots \qquad + 1$$
$$-\left[\cos 2m\frac{\pi}{n} + \cos 2m\frac{2\pi}{n} + \cdots + \cos 2m\frac{\overline{n-1}\,\pi}{n}\right].$$

Die erste Reihe ist $= n-1$. Um die Klammer in der zweiten Reihe zu summiren, hat man in dem letzten Ausdrucke für s zu setzen $h = 2m$. Die Summe in der Klammer wird also $= -1$, und daher ist

$$A_m = n.$$

Wir erhalten das Resultat

$$(42) \qquad n\,a_m = 2f\left(\frac{\pi}{n}\right)\sin\frac{m\pi}{n} + 2f\left(\frac{2\pi}{n}\right)\sin\frac{2m\pi}{n} + \cdots$$
$$\cdots + 2f\left(\frac{\overline{n-1}\,\pi}{n}\right)\sin\frac{\overline{n-1}\,m\pi}{n},$$

und darin ist der Reihe nach

$$m = 1, 2, 3, \ldots n-1$$

zu setzen.

Gehen wir jetzt vom Endlichen zum Unendlichen über, so haben wir zu untersuchen, was aus dem Coefficienten a_m wird, wenn n immer mehr wächst. Es ist

$$a_m = \frac{2}{\pi}\,\frac{\pi}{n}\left\{f\left(\frac{\pi}{n}\right)\sin\frac{m\pi}{n} + f\left(\frac{2\pi}{n}\right)\sin\frac{2m\pi}{n} + \cdots\right.$$
$$\left.\cdots + f\left(\frac{\overline{n-1}\,\pi}{n}\right)\sin\frac{\overline{n-1}\,m\pi}{n}\right\}.$$

Lassen wir auf der rechten Seite n ins Unendliche zunehmen, so erhalten wir

$$a_m = \frac{2}{\pi}\int_0^\pi f(x)\sin m x\,dx.$$

Hiermit ist unsere Aufgabe gelöst. Die Coefficienten in der Entwicklung von $f(x)$ sind so bestimmt, dass die Function für einen beliebigen Werth von x, der grösser als 0 und kleiner als π ist, die Ordinate einer willkürlich genommenen Curve ausdrückt. Es ist freilich nicht gesagt, dass die Coefficienten sich immer in endlicher Form entwickeln lassen. Aber wir haben sie doch in Form von bestimmten Integralen. Die Entwicklung von $f(x)$ lautet danach

$$(43) \qquad f(x) = a_1 \sin x + a_2 \sin 2x + \cdots + a_m \sin mx + \cdots$$

$$a_m = \frac{2}{\pi} \int_0^\pi f(\alpha) \sin m\alpha \, d\alpha.$$

$$\pi > x > 0.$$

Die Function ist hier an gar keine analytische Eigenschaft gebunden, sondern kann sich an verschiedenen Stellen ändern. Die Coefficienten sind dann immer noch durch bestimmte Integrale, also durch Flächen ausgedrückt.

Hiernach könnte man den Versuch machen, mit einer Potenzreihe ebenso zu verfahren, d. h. eine parabolische Curve an beliebigen Stellen mit einer willkürlich genommenen Curve zusammenfallen zu lassen und hierauf die Anzahl dieser einzelnen Stellen unendlich zu vermehren. Dies geht aber nicht, wie man leicht sieht, und der Grund davon liegt eben darin, dass der Uebergang zum Unendlichen nicht ausführbar ist. Bei der parabolischen Curve nähern sich die Coefficienten nicht wie hier einer bestimmten Grenze, wenn man die Gliederzahl der Reihe ins Unendliche zunehmen lässt. Man kann also eine solche parabolische Curve nicht mit einer gebrochenen Linie zusammenfallen lassen, wenn man auch noch so viele Punkte auf beiden gemeinschaftlich nehmen kann. Vielmehr schwankt für die dazwischen liegenden Punkte die parabolische Curve hin und her. Also war das Argument von Daniel Bernoulli, dass er unendlich viele Coefficienten habe und diese nur zu bestimmen brauche, im allgemeinen *a priori* nicht richtig, sondern er hätte nachweisen müssen, dass jeder Coefficient sich immer einem bestimmten Werthe nähert.

Aus der obigen Entwicklung erhellt, dass die Function für $x = 0$ und $x = \pi$ nicht mehr durch die Reihe dargestellt wird. Denn die Reihe hat für diese beiden äussersten Werthe der Variablen den Werth 0, während die Function beliebige andere Werthe haben kann.

§. 23.

Beispiele.

I. Wir nehmen als Beispiel

$$f(x) = x.$$

Dann lässt sich das unbestimmte Integral

$$\int f(\alpha) \sin m\alpha\, d\alpha$$

leicht finden. Es ist

$$\int \alpha \sin m\alpha\, d\alpha = -\frac{\alpha \cos m\alpha}{m} + \int \cos m\alpha \frac{d\alpha}{m}$$

$$= -\frac{\alpha \cos m\alpha}{m} + \frac{\sin m\alpha}{m^2} + c.$$

Hiernach erhalten wir das bestimmte Integral

$$\int_0^\pi \alpha \sin m\alpha\, d\alpha = -\pi \frac{\cos m\pi}{m},$$

also $$a_m = \frac{2}{\pi}\int_0^\pi \alpha \sin m\alpha\, d\alpha = -\frac{2 \cos m\pi}{m}.$$

Der Cosinus ist abwechselnd -1 und $+1$. Wir haben danach die Entwicklung

$$\frac{1}{2} x = \sin x - \frac{\sin 2x}{2} + \frac{\sin 3x}{3} - \frac{\sin 4x}{4} + - \cdots$$

Für $x = 0$ sind beide Seiten der Gleichung $= 0$. Die Entwicklung gilt also noch für $x = 0$. Beide Seiten gehen ins Entgegengesetzte über, wenn x mit $-x$ vertauscht wird. Folglich ist die Gleichung gültig für $+\pi > x > -\pi$, dagegen nicht mehr für $x = \pm \pi$.

II. Wir können auch eine Function, die von $x = 0$ bis $x = \pi$ constant, z. B. $= 1$ ist, in eine Reihe entwickeln. In diesem Falle haben wir

$$\int \sin m\alpha\, d\alpha = -\frac{\cos m\alpha}{m} + c,$$

also $$a_m = \frac{2}{\pi}\int_0^\pi \sin m\alpha\, d\alpha = \frac{2}{\pi} \cdot \frac{1 - \cos m\pi}{m}.$$

Dieser Werth ist $= 0$ für ein gerades m, dagegen $= \frac{4}{m\pi}$ für ein ungerades m. Folglich ergibt sich

$$\frac{\pi}{4} = \frac{\sin x}{1} + \frac{\sin 3x}{3} + \frac{\sin 5x}{5} + \cdots$$

Diese Entwicklung ist für $x = 0$ und $x = \pi$ nicht mehr gültig. Vertauscht man x mit $-x$, so geht die rechte Seite ins Entgegengesetzte über. Die Summe der Reihe ist also $= -\frac{\pi}{4}$ für negative x. Sie ist $= 0$ für $x = 0$. An dieser Stelle findet also ein doppelter Sprung statt, von $\frac{\pi}{4}$ auf 0 und von 0 auf $-\frac{\pi}{4}$, wenn x aus dem Positiven durch 0 ins Negative übergeht.

III. Suchen wir nun auch die Ordinaten einer gebrochenen Linie durch die Reihe (43) darzustellen. Sie sei zusammengesetzt aus den Katheten eines gleichschenkligen rechtwinkligen Dreiecks, dessen Hypotenuse das Stück der x-Axe von 0 bis π sein möge (Fig. 6). Dann haben wir

$$\text{für } \frac{\pi}{2} \geqq x \geqq 0 \qquad f(x) = x,$$

$$\text{für } \pi \geqq x \geqq \frac{\pi}{2} \qquad f(x) = \pi - x.$$

Fig. 6.

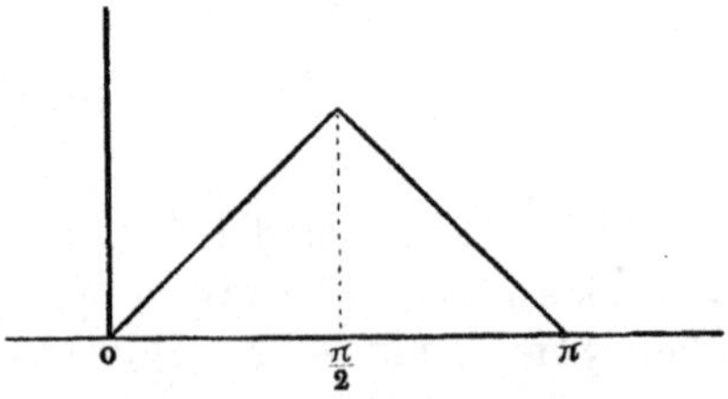

Das Integral muss hier in zwei zerlegt werden, nemlich

$$\int_0^{\pi} f(\alpha) \sin m\alpha \, d\alpha = \int_0^{\frac{\pi}{2}} f(\alpha) \sin m\alpha \, d\alpha + \int_{\frac{\pi}{2}}^{\pi} f(\alpha) \sin m\alpha \, d\alpha$$

$$= \int_0^{\frac{\pi}{2}} \alpha \sin m\alpha \, d\alpha + \int_{\frac{\pi}{2}}^{\pi} (\pi - \alpha) \sin m\alpha \, d\alpha.$$

Es ist aber

$$\int \alpha \sin m\alpha\, d\alpha = -\frac{\alpha \cos m\alpha}{m} + \frac{\sin m\alpha}{m^2} + c,$$

$$\int (\pi - \alpha) \sin m\alpha\, d\alpha = -\frac{\pi \cos m\alpha}{m} + \frac{\alpha \cos m\alpha}{m} - \frac{\sin m\alpha}{m^2} + c,$$

folglich

$$\int_0^{\frac{\pi}{2}} \alpha \sin m\alpha\, d\alpha = -\frac{\frac{1}{2}\pi \cos\frac{1}{2}m\pi}{m} + \frac{\sin\frac{1}{2}m\pi}{m^2},$$

und

$$\int_{\frac{\pi}{2}}^{\pi} (\pi - \alpha) \sin m\alpha\, d\alpha = \frac{\frac{1}{2}\pi \cos\frac{1}{2}m\pi}{m} + \frac{\sin\frac{1}{2}m\pi}{m^2}.$$

Daraus ergibt sich

$$\int_0^{\pi} f(\alpha) \sin m\alpha\, d\alpha = 2\,\frac{\sin\frac{1}{2}m\pi}{m^2}$$

und

$$a_m = \frac{4}{\pi}\,\frac{\sin\frac{1}{2}m\pi}{m^2}.$$

Für gerade m ist $\sin\frac{1}{2}m\pi = 0$, für ungerade m dagegen $= +1$, wenn $m = 4n + 1$, und $= -1$, wenn $m = 4n - 1$ ist. Wir erhalten demnach

$$f(x) = \frac{4}{\pi}\left\{\frac{\sin x}{1^2} - \frac{\sin 3x}{3^2} + \frac{\sin 5x}{5^2} - + \cdots\right\}$$

$$\pi > x > 0.$$

Setzen wir $x = \frac{\pi}{2}$, so ist auch $f(x) = \frac{\pi}{2}$, also

$$\frac{\pi^2}{8} = \frac{1}{1^2} + \frac{1}{3^2} + \frac{1}{5^2} + \cdots$$

IV. Wir haben bis jetzt vorausgesetzt, dass die Function von $x = 0$ bis $x = \pi$ ununterbrochen continuirlich sei. Es kann aber auch an einzelnen Stellen ein Sprung eintreten, so dass man für die betreffende Abscisse eigentlich zwei Ordinaten hat, die von einander verschieden sind, aber zunächst beide endlich sein sollen. Das bestimmte Integral hat auch für solche Curven noch seine Bedeutung. Ob wir an der Stelle der Sprünge die eine oder die andere Ordinate, multiplicirt mit dx, als Beitrag zu dem Integral nehmen, ist gleichgültig, denn dieser Beitrag ist ja unendlich klein. Doch darf der Sprung nur an einzelnen Stellen vorkommen, und nach jedem Sprunge muss wieder eine stetige Strecke folgen (Fig. 7). Wollen wir nun eine solche Function in eine Reihe nach den Sinus der Vielfachen von x entwickeln, so haben die Integrale bestimmte Werthe. Die Coefficienten sind also ebenfalls bestimmt. Es fragt sich nur, welchen Werth die Reihe an einer Unstetigkeitsstelle annimmt. Sie kann ja an dieser Stelle nur einen Werth besitzen, also nicht gleichzeitig beide Ordinaten der Unstetigkeitsstelle ausdrücken. Es ist daher nöthig, von dieser Seite die Reihe noch genauer zu beleuchten.

Wir nehmen als Beispiel eine Function, welche von $x = 0$ bis $x = \frac{\pi}{2}$ den Werth 1, von $x = \frac{\pi}{2}$ bis $x = \pi$ den Werth 0 hat (Fig. 8). Dann ist

Fig. 7.

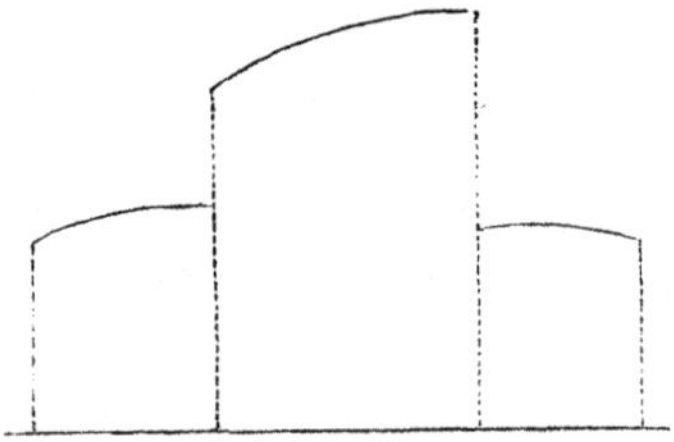

Fig. 8.

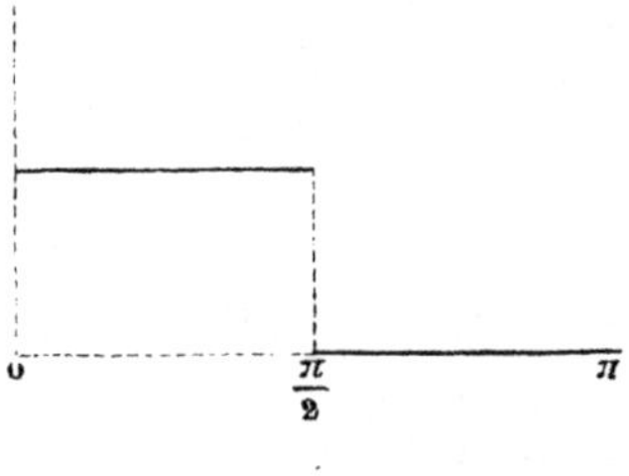

$$\int_0^{\pi} f(\alpha) \sin m\alpha \, d\alpha = \int_0^{\frac{\pi}{2}} \sin m\alpha \, d\alpha = \frac{1 - \cos \frac{1}{2} m\pi}{m},$$

also $a_m = \frac{2}{\pi} \frac{1 - \cos \frac{1}{2} m\pi}{m}$. Für $m = 4n$ ist $\cos \frac{1}{2} m\pi = 1$, also $a_m = 0$. Für $m = 4n + 2$ ist $\cos \frac{1}{2} m\pi = -1$, also $a_m = \frac{2}{\pi} \cdot \frac{2}{m}$. Ist m ungerade, so wird $\cos \frac{1}{2} m\pi = 0$, und deshalb $a_m = \frac{2}{\pi} \cdot \frac{1}{m}$. Daher ergibt sich

$$f(x) = \frac{2}{\pi} \left\{ \frac{\sin x}{1} + \frac{2}{2} \sin 2x + \frac{1}{3} \sin 3x + \frac{1}{5} \sin 5x + \frac{2}{6} \sin 6x + \cdots \right\}.$$

Also haben wir aus dieser Reihe

$$\frac{\pi}{2} = \sin x + \sin 2x + \frac{\sin 3x}{3} + \frac{\sin 5x}{5} + \frac{\sin 6x}{3} + \cdots$$

$$\text{für } \frac{\pi}{2} > x > 0,$$

und

$$0 = \sin x + \sin 2x + \frac{\sin 3x}{3} + \frac{\sin 5x}{5} + \frac{\sin 6x}{3} + \cdots$$

$$\text{für } \pi > x > \frac{\pi}{2}.$$

Suchen wir hier nun den Werth der Reihe an der Sprungstelle, also für $x = \frac{\pi}{2}$, so ergibt sich

$$1 - \frac{1}{3} + \frac{1}{5} - \frac{1}{7} \cdots$$

und die Summe dieser Reihe ist bekanntlich $\frac{\pi}{4}$. Der Werth der Reihe liegt also an der Sprungstelle in der Mitte zwischen den beiden Werthen der Function.

§. 24.

Die Reihe, welche nach den Cosinus der Vielfachen des Argumentes fortschreitet.

Wie in dem Vorhergehenden die Entwicklung nach den Sinus der Vielfachen von x vorgenommen ist, so soll nun die Function in einer Reihe dargestellt werden, die nach den Cosinus der Vielfachen von x fortschreitet. Wir erreichen diesen Zweck am einfachsten, indem wir in (43) statt $f(x)$ schreiben $2f(x)\sin x$. Dadurch erhalten wir

$$2f(x)\sin x = a_1 \sin x + a_2 \sin 2x + a_3 \sin 3x + \cdots$$

$$a_m = \frac{2}{\pi}\int_0^\pi 2f(\alpha)\sin\alpha\sin m\alpha\, d\alpha.$$

Setzen wir nun

$$b_h = \frac{2}{\pi}\int_0^\pi f(\alpha)\cos h\alpha\, d\alpha,$$

so wird

$$a_m = b_{m-1} - b_{m+1},$$

und dadurch geht die vorige Entwicklung über in

$$2f(x)\sin x = (b_0 - b_2)\sin x + (b_1 - b_3)\sin 2x + (b_2 - b_4)\sin 3x + \cdots$$

oder

$$2f(x)\sin x = b_0 \sin x + b_1 \sin 2x + b_2(\sin 3x - \sin x) + \cdots$$
$$\cdots + b_m(\sin \overline{m+1}\,x - \sin \overline{m-1}\,x) + \cdots$$

Entwickeln wir hier $\sin 2x = 2 \sin x \cos x$,

$$\sin \overline{m+1}\,x - \sin \overline{m-1}\,x = 2 \sin x \cos m x,$$

und dividiren auf beiden Seiten durch $2 \sin x$, so ergibt sich

$$(44) \quad f(x) = \frac{1}{2} b_0 + b_1 \cos x + b_2 \cos 2x + \cdots + b_m \cos m x + \cdots$$

$$b_m = \frac{2}{\pi} \int_0^\pi f(\alpha) \cos m \alpha \, d\alpha.$$

Bei der Reihe (43) fanden wir, dass sie für die äussersten Werthe $x = 0$ und $x = \pi$ die Function nicht mehr ausdrückt. Denn es wird dort in den beiden äussersten Fällen die Summe der Reihe $= 0$, während die Function von 0 verschieden sein kann. Wir haben nun hier die Reihe (43) zur Entwicklung einer Function $f(x) \,.\, \sin x$ angewandt, die für $x = 0$ und $x = \pi$ den Werth 0 annimmt, wie die Reihe. Hier haben wir also einen besondern Fall, in welchem die Entwicklung für $x = 0$ und $x = \pi$ noch den Functionswerth gibt. Ob aber die abgeleitete Reihe (44) allgemein für $x = 0$ und $x = \pi$ noch gültig ist, lässt sich mit Sicherheit noch nicht beurtheilen. Vorläufig notiren wir also als Gültigkeitsintervall der Reihe (44)

$$\pi > x > 0.$$

Entwickeln wir auch hier z. B. die Function $f(x) = x$, so haben wir

$$\int \alpha \cos m \alpha \, d\alpha = \frac{\alpha \sin m \alpha}{m} - \int \frac{\sin m \alpha}{m} d\alpha$$
$$= \frac{\alpha \sin m \alpha}{m} + \frac{\cos m \alpha}{m^2} + c,$$

also

$$\int_0^\pi \alpha \cos m \alpha \, d\alpha = \frac{\cos m \pi - 1}{m^2},$$

und daher

$$b_m = \frac{2}{\pi} \cdot \frac{\cos m\pi - 1}{mm}.$$

Für ein gerades m ist $b_m = 0$, für $m = 0$ wird aber

$$\int_0^\pi \alpha \, d\alpha = \frac{\pi\pi}{2},$$

also

$$\frac{1}{2} b_0 = \frac{1}{2} \cdot \frac{2}{\pi} \cdot \frac{\pi\pi}{2}.$$

Daraus ergibt sich

$$x = \frac{\pi}{2} - \frac{4}{\pi}\left\{\cos x + \frac{\cos 3x}{3^2} + \frac{\cos 5x}{5^2} + \cdots\right\}.$$

Diese Reihe gilt auch für die beiden äussersten Werthe $x = 0$ und $x = \pi$. Denn es ist

$$0 = \frac{\pi}{2} - \frac{4}{\pi}\left\{1 + \frac{1}{3^2} + \frac{1}{5^2} + \cdots\right\},$$

$$\pi = \frac{\pi}{2} + \frac{4}{\pi}\left\{1 + \frac{1}{3^2} + \frac{1}{5^2} + \cdots\right\},$$

wie man leicht findet, wenn man die in §. 23 unter III. entwickelte Reihe für $\frac{\pi^2}{8}$ berücksichtigt.

Obgleich dieselbe Function sowohl nach den Sinus als nach den Cosinus der Vielfachen von x entwickelt werden kann, so findet doch ein wesentlicher Unterschied zwischen beiden Darstellun-

Fig. 9.

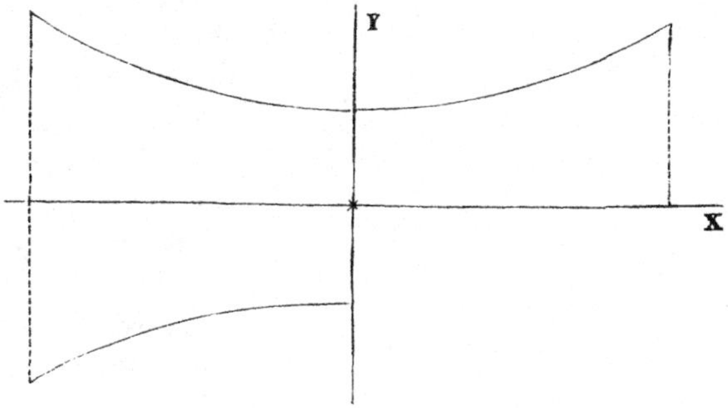

gen statt. Die eine Reihe wird die Eigenschaft der Sinus haben, dass sie ins Entgegengesetzte übergeht, wenn x mit $-x$ vertauscht wird, d. h. auf eine Curve angewandt, dass für entgegengesetzt gleiche Abscissen auch die Ordinaten entgegengesetzt gleich sind (Fig. 9).

Hat die Curve für $x = 0$ nicht die Ordinate 0, so besitzt sie an dieser Stelle zwei entgegengesetzt gleiche Ordinaten. Es findet dann also ein Sprung statt, und die Reihe gibt für $x = 0$ den Mittelwerth beider Ordinaten, nemlich 0. Die Reihe, die nach den Cosinus der Vielfachen von x fortschreitet, stellt dagegen eine Curve dar, die für entgegengesetzt gleiche Abscissen gleiche Ordinaten hat, also symmetrisch zur Ordinatenaxe liegt. Wir haben z. B. gefunden:

$$x = 2\left(\sin x - \frac{\sin 2x}{2} + \frac{\sin 3x}{3} - + \cdots\right).$$

Dadurch wird (Fig. 10) die gerade Linie AOB dargestellt, welche den ersten und dritten Quadranten halbirt, und die Entwicklung gilt für $\pi > x > -\pi$. Dagegen haben wir eben die Reihe abgeleitet

$$\pm x = \frac{\pi}{2} - \frac{4}{\pi}\left(\cos x + \frac{\cos 3x}{3^2} + \frac{\cos 5x}{5^2} + \cdots\right).$$

Diese stellt von $x = +\pi$ bis $x = -\pi$ die gebrochene Linie AOC dar, welche den ersten und zweiten Quadranten halbirt.

Man wird also, wenn eine Function nicht allein zwischen $x = 0$ und $x = \pi$, sondern zwischen $x = -\pi$ und $x = +\pi$ dargestellt werden soll, zu unterscheiden haben, ob sie für entgegengesetzt gleiche Werthe von x entgegengesetzte oder gleiche Werthe annimmt. Im ersten Falle kann man sie nach Sinus, im andern nach Cosinus entwickeln. Es kann aber noch der dritte Fall eintreten, dass die Function für entgegengesetzt gleiche Werthe von x weder gleiche noch entgegengesetzte Werthe besitzt. Dieser dritte Fall bedarf noch der besondern Untersuchung.

Fig. 10.

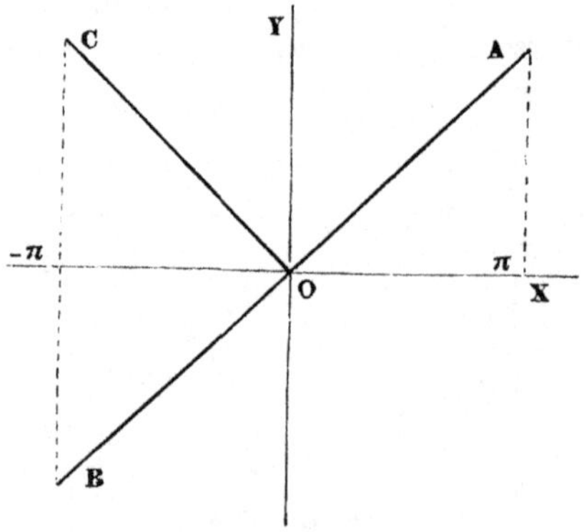

§. 25.

Fourier's Reihe.

Es seien die Werthe der Function $\varphi(x)$ von $x = -\pi$ bis $x = +\pi$ völlig willkürlich gegeben, jedoch so, dass Sprünge nur an einzelnen Stellen stattfinden, und dass auf jeden Sprung wieder ein continuirlicher Verlauf folgt. Dann lässt sich $\varphi(x)$ in eine Reihe entwickeln, die sowohl die Sinus als die Cosinus der Vielfachen von x enthält. Man kann nemlich $\varphi(x)$ als eine Summe von zwei Functionen darstellen, von denen die eine unverändert bleibt, die andere ins Entgegengesetzte übergeht, wenn x mit $-x$ vertauscht wird. Die erste Function lässt sich dann nach Cosinus, die andere nach Sinus entwickeln, und die Entwicklung ist gültig für $\pi > x > -\pi$. Die in Rede stehende Zerlegung ist folgende:

$$\varphi(x) = \frac{\varphi(x) + \varphi(-x)}{2} + \frac{\varphi(x) - \varphi(-x)}{2}.$$

Geometrisch ist dies leicht zu deuten. Wir haben drei Curven, die von $x = -\pi$ bis $x = +\pi$ verlaufen. Die Gleichungen dieser Curven sind

$$y' = \varphi(x) + \varphi(-x)$$
$$y'' = \varphi(x) - \varphi(-x)$$
$$y = \frac{1}{2}(y' + y'') = \varphi(x).$$

Die erste Curve (Fig. 11) hat gleiche Ordinaten für entgegengesetzte Werthe von x, die zweite hat entgegengesetzte Ordinaten

Fig. 11.

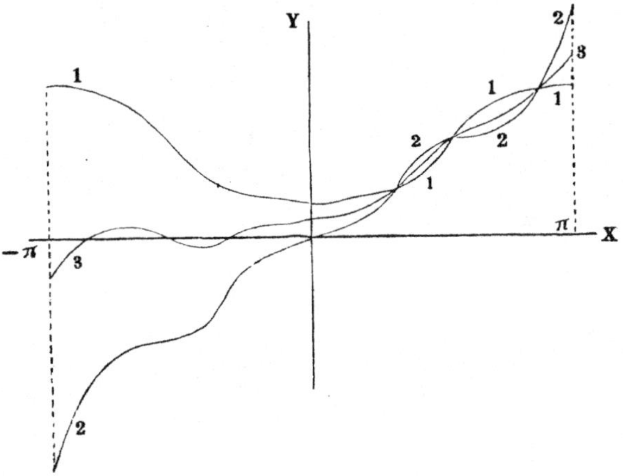

für entgegengesetzte Werthe von x. Die Ordinaten der dritten Curve sind stets das arithmetische Mittel der Ordinaten der ersten und zweiten Curve.

Wir entwickeln nun

$$\frac{\varphi(x)+\varphi(-x)}{2}=\frac{1}{2}b_0+b_1\cos x+b_2\cos 2x+\cdots,$$

$$b_m=\frac{2}{\pi}\int_0^\pi\frac{\varphi(\alpha)+\varphi(-\alpha)}{2}\cos m\alpha\,d\alpha.$$

Ferner

$$\frac{\varphi(x)-\varphi(-x)}{2}=a_1\sin x+a_2\sin 2x+a_3\sin 3x+\cdots,$$

$$a_m=\frac{2}{\pi}\int_0^\pi\frac{\varphi(\alpha)-\varphi(-\alpha)}{2}\sin m\alpha\,d\alpha.$$

Folglich erhalten wir

$$\varphi(x)=\frac{1}{2}b_0+b_1\cos x+b_2\cos 2x+\cdots+b_m\cos mx+\cdots$$
$$+a_1\sin x+a_2\sin 2x+\cdots+a_m\sin mx+\cdots$$

Die Ausdrücke für die Coefficienten können wir noch vereinfachen. Es ist

$$b_m=\frac{2}{\pi}\int_0^\pi\frac{\varphi(\alpha)+\varphi(-\alpha)}{2}\cos m\alpha\,d\alpha$$
$$=\frac{1}{\pi}\int_0^\pi\varphi(\alpha)\cos m\alpha\,d\alpha+\frac{1}{\pi}\int_0^\pi\varphi(-\alpha)\cos m\alpha\,d\alpha.$$

In dem letzten Integral setzen wir $-\alpha$ statt α, so wird

$$b_m=\frac{1}{\pi}\int_0^\pi\varphi(\alpha)\cos m\alpha\,d\alpha+\frac{1}{\pi}\int_0^{-\pi}\varphi(\alpha)\cos m\alpha\,(-d\alpha)$$
$$=\frac{1}{\pi}\int_0^\pi\varphi(\alpha)\cos m\alpha\,d\alpha+\frac{1}{\pi}\int_{-\pi}^0\varphi(\alpha)\cos m\alpha\,d\alpha,$$

oder kürzer

$$b_m=\frac{1}{\pi}\int_{-\pi}^\pi\varphi(\alpha)\cos m\alpha\,d\alpha.$$

Ebenso wird

$$a_m = \frac{2}{\pi}\int_0^\pi \frac{\varphi(\alpha) - \varphi(-\alpha)}{2} \sin m\alpha\, d\alpha$$

$$= \frac{1}{\pi}\int_0^\pi \varphi(\alpha) \sin m\alpha\, d\alpha - \frac{1}{\pi}\int_0^\pi \varphi(-\alpha) \sin m\alpha\, d\alpha$$

$$= \frac{1}{\pi}\int_0^\pi \varphi(\alpha) \sin m\alpha\, d\alpha - \frac{1}{\pi}\int_0^{-\pi} \varphi(\alpha) \sin(-m\alpha)\, d(-\alpha)$$

$$= \frac{1}{\pi}\int_0^\pi \varphi(\alpha) \sin m\alpha\, d\alpha + \frac{1}{\pi}\int_{-\pi}^0 \varphi(\alpha) \sin m\alpha\, d\alpha$$

$$= \frac{1}{\pi}\int_{-\pi}^\pi \varphi(\alpha) \sin m\alpha\, d\alpha.$$

Also ist unsere Reihe

$$(45) \qquad \varphi(x) = \frac{1}{2} b_0 + b_1 \cos x + b_2 \cos 2x + \cdots + b_m \cos mx + \cdots$$
$$+ a_1 \sin x + a_2 \sin 2x + \cdots + a_m \sin mx + \cdots$$

$$b_m = \frac{1}{\pi}\int_{-\pi}^\pi \varphi(\alpha) \cos m\alpha\, d\alpha,$$

$$a_m = \frac{1}{\pi}\int_{-\pi}^\pi \varphi(\alpha) \sin m\alpha\, d\alpha,$$

$$\pi > x > -\pi.$$

Die Reihen (43) und (44) sind specielle Fälle. Denn wenn $\varphi(-x) = \varphi(x)$ ist, so werden die Coefficienten a sämmtlich $= 0$, und man erhält die nach den Cosinus fortschreitende Reihe. Wenn dagegen $\varphi(-x) = -\varphi(x)$, so werden die Coefficienten b sämmtlich $= 0$, und man erhält die Entwicklung nach Sinus.

§. 26.

Fourier's Reihe. Summirung der $2n + 1$ ersten Glieder.

Das Verfahren, welches wir angewandt haben, beruht auf zwei unmotivirten Voraussetzungen, nemlich:

1. Wenn die Anzahl der Glieder unendlich geworden ist, so kann man nicht ohne weiteres sagen, dass die Reihe noch convergire.
2. Selbst wenn die unendliche Reihe convergirt, so ist noch nicht bewiesen, dass sie wirklich die Function darstellt. Auch diese Frage bedarf der besondern Untersuchung.

Wir abstrahiren also jetzt von allem Frühern und suchen von der Reihe (45) die Summe der $(2n+1)$ ersten Glieder zu bestimmen, also die Summe

$$S_{2n+1} = \frac{1}{2} b_0 + b_1 \cos x + b_2 \cos 2x + \cdots + b_n \cos nx$$
$$+ a_1 \sin x + a_2 \sin 2x + \cdots + a_n \sin nx.$$

Die Glieder dieser Reihe, abgesehen vom Anfangsgliede $\frac{1}{2} b_0$, nehmen wir in der Anordnung, dass jedesmal zwei Glieder zusammengefasst werden, in denen dasselbe Vielfache von x vorkommt. Setzen wir dann für jeden Coefficienten a und b seinen Werth ein, so kann die Summe, um die es sich handelt, folgendermaassen geschrieben werden:

$$S_{2n+1} =$$
$$\frac{1}{\pi}\int_{-\pi}^{\pi} \varphi(\alpha) d\alpha \begin{Bmatrix} \frac{1}{2} + \cos\alpha . \cos x + \cos 2\alpha . \cos 2x + \cdots + \cos n\alpha . \cos nx \\ + \sin\alpha . \sin x + \sin 2\alpha . \sin 2x + \cdots + \sin n\alpha . \cos nx \end{Bmatrix}$$
$$= \frac{1}{\pi}\int_{-\pi}^{\pi} \varphi(\alpha) d\alpha \left(\frac{1}{2} + \cos(\alpha - x) + \cos 2(\alpha - x) + \cdots + \cos n(\alpha - x)\right).$$

Die Reihe in der Klammer lässt sich summiren mit Hülfe der in §. 22 behandelten Summe s. Nimmt man dort n statt $n-1$ und addirt $\frac{1}{2}$, so ergibt sich

$$\frac{1}{2} + \cos\theta + \cos 2\theta + \cdots + \cos n\theta = \frac{\sin \frac{1}{2}(2n+1)\theta}{2 \sin \frac{1}{2}\theta}.$$

Man hat also nur $\theta = \alpha - x$ zu setzen und erhält

$$S_{2n+1} = \frac{1}{\pi}\int_{-\pi}^{\pi} \varphi(\alpha) \frac{\sin(2n+1)\frac{\alpha - x}{2}}{2 \sin \frac{\alpha - x}{2}} d\alpha.$$

Um zu entscheiden, ob die unendliche Reihe convergirt oder nicht, haben wir in dem gefundenen Ausdrucke für S_{2n+1} die Zahl $n = \infty$ zu setzen. Dieser Ausdruck ist ein bestimmtes Integral, dem man nicht ohne weiteres ansieht, welchem Grenzwerthe es sich nähert, wenn n ins Unendliche wächst. Die Untersuchung wird sich aber dadurch erleichtern lassen, dass wir vorher ein Integral von einfacherer Form betrachten.

§. 27.

Das Integral $\int_0^{\frac{\pi}{2}} \frac{\sin(2n+1)\beta}{\sin\beta}\, d\beta$.

Wir gehen aus von der Reihe

$$\frac{1}{2} + \cos 2\beta + \cos 4\beta + \cdots + \cos 2n\beta,$$

deren Summe wir leicht finden können. Man hat nur in der mit s bezeichneten Reihe in §. 22 n statt $n - 1$ zu nehmen und $\theta = 2\beta$ zu setzen. Dann ergibt sich die hier gesuchte Summe

$$= \frac{\sin(2n+1)\beta}{2\sin\beta}.$$

Wir multipliciren mit $d\beta$ und integriren zwischen den Grenzen 0 und $\frac{\pi}{2}$, also

$$\int_0^{\frac{\pi}{2}} \frac{\sin(2n+1)\beta}{2\sin\beta}\, d\beta = \int_0^{\frac{\pi}{2}} \frac{1}{2}\, d\beta + \int_0^{\frac{\pi}{2}} \cos 2\beta\, d\beta + \cdots + \int_0^{\frac{\pi}{2}} \cos 2n\beta\, d\beta.$$

Das erste Integral rechts hat den Werth $\frac{1}{4}\pi$. Die übrigen sind von der Form

$$\int_0^{\frac{\pi}{2}} \cos 2k\beta\, d\beta.$$

Es ergibt sich aber das unbestimmte Integral

$$\int \cos 2k\beta\, d\beta = \frac{\sin 2k\beta}{2k} + c$$

und folglich

$$\int_0^{\frac{\pi}{2}} \cos 2k\beta\, d\beta = 0.$$

Wir gelangen also zu dem Resultate, dass

$$\int_0^{\frac{\pi}{2}} \frac{\sin(2n+1)\beta}{\sin\beta}\, d\beta = \frac{\pi}{2}$$

ist, unabhängig von dem Werthe von n. Die Function unter dem Integralzeichen ändert zwischen den Grenzen 0 und $\frac{\pi}{2}$ der Variablen wiederholt ihr Vorzeichen, und zwar nur dadurch, dass der Zähler aus dem Positiven ins Negative und aus dem Negativen ins Positive übergeht. Der Nenner bleibt positiv. Setzen wir zur Abkürzung $2n+1=h$ und zerlegen das Intervall von 0 bis $\frac{\pi}{2}$ in die folgenden:

$$\begin{array}{llll} \text{von } 0 & & \text{bis } & \frac{\pi}{h}, \\ \text{,,} & \frac{\pi}{h} & \text{,,} & \frac{2\pi}{h}, \\ \text{,,} & \frac{2\pi}{h} & \text{,,} & \frac{3\pi}{h}, \\ \ldots & \ldots & \ldots & \ldots \\ \text{,,} & \frac{\overline{\nu-1}\,\pi}{h} & \text{,,} & \frac{\nu\pi}{h}, \\ \ldots & \ldots & \ldots & \ldots \\ \text{,,} & \frac{n\pi}{h} & \text{,,} & \frac{\pi}{2}. \end{array}$$

Dann hat die Function $\frac{\sin(2n+1)\beta}{\sin\beta}$ innerhalb dieser neuen Intervalle abwechselnd positives und negatives Vorzeichen. Die Intervalle sind von gleicher Grösse, nemlich $\frac{\pi}{h}$, mit Ausnahme des letzten, welches nur halb so gross ist. Wir zerlegen nun das betrachtete Integral in eine Summe von einzelnen Integralen, deren Grenzen wir so wählen, dass innerhalb derselben die Function $\frac{\sin(2n+1)\beta}{\sin\beta}$ ihr Zeichen nicht ändert. Dann haben wir

$$\frac{\pi}{2} = \int\limits_0^{\frac{\pi}{h}} \frac{\sin h\beta}{\sin\beta}\, d\beta + \int\limits_{\frac{\pi}{h}}^{\frac{2\pi}{h}} \frac{\sin h\beta}{\sin\beta}\, d\beta + \cdots + \int\limits_{\frac{\nu-1\,\pi}{h}}^{\frac{\nu\pi}{h}} \frac{\sin h\beta}{\sin\beta}\, d\beta + \cdots$$

$$\cdots + \int\limits_{\frac{n-1\,\pi}{h}}^{\frac{n\pi}{h}} \frac{\sin h\beta}{\sin\beta}\, db + \int\limits_{\frac{n\pi}{h}}^{\frac{\pi}{2}} \frac{\sin h\beta}{\sin\beta}\, d\beta.$$

Die auf einander folgenden Integrale haben abwechselnd positives und negatives Zeichen, und zwar positives oder negatives, je nachdem die untere Grenze ein gerades oder ein ungerades Vielfaches von $\frac{\pi}{h}$ ist. Setzen wir also

$$(-1)^{\nu-1} \int\limits_{(\nu-1)\frac{\pi}{h}}^{\frac{\nu\pi}{h}} \frac{\sin h\beta}{\sin\beta}\, d\beta = \varrho_{\nu-1}$$

für jedes ganze ν von $\nu = 1$ bis $\nu = n$, und

$$(-1)^n \int\limits_{\frac{n\pi}{h}}^{\frac{\pi}{2}} \frac{\sin h\beta}{\sin\beta}\, d\beta = \varrho_n,$$

so sind die sämmtlichen Grössen ϱ positiv, und wir haben die Gleichung

$$\frac{\pi}{2} = \varrho_0 - \varrho_1 + \varrho_2 \cdots + (-1)^{\nu-1}\varrho_{\nu-1} + \cdots$$
$$\cdots + (-1)^{n-1}\varrho_{n-1} + (-1)^n \varrho_n.$$

Der Werth des Integrals $\varrho_{\nu-1}$ lässt sich nach §. 6 zwischen zwei Grenzen einschliessen. Wir sehen die Function unter dem Integral als Product an

$$\sin h\beta \cdot \frac{1}{\sin\beta}.$$

Der erste Factor $\sin h\beta$ ändert innerhalb der Integrationsgrenzen sein Vorzeichen nicht, der andere Factor hat innerhalb derselben Grenzen den grössten Werth $\dfrac{1}{\sin\dfrac{(\nu-1)\pi}{h}}$

und den kleinsten Werth $\dfrac{1}{\sin\dfrac{\nu\pi}{h}}\cdot$

Also ergibt sich durch Anwendung des §. 6 die doppelte Ungleichung

$$\frac{(-1)^{\nu-1}}{\sin\dfrac{(\nu-1)\pi}{h}}\int\limits_{\frac{(\nu-1)\pi}{h}}^{\frac{\nu\pi}{h}}\sin h\beta\,d\beta > \varrho_{\nu-1} > \frac{(-1)^{\nu-1}}{\sin\dfrac{\nu\pi}{h}}\int\limits_{\frac{(\nu-1)\pi}{h}}^{\frac{\nu\pi}{h}}\sin h\beta\,d\beta.$$

Nun ist aber das unbestimmte Integral

$$\int\sin h\beta\,d\beta = \frac{-\cos h\beta}{h} + c,$$

und folglich

$$(-1)^{\nu-1}\int\limits_{\frac{(\nu-1)\pi}{h}}^{\frac{\nu\pi}{h}}\sin h\beta\,d\beta = \frac{2}{h}\cdot$$

Dadurch erhalten wir

$$\frac{2}{h\sin\dfrac{(\nu-1)\pi}{h}} > \varrho_{\nu-1} > \frac{2}{h\sin\dfrac{\nu\pi}{h}}.$$

Hierin sind für ν der Reihe nach alle ganzen Zahlen von $\nu = 1$ bis $\nu = n$ zu nehmen. Für das letzte Integral ϱ_n erhalten wir die doppelte Ungleichung

$$\frac{(-1)^n}{\sin\dfrac{n\pi}{h}}\int\limits_{\frac{n\pi}{h}}^{\frac{\pi}{2}}\sin h\beta\,d\beta > \varrho_n > \frac{(-1)^n}{\sin\dfrac{\pi}{2}}\int\limits_{\frac{n\pi}{h}}^{\frac{\pi}{2}}\sin h\beta\,d\beta$$

oder wenn man die Integrationen ausführt

$$\frac{1}{h\sin\dfrac{n\pi}{h}} > \varrho_n > \frac{1}{h}\cdot$$

Um so mehr ist also

$$\frac{2}{h \sin \frac{n\pi}{h}} > \varrho_n > \frac{1}{h}.$$

Aus den Ungleichungen für die Grössen ϱ ersieht man, dass für jedes ganze ν von $\nu = 1$ bis $\nu = n$

$$\varrho_{\nu-1} > \frac{2}{h \sin \frac{\nu\pi}{h}} > \varrho_\nu,$$

d. h.

$$\varrho_{\nu-1} > \varrho_\nu$$

sein muss. Brechen wir also die Reihe

$$\varrho_0 - \varrho_1 + \varrho_2 \cdots + (-1)^{n-1} \varrho_{n-1} + (-1)^n \varrho_n$$

bei einem positiven Gliede $\varrho_{2\mu}$ ab, so wird die Summe der vernachlässigten Glieder

$$= -(\varrho_{2\mu+1} - \varrho_{2\mu+2} + - \cdots)$$

negativ. Brechen wir dagegen bei einem negativen Gliede $\varrho_{2\mu-1}$ ab, so wird die Summe der vernachlässigten Glieder

$$+(\varrho_{2\mu} - \varrho_{2\mu+1} + - \cdots)$$

positiv. Im ersten Falle erhält man also mehr, im zweiten weniger als den Werth der vollständigen Reihe. D. h. es ist für $2\mu < n$:

$$\frac{\pi}{2} < \varrho_0 - \varrho_1 + \varrho_2 \cdots + \varrho_{2\mu-2} - \varrho_{2\mu-1} + \varrho_{2\mu}$$

$$\frac{\pi}{2} > \varrho_0 - \varrho_1 + \varrho_2 \cdots + \varrho_{2\mu-2} - \varrho_{2\mu-1}.$$

§. 28.

Das Integral $\int_0^b f(\beta) \frac{\sin(2n+1)\beta}{\sin\beta} d\beta$.

Nach dieser Vorbereitung nehmen wir das complicirtere Integral

$$T = \int_0^b f(\beta) \frac{\sin h\beta}{\sin\beta} d\beta,$$

worin wieder $h = 2n + 1$ sein soll. Für die Function $f(\beta)$ setzen wir fest, dass sie innerhalb der Integrationsgrenzen stetig und positiv sei und dass sie für wachsende β nicht zunehme. Unter b verstehen wir eine positive Grösse, die kleiner ist als $\frac{\pi}{2}$ oder $= \frac{\pi}{2}$. Um die Function T zu untersuchen, zerlegen wir zunächst wieder in eine Summe von einzelnen Integralen, für welche die Grenzen der Reihe nach

$$\begin{array}{ccc} 0 & \text{und} & \frac{\pi}{h} \\ \frac{\pi}{h} & \text{„} & \frac{2\pi}{h} \\ \frac{2\pi}{h} & \text{„} & \frac{3\pi}{h} \\ \cdots & \cdots & \cdots \\ \frac{m\pi}{h} & \text{„} & b \end{array}$$

sind. Dabei wird vorausgesetzt, dass $\frac{(m+1)\pi}{h} \geqq b > \frac{m\pi}{h}$ sei. Zur Abkürzung schreiben wir

$$(-1)^{\nu-1} \int_{\frac{(\nu-1)\pi}{h}}^{\frac{\nu\pi}{h}} f(\beta) \frac{\sin h\beta}{\sin\beta}\, d\beta = r_{\nu-1},$$

und zwar für jedes ganze ν von $\nu = 1$ bis $\nu = m$, und ferner

$$(-1)^m \int_{\frac{m\pi}{h}}^{b} f(\beta) \frac{\sin h\beta}{\sin\beta}\, d\beta = r_m.$$

Dann sind die sämmtlichen Grössen r positiv, und es wird

$$T = r_0 - r_1 + r_2 \cdots + (-1)^{m-1} r_{m-1} + (-1)^m r_m.$$

Das Integral $r_{\nu-1}$ können wir nach §. 6 wieder zwischen zwei Grenzen einschliessen, indem wir die Function unter dem Integralzeichen als ein Product von zwei Factoren ansehen. Der eine Factor $\frac{\sin h\beta}{\sin\beta}$ ändert zwischen den Integrationsgrenzen sein Vorzeichen nicht. Der andere $f(\beta)$ nimmt für wachsende β nicht zu. Er ist also von $\beta = \frac{(\nu-1)\pi}{h}$ bis $\beta = \frac{\nu\pi}{h}$ entweder constant, oder er hat an der untern Grenze den grössten, an der obern Grenze den kleinsten Werth. Hieraus ergibt sich

$$\varrho_{\nu-1} f\left(\frac{\nu - 1\,\pi}{h}\right) \geqq r_{\nu-1} \geqq \varrho_{\nu-1} f\left(\frac{\nu\pi}{h}\right).$$

Dies gilt für alle ganzen Werthe der Grösse ν, von $\nu = 1$ bis $\nu = m$. Es gilt auch noch für $\nu = m + 1$, wenn $b = \frac{(m+1)\pi}{h}$ ist. Ist aber $\frac{(m+1)\pi}{h} > b > \frac{m\pi}{h}$, so ergibt sich die Beziehung

$$(-1)^m f\left(\frac{m\pi}{h}\right) \int\limits_{\frac{m\pi}{h}}^{b} \frac{\sin h\beta}{\sin\beta}\, d\beta \geqq r_m.$$

Hier haben wir zu unterscheiden, ob $b = \frac{1}{2}\pi$ oder ob $b < \frac{1}{2}\pi$ ist. Für $b = \frac{1}{2}\pi$ haben wir $m = n$ und

$$(-1)^m \int\limits_{\frac{m\pi}{h}}^{b} \frac{\sin h\beta}{\sin\beta}\, d\beta = \varrho_m = \varrho_n.$$

Für $b < \frac{1}{2}\pi$ ist dagegen

$$(-1)^m \int\limits_{\frac{m\pi}{h}}^{b} \frac{\sin h\beta}{\sin\beta}\, d\beta < \varrho_m.$$

Jedenfalls haben wir also

$$\varrho_m f\left(\frac{m\pi}{h}\right) \geqq r_m.$$

Beachten wir nun die Ungleichungen, denen die Grössen r und die Grössen ϱ Genüge leisten, so ergibt sich

$$r_{\nu-1} \geqq \varrho_{\nu-1} f\left(\frac{\nu\pi}{h}\right) > \varrho_\nu f\left(\frac{\nu\pi}{h}\right) \geqq r_\nu,$$

d. h.

$$r_{\nu-1} > r_\nu,$$

und dieses gilt für jedes ν von $\nu = 1$ bis $\nu = m$. Brechen wir also die Reihe

$$r_0 - r_1 + r_2 \cdots + (-1)^{m-1} r_{m-1} + (-1)^m r_m$$

bei einem Gliede $r_{2\mu}$ ab, so ist die Summe der vernachlässigten Glieder

$$-(r_{2\mu+1} - r_{2\mu+2} + \cdots + (-1)^{m-1} r_m)$$

negativ. Brechen wir dagegen bei einem Gliede $r_{2\mu-1}$ ab, so ist die Summe der vernachlässigten Glieder positiv. Im ersten Falle erhält man also mehr, im zweiten weniger als den Werth der vollständigen Reihe, d. h. es ist für $2\mu < m$:

$$T < r_0 - r_1 + r_2 \cdots + r_{2\mu-2} - r_{2\mu-1} + r_{2\mu},$$
$$T > r_0 - r_1 + r_2 \cdots + r_{2\mu-2} - r_{2\mu-1}.$$

Die zweite Ungleichung wird noch verstärkt, indem man rechts statt jedes positiven Gliedes etwas zu Kleines, statt jedes negativen Gliedes etwas zu Grosses setzt. D. h.

$$T > \varrho_0 f\left(\frac{\pi}{h}\right) - \varrho_1 f\left(\frac{\pi}{h}\right) + \varrho_2 f\left(\frac{3\pi}{h}\right) - \varrho_3 f\left(\frac{3\pi}{h}\right) \cdots$$
$$\cdots + \varrho_{2\mu-2} f\left(\frac{\overline{2\mu-1}\,\pi}{h}\right) - \varrho_{2\mu-1} f\left(\frac{\overline{2\mu-1}\,\pi}{h}\right)$$

oder kürzer

$$T > (\varrho_0 - \varrho_1) f\left(\frac{\pi}{h}\right) + (\varrho_2 - \varrho_3) f\left(\frac{3\pi}{h}\right) + \cdots$$
$$\cdots + (\varrho_{2\mu-2} - \varrho_{2\mu-1}) f\left(\frac{\overline{2\mu-1}\,\pi}{h}\right).$$

Die Reihe rechts besteht jetzt aus lauter positiven Gliedern. Die Ungleichung wird daher noch verstärkt, wenn man statt der Factoren

$$f\left(\frac{\pi}{h}\right),\quad f\left(\frac{3\pi}{h}\right), \cdots f\left(\frac{\overline{2\mu-1}\,\pi}{h}\right)$$

überall $f\left(\frac{2\mu\pi}{h}\right)$ nimmt. Also ergibt sich

$$T > f\left(\frac{2\mu\pi}{h}\right)(\varrho_0 - \varrho_1 + \varrho_2 \cdots + \varrho_{2\mu-2} - \varrho_{2\mu-1}).$$

Durch analoge Veränderungen erhält man aus der ersten Ungleichung, der T Genüge leistet:

$$T < \varrho_0 f(0) - f\left(\frac{2\mu\pi}{h}\right)(\varrho_1 - \varrho_2 + \varrho_3 \cdots - \varrho_{2\mu}).$$

Am Schlusse des vorigen Paragraphen haben wir aber gefunden, dass

$$\varrho_0 - \varrho_1 + \varrho_2 \cdots - \varrho_{2\mu-1} + \varrho_{2\mu} > \frac{\pi}{2}$$

ist, also

$$\varrho_0 - \varrho_1 + \varrho_2 \cdots - \varrho_{2\mu-1} > \frac{\pi}{2} - \varrho_{2\mu}.$$

Ferner ist dort bewiesen, dass

$$\varrho_0 - \varrho_1 + \varrho_2 \cdots - \varrho_{2\mu-1} < \frac{\pi}{2},$$

folglich

$$\varrho_1 - \varrho_2 + \varrho_3 \cdots + \varrho_{2\mu-1} - \varrho_{2\mu} > \varrho_0 - \varrho_{2\mu} - \frac{\pi}{2}$$

ist. Benutzt man dies, so lassen sich die beiden letzten Ungleichungen für T noch wieder verstärken, nemlich für $2\mu < m$:

$$T > f\left(\frac{2\mu\pi}{h}\right)\left(\frac{\pi}{2} - \varrho_{2\mu}\right)$$

$$T < \varrho_0 \left\{f(0) - f\left(\frac{2\mu\pi}{h}\right)\right\} + \left(\frac{\pi}{2} + \varrho_{2\mu}\right) f\left(\frac{2\mu\pi}{h}\right).$$

Die Untersuchung des vorigen Paragraphen war davon unabhängig, welchen Werth man der Grösse n beilegen will. Ebenso ist bei der bisherigen Discussion des Integrals T über die ungerade Zahl $h = 2n + 1$ keinerlei besondere Voraussetzung gemacht. Wir können also n und zugleich damit h ins Unendliche wachsen lassen. Dann wird auch m ins Unendliche zunehmen. Denn es sollte die endliche Grösse $\frac{b}{\pi}$ an die Bedingung geknüpft sein

$$\frac{m+1}{h} \geqq \frac{b}{\pi} > \frac{m}{h}.$$

Die beiden letzten Ungleichungen für T bleiben dann bestehen, wenn nur

$$\frac{2\mu}{m} < 1$$

genommen wird. Um dieser Bedingung zu genügen, lassen wir μ und h beide ins Unendliche zunehmen, jedoch so, dass

$$lim\, \frac{\mu}{h} = 0.$$

Es fragt sich, was dann aus den beiden Ungleichungen für T wird. Zur Beantwortung dieser Frage haben wir $\varrho_{2\mu}$ zu betrachten. Nach dem vorigen Paragraphen ist

$$\varrho_{2\mu} < \frac{2}{h \sin \frac{2\mu\pi}{h}}.$$

Dafür lässt sich schreiben

$$\varrho_{2\mu} < \frac{\left(\frac{2\mu\pi}{h}\right)}{\sin \frac{2\mu\pi}{h}} \cdot \frac{1}{\mu\pi}.$$

Wachsen nun μ und h beide ins Unendliche, jedoch so, dass $\frac{\mu}{h}$ fortwährend der Grenze 0 sich annähert, so wird

$$lim \frac{\left(\frac{2\mu\pi}{h}\right)}{sin \frac{2\mu\pi}{h}} = 1.$$

Der andere Factor $\frac{1}{\mu\pi}$ hat aber den Grenzwerth 0, und folglich wird

$$lim\ \varrho_{2\mu} = 0.$$

In der ersten Ungleichung für T nähert sich also bei wachsendem n die rechte Seite dem Grenzwerthe

$$\frac{\pi}{2} f(0).$$

In der zweiten Ungleichung ist zuerst ϱ_0 zu betrachten. Wir haben im vorigen Paragraphen bewiesen, dass

$$\varrho_0 < \frac{\pi}{2} + \varrho_1$$

ist, und ferner

$$\varrho_1 < \frac{2}{h\ sin \frac{\pi}{h}}.$$

Danach wird also

$$\varrho_0 < \frac{\pi}{2} + \frac{2}{\pi} \frac{\left(\frac{\pi}{h}\right)}{sin \frac{\pi}{h}}.$$

Lässt man h ins Unendliche zunehmen, so ergibt sich

$$lim \frac{\left(\frac{\pi}{h}\right)}{sin \frac{\pi}{h}} = 1,$$

und daher

$$lim\ \varrho_0 < \frac{\pi}{2} + \frac{2}{\pi},$$

d. h. es bleibt ϱ_0 kleiner als eine endliche Grösse. Die Differenz $f(0) - f\left(\frac{2\mu\pi}{h}\right)$ geht aber in Null über und folglich wird auch das Product

$$\varrho_0 \left\{f(0) - f\left(\frac{2\mu\pi}{h}\right)\right\}$$

der Grenze 0 sich unendlich annähern, wenn wir μ und h so ins Unendliche wachsen lassen, dass $lim\,\frac{\mu}{h} = 0$ ist. Wir erhalten demnach für die rechte Seite der zweiten Ungleichung bei wachsendem n den Grenzwerth

$$\frac{\pi}{2} f(0).$$

Die beiden Grenzen, zwischen denen T liegt, nähern sich also derselben Grösse $\frac{\pi}{2} f(0)$, wenn man n ins Unendliche wachsen lässt. Folglich muss der Werth, welchen T für $n = \infty$ annimmt, eben diese Grösse $\frac{\pi}{2} f(0)$ sein, d. h.

$$(46) \qquad lim\, T = lim \int_0^b f(\beta) \frac{sin\,(2n+1)\beta}{sin\,\beta}\, d\beta = \frac{\pi}{2} f(0)$$

$$\text{für } lim\, n = \infty.$$

§. 29.

Fortsetzung. Aufhebung der beschränkenden Voraussetzungen.

Wir wollen jetzt versuchen, den Satz des vorigen Paragraphen von den einzelnen beschränkenden Voraussetzungen zu befreien, die in Betreff der Function $f(\beta)$ gemacht sind. Wenn die Function für wachsende β noch immer nicht zunehmen soll, aber negative Werthe annehmen kann, so braucht man nur eine positive Constante c hinzuzufügen, um eine Function $c + f(\beta)$ zu erlangen, die positiv bleibt und für wachsende β nicht zunimmt. Auf diese passt also der vorige Satz, es ist

$$lim \int_0^b \left(c + f(\beta)\right) \frac{sin\,h\beta}{sin\,\beta}\, d\beta = \frac{\pi}{2}\left(c + f(0)\right).$$

Ebenso haben wir aber

$$lim \int_0^b c\, \frac{sin\,h\beta}{sin\,\beta}\, d\beta = \frac{\pi}{2}\, c,$$

denn die Constante c ist eine Function, die alle Voraussetzungen des vorigen Paragraphen erfüllt. Durch Subtraction ergibt sich dann

$$\lim \int_0^b f(\beta) \frac{\sin h\beta}{\sin \beta} \, d\beta = \frac{\pi}{2} f(0).$$

Nehmen wir nun zweitens eine Function $f(\beta)$, die für wachsende β nicht abnimmt, so gilt der Satz für die Function $-f(\beta)$, d. h. es ist

$$\lim \int_0^b \left(-f(\beta)\right) \frac{\sin h\beta}{\sin \beta} \, d\beta = \frac{\pi}{2} \left(-f(0)\right),$$

folglich auch

$$\lim \int_0^b f(\beta) \frac{\sin h\beta}{\sin \beta} \, d\beta = \frac{\pi}{2} f(0).$$

Der Satz gilt jetzt also für eine Function $f(\beta)$, die innerhalb der Integrationsgrenzen stetig verläuft und keine Maxima oder Minima besitzt.

Wir untersuchen nun das Integral, in welchem als untere Grenze eine positive Constante c genommen wird, so dass

$$0 < c < b \leqq \frac{\pi}{2}.$$

Dann kommt es nur auf den Verlauf der Function $f(\beta)$ für Werthe von β zwischen c und b an, und dieser Verlauf wird durch eine bestimmte Curve repräsentirt, die zwischen c und b keine Sprünge und keine Maxima und Minima besitzen soll. Wie wir diese Curve ausserhalb des Intervalles, also etwa rückwärts von c bis 0 fortsetzen wollen, ist gänzlich der Willkür überlassen. Wir wählen daher zu dieser Fortsetzung eine Parallele zur Abscissenaxe im Abstande $f(c)$. Dann passt auf die so erweiterte Function zwischen den Grenzen 0 und b die Voraussetzung unseres Satzes, und wir haben

$$\lim \int_0^b f(\beta) \frac{\sin h\beta}{\sin \beta} \, d\beta = \frac{\pi}{2} f(0) = \frac{\pi}{2} f(c).$$

Dafür lässt sich schreiben

$$\lim \int_0^c f(\beta) \frac{\sin h\beta}{\sin \beta} \, d\beta + \lim \int_c^b f(\beta) \frac{\sin h\beta}{\sin \beta} \, d\beta = \frac{\pi}{2} f(0).$$

Das erste dieser beiden Integrale hat aber auch den Werth $\frac{\pi}{2} f(0)$, und folglich ist

$$(47) \qquad lim \int_c^b f(\beta) \frac{sin\, h\beta}{sin\, \beta}\, d\beta = 0.$$

Dieser Satz gilt auch noch, wenn innerhalb der Grenzen c und b die Function eine endliche Anzahl Maxima und Minima hat, oder wenn sie, ohne unendlich zu werden, an einer endlichen Anzahl von Stellen einen Sprung macht. Denn es seien, nach der Grösse geordnet, $\xi_1, \xi_2, \ldots \xi_k$ die Abscissen für diejenigen Stellen der Curve, an welchen ein Maximum oder ein Minimum oder ein Sprung stattfindet. Dann kann man das Integral, das von c bis b erstreckt werden soll, in eine Summe von einzelnen Integralen zerlegen, für welche der Reihe nach

$$\begin{array}{llll} c & & \text{und} & \xi_1 - 0, \\ \xi_1 & +0 & \text{„} & \xi_2 - 0, \\ \xi_2 & +0 & \text{„} & \xi_3 - 0, \\ \ldots & \ldots & \ldots & \ldots \\ \xi_{k-1} & +0 & \text{„} & \xi_k - 0, \\ \xi_k & +0 & \text{„} & b \end{array}$$

die Grenzen sind. Mit $\xi - 0$ und resp. $\xi + 0$ sind hier der Kürze wegen die Grenzwerthe bezeichnet, denen sich die Grössen $\xi - \varepsilon$ und resp. $\xi + \varepsilon$ für ein unendlich abnehmendes positives ε annähern. Bei jedem dieser einzelnen Integrale trifft dann die Voraussetzung unseres Satzes zu, jedes derselben hat also den Werth 0, und da ihre Anzahl endlich ist, so ist auch ihre Summe, d. h. das von c bis b erstreckte Integral, $= 0$.

Endlich ist noch der Fall zu berücksichtigen, dass für einen Werth c_1 der Variabeln, der zwischen c und b liegt, der Functionswerth $f(c_1) = \infty$ wird, während er für beliebig nahe an c_1 gelegene Werthe von β endlich bleibt. Dann hat man zu untersuchen, ob das Integral

$$\int_\beta^{c_1} f(\beta)\, d\beta = F(\beta) \quad \text{für } c_1 \geqq \beta \geqq c$$

und das Integral

$$\int_{c_1}^{\beta} f(\beta)\, d\beta = F_1(\beta) \quad \text{für } b \geqq \beta \geqq c_1$$

einen bestimmten endlichen Werth besitzt, der für $\beta = c_1$ zu Null wird. Ist dies der Fall, so bleibt der Satz gültig. Denn es ist

$$\int_c^b f(\beta)\frac{\sin h\beta}{\sin\beta}d\beta = \int_c^{c_1-\delta} f(\beta)\frac{\sin h\beta}{\sin\beta}d\beta + \int_{c_1-\delta}^{c_1} f(\beta)\frac{\sin h\beta}{\sin\beta}d\beta$$
$$+ \int_{c_1}^{c_1+\epsilon} f(\beta)\frac{\sin h\beta}{\sin\beta}d\beta + \int_{c_1+\epsilon}^{b} f(\beta)\frac{\sin h\beta}{\sin\beta}d\beta.$$

Auf das erste und letzte Integral der rechten Seite ist der Satz ohne weiteres anwendbar, selbst wenn man die positiven Grössen δ und ε unendlich nahe an 0 bringt. Was das zweite Integral auf der rechten Seite betrifft, so ist zu beachten, dass $c_1 - \delta$ und c_1 beide zwischen 0 und $\frac{\pi}{2}$ liegen. Für Werthe von β, die zwischen den Grenzen $c_1 - \delta$ und c_1 gewählt werden, ist also der Quotient

$$\frac{\sin h\beta}{\sin\beta}$$

durchaus endlich und stetig. Sein grösster Werth sei M, sein kleinster m. Wir können $c_1 - \delta$ und c_1 so nahe an einander nehmen, dass zwischen ihnen $f(\beta)$ keine Zeichenänderung erleidet. Folglich ist nach §. 6 der Werth des Integrals

$$\int_{c_1-\delta}^{c_1} f(\beta)\frac{\sin h\beta}{\sin\beta}d\beta$$

zwischen den Grenzwerthen

$$M\int_{c_1-\delta}^{c_1} f(\beta)\,d\beta \quad \text{und} \quad m\int_{c_1-\delta}^{c_1} f(\beta)\,d\beta$$

enthalten, d. h. zwischen

$$M\,.\,F(c_1-\delta) \quad \text{und} \quad m\,.\,F(c_1-\delta).$$

Lassen wir nun δ unendlich abnehmen und beachten, dass nach der Voraussetzung

$$\lim F(c_1-\delta) = 0$$

ist, so sehen wir, dass auch

$$\lim\int_{c_1-\delta}^{c_1} f(\beta)\frac{\sin h\beta}{\sin\beta}d\beta = 0.$$

Durch ganz dieselben Schlüsse findet sich aber

$$\lim \int_{c_1}^{c_1+\epsilon} f(\beta) \frac{\sin h\beta}{\sin \beta}\, d\beta = 0,$$

und folglich ist auch in diesem Falle

$$\lim \int_{c}^{b} f(\beta) \frac{\sin h\beta}{\sin \beta}\, d\beta = 0.$$

Dieselbe Betrachtung wiederholt sich, wenn eine Unstetigkeit der eben beschriebenen Art an einer endlichen Anzahl von Stellen vorhanden ist.

Der Satz (47) gilt jetzt also unter den folgenden Bedingungen:

Es ist $0 < c < b \leqq \frac{\pi}{2}$. Zwischen den Grenzen c und b darf die Function nur an einer endlichen Anzahl von Stellen Maxima und Minima haben oder endliche Sprünge erleiden. Wird sie innerhalb der Grenzen an einzelnen Stellen unendlich, so darf dies nur in der Weise geschehen, dass das Integral

$$\int f(\beta)\, d\beta$$

einen bestimmten endlichen Werth besitzt, wenn es von der Unstetigkeitsstelle aus einerseits bis zu voraufgehenden, andererseits bis zu nachfolgenden Werthen von β erstreckt wird.

Genügt die Function $f(\beta)$ denselben Bedingungen zwischen den Grenzen 0 und b, so gilt der Satz (46). Denn wir nehmen dann c kleiner als die Abscisse der zunächst bei 0 gelegenen Stelle, in welcher ein Maximum oder ein Minimum oder eine Unstetigkeit stattfindet. Zerlegen wir nun das Integral, das von 0 bis b erstreckt werden soll, in eins von 0 bis c und ein zweites von c bis b, so gilt von dem ersten der Satz (46) und von dem zweiten der Satz (47). Und daher ist auch in diesem Falle

$$\lim \int_{0}^{b} f(\beta) \frac{\sin (2n+1)\beta}{\sin \beta}\, d\beta = \frac{\pi}{2} f(0).$$

Wenn die Function auch auf das Gebiet der negativen Abscissen ausgedehnt ist, so kann es sein, dass gerade für $\beta = 0$ ein Sprung stattfindet. Wir haben dann zu unterscheiden $f(+0)$ und $f(-0)$, d. h. die erste Ordinate auf der positiven Seite und die erste Ordinate auf der negativen Seite. In der Gleichung (46) ist zu nehmen $f(+0)$.

§. 30.

Summirung von Fourier's Reihe.

Jetzt können wir die Untersuchung des §. 26 wieder aufnehmen und auf das Integral

$$S_{2n+1} = \frac{1}{2\pi} \int_{-\pi}^{\pi} \varphi(\alpha) \frac{\sin (2n+1) \frac{\alpha - x}{2}}{\sin \frac{\alpha - x}{2}} d\alpha$$

unsere Betrachtung anwenden. Die Function $\varphi(\alpha)$ soll von $\alpha = -\pi + 0$ bis $\alpha = \pi - 0$ einwerthig und stetig variabel sein, mit Ausnahme höchstens einer endlichen Anzahl von Stellen, an welchen sie von einem bestimmten endlichen Werthe auf einen andern bestimmten endlichen Werth überspringt. Von einer solchen Stelle bis zur nächsten soll die Differenz der zugehörigen Werthe von α immer endlich sein. Auch soll die Function $\varphi(\alpha)$ auf dem genannten Gebiete höchstens eine endliche Anzahl getrennt liegender Maxima und Minima besitzen. Schreiben wir $\alpha - x = 2\beta$, so ergibt sich nach der gehörigen Aenderung

$$S_{2n+1} = \frac{1}{\pi} \int_{-\frac{\pi+x}{2}}^{\frac{\pi-x}{2}} \varphi(x + 2\beta) \frac{\sin h\beta}{\sin \beta} d\beta.$$

In diesem Integral ist die untere Grenze nie positiv und die obere Grenze nie negativ, weil x zwischen $-\pi$ und $+\pi$ liegt. Dies Integral theilen wir in zwei andere bei der Grenze 0, also

$$S_{2n+1} = u + v,$$

$$u = \frac{1}{\pi} \int_{-\frac{\pi+x}{2}}^{0} \varphi(x + 2\beta) \frac{\sin h\beta}{\sin \beta} d\beta.$$

$$v = \frac{1}{\pi} \int_{0}^{\frac{\pi-x}{2}} \varphi(x + 2\beta) \frac{\sin h\beta}{\sin \beta} d\beta.$$

Untersuchen wir zuerst das zweite Integral v, so zeigt sich, dass die obere Grenze höchstens π werden kann, wenn nemlich

$x = -\pi$ wird. Die obere Grenze kann nicht weniger als 0 werden, sie wird $= 0$, wenn $x = +\pi$ ist. Dann fallen aber die Grenzen zusammen, also ist

$$v = 0 \quad \text{für } x = \pi.$$

Nun sei zweitens $\frac{\pi}{2} \geqq \frac{\pi - x}{2} > 0$. Dann können wir auf das Integral v den Satz (46) anwenden und erhalten

$$lim\ v = \frac{1}{2}\,\varphi(x + 0) \quad \text{für} \quad \pi > x \geqq 0.$$

Es sei drittens $\pi > \frac{\pi - x}{2} > \frac{\pi}{2}$. Dann zerlegen wir das Integral v in

$$\frac{1}{\pi}\int_0^{\frac{\pi}{2}} \varphi(x + 2\beta)\,\frac{\sin h\beta}{\sin\beta}\,d\beta + \frac{1}{\pi}\int_{\frac{\pi}{2}}^{\frac{\pi - x}{2}} \varphi(x + 2\beta)\,\frac{\sin h\beta}{\sin\beta}\,d\beta.$$

Für das erste Integral ist wieder der Satz (46) anwendbar: es nähert sich für wachsende h der Grenze $\frac{1}{2}\,\varphi(x + 0)$. Der zweite Theil kann leicht umgeformt werden. Setzen wir $\beta = \pi - \gamma$, so geht er über in

$$-\frac{1}{\pi}\int_{\frac{\pi}{2}}^{\frac{\pi + x}{2}} \varphi(x + 2\pi - 2\gamma)\,\frac{\sin h\gamma}{\sin\gamma}\,d\gamma,$$

und wenn wir statt γ wieder β schreiben, so wird daraus

$$\frac{1}{\pi}\int_{\frac{\pi + x}{2}}^{\frac{\pi}{2}} \varphi(x + 2\pi - 2\beta)\,\frac{\sin h\beta}{\sin\beta}\,d\beta.$$

Hier ist x negativ und daher die untere Grenze kleiner als $\frac{1}{2}\,\pi$, aber doch grösser als 0, da $x > -\pi$ vorausgesetzt ist. Also gilt hier der Satz (47): der Grenzwerth des Integrals für wachsende h ist $= 0$. Das Resultat in dem dritten Falle ist demnach

$$lim\ v = \frac{1}{2}\,\varphi(x + 0) \quad \text{für} \quad 0 > x > -\pi.$$

Ist endlich $x = -\pi$, so zerlegen wir auch wieder wie vorher. Der erste Theil ist unverändert, er nähert sich also der Grenze

$\frac{1}{2}\varphi(x+0) = \frac{1}{2}\varphi(-\pi+0)$, wenn h ins Unendliche zunimmt. Der zweite Theil wird jetzt

$$\frac{1}{\pi}\int_0^{\frac{\pi}{2}} \varphi(x + 2\pi - 2\beta)\frac{\sin h\beta}{\sin\beta}\,d\beta,$$

auf ihn ist der Satz (46) anwendbar, er nähert sich also für wachsende h der Grenze $\frac{1}{2}\varphi(x + 2\pi - 0) = \frac{1}{2}\varphi(\pi - 0)$, und wir haben

$$\lim v = \frac{1}{2}\varphi(\pi - 0) + \frac{1}{2}\varphi(-\pi + 0) \quad \text{für } x = -\pi.$$

In dem Integral u vertauschen wir zunächst β mit $-\beta$, wodurch

$$u = \frac{1}{\pi}\int_0^{\frac{\pi+x}{2}} \varphi(x - 2\beta)\frac{\sin h\beta}{\sin\beta}\,d\beta$$

wird. Dann wiederholt sich dieselbe Discussion wie bei v und es ergibt sich

$$\lim u = \frac{1}{2}\varphi(\pi - 0) + \frac{1}{2}\varphi(-\pi + 0) \quad \text{für } x = \pi$$

$$\lim u = \frac{1}{2}\varphi(x - 0) \quad \text{für } \pi > x > -\pi$$

$$\lim u = 0 \quad \text{für } x = -\pi.$$

Vereinigen wir also die beiden Bestandtheile, so erhalten wir

$$\lim S_{2n+1} = \lim(u + v) = \frac{1}{2}\left\{\varphi(x + 0) + \varphi(x - 0)\right\}$$

(48) $$\text{für } \pi > x > -\pi$$

$$\lim S_{2n+1} = \lim(u + v) = \frac{1}{2}\left\{\varphi(-\pi + 0) + \varphi(\pi - 0)\right\}$$

$$\text{für } x = \pm\pi.$$

Hiermit ist bewiesen, dass die unendliche Reihe (45) stets convergirt. Sie hat eine bestimmte endliche Summe, die für irgend ein x zwischen π und $-\pi$ gleich dem Werthe der Function $\varphi(x)$ ist, wenn an dieser Stelle kein Sprung stattfindet. Für eine Unterbrechung der Stetigkeit gibt die Summe der Reihe das arithmetische Mittel der beiden von einander verschiedenen Functionswerthe $\varphi(x - 0)$ und $\varphi(x + 0)$, und an den Grenzen $x = \pm\pi$ ist die Summe weder $= \varphi(+\pi)$ noch $= \varphi(-\pi)$, wenn diese von einander verschieden sind, sondern gleich der halben Summe dieser äussersten Functionswerthe *).

In dieser allgemeinen Reihe sind die besonderen Reihen mit enthalten, welche nur nach den Cosinus oder nur nach den Sinus fortschreiten, und deshalb ist auch für diese das eben gefundene Resultat gültig. Wählen wir für positive x, die zwischen 0 und π liegen, eine beliebige Function $\varphi(x)$ und setzen sie für negative x bis zu $x = -\pi$ so fort, dass $\varphi(-x) = \varphi(x)$ wird, so ist jetzt die Curve gegeben von $x = -\pi$ bis $x = +\pi$ (Fig. 12). Dann

Fig. 12.

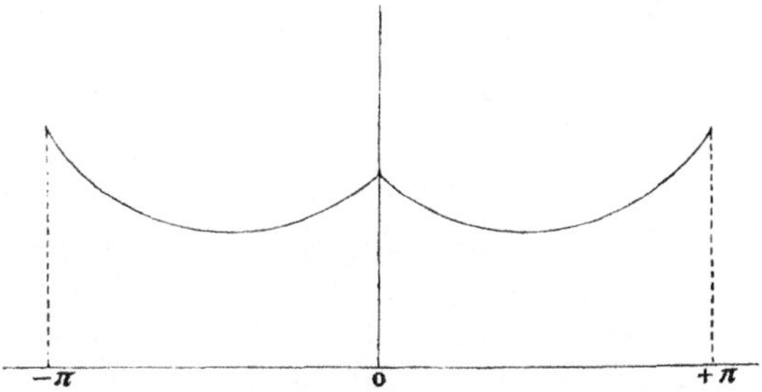

können wir die Function $\varphi(x)$ entwickeln in Form der Reihe (45). Die Coefficienten a werden aber sämmtlich $= 0$. Denn es ist

$$\begin{aligned} a_m &= \frac{1}{\pi}\int_{-\pi}^{\pi} \varphi(\alpha) \sin m\alpha \, d\alpha \\ &= \frac{1}{\pi}\int_{-\pi}^{0} \varphi(\alpha) \sin m\alpha \, d\alpha + \frac{1}{\pi}\int_{0}^{\pi} \varphi(\alpha) \sin m\alpha \, d\alpha \\ &= \frac{1}{\pi}\int_{0}^{\pi} \left\{ -\varphi(-\alpha) + \varphi(\alpha) \right\} \sin m\alpha \, d\alpha \\ &= 0. \end{aligned}$$

*) Die in den §§. 26 bis 30 vorgenommene Summirung von Fourier's Reihe und der darin enthaltene Beweis ihrer Convergenz sind von Dirichlet gegeben, zuerst im 4. Bande von Crelle's Journal und darauf im 1. Bande von Dove's Repertorium der Physik. Dirichlet: Sur la convergence des séries trigonométriques qui servent à représenter une fonction arbitraire entre des limites données. (Crelle Bd. 4. Berlin 1829, p. 157.) — Dirichlet: Ueber die Darstellung ganz willkürlicher Functionen durch Sinus- und Cosinusreihen. (Dove's Repert. der Physik Bd. 1. Berlin 1837, p. 152.)

Dagegen erhält man für die Coefficienten der Cosinus je zwei Integrale, die denselben Werth haben:

$$b_m = \frac{1}{\pi}\int_{-\pi}^{\pi} \varphi(\alpha) \cos m\alpha \, d\alpha$$

$$= \frac{1}{\pi}\int_{+\pi}^{0} \varphi(-\alpha) \cos m\alpha \, d(-\alpha) + \frac{1}{\pi}\int_{0}^{\pi} \varphi(\alpha) \cos m\alpha \, d\alpha$$

$$= \frac{1}{\pi}\int_{0}^{\pi} \left\{ \varphi(-\alpha) + \varphi(\alpha) \right\} \cos m\alpha \, d\alpha$$

$$= \frac{2}{\pi}\int_{0}^{\pi} \varphi(\alpha) \cos m\alpha \, d\alpha.$$

Für diese Curve sind die Ordinaten bei dem Punkte $x = 0$ einander gleich, $\varphi(-0) = \varphi(+0)$, es findet also an dieser Stelle kein Sprung statt. Ebenso ist $\varphi(-\pi) = \varphi(+\pi)$, und folglich ist für $x = \pm\pi$ die Summe der Reihe noch gleich dem Functionswerthe. Die nach den Cosinus fortschreitende Reihe (44) gilt also noch für $x = 0$, und für $x = \pm\pi$.

Wenn wir dagegen die Curve für negative Abscissen so fortsetzen, dass für zwei entgegengesetzte Werthe von x die Ordinaten entgegengesetzt sind, $\varphi(-x) = -\varphi(x)$, so fallen die Coefficienten der Cosinus aus, und wir erhalten die Reihe (43). Für $x = 0$ hat die Curve (Fig. 13) einen Sprung, wenn nicht etwa $\varphi(0) = 0$ ist.

Fig. 13.

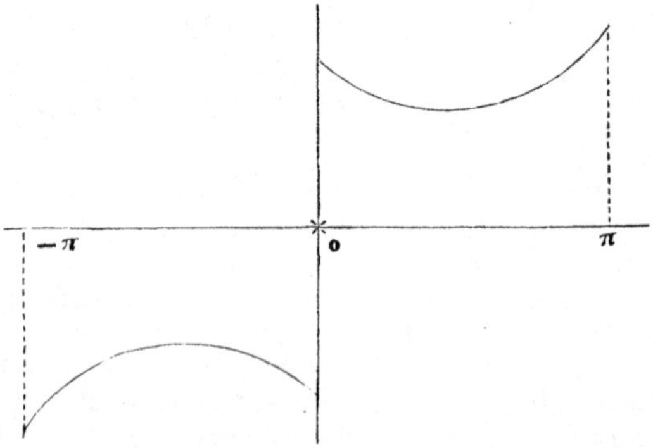

Es ist $\varphi(-0) = -\varphi(+0)$. Also gibt die Reihe (43) für $x = 0$ weder den einen noch den andern Werth, sondern 0. Ebenso ist

$\varphi(-\pi) = -\varphi(+\pi)$ und folglich auch die Summe der Reihe $= 0$ für $x = \pi$. Die Entwicklung der Function $\varphi(x)$ in Form der Reihe (43) gilt also für $x = 0$ und $x = \pi$ nur dann noch, wenn an beiden Stellen der Functionswerth $= 0$ ist.

§. 31.

Beispiel.

Wir wollen beispielsweise die Entwicklung nach Cosinus auf eine Function anwenden, die selbst ein Cosinus ist, also $\varphi(x) = \cos kx$ setzen. Ist k eine ganze Zahl, so werden alle Coefficienten in der Reihe (44), mit Ausnahme von b_k, zu Null und $b_k = 1$. Wir nehmen für k einen Bruch. Dann ist

$$\int \cos k\alpha \cos m\alpha \, d\alpha = \int \frac{\cos(k+m)\alpha + \cos(k-m)\alpha}{2} \, d\alpha$$

$$= \frac{1}{2}\left(\frac{\sin(k+m)\alpha}{k+m} + \frac{\sin(k-m)\alpha}{k-m}\right) + c,$$

also

$$b_m = \frac{2}{\pi}\int_0^\pi \cos k\alpha \cos m\alpha \, d\alpha$$

$$= \frac{1}{\pi} \sin k\pi \left(\frac{\cos m\pi}{k+m} + \frac{\cos m\pi}{k-m}\right)$$

$$= \frac{1}{\pi} \sin k\pi \cos m\pi \frac{2k}{k^2 - m^2}.$$

Danach erhalten wir

$$\cos kx = \frac{1}{\pi} \sin k\pi \left\{\frac{1}{k} + \sum_{m=1}^{\infty} \frac{2k \cos m\pi \cos mx}{k^2 - m^2}\right\}.$$

Hier kann man x sich bewegen lassen von 0 bis π, und die Gleichung gilt noch für 0 und π. Setzen wir also $x = \pi$ und dividiren durch $\sin k\pi$, so ergibt sich

$$\pi \operatorname{cotg} k\pi = \frac{1}{k} - \sum_{m=1}^{\infty} \frac{2k}{m^2 - k^2}.$$

Wenn wir diese Gleichung auf beiden Seiten mit dk multipliciren und in Beziehung auf k integriren, so erhalten wir

$$\pi \int \frac{\cos k\pi\, dk}{\sin k\pi} = \frac{\pi}{\pi} \int \frac{d \sin k\pi}{\sin k\pi} = lg \sin k\pi$$

$$= lg\, k + \sum_{m=1}^{\infty} lg\,(m^2 - k^2) + c.$$

Also, wenn wir zwischen den Grenzen t und u integriren:

$$lg \frac{\sin u\pi}{\sin t\pi} = lg \frac{u}{t} + \sum_{m=1}^{\infty} lg \frac{m^2 - u^2}{m^2 - t^2}$$

oder

$$lg\left(\frac{\sin u\pi}{u\pi} \cdot \frac{t\pi}{\sin t\pi}\right) = \sum_{m=1}^{\infty} lg \frac{m^2 - u^2}{m^2 - t^2}.$$

Lassen wir hierin t unendlich abnehmen, so wird

$$lim \frac{t\pi}{\sin t\pi} = 1$$

und wir erhalten

$$lg \frac{\sin u\pi}{u\pi} = \sum_{m=1}^{\infty} lg\left(1 - \frac{u^2}{m^2}\right)$$

und daher

$$\frac{\sin u\pi}{u\pi} = \left(1 - \frac{u^2}{1^2}\right)\left(1 - \frac{u^2}{2^2}\right)\left(1 - \frac{u^2}{3^2}\right)\cdots$$

§. 32.

Erweitertes Gültigkeits-Intervall. Fourier's Lehrsatz.

Nehmen wir jetzt wieder die allgemeine Entwicklung (45) auf, so ist das grösste Intervall, in welchem die Function beliebig gewählt werden kann, von $x = -\pi$ bis $+\pi$. Hat man eine Function für ein grösseres Gebiet, so lässt sich diese auch nach Cosinus und Sinus der Vielfachen einer veränderlichen Grösse entwickeln, wenn man nur statt des Arcus selbst eine andere Grösse nimmt, welche ihm proportional ist.

Wir wählen also $\varphi(x)$ beliebig für ein Intervall von $-c$ bis $+c$. Dann können wir, wenn $c > \pi$ ist, nicht verlangen, dass die Function für das ganze Intervall der Variabeln sich nach Cosinus und Sinus der Vielfachen von x entwickeln lasse. Wir setzen aber $x = \frac{c}{\pi} z$, so wird, während z von $-\pi$ bis π geht, x das Intervall von $-c$ bis c durchlaufen. Dann können wir entwickeln

$$\varphi\left(\frac{cz}{\pi}\right) = \frac{1}{2}b_0 + b_1 \cos z + b_2 \cos 2z + \cdots + b_m \cos mz + \cdots$$
$$+ a_1 \sin z + a_2 \sin 2z + \cdots + a_m \sin mz + \cdots$$

$$b_m = \frac{1}{\pi}\int_{-\pi}^{\pi} \varphi\left(\frac{c\alpha}{\pi}\right) \cos m\alpha\, d\alpha,$$

$$a_m = \frac{1}{\pi}\int_{-\pi}^{\pi} \varphi\left(\frac{c\alpha}{\pi}\right) \sin m\alpha\, d\alpha,$$

$$\pi > z > -\pi.$$

Führen wir hier wieder x ein, so ergibt sich

$$(49)\qquad \varphi(x) = \frac{1}{2}b_0 + b_1 \cos\frac{\pi x}{c} + \cdots + b_m \cos\frac{m\pi x}{c} + \cdots$$
$$+ a_1 \sin\frac{\pi x}{c} + \cdots + a_m \sin\frac{m\pi x}{c} + \cdots$$
$$c > x > -c.$$

Die Coefficienten b_m und a_m sind unverändert beizubehalten. Es ist aber auch gestattet, eine neue Variable $\lambda = \frac{c\alpha}{\pi}$ unter dem Integral einzuführen. Dadurch erhält man

$$b_m = \frac{1}{c}\int_{-c}^{c} \varphi(\lambda) \cos\frac{m\pi\lambda}{c}\, d\lambda,$$

$$a_m = \frac{1}{c}\int_{-c}^{c} \varphi(\lambda) \sin\frac{m\pi\lambda}{c}\, d\lambda.$$

In der Reihe (49) ist die frühere (45) mit enthalten, wenn nemlich $c = \pi$ ist. Die neue Reihe hat denselben Charakter wie die frühere: sie hat zur Summe den Werth der Function $\varphi(x)$ für jeden Werth von x, für welchen diese Function stetig, dagegen den Mittelwerth der beiden Functionswerthe an einer Unstetigkeitsstelle und die halbe Summe von $\varphi(+c)$ und $\varphi(-c)$ für $x = +c$ sowohl als für $x = -c$.

Lassen wir in der Gleichung (49) die Grösse c ins Unendliche wachsen, so geht die unendliche Reihe in ein bestimmtes Integral über. Um dazu zu gelangen, wollen wir in der Reihe für die Coefficienten ihre Werthe einsetzen, also

$$\varphi(x) = \frac{1}{c}\left\{\frac{1}{2}\int_{-c}^{c}\varphi(\lambda)\,d\lambda + \sum_{m=1}^{\infty}\int_{-c}^{c} d\lambda\,\varphi(\lambda)\cos m\frac{\pi}{c}(\lambda - x)\right\}$$

oder auch

$$\varphi(x) = \frac{1}{c}\left\{-\frac{1}{2}\int_{-c}^{c}\varphi(\lambda)\,d\lambda + \sum_{m=0}^{\infty}\int_{-c}^{c} d\lambda\,\varphi(\lambda)\cos m\frac{\pi}{c}(\lambda - x)\right\}.$$

Soll nun c ins Unendliche zunehmen, so können wir $m\frac{\pi}{c} = \alpha$ setzen. α ist dann stetig variabel und die unendlich kleine Zunahme $d\alpha = \frac{\pi}{c}$. Ist nun

$$lim\ \frac{1}{c}\int_{-\infty}^{+\infty}\varphi(\lambda)\,d\lambda = 0 \qquad \text{für } c = \infty$$

so können wir das Glied

$$-\frac{1}{2c}\int_{-\infty}^{\infty}\varphi(\lambda)\,d\lambda$$

vernachlässigen. Wir erhalten

$$\varphi(x) = \frac{1}{\pi}\sum_{m=0}^{\infty}\frac{\pi}{c}\left\{\int_{-\infty}^{+\infty} d\lambda\,\varphi(\lambda)\cos\frac{m\pi}{c}(\lambda - x)\right\}$$

oder, nach Einführung von α und $d\alpha$:

$$(50) \qquad \varphi(x) = \frac{1}{\pi}\int_{0}^{\infty} d\alpha\left\{\int_{-\infty}^{\infty} d\lambda\,\varphi(\lambda)\cos\alpha(\lambda - x)\right\},$$
$$\infty > x > -\infty.$$

Dieser Satz heisst speciell der Fourier'sche Lehrsatz. Er lässt sich wieder in zwei Sätze zerlegen, wenn die Function $\varphi(x)$ nur für positive Werthe von x gegeben ist und nur für solche in Form eines Doppelintegrals dargestellt werden soll. Dann kann man nemlich die Function auf das Gebiet der negativen x beliebig fortsetzen und entweder $\varphi(-x) = \varphi(x)$ setzen oder $\varphi(-x) = -\varphi(x)$.

Löst man in der Gleichung (50) den Cosinus unter dem Integral auf, so erhält man

$$\varphi(x) = \frac{1}{\pi}\int_{0}^{\infty} d\alpha\cos\alpha x\left\{\int_{-\infty}^{\infty} d\lambda\,\varphi(\lambda)\cos\alpha\lambda\right\}$$
$$+ \frac{1}{\pi}\int_{0}^{\infty} d\alpha\sin\alpha x\left\{\int_{-\infty}^{\infty} d\lambda\,\varphi(\lambda)\sin\alpha\lambda\right\}.$$

Ist nun die Function $\varphi(x)$ nur für positive x gegeben, so kann man erstens festsetzen

$$\varphi(-x) = \varphi(x).$$

Dann ergibt sich

$$\int_{-\infty}^{\infty} \varphi(\lambda) \cos \alpha \lambda \, d\lambda = \int_{-\infty}^{0} \varphi(\lambda) \cos \alpha \lambda \, d\lambda + \int_{0}^{\infty} \varphi(\lambda) \cos \alpha \lambda \, d\lambda$$

$$= \int_{0}^{\infty} \varphi(-\lambda) \cos \alpha \lambda \, d\lambda + \int_{0}^{\infty} \varphi(\lambda) \cos \alpha \lambda \, d\lambda$$

$$= 2 \int_{0}^{\infty} \varphi(\lambda) \cos \alpha \lambda \, d\lambda.$$

Dagegen wird

$$\int_{-\infty}^{\infty} \varphi(\lambda) \sin \alpha \lambda \, d\lambda = \int_{-\infty}^{0} \varphi(\lambda) \sin \alpha \lambda \, d\lambda + \int_{0}^{\infty} \varphi(\lambda) \sin \alpha \lambda \, d\lambda$$

$$= \int_{0}^{\infty} -\varphi(-\lambda) \sin \alpha \lambda \, d\lambda + \int_{0}^{\infty} \varphi(\lambda) \sin \alpha \lambda \, d\lambda$$

$$= 0.$$

Folglich haben wir dann

$$(51) \qquad \varphi(x) = \frac{2}{\pi} \int_{0}^{\infty} \cos \alpha x \, d\alpha \left\{ \int_{0}^{\infty} \varphi(\lambda) \cos \alpha \lambda \, d\lambda \right\},$$

$$\infty > x \geqq 0.$$

Wird dagegen zweitens festgesetzt

$$\varphi(-x) = -\varphi(x),$$

so ergibt sich

$$\int_{-\infty}^{\infty} \varphi(\lambda) \cos \alpha \lambda \, d\lambda = 0$$

und

$$\int_{-\infty}^{\infty} \varphi(\lambda) \sin \alpha \lambda \, d\lambda = 2 \int_{0}^{\infty} \varphi(\lambda) \sin \alpha \lambda \, d\lambda.$$

Folglich ist in diesem Falle

$$(52) \qquad \varphi(x) = \frac{2}{\pi} \int_{0}^{\infty} \sin \alpha x \, d\alpha \left\{ \int_{0}^{\infty} \varphi(\lambda) \sin \alpha \lambda \, d\lambda \right\},$$

$$\infty > x > 0.$$

Hat für irgend ein x die Function $\varphi(x)$ eine Discontinuität, so ist der Werth der Doppelintegrale in den Formeln (50), (51), (52)

$$= \frac{1}{2}\left\{\varphi(x-0)+\varphi(x+0)\right\}.$$

§. 33.

Beispiele.

Die Sätze des vorigen Paragraphen können wir wieder auf specielle Fälle anwenden.

I. Es soll z. B. $\varphi(x) = e^{-kx}$ sein, wobei $k > 0$ zu nehmen ist, weil sonst die Integrale keinen bestimmten Werth mehr besässen.

Dann lässt sich sowohl die Formel (51) als auch die Formel (52) anwenden. Für die erstere hat man zu nehmen

$$\int_0^\infty \cos\alpha\lambda\, e^{-k\lambda}\, d\lambda.$$

Der Werth dieses Integrals ist nach (21)

$$= \frac{k}{k^2+\alpha^2}.$$

Folglich erhalten wir

$$e^{-kx} = \frac{2}{\pi}\int_0^\infty \frac{k\cos\alpha x\, d\alpha}{k^2+\alpha^2},$$

ein Resultat, welches wir auf anderem Wege bereits in §. 16 abgeleitet haben.

Soll die Gleichung (52) in Anwendung kommen, so hat man das Integral

$$\int_0^\infty \sin\alpha\lambda\, e^{-k\lambda}\, d\lambda$$

zu bilden. Dieses hat nach (22) den Werth

$$\frac{\alpha}{k^2+\alpha^2},$$

und es ergibt sich daher

$$e^{-kx} = \frac{2}{\pi}\int_0^\infty \frac{\alpha\sin\alpha x\, d\alpha}{k^2+\alpha^2}.$$

Auch dieses Resultat ist bereits in §. 16 auf anderm Wege gewonnen.

II. Setzen wir $\varphi(x) = x^{-k}$, so wird

$$x^{-k} = \frac{2}{\pi}\int_0^\infty d\alpha \cos\alpha x \left\{\int_0^\infty \lambda^{-k} \cos\alpha\lambda\, d\lambda\right\}$$

$$= \frac{2}{\pi}\int_0^\infty d\alpha \sin\alpha x \left\{\int_0^\infty \lambda^{-k} \sin\alpha\lambda\, d\lambda\right\}.$$

Hier lässt in beiden Ausdrücken das innere Integral sich nicht ausführen. Wir können aber Relationen zwischen den Integralen finden. Führen wir statt λ eine proportionale Zahl ein, so lässt sich α aus dem inneren Integral ganz herausschaffen. Wir setzen $\alpha\lambda = \nu$ und erhalten

$$x^{-k} = \frac{2}{\pi}\int_0^\infty \alpha^{k-1} \cos\alpha x\, d\alpha \left\{\int_0^\infty \nu^{-k} \cos\nu\, d\nu\right\}$$

$$= \frac{2}{\pi}\int_0^\infty \alpha^{k-1} \sin\alpha x\, d\alpha \left\{\int_0^\infty \nu^{-k} \sin\nu\, d\nu\right\}.$$

Da das innere Integral von α ganz unabhängig ist, so kann es als Factor vor das nach α zu nehmende Integral gestellt werden. Dann ist jeder der beiden Ausdrücke für x^{-k} ein Product von zwei einfachen Integralen, nemlich

$$x^{-k} = \frac{2}{\pi}\cdot\left\{\int_0^\infty \nu^{-k} \cos\nu\, d\nu\right\}\cdot\left\{\int_0^\infty \alpha^{k-1} \cos\alpha x\, d\alpha\right\}$$

$$= \frac{2}{\pi}\cdot\left\{\int_0^\infty \nu^{-k} \sin\nu\, d\nu\right\}\cdot\left\{\int_0^\infty \alpha^{k-1} \sin\alpha x\, d\alpha\right\}.$$

Damit das nach α zu nehmende Integral einen endlichen Werth behalte, muss $k < 1$ genommen werden. Setzen wir $x = 1$ und multipliciren mit $\frac{\pi}{2}$, so ergibt sich

$$\frac{\pi}{2} = \left\{\int_0^\infty \nu^{-k} \cos\nu\, d\nu\right\}\cdot\left\{\int_0^\infty \alpha^{k-1} \cos\alpha\, d\alpha\right\}$$

$$= \left\{\int_0^\infty \nu^{-k} \sin\nu\, d\nu\right\}\cdot\left\{\int_0^\infty \alpha^{k-1} \sin\alpha\, d\alpha\right\}.$$

Für $k = \frac{1}{2}$ werden in dem einen wie in dem andern Producte die beiden Factoren einander gleich. Wir erhalten also

$$\int_0^\infty \frac{\cos\alpha\, d\alpha}{\sqrt{\alpha}} = \sqrt{\frac{\pi}{2}},$$

$$\int_0^\infty \frac{\sin\alpha\, d\alpha}{\sqrt{\alpha}} = \sqrt{\frac{\pi}{2}}.$$

Es fragt sich noch, welches Vorzeichen der Quadratwurzel zu geben ist. Bei der zweiten Gleichung erkennt man leicht, dass nur das positive Zeichen richtig ist, wenn man $\sqrt{\alpha}$ positiv nimmt. Denn die Function

$$\frac{\sin\alpha}{+\sqrt{\alpha}}$$

ändert ihr Vorzeichen nur, wenn $\sin\alpha = 0$ wird, also für $\alpha = 0$, π, 2π, 3π, ..., und in den Intervallen von 0 bis π, von π bis 2π u. s. f. ist sie abwechselnd positiv und negativ. Für zwei Werthe von α, die um π verschieden sind, hat $\sin\alpha$ denselben Zahlwerth. Da aber der Nenner $\sqrt{\alpha}$ mit zunehmendem α fortwährend wächst, so ist der Zahlwerth von

$$\frac{\sin(\alpha+\pi)}{\sqrt{\alpha+\pi}}$$

kleiner als der Zahlwerth von

$$\frac{\sin\alpha}{\sqrt{\alpha}}.$$

Die Curve, deren Ordinate

$$\frac{\sin\alpha}{\sqrt{\alpha}}$$

ist, liegt also abwechselnd über und unter der Abscissenaxe (Fig. 14) und begrenzt mit dieser (in den auf einander folgenden Intervallen von der Grösse π) Flächen, von denen jede folgende

Fig. 14.

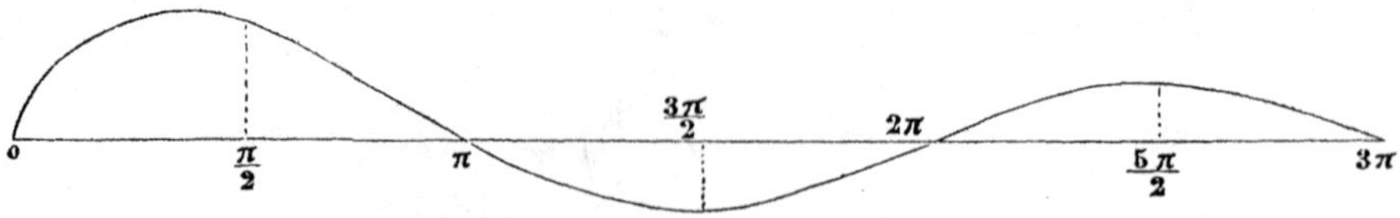

kleiner ist als die vorhergehende und die abwechselnd mit positivem und negativem Zeichen in Rechnung kommen. Die Summe dieser Flächen, das bestimmte Integral

$$\int_0^\infty \frac{\sin \alpha \, d\alpha}{\sqrt{\alpha}},$$

hat also das Vorzeichen des ersten Gliedes, d. h. es ist positiv.

In dem ersten der eben erhaltenen Integrale wollen wir $\sqrt{\alpha}$ ebenfalls positiv nehmen. Dann liegt die Curve, deren Ordinate

$$\frac{\cos \alpha}{\sqrt{\alpha}}$$

ist (Fig. 15), von $\alpha = 0$ bis $\alpha = \frac{1}{2}\pi$ oberhalb der Abscissenaxe, sie fängt aber nicht mit der Ordinate 0 an, sondern mit der Ordinate ∞: sie hat die Ordinatenaxe zur Asymptote. Von $\alpha = \frac{\pi}{2}$ an

Fig. 15.

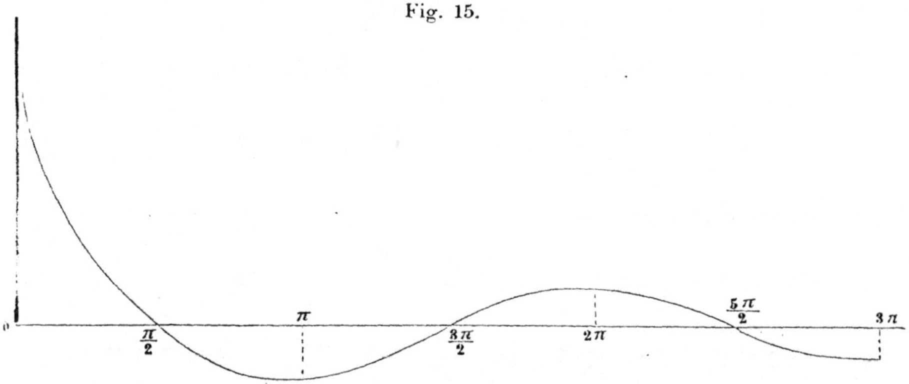

liegt sie abwechselnd unterhalb und oberhalb der Abscissenaxe und die Durchgänge durch 0 finden statt, sobald von $\alpha = \frac{\pi}{2}$ an die Abscisse um ein Vielfaches von π zugenommen hat. Auch hier ist der absolute Zahlwerth von

$$\frac{\cos(\alpha + \pi)}{\sqrt{\alpha + \pi}}$$

kleiner als der Zahlwerth von

$$\frac{\cos \alpha}{\sqrt{\alpha}}.$$

Hier ist also das von $\alpha = \frac{1}{2}\pi$ an genommene Integral eine Summe von fortwährend abnehmenden Zahlen, die abwechselnd negativ und positiv sind. Das Vorzeichen dieser Summe ist also negativ. Dazu kommt dann noch das Integral von 0 bis $\frac{\pi}{2}$, dessen Vorzeichen positiv ist. Dass dadurch das Vorzeichen des ganzen Integrals positiv wird, erkennt man durch folgende Betrachtung. Wir zerlegen das von 0 bis ∞ zu erstreckende Integral in eine Summe von unendlich vielen Integralen, die der Reihe nach zwischen den Grenzen

$$0 \text{ und } \pi,\ \pi \text{ und } 2\pi,\ 2\pi \text{ und } 3\pi \text{ u. s. f.}$$

zu nehmen sind. In dem Integrale

$$\int_{\mu\pi}^{(\mu+1)\pi} \frac{\cos\alpha\, d\alpha}{\sqrt{\alpha}}$$

führen wir statt α die neue Variable $\alpha + \mu\pi$ ein, wodurch es übergeht in

$$(-1)^{\mu} \int_0^{\pi} \frac{\cos\alpha\, d\alpha}{\sqrt{\alpha + \mu\pi}}.$$

Setzen wir dann

$$F(\alpha) = \frac{1}{\sqrt{\alpha}} - \frac{1}{\sqrt{\alpha+\pi}} + \frac{1}{\sqrt{\alpha+2\pi}} - + \cdots,$$

so wird
$$\int_0^{\infty} \frac{\cos\alpha\, d\alpha}{\sqrt{\alpha}} = \int_0^{\pi} F(\alpha)\cos\alpha\, d\alpha$$

$$= \int_0^{\frac{\pi}{2}} F(\alpha)\cos\alpha\, d\alpha + \int_{\frac{\pi}{2}}^{\pi} F(\alpha)\cos\alpha\, d\alpha.$$

In dem zweiten dieser beiden letzten Integrale führen wir statt α als neue Variable $\pi - \alpha$ ein und erhalten

$$\int_0^{\infty} \frac{\cos\alpha\, d\alpha}{\sqrt{\alpha}} = \int_0^{\frac{\pi}{2}} F(\alpha)\cos\alpha\, d\alpha + \int_{\frac{\pi}{2}}^{0} F(\pi-\alpha)\cos\alpha\, d\alpha$$

$$= \int_0^{\frac{\pi}{2}} \Big(F(\alpha) - F(\pi-\alpha)\Big)\cos\alpha\, d\alpha.$$

Nun ist $F(\alpha)$ positiv und zwischen den Grenzen 0 und $\frac{\pi}{2}$ auch $\cos\alpha$ positiv. Das Vorzeichen des Integrals hängt also davon ab, ob die Differenz

$$F(\alpha) - F(\pi - \alpha)$$

positiv oder negativ ist. Da nun der nach α genommene Differentialquotient von $F(\alpha)$ negativ ist, nemlich

$$F'(\alpha) = -\frac{1}{2}\left(\frac{1}{(\sqrt{\alpha})^3} - \frac{1}{(\sqrt{\alpha+\pi})^3} + - \cdots\right),$$

so ist in dem Intervall der Integration

$$F(\alpha) > F(\pi - \alpha)$$

und daher das Integral positiv. Wir haben also

$$\int_0^\infty \frac{\cos\alpha\, d\alpha}{\sqrt{\alpha}} = +\sqrt{\frac{\pi}{2}}$$

$$\int_0^\infty \frac{\sin\alpha\, d\alpha}{\sqrt{\alpha}} = +\sqrt{\frac{\pi}{2}}.$$

§. 34.

Einschränkung der Grenzen in Fourier's Lehrsatz. Beispiel.

Wir können für die Entwicklung von $\varphi(x)$ nach dem Satze von Fourier auch die Bestimmung geben, dass $\varphi(x)$ nur für $b \geqq x \geqq a$ einen von 0 verschiedenen Werth habe, ausserhalb dieser Grenzen aber $= 0$ sei. Dann haben wir in dem innern Integral der Gleichung (50) statt der Grenzen $-\infty$ und $+\infty$ nur zu setzen a und b. Also ist dann

$$\varphi(x) = \frac{1}{\pi}\int_0^\infty d\alpha \int_a^b \varphi(\lambda)\cos\alpha(x-\lambda)\, d\lambda.$$

$$b > x > a.$$

Für $x = a$ resp. $x = b$ finden Sprünge statt von den von 0 verschiedenen Functionswerthen $\varphi(a)$ und $\varphi(b)$ auf 0. Also gibt das Doppelintegral an diesen beiden Stellen resp. $\frac{1}{2}\varphi(a)$ und $\frac{1}{2}\varphi(b)$.

Nehmen wir beispielsweise $\varphi(x) = 1$ für $1 > x > 0$ und übrigens für positive x, die grösser als 1 sind, $\varphi(x) = 0$, so können wir speciell nach Cosinus entwickeln. Wir finden dann

$$\varphi(x) = \frac{2}{\pi}\int_0^\infty \cos\alpha x\, d\alpha \int_0^1 \cos\alpha\lambda\, d\lambda$$

$$= \frac{2}{\pi}\int_0^\infty \frac{\sin\alpha}{\alpha}\cos\alpha x\, d\alpha,$$

und der Werth des Integrals ist dann $= 1$ für $1 > x > -1$, dagegen $= 0$ für $x > 1$ und für $x < -1$, endlich $= \frac{1}{2}$ für $x = \pm 1$. Dasselbe Resultat haben wir (§. 15) auf einem andern Wege gefunden.

§. 35.

Functionen von mehreren Variabeln.

Die Reihenentwicklung von Fourier lässt sich auch auf Functionen von mehreren Variabeln anwenden, weil man dieselben Schlüsse nur mehrmals zu wiederholen braucht. Die Formel (49) können wir unter Benutzung des Summenzeichens schreiben

$$\varphi(x) = \frac{1}{2c}\int_{-c}^{c}\varphi(\lambda)\, d\lambda + \frac{1}{c}\sum_{m=1}^{\infty}\int_{-c}^{c} d\lambda\, \varphi(\lambda)\cos m\frac{\pi}{c}(\lambda - x)$$

oder eleganter, indem wir auch negative Indices zulassen,

$$\varphi(x) = \frac{1}{2c}\sum_{m=-\infty}^{\infty}\int_{-c}^{c} d\lambda\, \varphi(\lambda)\cos m\frac{\pi}{c}(\lambda - x).$$

Denken wir uns jetzt eine Function von zwei Variabeln, also die dritte Ordinate einer krummen Fläche, die für $c > x > -c$ und $e > y > -e$ gegeben sei. Wir können zunächst y als constant ansehen und erhalten dann

$$\varphi(x, y) = \frac{1}{2c}\sum_{m=-\infty}^{\infty}\int_{-c}^{c} d\lambda\, \varphi(\lambda, y)\cos m\frac{\pi}{c}(\lambda - x).$$

Auf dieselbe Weise lässt sich aber $\varphi(\lambda, y)$ entwickeln, nemlich

$$\varphi(\lambda, y) = \frac{1}{2e} \sum_{n=-\infty}^{\infty} \int_{-e}^{e} d\mu\, \varphi(\lambda, \mu) \cos n \frac{\pi}{e} (\mu - y).$$

Folglich ergibt sich dann durch Einsetzung in die vorige Gleichung

(53) $\varphi(x, y)$

$$= \frac{1}{4ce} \sum_{m=-\infty}^{\infty} \sum_{n=-\infty}^{\infty} \int_{-c}^{+c}\int_{-e}^{+e} d\lambda\, d\mu\, \varphi(\lambda, \mu) \cos \frac{m\pi}{c} (\lambda - x) \cos \frac{n\pi}{e} (\mu - y).$$

Dies kann man leicht ausdehnen auf so viel Variable als man will.

Dasselbe gilt aber auch von dem Fourier'schen Satze, denn dieser geht ja aus der Reihenentwicklung unmittelbar hervor, indem man c und e unendlich werden lässt. Für eine Function von zwei Variabeln erhalten wir zunächst

$$\varphi(x, y) = \frac{1}{\pi} \int_0^{\infty} d\alpha \int_{-\infty}^{\infty} d\lambda\, \varphi(\lambda, y) \cos \alpha (x - \lambda).$$

Hierin können wir $\varphi(\lambda, y)$ wieder entwickeln

$$\varphi(\lambda, y) = \frac{1}{\pi} \int_0^{\infty} d\beta \int_{-\infty}^{\infty} d\mu\, \varphi(\lambda, \mu) \cos \beta (y - \mu).$$

Setzen wir dies ein, so ergibt sich

(54) $\varphi(x, y)$

$$= \frac{1}{\pi\pi} \int_0^{\infty}\int_0^{\infty}\int_{-\infty}^{\infty}\int_{-\infty}^{\infty} d\alpha\, d\beta\, d\lambda\, d\mu\, \varphi(\lambda, \mu) \cos \alpha (x - \lambda) \cos \beta (y - \mu).$$

Man sieht leicht, wie dies Verfahren auf eine beliebige Anzahl von Variabeln zu übertragen ist.

Dritter Abschnitt.

Differentialgleichungen.

---

§. 36.

Definition und Eintheilung.

Ist die Grösse y eine Function von einer oder mehreren unabhängigen Veränderlichen, so kann ihr Zusammenhang mit diesen unabhängigen Veränderlichen in verschiedener Weise ausgedrückt sein. Der einfachste Fall ist der, dass die unabhängigen Variabeln und die Function durch eine Gleichung mit einander verbunden sind, in welcher ausser ihnen nur constante Grössen vorkommen. Eine solche Gleichung nennt man eine endliche Gleichung zwischen den Veränderlichen, und es soll mit diesem Namen ausgesprochen sein, dass in der Gleichung nur endliche Grössen, also keine Differentiale, auch keine Verhältnisse von Differentialen vorkommen. Im Gegensatz zu den endlichen Gleichungen zwischen den veränderlichen Grössen stehen die Differentialgleichungen.

Unter einer Differentialgleichung verstehen wir eine Gleichung, welche ausser den unabhängigen Veränderlichen und der Function noch einen oder mehrere Differentialquotienten der Function enthält.

Wir unterscheiden gewöhnliche Differentialgleichungen und partielle Differentialgleichungen. Wird y als Function von nur einer Variablen x angesehen und kommen demnach in der Differentialgleichung nur die nach dieser einen Variablen x genommenen Differentialquotienten vor, so heisst die Gleichung eine gewöhnliche Differentialgleichung. Soll dagegen die Function von mehreren Variabeln abhängig sein und enthält die Differentialgleichung die partiellen Differentialquotienten nach mehreren Variabeln, so wird die Gleichung eine partielle Differentialgleichung genannt.

Wir theilen die Differentialgleichungen (die gewöhnlichen wie die partiellen) in verschiedene Ordnungen ein. Eine Differentialgleichung von der $n$ten Ordnung ist eine solche, in welcher Differentialquotienten von der $n$ten Ordnung und keine höheren vorkommen.

Wir unterscheiden lineäre Differentialgleichungen und nichtlineäre. In einer lineären Differentialgleichung kommen die Function y und ihre Differentialquotienten nur in erster Potenz vor und keine Producte der Function mit den Differentialquotienten oder der Differentialquotienten unter einander. Eine gewöhnliche lineäre Differentialgleichung $n$ter Ordnung ist danach von der Form

$$a_0 \frac{d^n y}{dx^n} + a_1 \frac{d^{n-1} y}{dx^{n-1}} + \cdots + a_{n-2} \frac{d^2 y}{dx^2} + a_{n-1} \frac{dy}{dx} + a_n y = X,$$

worin $a_0, a_1, \ldots a_n, X$ Functionen von x allein oder auch constante Grössen sind. Ist $X = 0$, so heisst die lineäre Differentialgleichung homogen.

I. Gewöhnliche lineäre Differentialgleichungen.

§. 37.

Die willkürlichen Integrations-Constanten. Das vollständige Integral.

Die gewöhnlichen lineären Differentialgleichungen haben viel Analogie mit den partiellen Differentialgleichungen. Wir betrachten daher einige Eigenschaften von ihnen besonders.

Vorher sind jedoch die gewöhnlichen Differentialgleichungen im allgemeinen zu untersuchen. Wir gehen aus von einer endlichen Gleichung zwischen x und y, welche ausser diesen veränderlichen Grössen noch eine gewisse Anzahl von Constanten enthält. Durch $n$mal wiederholte Differentiation leiten wir aus dieser primitiven Gleichung n neue Gleichungen her, von denen die erste keinen höhern Differentialquotienten als den ersten, die zweite keinen höhern als den zweiten, u. s. f., die letzte keinen höhern als den $n$ten enthält. Aus dem so gewonnenen System von n Gleichungen und der primitiven Gleichung können wir n constante Grössen, und nicht mehr als n, eliminiren. Das Resultat wird eine gewöhnliche Differentialgleichung $n$ter Ordnung sein, welche n constante Grössen weniger enthält als die primitive Gleichung, aus der sie hervorgegangen.

Die primitive Gleichung drückt einen Zusammenhang zwischen x und y aus, durch welchen die Differentialgleichung $n$ter Ordnung erfüllt wird. Man nennt daher die primitive Gleichung das Integral der Differentialgleichung. Beide Benennungen bedeuten dasselbe, nemlich eine endliche Gleichung zwischen x und y, welche mit der Differentialgleichung verträglich ist. Man sagt aber, die endliche Gleichung sei die primitive Gleichung, wenn man sie als ursprünglich gegeben und die Differentialgleichung als aus ihr abgeleitet ansieht. Man nennt die endliche Gleichung das Integral der Differentialgleichung, wenn die Differentialgleichung ursprünglich gegeben war und die endliche Gleichung auf irgend einem Wege gefunden ist oder gefunden werden soll.

Aus der vorher angestellten Betrachtung geht hervor, dass eine endliche Gleichung zwischen x und y, die einer Differentialgleichung $n$ter Ordnung Genüge leistet, n Constanten enthalten kann, die in der Differentialgleichung nicht vorkommen, aber nicht mehr als n. Diese n Constanten sind völlig unbestimmt, wenn nichts als die Differentialgleichung gegeben ist. Man nennt sie daher die willkürlichen Constanten des Integrals, und die endliche Gleichung heisst das vollständige Integral der vorgelegten Differentialgleichungen $n$ter Ordnung, wenn wirklich n willkürliche Constanten darin vorkommen. Im Gegensatz dazu nennt man eine endliche Gleichung zwischen x und y, die der Differentialgleichung $n$ter Ordnung genügt, ein particuläres Integral, wenn sie weniger als n willkürliche Constanten enthält.

§. 38.

Homogene lineäre Differentialgleichungen.

Wir betrachten nun eine homogene lineäre Differentialgleichung $n$ter Ordnung

$$a_0 \frac{d^n y}{dx^n} + a_1 \frac{d^{n-1} y}{dx^{n-1}} + \cdots + a_{n-1} \frac{dy}{dx} + a_n y = 0.$$

Es sei $y = Y$ ein particuläres Integral. Dann wird auch $y = cY$ ein solches sein. Denn nach der Voraussetzung wird die Differentialgleichung erfüllt, wenn man statt y darin Y schreibt, also

$$a_0 \frac{d^n Y}{dx^n} + a_1 \frac{d^{n-1} Y}{dx^{n-1}} + \cdots + a_n Y = 0.$$

Wird nun aber statt y eingesetzt cY, so kommt auf der linken Seite nur noch der für alle Glieder gemeinschaftliche Factor c hinzu, so dass durch Division mit c sich die vorige Gleichung wieder ergibt.

Sind ferner $y = Y_1$ und $y = Y_2$ particuläre Integrale, so kann man daraus ein neues Integral

$$y = c_1 Y_1 + c_2 Y_2$$

bilden. Dieses neue particuläre Integral ist dann von Y_1 und Y_2 nicht unabhängig, sondern aus ihnen lineär zusammengesetzt. Dagegen heisst ein Integral Y_3 von Y_1 und Y_2 unabhängig, wenn es sich nicht in die Form $c_1 Y_1 + c_2 Y_2$ bringen lässt. Ueberhaupt werden k Integrale $Y_1, Y_2, \ldots Y_k$ der homogenen lineären Differentialgleichung von einander unabhängig genannt, wenn sich keine constanten Coefficienten $\alpha_1, \alpha_2, \ldots \alpha_k$ bestimmen lassen, die der Gleichung genügen

$$\alpha_1 Y_1 + \alpha_2 Y_2 + \cdots + \alpha_k Y_k = 0.$$

Man sieht nun leicht, dass eine Differentialgleichung $n$ter Ordnung mehr als n unabhängige particuläre Integrale nicht haben kann. Denn sonst könnte man jedes mit einer willkürlichen Constanten multipliciren und erhielte durch Addition der Producte ein neues Integral, das mehr als n willkürliche Constanten enthielte.

Hat man aber n von einander unabhängige particuläre Integrale gefunden, so ist

$$y = c_1 Y_1 + c_2 Y_2 + \cdots + c_n Y_n$$

das vollständige Integral der homogenen lineären Differentialgleichung $n$ter Ordnung und $c_1, c_2, \ldots c_n$ sind willkürliche Constanten. Daraus lässt sich jedes particuläre Integral herleiten, indem man den Constanten bestimmte Werthe beilegt.

Eine allgemeine Methode, die homogenen lineären Differentialgleichungen zu integriren, besitzen wir nicht. Nur einige besondere Fälle ist man bis jetzt im Stande gewesen zu behandeln. Sind die Coefficienten $a_0, a_1, \ldots a_n$ in der Differentialgleichung constant, so kann man immer das vollständige Integral ermitteln.

§. 39.

Homogene lineäre Differentialgleichungen mit constanten Coefficienten.

Es sei die homogene lineäre Differentialgleichung $n$ter Ordnung gegeben

$$(1) \qquad a_0 \frac{d^n y}{dx^n} + a_1 \frac{d^{n-1} y}{dx^{n-1}} + \cdots + a_{n-1} \frac{dy}{dx} + a_n y = 0,$$

worin $a_0, a_1, \ldots a_{n-1}, a_n$ reelle constante Grössen sein sollen. Wir können leicht particuläre Integrale finden. Setzen wir z. B.

$$y = e^{\alpha x},$$

$$\text{so ist } \frac{dy}{dx} = \alpha e^{\alpha x}, \ \frac{d^2 y}{dx^2} = \alpha^2 e^{\alpha x}, \cdots \frac{d^n y}{dx^n} = \alpha^n e^{\alpha x}.$$

Führen wir diese Werthe in die Differentialgleichung ein, so ergibt sich

$$e^{\alpha x}(a_0 \alpha^n + a_1 \alpha^{n-1} + \cdots + a_{n-1}\alpha + a_n) = 0.$$

Dies kann nicht anders der Fall sein, als wenn die Klammergrösse $= 0$ wird. Die constante Grösse α ist also eine Wurzel der Gleichung

$$(a) \qquad \varphi(\alpha) = a_0 \alpha^n + a_1 \alpha^{n-1} + \cdots + a_{n-1} \alpha + a_n = 0.$$

Wir bezeichnen die n Wurzeln der Gleichung mit $\alpha_1, \alpha_2, \ldots \alpha_n$ und betrachten zunächst den Fall, dass sie sämmtlich von einander verschieden sind. Dann haben wir n von einander unabhängige particuläre Integrale der Differentialgleichung, nemlich

$$e^{\alpha_1 x}, e^{\alpha_2 x}, \ldots e^{\alpha_n x}.$$

Das vollständige Integral ist demnach

$$\text{(I)} \qquad y = c_1 e^{\alpha_1 x} + c_2 e^{\alpha_2 x} + \cdots + c_n e^{\alpha_n x}.$$

Hat die Gleichung $n$ten Grades, welcher α genügen muss, imaginäre Wurzeln, so kommen diese immer paarweise conjugirt vor, d. h. die eine ist von der Form $\mu \pm \lambda\sqrt{-1}$, die andere von der Form $\mu \mp \lambda\sqrt{-1}$. Es seien z. B. α_1 und α_2 solche conjugirte imaginäre Wurzeln

$$\alpha_1 = \mu + \lambda\sqrt{-1},$$
$$\alpha_2 = \mu - \lambda\sqrt{-1}.$$

Dann ergibt sich

$$c_1 e^{\alpha_1 x} + c_2 e^{\alpha_2 x} = e^{\mu x}\left(c_1 e^{\lambda x\sqrt{-1}} + c_2 e^{-\lambda x\sqrt{-1}}\right)$$
$$= e^{\mu x}\left\{(c_1 + c_2)\cos\lambda x + (c_1 - c_2)\sqrt{-1}\sin\lambda x\right\}.$$

Da nun c_1 und c_2 willkürliche Constanten sind, so können wir dafür zwei andere einführen, indem wir setzen

$$c_1 + c_2 = k_1,$$
$$(c_1 - c_2)\sqrt{-1} = k_2.$$

Dadurch erhalten wir

$$c_1 e^{\alpha_1 x} + c_2 e^{\alpha_2 x} = e^{\mu x} \,.\, (k_1 \cos\lambda x + k_2 \sin\lambda x).$$

Das eben angewandte Verfahren erleidet eine Modification, wenn die Gleichung in α nicht lauter verschiedene Wurzeln hat. Es sei $\alpha_1 = \alpha_2 = \alpha_3 = \cdots = \alpha_m$ und die übrigen $n - m$ Wurzeln seien von α_1 und von einander verschieden. Dann haben wir ein particuläres Integral

$$y = e^{\alpha_1 x} \,.\, v,$$

worin wir v als eine unbekannte Function von x ansehen. Setzen wir zur Abkürzung

$$\frac{k(k-1)(k-2)\ldots(k-\nu+1)}{1\,.\,2\,.\,3 \quad \cdots \quad \nu} = k_\nu,$$

so ist bekanntlich

$$\frac{d^k(u\,.\,v)}{dx^k} = \frac{d^k u}{dx^k}v + k_1\frac{d^{k-1}u}{dx^{k-1}}\frac{dv}{dx} + k_2\frac{d^{k-2}u}{dx^{k-2}}\frac{d^2 v}{dx^2}$$
$$+ \cdots$$

und wenn wir $u = e^{\alpha_1 x}$ nehmen:

$$\frac{d^k (e^{\alpha_1 x} \cdot v)}{d x^k} = e^{\alpha_1 x} \cdot \left\{\alpha_1^k v + k_1 \alpha_1^{k-1} \frac{d v}{d x} + k_2 \alpha_1^{k-2} \frac{d^2 v}{d x^2} + \cdots\right\}.$$

In dieser Formel haben wir der Reihe nach $k = 1, 2, 3, \ldots n$ zu setzen, wenn das particuläre Integral $y = e^{\alpha_1 x} . v$ und seine Derivirten in die Differentialgleichung eingeführt werden sollen. Dadurch ergibt sich dann

$$\begin{aligned}
0 = & e^{\alpha_1 x} v \{a_0 \alpha_1^n + a_1 \alpha_1^{n-1} + a_2 \alpha_1^{n-2} + \cdots + a_{n-1} \alpha_1 + a_n\} \\
& + e^{\alpha_1 x} \frac{d v}{d x} \{n_1 a_0 \alpha_1^{n-1} + (n-1)_1 a_1 \alpha_1^{n-2} + \cdots + a_{n-1}\} \\
& + e^{\alpha_1 x} \frac{d^2 v}{d x^2} \{n_2 a_0 \alpha_1^{n-2} + (n-1)_2 a_1 \alpha_1^{n-3} + \cdots + a_{n-2}\} \\
& + \cdots \\
& + e^{\alpha_1 x} \frac{d^{m-1} v}{d x^{m-1}} \{n_{m-1} a_0 \alpha_1^{n-m+1} + (n-1)_{m-1} a_1 \alpha_1^{n-m} + \cdots\} \\
& + e^{\alpha_1 x} \frac{d^m v}{d x^m} \{n_m a_0 \alpha^{n-m} + (n-1)_m a_1 \alpha_1^{n-m-1} + \cdots\} \\
& + \cdots \\
& + e^{\alpha_1 x} \frac{d^n v}{d x^n} \cdot a_0.
\end{aligned}$$

In dieser Gleichung sind die Klammergrössen der Reihe nach $\varphi(\alpha_1)$, $\varphi'(\alpha_1)$, $\frac{1}{2}\varphi''(\alpha_1) \ldots$ Die Gleichung lautet also kürzer

$$\begin{aligned}
0 = e^{\alpha_1 x} \Big\{ & v . \varphi(\alpha_1) + \frac{d v}{d x} \cdot \varphi'(\alpha_1) + \cdots + \frac{1}{(m-1)!} \frac{d^{m-1} v}{d x^{m-1}} \cdot \varphi^{(m-1)}(\alpha_1) \\
& + \frac{1}{m!} \frac{d^m v}{d x^m} \cdot \varphi^{(m)}(\alpha_1) + \cdots + \frac{1}{n!} \frac{d^n v}{d x^n} \cdot \varphi^{(n)}(\alpha_1)\Big\}.
\end{aligned}$$

Da nun $\varphi(\alpha)$ durch $(\alpha - \alpha_1)^m$ theilbar ist, so ist

$$\varphi(\alpha_1) = 0, \quad \varphi'(\alpha_1) = 0, \quad \ldots. \quad \varphi^{(m-1)}(\alpha_1) = 0,$$

und die vorige Gleichung geht über in

$$\frac{1}{m!} \frac{d^m v}{d x^m} \cdot \varphi^{(m)}(\alpha_1) + \cdots + \frac{1}{n!} \frac{d^n v}{d x^n} \cdot \varphi^{(n)}(\alpha_1) = 0.$$

Sie wird erfüllt, wenn wir

$$\frac{d^m v}{d x^m} = \frac{d^{m+1} v}{d x^{m+1}} = \cdots = \frac{d^n v}{d x^n} = 0$$

setzen, d. h.

$$v = h_0 + h_1 x + h_2 x^2 + \cdots + h_{m-1} x^{m-1}.$$

Das particuläre Integral lautet dann

$$y = e^{\alpha_1 x}(h_0 + h_1 x + h_2 x^2 + \cdots + h_{m-1} x^{m-1}),$$

es enthält also m willkürliche Constanten. Da ausserdem noch $n - m$ particuläre Integrale von den Wurzeln $\alpha_{m+1}, \alpha_{m+2}, \ldots \alpha_n$ herrühren, so sind auch hier wieder in dem vollständigen Integral

$$\text{(II)} \quad y = e^{\alpha_1 x}(h_0 + h_1 x + \cdots + h_{m-1} x^{m-1}) + c_{m+1} e^{\alpha_{m+1} x} + \cdots \cdots + c_n e^{\alpha_n x}$$

n willkürliche Constanten vorhanden.

Dasselbe Verfahren findet Anwendung, wenn die Gleichung $\varphi(\alpha) = 0$ mehr als eine Gruppe von gleichen Wurzeln besitzt.

§. 40.

Nichthomogene lineäre Differentialgleichungen.

Wir haben noch die lineäre Differentialgleichung zu untersuchen, welche ein von y und den Differentialquotienten freies Glied enthält, also

$$\text{(1)} \quad a_0 \frac{d^n y}{d x^n} + a_1 \frac{d^{n-1} y}{d x^{n-1}} + \cdots + a_{n-1} \frac{d y}{d x} + a_n y = X.$$

Die Integration dieser Differentialgleichung $n$ter Ordnung lässt sich in zwei verschiedenen Weisen zurückführen auf die Integration einer ganz ähnlich lautenden Differentialgleichung $(n-1)$ter Ordnung. Es bedarf dazu nur der Kenntniss eines particulären Integrals einer homogenen lineären Differentialgleichung $n$ter Ordnung. Beide Wege hat Lagrange im 3. Bande der Miscellanea Taurinensia eingeschlagen*).

Der erste Weg ist folgender. Man verstehe unter z eine vorläufig noch unbekannte Function von x, multiplicire beide Seiten der Gleichung (1) mit $z\,dx$ und führe links in allen Gliedern mit Ausnahme des letzten die Integration nach Theilen aus. Dabei ergibt sich

---

*) Sur l'intégration de l'équation

$$L y + M \frac{dy}{dt} + N \frac{d^2 y}{d t^2} + P \frac{d^3 y}{d t^3} + \cdots = T,$$

dans laquelle $L, M, N \ldots T$ sont des fonctions de t. (Miscellanea Taurinensia. Tomus III. 1762 — 1765. p. 182.)

$$\int a_n z y \, dx = \int a_n z y \, dx$$

$$\int a_{n-1} z \frac{dy}{dx} dx = a_{n-1} z y - \int y \frac{d(a_{n-1} z)}{dx} dx$$

$$\int a_{n-2} z \frac{d^2 y}{dx^2} dx = a_{n-2} z \frac{dy}{dx} - y \frac{d(a_{n-2} z)}{dx} + \int y \frac{d^2(a_{n-2} z)}{dx^2} dx$$

u. s. f.

In dem Resultate der Umformung setzen wir

$$\text{(a)} \quad \frac{d^n(a_0 z)}{dx^n} - \frac{d^{n-1}(a_1 z)}{dx^{n-1}} + \frac{d^{n-2}(a_2 z)}{dx^{n-2}} - + \cdots + (-1)^n a_n z = 0.$$

Dann bleibt stehen

$$\begin{aligned}
\text{(2)} \quad \int X z \, dx = & \; y \left(a_{n-1} z - \frac{d(a_{n-2} z)}{dx} + \frac{d^2(a_{n-3} z)}{dx^2} - + \cdots \right) \\
& + \frac{dy}{dx} \left(a_{n-2} z - \frac{d(a_{n-3} z)}{dx} + \frac{d^2(a_{n-4} z)}{dx^2} - + \cdots \right) \\
& + \frac{d^2 y}{dx^2} \left(a_{n-3} z - \frac{d(a_{n-4} z)}{dx} + \frac{d^2(a_{n-5} z)}{dx^2} - + \cdots \right) \\
& + \cdots \\
& + \frac{d^{n-1} y}{dx^{n-1}} a_0 z.
\end{aligned}$$

Kennt man also ein particuläres Integral z der homogenen linearen Differentialgleichung (a) und führt dieses in die Gleichung (2) ein, so hat man nur noch eine Differentialgleichung $(n-1)$ter Ordnung zu integriren.

Auf dem zweiten Wege setzt man voraus, dass ein particuläres Integral der homogenen linearen Differentialgleichung

$$\text{(b)} \quad a_0 \frac{d^n v}{dx^n} + a_1 \frac{d^{n-1} v}{dx^{n-1}} + \cdots + a_{n-1} \frac{dv}{dx} + a_n v = 0$$

bereits gefunden sei. Wir setzen dann, um der ersten Differentialgleichung zu genügen

$$y = u \, . \, v,$$

und verstehen unter u eine noch unbekannte Function von x. Die gegebene Differentialgleichung geht dadurch über in

$$\begin{aligned}
X = & \; u \, . \left\{ a_0 \frac{d^n v}{dx^n} + a_1 \frac{d^{n-1} v}{dx^{n-1}} + \cdots + a_n v \right\} \\
& + \frac{du}{dx} \cdot \left\{ n_1 a_0 \frac{d^{n-1} v}{dx^{n-1}} + (n-1)_1 a_1 \frac{d^{n-2} v}{dx^{n-2}} + \cdots \right\} \\
& + \cdots \\
& + \frac{d^n u}{dx^n} \cdot a_0 \, . \, v.
\end{aligned}$$

Die erste Klammer ist $= 0$. Die übrigen Klammergrössen sind bekannte Functionen von x. Wir bezeichnen sie also mit einfachen Buchstaben und setzen ausserdem $\frac{du}{dx} = u'$. Dann hat man zur Bestimmung von u' die Differentialgleichung

$$(3) \qquad b_0 \frac{d^{n-1}u'}{dx^{n-1}} + b_1 \frac{d^{n-2}u'}{dx^{n-2}} + \cdots + b_{n-2} \frac{du'}{dx} + b_{n-1} u' = X.$$

Diese ist von derselben Form wie die ursprünglich vorgelegte Gleichung, aber von der um 1 verminderten Ordnung.

Lagrange macht in dem oben citirten Aufsatze noch die Bemerkung, dass man von der Differentialgleichung (1) aus zu einer ebenfalls lineären Differentialgleichung $(n - m)$ter Ordnung gelangt, wenn m particuläre Integrale der Differentialgleichung (a) oder der Differentialgleichung (b) bekannt sind. Dabei ist natürlich m höchstens $= n$. Für diesen äussersten Fall führt Lagrange die Rechnung durch in einem Aufsatze, der unter den Nouveaux Mémoires de l'Académie de Berlin vom Jahre 1775*) abgedruckt ist. Das Verfahren ist folgendes.

Hat man n von einander unabhängige particuläre Integrale der homogenen lineären Differentialgleichung (b), nemlich $v_1, v_2, \ldots v_n$, so ist das vollständige Integral von der Form

$$v = c_1 v_1 + c_2 v_2 + \cdots + c_n v_n,$$

und $c_1, c_2, \ldots c_n$ sind die willkürlichen Constanten. Um nun die Differentialgleichung (1) zu integriren, setzen wir

$$(4) \qquad y = u_1 v_1 + u_2 v_2 + \cdots + u_n v_n$$

und betrachten $u_1, u_2, \ldots u_n$ als unbekannte Functionen von x. Werden aus der Gleichung (4) die ersten n Differentialquotienten gebildet und diese in (1) eingesetzt, so erhält man eine Differentialgleichung, der die n Functionen $u_1, u_2, u_3 \ldots u_n$ Genüge leisten müssen. Zur völligen Bestimmung der Functionen u haben wir aber ausserdem noch $n - 1$ Gleichungen nöthig. Diese wählen wir, da sie in der Aufgabe nicht gegeben sind, in der Weise, dass bei den ersten $n - 1$ Differentiationen der Gleichung (4) jedesmal der Inbegriff derjenigen Glieder $= 0$ gesetzt wird, welche die Differentialquotienten von $u_1, u_2, \ldots u_n$ enthalten. Dadurch ergibt sich

---

*) Recherches sur les suites recurrentes etc. Article 1, §. 5.

$$\text{(c)}\quad\left\{\begin{array}{ll}\dfrac{dy}{dx} &= \sum\limits_{k=1}^{n} u_k \dfrac{dv_k}{dx}, \\ \dfrac{d^2 y}{dx^2} &= \sum\limits_{k=1}^{n} u_k \dfrac{d^2 v_k}{dx^2}, \\ \dots & \dots \\ \dfrac{d^{n-1} y}{dx^{n-1}} &= \sum\limits_{k=1}^{n} u_k \dfrac{d^{n-1} v_k}{dx^{n-1}}, \end{array}\right. \qquad \left.\begin{array}{l}\sum\limits_{k=1}^{n} v_k \dfrac{du_k}{dx} = 0 \\ \sum\limits_{k=1}^{n} \dfrac{dv_k}{dx}\dfrac{du_k}{dx} = 0 \\ \dots \\ \sum\limits_{k=1}^{n} \dfrac{d^{n-2} v_k}{dx^{n-2}}\dfrac{du_k}{dx} = 0 \end{array}\right\}\quad\text{(d)}$$

Dagegen wird

$$\frac{d^n y}{dx^n} = \sum_{k=1}^{n} u_k \frac{d^n v_k}{dx^n} + \sum_{k=1}^{n} \frac{d^{n-1} v_k}{dx^{n-1}} \frac{du_k}{dx}.$$

Der Ausdruck für y aus Gleichung (4) und die eben erlangten Ausdrücke der Differentialquotienten $\frac{dy}{dx}, \frac{d^2 y}{dx^2}, \cdots \frac{d^n y}{dx^n}$ sind in die Differentialgleichung (1) einzusetzen. Dadurch erhält man

$$\sum_{k=1}^{n} u_k \left(a_0 \frac{d^n v_k}{dx^n} + a_1 \frac{d^{n-1} v_k}{dx^{n-1}} + \cdots + a_{n-1} \frac{dv_k}{dx} + a_n v_k\right)$$
$$+ a_0 \sum_{k=1}^{n} \frac{d^{n-1} v_k}{dx^{n-1}} \cdot \frac{du_k}{dx} = X.$$

Nun ist aber vermöge der Differentialgleichung (b) der Factor von u_k in der ersten Reihe $= 0$ für $k = 1, 2, 3, \dots n$. Die letzte Differentialgleichung geht also über in

$$a_0 \sum \frac{d^{n-1} v_k}{dx^{n-1}} \cdot \frac{du_k}{dx} = X.$$

Diese nehmen wir zusammen mit den Gleichungen (d). Dann haben wir zur Bestimmung der n Unbekannten $\frac{du_1}{dx}, \frac{du_2}{dx}, \cdots \frac{du_n}{dx}$ die folgenden n Gleichungen

$$v_1 \frac{du_1}{dx} + v_2 \frac{du_2}{dx} + v_3 \frac{du_3}{dx} + \cdots + v_n \frac{du_n}{dx} = 0,$$
$$\frac{dv_1}{dx}\frac{du_1}{dx} + \frac{dv_2}{dx}\frac{du_2}{dx} + \frac{dv_3}{dx}\frac{du_3}{dx} + \cdots + \frac{dv_n}{dx}\frac{du_n}{dx} = 0,$$
$$\frac{d^2 v_1}{dx^2}\frac{du_1}{dx} + \frac{d^2 v_2}{dx^2}\frac{du_2}{dx} + \frac{d^2 v_3}{dx^2}\frac{du_3}{dx} + \cdots + \frac{d^2 v_n}{dx^2}\frac{du_n}{dx} = 0,$$
$$\dots\dots\dots$$
$$\frac{d^{n-2} v_1}{dx^{n-2}}\frac{du_1}{dx} + \frac{d^{n-2} v_2}{dx^{n-2}}\frac{du_2}{dx} + \frac{d^{n-2} v_3}{dx^{n-2}}\frac{du_3}{dx} + \cdots + \frac{d^{n-2} v_n}{dx^{n-2}}\frac{du_n}{dx} = 0,$$
$$\frac{d^{n-1} v_1}{dx^{n-1}}\frac{du_1}{dx} + \frac{d^{n-1} v_2}{dx^{n-1}}\frac{du_2}{dx} + \frac{d^{n-1} v_3}{dx^{n-1}}\frac{du_3}{dx} + \cdots + \frac{d^{n-1} v_n}{dx^{n-1}}\frac{du_n}{dx} = \frac{X}{a_0}.$$

Die Coefficienten der n Unbekannten und die Function $\frac{X}{a_0}$ sind bekannt. Es kömmt also nur darauf an, durch Elimination die Werthe der Unbekannten zu bestimmen. Ergibt sich dabei

$$\frac{du_k}{dx} = \varphi_k(x),$$

so ist $\varphi_k(x)$ eine bekannte Function von x, und wir erhalten

$$(5) \qquad u_k = \int \varphi_k(x)\,dx \qquad k = 1, 2, 3, \ldots n.$$

Die Bestimmung der Functionen u ist also auf ein Problem der Integralrechnung, oder, wie man sich ausdrückt, auf einfache Quadratur zurückgeführt.

Man nennt dieses Verfahren von Lagrange die Methode der Variation der Constanten.

Ein ganz analoger Weg ist einzuschlagen, wenn nur m particuläre Integrale von (b) bekannt sind ($m < n$). Zuerst betreten ist dieser Weg für $m < n$ von d'Alembert*). Man vergleiche darüber auch die späteren Arbeiten von Libri**), Malmstèn***) und Joachimsthal†), sowie die Darstellung von Baltzer††).

II. Partielle Differentialgleichungen.

§. 41.

Definition. Lineäre partielle Differentialgleichungen zweiter Ordnung.

Wir haben bis jetzt eine Function y als abhängig von nur einer Variablen x angesehen. Bei den physikalischen Erscheinungen, welche wir betrachten wollen, treten nun aber mehrere unabhängig veränderliche Grössen auf: die Zeit und die drei Raum-

---

*) Miscell. Taur. T. 3. p. 381.

**) Crelle. Bd. 10. p. 185.

***) Crelle. Bd. 39. p. 91.

†) Crelle. Bd. 40. p. 48.

††) Theorie und Anwendung der Determinanten. 3. Aufl. Leipzig. 1870. §. 9. 3. 4.

coordinaten. Diese Untersuchungen werden uns also auf partielle Differentialgleichungen führen.

Betrachten wir zunächst eine Function u, die von zwei unabhängigen Variabeln x und t abhängt, also

$$u = \varphi(x, t).$$

Diese Function u hat die beiden Differentialquotienten erster Ordnung

$$\frac{\partial u}{\partial x}, \quad \frac{\partial u}{\partial t},$$

die drei Differentialquotienten zweiter Ordnung

$$\frac{\partial^2 u}{\partial x^2}, \quad \frac{\partial^2 u}{\partial x \partial t}, \quad \frac{\partial^2 u}{\partial t^2},$$

u. s. f.

Jede Gleichung zwischen u und irgend welchen partiellen Differentialquotienten dieser Function heisst eine partielle Differentialgleichung. Die Ordnung wird hier wieder nach dem höchsten darin vorkommenden Differentialquotienten bestimmt.

Eine Function u, die der partiellen Differentialgleichung Genüge leistet, wird eine Lösung derselben genannt.

Vom grössten Interesse sind die linearen partiellen Differentialgleichungen zweiter Ordnung, weil die meisten physikalischen Fragen auf solche Gleichungen führen. Die allgemeine Form derselben ist bei zwei unabhängigen Variabeln

$$l \frac{\partial^2 u}{\partial x^2} + m \frac{\partial^2 u}{\partial x \partial t} + n \frac{\partial^2 u}{d t^2} + p \frac{\partial u}{\partial x} + q \frac{\partial u}{\partial t} + r u = s,$$

und besonders wichtig ist der Fall, dass sie homogen sind, dass also $s = 0$ ist. Mit der Untersuchung dieses Falles wollen wir uns daher hauptsächlich beschäftigen.

Sind die Coefficienten l, m, n, p, q, r constante Grössen, so ist es leicht, particuläre Lösungen der homogenen Gleichung

$$l \frac{\partial^2 u}{\partial x^2} + m \frac{\partial^2 u}{\partial x \partial t} + n \frac{\partial^2 u}{\partial t^2} + p \frac{\partial u}{\partial x} + q \frac{\partial u}{\partial t} + r u = 0$$

zu finden. Wir setzen, analog dem Verfahren in §. 39, in diesem Falle

$$u = e^{\alpha x + \beta t}.$$

Dann ist

$$\frac{\partial u}{\partial x} = \alpha u, \quad \frac{\partial u}{\partial t} = \beta u,$$

$$\frac{\partial^2 u}{\partial x^2} = \alpha^2 u, \quad \frac{\partial^2 u}{\partial x \partial t} = \alpha \beta u, \quad \frac{\partial^2 u}{\partial t^2} = \beta^2 u.$$

Folglich geht die partielle Differentialgleichung über in

$$u \cdot \left\{ l\alpha^2 + m\alpha\beta + n\beta^2 + p\alpha + q\beta + r \right\} = 0.$$

Hier haben wir die Klammergrösse $= 0$ zu setzen. Dadurch ergibt sich eine quadratische Gleichung in α und β. Wir können also die eine der beiden Grössen, etwa β, beliebig wählen, und erhalten zu jedem Werthe von β aus der Gleichung zwei bestimmte zugehörige Werthe von α. Es gibt also eine unendliche Menge zusammengehöriger Werthe von α und β, welche der Bedingungsgleichung

$$l\alpha^2 + m\alpha\beta + n\beta^2 + p\alpha + q\beta + r = 0$$

genügen, und folglich haben wir auch unendlich viele particuläre Lösungen der partiellen Differentialgleichung.

Hierin liegt ein wesentlicher Unterschied der partiellen und der gewöhnlichen Differentialgleichungen, da die letzteren nur eine endliche Anzahl unabhängiger particulärer Integrale besitzen.

Sind $U_1, U_2, U_3, \ldots$ particuläre Lösungen der homogenen lineären partiellen Differentialgleichung, so kann man jede mit einer willkürlichen Constanten multipliciren und erhält durch Addition der Producte wieder eine Lösung der homogenen Gleichung. Auf diese Weise setzt sich aus den unendlich vielen particulären Lösungen die allgemeine Lösung zusammen, die demnach unendlich viele willkürliche constante Grössen enthält.

Die Auffindung der particulären Lösungen ist meistens mit gar keiner Schwierigkeit verknüpft. Man kann also auch die allgemeine Lösung dann leicht herstellen. Mit solchen allgemeinen Lösungen, in denen die Constanten willkürliche Werthe haben, ist aber so gut wie nichts gewonnen. Vielmehr liegt bei den Aufgaben, die auf partielle Differentialgleichungen führen, der wichtigste Punkt der Frage darin, die Constanten so zu bestimmen, dass gewisse Nebenbedingungen erfüllt werden. So hat man z. B. die allgemeine Lösung der partiellen Differentialgleichung gefunden für die Schwingungen elastischer Flächen, also für die Klangfiguren, kann aber aus dieser allgemeinen Lösung die Figuren selbst durchaus nicht finden, sondern hat noch unendlich viele Bedingungen zu berücksichtigen besonders für das, was am Rande solcher schwingenden Platten vor sich geht.

§. 42.

Beispiel.

Wir nehmen als Beispiel die partielle Differentialgleichung

$$(1) \qquad \frac{\partial u}{\partial t} = a^2 \frac{\partial^2 u}{\partial x^2},$$

welche sich auch in der Folge ergeben wird für die Bewegung der Wärme, wenn man nur auf eine Dimension Rücksicht nimmt. Es ist nicht schwer, particuläre Lösungen zu finden. Die Aufgabe wird aber schwierig durch gewisse Nebenbedingungen. Wenn also $u = \varphi(x, t)$ dieser partiellen Differentialgleichung genügt, so fragt es sich, welche Bedingungen hinreichen, damit $\varphi(x, t)$ eine völlig bestimmte Function werde. Da findet sich, dass die Function vollkommen bestimmt wird, wenn noch die Bedingung hinzukommt, dass für einen bestimmten Werth von t die Function u sich auf eine bestimmte, aber ganz beliebig genommene Function von x reducirt. Also es soll sein

$$(2) \qquad u = f(x) \quad \text{für } t = 0.$$

Wir gehen hier wieder von particulären Lösungen der partiellen Differentialgleichung aus. Setzen wir

$$u = e^{\alpha x + \beta t},$$

so ergibt sich aus der Differentialgleichung für α und β die Bedingungsgleichung

$$\beta = a^2 \alpha^2.$$

Wir haben also

$$u = e^{\alpha x + a^2 \alpha^2 t}$$

als particuläre Lösung. Da α ganz beliebig gewählt werden kann, so dürfen wir auch $\alpha \sqrt{-1}$ statt α setzen. Es sind demnach auch

$$e^{\alpha x \sqrt{-1}} \cdot e^{-a^2 \alpha^2 t}$$

und

$$e^{-\alpha x \sqrt{-1}} \cdot e^{-a^2 \alpha^2 t}$$

particuläre Lösungen, die wir mit willkürlichen Constanten multipliciren und addiren dürfen. Wir multipliciren die erste mit $e^{-\alpha \lambda \sqrt{-1}}$, die zweite mit $e^{+\alpha \lambda \sqrt{-1}}$ und erhalten durch Addition und Subtraction die beiden particulären Lösungen

$$e^{-a^2\alpha^2 t} \,.\, \cos\alpha(x-\lambda),$$
$$e^{-a^2\alpha^2 t} \,.\, \sin\alpha(x-\lambda),$$

bei denen wir den constanten Factor 2 und resp. $2 \,.\, \sqrt{-1}$ weggelassen haben.

Um die allgemeine Lösung herzustellen, haben wir α stetig variabel zu nehmen, jeden Werth, den die Function u für ein specielles α annimmt, mit einer von x und t unabhängigen Grösse zu multipliciren und die unendlich vielen Producte zu addiren. Ist also $F(x, t, \alpha)$ eine particuläre Lösung, so multipliciren wir sie mit $\psi(\alpha)\, d\alpha$. Dann ist auch

$$\int_{c_1}^{c_2} \psi(\alpha)\, F(x, t, \alpha)\, d\alpha$$

eine Lösung der partiellen Differentialgleichung. Denn dieses Integral ist eine Summe von unendlich vielen Specialwerthen der Function $F(x, t, \alpha)$ für unendlich viele verschiedene α, deren jeder mit einer von x und t unabhängigen Grösse $\psi(\alpha)\, d\alpha$ multiplicirt ist.

In unserm Falle können wir zunächst für dasselbe α die particuläre Lösung

$$e^{-a^2\alpha^2 t} \cos\alpha(x-\lambda)$$

mit $\psi(\lambda)\, d\lambda$ multipliciren und darauf zwischen vorläufig beliebigen Grenzen c_1 und c_2 integriren. Dann ist auch

$$\int_{c_1}^{c_2} e^{-a^2\alpha^2 t} \cos\alpha(x-\lambda)\, \psi(\lambda)\, d\lambda$$

eine particuläre Lösung. Diese multipliciren wir mit $d\alpha$ und integriren zwischen den Grenzen b_1 und b_2. Fügen wir noch einen constanten Factor h hinzu, so wird auch

$$u = h \int_{b_1}^{b_2} d\alpha \int_{c_1}^{c_2} e^{-a^2\alpha^2 t} \cos\alpha(x-\lambda)\, \psi(\lambda)\, d\lambda$$

eine Lösung der partiellen Differentialgleichung. Setzen wir hierin $t = 0$ und berücksichtigen die Bedingung, dass dann

$$u = f(x)$$

sein soll, so findet sich

$$f(x) = h \int_{b_1}^{b_2} d\alpha \int_{c_1}^{c_2} \cos\alpha(x-\lambda)\, \psi(\lambda)\, d\lambda.$$

Nach Fourier's Satze {§. 32. Formel (50)} ist aber

$$f(x) = \frac{1}{\pi} \int_0^\infty d\alpha \int_{-\infty}^\infty \cos \alpha (x - \lambda) f(\lambda) \, d\lambda.$$

Damit also der Nebenbedingung genügt werde, haben wir zu setzen

$$h = \frac{1}{\pi}, \quad \psi(\lambda) = f(\lambda),$$

$$b_1 = 0, \quad b_2 = \infty,$$

$$c_1 = -\infty, \quad c_2 = \infty.$$

Unsere Aufgabe ist daher völlig gelöst, wenn wir

$$u = \frac{1}{\pi} \int_0^\infty d\alpha \int_{-\infty}^\infty e^{-a^2\alpha^2 t} f(\lambda) \cos \alpha (x - \lambda) \, d\lambda$$

nehmen. Dieser Ausdruck lässt sich noch vereinfachen durch Umkehrung der Integrationsordnung. Es ist dann zuerst das Integral

$$\int_0^\infty e^{-a^2\alpha^2 t} \cos \alpha (x - \lambda) \, d\alpha$$

auszuführen. Der Werth desselben findet sich aus §. 18 Formel (35), nemlich

$$= \frac{1}{2a} \sqrt{\frac{\pi}{t}} \, e^{-\frac{(x-\lambda)^2}{4a^2 t}}.$$

Danach erhalten wir also

(I) $$u = \frac{1}{2a} \frac{1}{\sqrt{\pi t}} \int_{-\infty}^\infty f(\lambda) \, e^{-\frac{(x-\lambda)^2}{4a^2 t}} \, d\lambda.$$

Es ist nicht uninteressant, diesen Werth noch einmal zu verificiren, indem man zeigt, dass er den beiden Bedingungen genügt. Dass er die partielle Differentialgleichung erfüllt, erkennt man leicht, indem man die Differentiationen ausführt. Es reicht dazu auch hin, nachzuweisen, dass

$$\frac{1}{\sqrt{t}} \, e^{-\frac{(x-\lambda)^2}{4a^2 t}}$$

eine particuläre Lösung ist. Um aber den Werth zu finden, den der letzte Ausdruck von u für $t = 0$ annimmt, ist es zweckmässig, das Integral etwas umzuformen. Führt man für λ eine andere Variable ein, so dass der Exponent von e das negative Quadrat der neuen Variablen ist, also

$$\frac{\lambda - x}{2a\sqrt{t}} = \beta,$$

so wird

$$(I^*) \qquad u = \frac{1}{\sqrt{\pi}} \int_{-\infty}^{\infty} f(x + 2a\beta\sqrt{t})\, e^{-\beta^2} d\beta.$$

Dieser Ausdruck geht für $t = 0$ über in

$$\frac{1}{\sqrt{\pi}} \int_{-\infty}^{\infty} f(x)\, e^{-\beta^2}\, d\beta$$

$$= \frac{2}{\sqrt{\pi}} f(x) \int_{0}^{\infty} e^{-\beta^2}\, d\beta$$

d. h. mit Rücksicht auf §. 17, Formel (33) in

$$\frac{2}{\sqrt{\pi}} \cdot \frac{1}{2}\sqrt{\pi} f(x) = f(x).$$

Die partielle Differentialgleichung, welche wir hier behandelt haben, bildet den Gegenstand der Untersuchung in den §§. 49 bis 60 des folgenden Abschnittes. Immer werden wir von der particulären Lösung

$$e^{\pm \alpha x \sqrt{-1} - a^2 \alpha^2 t}$$

ausgehen und die allgemeine Lösung aus unendlich vielen particulären Lösungen zusammensetzen. Diese bildet bei allen Aufgaben den gemeinsamen Ausgangspunkt. Sobald wir aber auf die je nach der Aufgabe verschiedenen Nebenbedingungen Rücksicht nehmen, gelangen wir zu Lösungen, die trotz des gemeinsamen Ausgangspunktes von einander völlig abweichen.

§. 43.

Beispiel.

Wir wollen jetzt die partielle Differentialgleichung nehmen

$$(1) \qquad \frac{\partial^2 u}{\partial t^2} = a^2 \frac{\partial^2 u}{\partial x^2},$$

die bei dem Problem der schwingenden Saiten sich ergeben wird. Sie ist die erste partielle Differentialgleichung, die überhaupt behandelt worden ist. Die Function u ist hier noch nicht bestimmt, wenn man nur eine Bedingung hinzufügt. Wir stellen also zwei Bedingungen auf, nemlich

(2) $$u = f(x) \quad \text{für } t = 0,$$

(3) $$\frac{\partial u}{\partial t} = F(x) \quad \text{für } t = 0.$$

Die Aufgabe lässt sich in zwei zerlegen, indem wir das eine Mal eine Function suchen, die der partiellen Differentialgleichung genügt und für $t = 0$ gibt $u = f(x)$, $\frac{\partial u}{\partial t} = 0$; das andere Mal eine Function, die der partiellen Differentialgleichung genügt und für $t = 0$ gibt $u = 0$, $\frac{\partial u}{\partial t} = F(x)$.

I. Wir suchen zunächst eine Function, welche die partielle Differentialgleichung erfüllt und den Bedingungen genügt

(2*) $$u = f(x) \quad \text{für } t = 0,$$

(3*) $$\frac{\partial u}{\partial t} = 0 \quad \text{für } t = 0.$$

Als particuläre Lösung der Gleichung (1) versuchen wir

$$e^{\alpha x + \beta t}.$$

Diese genügt der Gleichung (1), wenn

$$\beta^2 = a^2 \alpha^2.$$

Wir erhalten also als particuläre Lösung

$$e^{\alpha (x \pm a t)},$$

worin wir auch α mit $\alpha \sqrt{-1}$ vertauschen dürfen. Thun wir dies, so erhalten wir die neuen particulären Lösungen

$$\cos \alpha (x + a t) \text{ und } \cos \alpha (x - a t)$$

und ebenso die beiden anderen Lösungen

$$\sin \alpha (x + a t) \text{ und } \sin \alpha (x - a t).$$

Die beiden ersten Lösungen multipliciren wir mit dem von x und t unabhängigen Factor $\cos \alpha \lambda$, die beiden anderen mit $\sin \alpha \lambda$ und erhalten dann durch Addition

$$\cos \alpha (x - \lambda + a t) + \cos \alpha (x - \lambda - a t).$$

Diese particuläre Lösung ist schon so beschaffen, dass sie der Bedingung (3*) genügt. Multipliciren wir sie mit $f(\lambda) d\lambda$ und integriren nach λ von $-\infty$ bis $+\infty$, multipliciren weiter mit $\frac{1}{2\pi} d\alpha$ und integriren nach α von 0 bis ∞, so ergibt sich

$$u = \frac{1}{2\pi} \int_0^\infty d\alpha \int_{-\infty}^{\infty} f(\lambda) \left\{ \cos \alpha (x - \lambda + a t) + \cos \alpha (x - \lambda - a t) \right\} d\lambda$$

oder wenn wir Fourier's Satz beachten:

(I) $$u = \frac{1}{2}\left\{f(x+at) + f(x-at)\right\}.$$

Diese Lösung genügt der partiellen Differentialgleichung (1) und den beiden Bedingungen (2*) und (3*), wie man nachträglich auch leicht verificiren kann.

II. Die Function u soll so bestimmt werden, dass sie der partiellen Differentialgleichung (1) und den Bedingungen

(2**) $$u = 0 \quad \text{für } t = 0,$$

(3**) $$\frac{\partial u}{\partial t} = F(x) \quad „ \quad t = 0$$

genügt.

Hier gehen wir von den beiden particulären Lösungen

$$\sin \alpha (x - \lambda + at) \text{ und } \sin \alpha (x - \lambda - at)$$

aus und machen die Bemerkung, dass ihre Differenz der Bedingung (2**) bereits Genüge leistet. Wir nehmen also die particuläre Lösung

$$\sin \alpha (x - \lambda + at) - \sin \alpha (x - \lambda - at).$$

Der nach t genommene Differentialquotient ist

$$\alpha a \left\{\cos \alpha (x - \lambda + at) + \cos \alpha (x - \lambda - at)\right\}$$

und geht für $t = 0$ über in

$$2 \alpha a \cos \alpha (x - \lambda).$$

Für $t = 0$ soll aber

$$\frac{\partial u}{\partial t} = F(x) = \frac{1}{\pi}\int_0^\infty d\alpha \int_{-\infty}^\infty F(\lambda) \cos \alpha (x - \lambda)\, d\lambda$$

sein. Dies erreichen wir, indem wir aus der particulären Lösung herleiten

$$u = \frac{1}{2 a \pi}\int_0^\infty \frac{d\alpha}{\alpha}\int_{-\infty}^\infty F(\lambda)\left\{\sin \alpha (x - \lambda + at) - \sin \alpha (x - \lambda - at)\right\} d\lambda.$$

Hier können wir die Ordnung der Integration umkehren und erhalten

$$2 a \pi u =$$

$$\int_{-\infty}^\infty F(\lambda)\, d\lambda \left\{\int_0^\infty \frac{\sin \alpha (x - \lambda + at)}{\alpha} d\alpha - \int_0^\infty \frac{\sin \alpha (x - \lambda - at)}{\alpha} d\alpha\right\}.$$

Die beiden Integrale in der Klammer sind nach §. 14 Formel (23) zu behandeln. Danach findet sich, dass der Inhalt der Klammer

$= 0$ ist, wenn $x + at < \lambda$ oder wenn $x - at > \lambda$, dagegen den Werth π besitzt, wenn $x + at > \lambda > x - at$ ist. Dadurch geht u über in

$$\text{(II)} \qquad u = \frac{1}{2a}\int_{x-at}^{x+at} F(\lambda)\, d\lambda.$$

Dass diese Function den Bedingungen (1), (2**) und (3**) genügt, lässt sich nachträglich auch leicht zeigen.

III. Soll die ursprünglich in diesem Paragraphen gestellte Aufgabe gelöst, also eine Function u bestimmt werden, welche die Gleichungen (1), (2), (3) erfüllt, so haben wir die Lösungen (I) und (II) durch Addition zu verbinden. Wir erhalten dann

$$\text{(III)} \qquad u = {}^1/_2 \left\{f(x+at) + f(x-at)\right\} + \frac{1}{2a}\int_{x-at}^{x+at} F(\lambda)\, d\lambda.$$

Vierter Abschnitt.

Bewegung der Wärme in festen Körpern.

I. Ableitung des Grundgesetzes.

§. 44.

Wärme. Specifische Wärme. Temperatur.

Wir wenden die Theorie zunächst an auf die Lehre von der Bewegung der Wärme in festen Körpern. Dabei ist es gleichgültig, ob wir die Wärme als einen Stoff ansehen oder, wie es aus der Analogie anderer physikalischen Erscheinungen wahrscheinlich ist, als lebendige Kraft, hervorgebracht durch die wellenförmige Bewegung eines Wärmeäthers. Wir drücken uns der Einfachheit wegen so aus, als ob die Wärme etwas Materielles wäre. Nach der Erfahrung kann dann also ein Körper mehr oder weniger Wärme in sich aufnehmen oder abgeben, und er geht bei der Aufnahme wie bei der Abgabe in einen anderen Wärmezustand über. Bei jedem Körper können wir zwei bestimmte Wärmezustände definiren. In dem ersten Zustande befindet sich der Körper, wenn er ringsum mit schmelzendem Eis umgeben ist, in dem zweiten, wenn er sich in siedendem Wasser befindet, und wenn er in beiden Fällen mit der Umgebung nicht in Wärmeaustausch tritt.

Für die Physik ist es von besonderem Interesse, die Wärmemenge zu bestimmen, welche die Masseneinheit eines Körpers in dem Wärmezustande des siedenden Wassers mehr besitzt als in dem Wärmezustande des schmelzenden Eises. Diese Wärmemenge nennt man die specifische Wärme des Körpers.

Um die specifische Wärme zu messen, bedürfen wir einer Wärmeeinheit. Wir wählen dazu die Wärmemenge, welche nöthig ist, um die Masseneinheit Wasser aus dem Wärmezustande des schmelzenden Eises in siedendes Wasser zu verwandeln. Oder mit anderen Worten: wir setzen die specifische Wärme des Wassers $= 1$.

Mit dieser Wärmeeinheit reichen wir aus. Doch ist es für die Theorie vortheilhaft, ein anderes Maass einzuführen, nemlich die Temperatur. Wir definiren dieselbe folgendermaassen:

Die Temperatur u ist eine Verhältnisszahl, welche für irgend einen Wärmezustand angibt, das Wievielfache der specifischen Wärme C die Masseneinheit des Körpers in eben diesem Zustande mehr besitzt als im Zustande des schmelzenden Eises.

Für den Zustand des schmelzenden Eises ist also die Temperatur $u = 0$, für den des siedenden Wassers ist $u = 1$, und für einen Zustand, der zwischen jenen beiden liegt, ist u ein echter Bruch. Die Temperatur u kann natürlich auch über 1 hinaus wachsen und unter 0 herabsinken. Der erste Fall tritt ein, wenn der Körper aus dem Zustande des siedenden Wassers in einen andern Wärmezustand übergeht durch Aufnahme neuer Wärme, der zweite Fall, wenn er aus dem Zustande des schmelzenden Eises in einen andern übergeht durch Abgabe von Wärme. Dass mit der Temperatur das Volumen des Körpers sich verändert, ist hier eine Nebensache, die nicht in Betracht kommt.

Die Wärmemenge W, welche ein Körper von der Masse M und der specifischen Wärme C bei der Temperatur u enthält, ist also

$$W = M \,.\, C \,.\, u .$$

Dabei ist natürlich vorausgesetzt, dass der Körper seiner ganzen Ausdehnung nach dieselbe specifische Wärme besitzt, und dass jede Masseneinheit gleich viel Wärmemenge enthält. Bei der Temperatur 0 ist dann in jedem Körper die Wärmemenge 0 vorhanden.

Bei den festen Körpern findet eine unmittelbare Wirkung der Wärme nur in unendlich kleiner Entfernung statt, sei es, dass sie für weitere Entfernungen entweder wirklich aufhört oder nur wegen ihrer Kleinheit sich den Sinnen entzieht. Eine zweite Voraussetzung, welche wir machen, ist die, dass die Wirkung zwischen zwei unendlich nahen Theilen dem Unterschied der Temperatur oder Wärmemenge proportional ist, und zwar nehmen wir die Wirkung als eine ausgleichende an, so dass der wärmere Theil an den weniger warmen etwas abgibt. Aus diesen beiden Voraussetzungen haben wir zunächst allgemeine Folgerungen und Formeln abzuleiten.

§. 45.

Wärmeaustausch parallel zur Axe der x.

Wir betrachten einen Körper, welcher ungleichmässig erwärmt ist, aber so, dass die Temperatur zu einer und derselben Zeit nur abhängt von der x-Coordinate eines jeden Punktes. Dann ist also eine zur x-Axe rechtwinklig gelegte Ebene in allen ihren Punkten gleichmässig erwärmt, und ihre Temperatur ändert sich nur mit der Zeit t.

Nehmen wir nun zu verschiedenen Seiten einer solchen Ebene zwei unendlich nahe gelegene Punkte, im Abstande x und $x + x'$ von der yz-Ebene. Es handelt sich um ihre Temperatur in demselben Zeitmomente, nachdem seit einem gewissen Anfangstermin die Zeit t verflossen ist. Die Temperatur in dem ersten Punkte bezeichnen wir mit u. Sie hängt nach der Voraussetzung nur von x ab. In dem zweiten Punkte wird also die Temperatur sein

$$u + x' \frac{\partial u}{\partial x} + \frac{x'^2}{1.2} \frac{\partial^2 u}{\partial x^2} + \cdots$$

oder da wir die höheren Potenzen der unendlich kleinen Grösse x' gegen die erste Potenz vernachlässigen können:

$$u + x' \frac{\partial u}{\partial x}.$$

Dies gilt zu einer und derselben Zeit t von jeder beliebigen Stelle der betrachteten Ebene. In dem Zeitdifferential dt, welches auf die abgelaufene Zeit t folgt, geht nun durch ein beliebiges Flächenstück ω der Ebene eine gewisse Wärmemenge hindurch. Diese ist zufolge der im vorigen Paragraphen aufgestellten Hypothese proportional der Temperaturdifferenz, d. h. proportional der Grösse

$$- \frac{\partial u}{\partial x}.$$

Sie ist ferner proportional dem Flächenstück ω, durch welches sie strömt, und proportional der unendlich kleinen Zeit dt, während welcher wir sie beobachten, d. h. sie ist

$$= - k\omega \frac{\partial u}{\partial x} dt.$$

Die Grösse k nennen wir die Leitungsfähigkeit des Körpers. Sie kann, wie z. B. bei den Krystallen, von der Richtung der Wärmeströmung abhängig sein. Wir wollen auf diesen Umstand hier keine Rücksicht nehmen, sondern voraussetzen, dass für einen und denselben Körper k constant sei.

§. 46.

Wärmeaustausch parallel zur yz-Ebene.

Wir untersuchen zweitens den Fall, dass zu einer und derselben Zeit t die Temperatur in allen Punkten einer Parallelen zur x-Axe constant sei, also

$$u = f(y, z).$$

Dann geht von der einen Seite einer zur x-Axe rechtwinkligen Ebene auf die andere gerade so viel Wärmemenge über wie in derselben Zeit von der zweiten Seite auf die erste geht. Denn es seien μ_1 und μ_2 (Fig. 16) zwei unendlich nahe gelegene Punkte auf

Fig. 16.

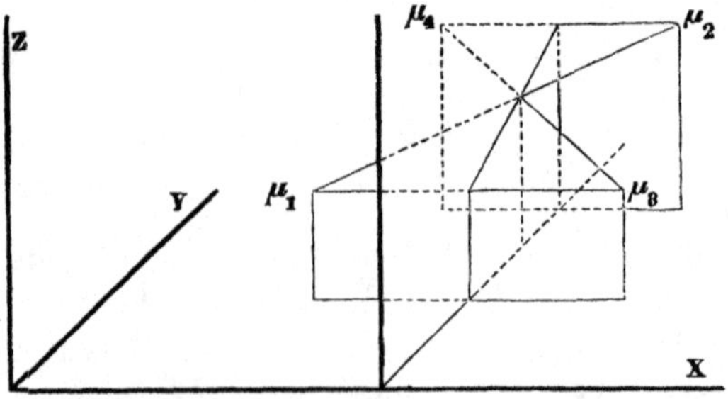

verschiedenen Seiten der zur x-Axe rechtwinkligen Ebene. Dann lässt sich zu μ_1 ein Punkt μ_3, zu μ_2 ein Punkt μ_4 finden, so dass die Linien $\mu_1 \mu_3$ und $\mu_2 \mu_4$ parallel zur x-Axe liegen und von der Ebene halbirt werden, und es haben einerseits μ_1 und μ_3, andererseits μ_2 und μ_4 dieselbe Temperatur. Geht also eine gewisse

Wärmemenge von μ_1 nach μ_2, so wird genau eben so viel gleichzeitig von μ_3 nach μ_4 übergehen. D. h. die Wärmemenge, welche der Punkt μ_1 verloren, hat der auf derselben Seite der Ebene liegende Punkt μ_4 gewonnen. Und ebenso viel Wärme, als μ_2 gewonnen, hat μ_3 verloren. Es hat also ein Wärmezuwachs auf der einen Seite der Ebene und eine Wärmeabnahme auf der andern nicht stattgefunden. Dies kommt aber auf dasselbe hinaus, als ob durch die Ebene gar keine Wärme hindurchgegangen wäre.

Können wir ferner die Temperatur in irgend einem Punkte als Summe von zwei Temperaturen darstellen

$$u = U_1 + U_2,$$

so ist für zwei unendlich nahe gelegene Punkte die Differenz der Temperaturen u gleich der Differenz der Temperaturen U_1, vermehrt um die Differenz der Temperaturen U_2. Es ist also auch die Wärmemenge, welche durch ein die Punkte trennendes Flächenelement in Folge der ganzen Temperaturdifferenz hindurchgeht, gleich der Summe der Wärmemengen, welche nur durch die Differenz der Werthe von U_1 und resp. nur durch die Differenz der Werthe von U_2 zum Uebertritt gebracht sein würden.

§. 47.

Wärmeaustausch überhaupt. Wärmefluss.

Nehmen wir nun einen Körper, der auf irgend eine Weise erwärmt ist, in welchem also zur Zeit t die Temperatur des Punktes (x, y, z) eine Function der drei Coordinaten ist

$$u = f(x, y, z).$$

In einem unendlich nahen Punkte, dessen Coordinaten $x + x'$, $y + y'$, $z + z'$ sind, ist zu derselben Zeit t die Temperatur

$$f(x + x', y + y', z + z') = u + x' \frac{\partial u}{\partial x} + y' \frac{\partial u}{\partial y} + z' \frac{\partial u}{\partial z} + \cdots$$

Auch hier sind die höheren Potenzen von x', y', z' gegen die erste Potenz dieser unendlich kleinen Grössen zu vernachlässigen. Für jeden der beiden Punkte können wir aber die Temperatur als eine Summe von zwei Theilen ansehen. Wir nehmen
für den Punkt (x, y, z):

$$U_1 = u, \qquad U_2 = 0,$$

für den Punkt $(x+x', y+y', z+z')$:

$$U_1 = u + x' \frac{\partial u}{\partial x}, \quad U_2 = y' \frac{\partial u}{\partial y} + z' \frac{\partial u}{\partial z}.$$

In der Function U_2 ist dann nur y und z variabel, d. h. die Temperatur U_2 ist in allen Punkten einer Parallelen zur x-Axe constant. Folglich findet durch die zur x-Axe rechtwinklige Ebene kein Wärmeaustausch statt. Dagegen tritt in Folge der Temperaturdifferenz $x' \frac{\partial u}{\partial x}$ in der unendlich kleinen Zeit dt die Wärmemenge

$$- k \omega \frac{\partial u}{\partial x} dt$$

durch das zur x-Axe rechtwinklige Flächenelement ω hindurch und zwar von der Seite des Punktes (x, y, z) auf die Seite des Punktes $(x+x', y+y', z+z')$. Von diesem unendlich kleinen Effect spricht man gewöhnlich nicht, sondern dividirt durch das unendlich kleine Element ω und durch die unendlich kleine Zeit dt. Dies gibt

$$- k \frac{\partial u}{\partial x},$$

eine Grösse, welche man den Wärmefluss für eine zur x-Axe rechtwinklige Ebene nennt. Es ist die Wärmemenge, welche in der Zeiteinheit durch die Flächeneinheit hindurchgehen würde, wenn während dieser Zeit für unendlich nahe gelegene Punkte auf entgegengesetzten Seiten der Fläche die Temperaturdifferenz constant wäre.

Ebenso erhalten wir $- k \frac{\partial u}{\partial y}$ und resp. $- k \frac{\partial u}{\partial z}$ als Wärmefluss für eine Ebene, die rechtwinklig zur Axe der y und resp. der z gelegt ist.

§. 48.

Grundgesetz der Bewegung der Wärme in festen Körpern.

Mit Hülfe dieser Resultate können wir leicht die allgemeine Gleichung finden für die Bewegung der Wärme in einem homogenen Körper. Wir haben hier die Temperatur abhängig von den

Coordinaten des betrachteten Punktes im Innern des Körpers und von der Zeit

$$u = \varphi(x, y, z, t),$$

und wir müssen voraussetzen, dass für einen Anfangstermin, $t = 0$, die Temperatur jedes Punktes uns gegeben sei

$$\varphi(x, y, z, 0) = f(x, y, z).$$

Ist der Körper begrenzt, so müssen auch noch für jeden Zeitmoment Angaben über den Wärmezustand der Oberfläche hinzukommen, wenn die Aufgabe bestimmt sein soll.

Wir betrachten zur Zeit t ein unendlich kleines Körperelement im Innern des Körpers. Wir wählen dazu (Fig. 17) ein rechtwink-

Fig. 17.

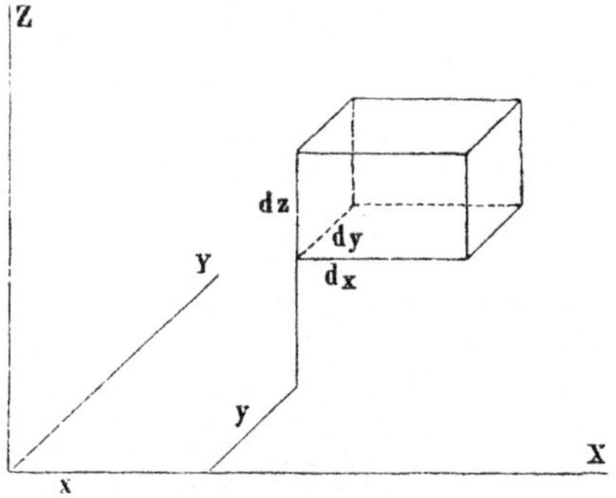

liges Parallelepipedon von den Kanten dx, dy, dz. Der Eckpunkt, welcher dem Coordinatenanfang zunächst liegt, habe die Coordinaten x, y, z. Zur Zeit t ist in diesem Parallelepipedon eine gewisse Wärmemenge vorhanden. In dem darauf folgenden Zeitdifferential dt wird durch jede Seitenfläche Wärme eintreten und austreten. Es fragt sich, welcher Zuwachs an Wärme dadurch entsteht.

Rechtwinklig zur x-Axe liegen zwei Seitenflächen, jede vom Flächeninhalt $dy\,dz$, von denen die eine durch den Punkt (x, y, z), die andere durch den Punkt $(x + dx, y, z)$ hindurchgeht. Durch die erste dieser beiden Seitenflächen tritt in der Zeit dt in das Parallelepipedon ein die Wärmemenge

$$-k \frac{\partial u}{\partial x}\, dy\, dz\, dt,$$

durch die andere tritt in derselben Zeit aus die Wärmemenge

$$-k \left(\frac{\partial u}{\partial x}\right)_{x+dx} dy\, dz\, dt.$$

Die Differenz beider Werthe ist der Wärmezuwachs im Innern des Körperelements, so weit er von dem Durchgang der Wärme durch die beiden zur x-Axe rechtwinkligen Seitenflächen herrührt. Es ist aber

$$\left(\frac{\partial u}{\partial x}\right)_{x+dx} = \frac{\partial u}{\partial x} + \frac{\partial^2 u}{\partial x^2}\,dx,$$

folglich beträgt jene Differenz

$$k\,\frac{\partial^2 u}{\partial x^2}\,dx\,dy\,dz\,dt.$$

Ebenso findet sich der Wärmezuwachs, welcher herrührt von dem Durchgange durch die beiden zur y-Axe und durch die beiden zur z-Axe rechtwinkligen Seitenflächen, nemlich resp.

$$k\,\frac{\partial^2 u}{\partial y^2}\,dx\,dy\,dz\,dt$$

und

$$k\,\frac{\partial^2 u}{\partial z^2}\,dx\,dy\,dz\,dt.$$

Im Ganzen ist also die Wärmemenge

$$k\left(\frac{\partial^2 u}{\partial x^2} + \frac{\partial^2 u}{\partial y^2} + \frac{\partial^2 u}{\partial z^2}\right)dx\,dy\,dz\,dt$$

zur Zeit $t + dt$ mehr vorhanden als zur Zeit t.

Nun hat zur Zeit t das Körperelement die Temperatur u. Nach §. 44 enthält es dann also die Wärmemenge

$$\varrho\,C\,dx\,dy\,dz\,.\,u,$$

wenn mit ϱ die Dichtigkeit bezeichnet wird. Der Zuwachs, welchen diese Wärmemenge in der Zeit dt erleidet, ist

$$\varrho\,C\,dx\,dy\,dz \cdot \frac{\partial u}{\partial t}\,dt.$$

Eigentlich hängt allerdings die Dichtigkeit von der Temperatur ab, doch ist die Dichtigkeitsänderung so gering, dass wir hier davon absehen können. Wir haben also zwei Ausdrücke für den in der Zeit dt erlangten Wärmezuwachs gewonnen, und diese sind daher einander gleich zu setzen. Dividiren wir dann beide Seiten der entstehenden Gleichung durch $\varrho\,C\,dx\,dy\,dz\,dt$ und schreiben

$$\frac{k}{\varrho\,C} = a^2,$$

so ergibt sich

(1) $$\frac{\partial u}{\partial t} = a^2\left(\frac{\partial^2 u}{\partial x^2} + \frac{\partial^2 u}{\partial y^2} + \frac{\partial^2 u}{\partial z^2}\right).$$

Diese partielle Differentialgleichung drückt das physikalische Gesetz aus für die Bewegung der Wärme in festen Körpern. Sie gilt aber nur innerhalb des Körpers, weil sie angibt, wie die Temperatur eines Körpertheilchens sich modificirt durch die Temperatur der umgebenden Punkte. Ist der Körper begrenzt, so müssen, wie schon hervorgehoben, für die Temperatur der Oberfläche noch Bedingungen gegeben sein, damit die Aufgabe zu einer bestimmten werde. Es muss ferner für den Anfangstermin ($t = 0$) die Temperatur jedes Punktes gegeben sein.

Ein specieller Fall der Aufgabe ist der, dass die Temperatur constant bleiben soll, also $\frac{\partial u}{\partial t} = 0$. Dann haben wir also die partielle Differentialgleichung

$$\frac{\partial^2 u}{\partial x^2} + \frac{\partial^2 u}{\partial y^2} + \frac{\partial^2 u}{\partial z^2} = 0, \tag{2}$$

und die Gleichung, welche die Temperaturvertheilung für $t = 0$ gibt, fällt weg. Für diesen Fall können wieder besondere Bedingungen in Beziehung auf die Oberfläche gegeben sein. Es handelt sich dann also um das Gleichgewicht der Temperatur unter gewissen Bedingungen für die Oberfläche.

II. Die Temperatur ist abhängig von der Zeit und von einer einzigen Coordinate.

§. 49.

Der Körper ist unbegrenzt. Der Körper ist von einer unendlichen Ebene begrenzt.

Wir beschäftigen uns zunächst mit partiellen Differentialgleichungen, in welchen nur eine Coordinate, etwa x, vorkommt. Es muss dann also für alle Punkte einer Ebene, welche rechtwinklig auf der x-Axe steht, gleiche Temperatur stattfinden, und es ist in einem solchen Körper die Temperatur von den Coordinaten y und z unabhängig.

Ist der Körper nach allen Seiten unendlich ausgedehnt, so haben wir keine Oberflächen-Bedingung. Die Function u ist so zu bestimmen, dass

(1) $$\frac{\partial u}{\partial t} = a^2 \frac{\partial^2 u}{\partial x^2},$$

(2) $$u = f(x) \qquad \text{für } t = 0.$$

Diese Aufgabe haben wir bereits in §. 42 gelöst.

Wir wollen jetzt den Körper begrenzen und zunächst festsetzen, dass er den halben unendlichen Raum nach der Seite der positiven x ausfülle. Es kommt dann für die Oberfläche ($x = 0$) noch eine Bedingung hinzu, durch welche die Temperatur der Oberfläche zu jeder Zeit gegeben ist, d. h.

(3) $$u = \varphi(t) \qquad \text{für } x = 0.$$

Rücksichtlich der Gleichung (2) ist zu bemerken, dass $f(x)$ jetzt nur für positive x gegeben ist, denn nur für solche erhalten wir Punkte im Innern des Körpers.

Diese Aufgabe ist schon ziemlich schwierig. Um ihre Lösung zu erleichtern zerlegen wir sie in zwei einfachere, indem wir $u = u_1 + u_2$ setzen. Die Function u_1 soll dann der partiellen Differentialgleichung genügen und die Bedingungen erfüllen

(2*) $$u_1 = f(x) \qquad \text{für } t = 0,$$

(3*) $$u_1 = 0 \qquad \text{,, } x = 0.$$

Dagegen soll die Function u_2 eine Lösung der partiellen Differentialgleichung sein und den Bedingungen Genüge leisten

(2**) $$u_2 = 0 \qquad \text{für } t = 0,$$

(3**) $$u_2 = \varphi(t) \qquad \text{,, } x = 0.$$

§. 50.

Fortsetzung. Die Anfangstemperatur ist gegeben. Die Oberfläche hat die Temperatur Null.

Aufgabe. Die Function u so zu bestimmen, dass sie der partiellen Differentialgleichung genüge

(1) $$\frac{\partial u}{\partial t} = a^2 \frac{\partial^2 u}{\partial x^2}$$

und die Nebenbedingungen erfülle

(2) $$u = f(x) \qquad \text{für } t = 0,$$

(3) $$u = 0 \qquad \text{,, } x = 0.$$

Als particuläre Lösungen der partiellen Differentialgleichung haben wir in §. 42 gefunden

$$e^{-a^2\alpha^2 t} \,.\, \cos \alpha x,$$
$$e^{-a^2\alpha^2 t} \,.\, \sin \alpha x.$$

Wir wählen die letzte, weil sie der Gleichung (3) genügt. Multipliciren wir mit der von x und t unabhängigen Function $\chi(\alpha)\, d\alpha$ und integriren zwischen zwei vorläufig noch unbestimmten Grenzen b_1 und b_2, so ist das Integral

$$u = \int_{b_1}^{b_2} e^{-a^2\alpha^2 t} \,.\, \sin \alpha x \,.\, \chi(\alpha)\, d\alpha$$

eine Lösung der partiellen Differentialgleichung (1), welche die Bedingung (3) erfüllt. Für $t = 0$ geht sie über in

$$\int_{b_1}^{b_2} \chi(\alpha) \sin \alpha x\, d\alpha;$$

es soll aber für $t = 0$

$$u = f(x) = \frac{2}{\pi}\int_0^\infty \sin \alpha x\, d\alpha \int_0^\infty f(\lambda) \sin \alpha\lambda\, d\lambda$$

sein. Wir haben also

$$\chi(\alpha) = \frac{2}{\pi}\int_0^\infty f(\lambda) \sin \alpha\lambda\, d\lambda,$$

$$b_1 = 0, \qquad b_2 = \infty$$

zu setzen. Dann ist

$$u = \frac{2}{\pi}\int_0^\infty\int_0^\infty e^{-a^2\alpha^2 t} f(\lambda) \sin \alpha x \sin \alpha\lambda\, d\lambda\, d\alpha$$

die Lösung unserer Aufgabe. Die Integration nach α lässt sich ausführen. Wir verwandeln das Product der Sinus in die Differenz von zwei Cosinus. Dadurch wird

$$u = \frac{1}{\pi}\int_0^\infty f(\lambda)\, d\lambda \int_0^\infty e^{-a^2\alpha^2 t}\Big(\cos \alpha(x-\lambda) - \cos \alpha(x+\lambda)\Big)\, d\alpha.$$

Das innere Integral ist nach §. 18 Formel (35) zu behandeln. Wir erhalten

$$(1) \qquad u = \frac{1}{2a\sqrt{\pi t}}\int_0^\infty f(\lambda)\, d\lambda \,.\, \left\{ e^{-\frac{(x-\lambda)^2}{4a^2 t}} - e^{-\frac{(x+\lambda)^2}{4a^2 t}} \right\},$$

und es is darin $\sqrt{\pi t}$ mit positivem Vorzeichen zu nehmen.

Dieser Ausdruck lässt sich auf dem in §. 42 eingeschlagenen Wege verificiren.

§. 51.

Fortsetzung. Die Anfangstemperatur ist Null, die Temperatur der Oberfläche constant.

Um die zweite Aufgabe des §. 49 (in Betreff der Function u_2) zu lösen, ist es zweckmässig, einen einfacheren Fall voraufzuschicken. Wir wollen zunächst die in §. 49 (3**) auftretende Function $\varphi(t)$ constant $= c$ nehmen. Aber auch diese Aufgabe soll noch durch Decomposition vereinfacht werden.

I. Aufgabe. Die Function u so zu bestimmen, dass sie der partiellen Differentialgleichung genüge

(1) $$\frac{\partial u}{\partial t} = a^2 \frac{\partial^2 u}{\partial x^2},$$

und den Nebenbedingungen

(2) $$u = c \qquad \text{für } t = 0,$$

(3) $$u = c \qquad \text{„ } x = 0.$$

Die Auflösung ist sehr einfach, nemlich

(I) $$u = c.$$

II. Aufgabe. Die Function u so zu bestimmen, dass sie die partielle Differentialgleichung (1) erfülle und an die Nebenbedingungen geknüpft sei

(2*) $$u = -c \qquad \text{für } t = 0,$$

(3*) $$u = 0 \qquad \text{„ } x = 0.$$

Diese Aufgabe ist gelöst, wenn wir im vorigen Paragraphen speciell $f(x) = -c$ nehmen. Wir erhalten also

$$u = \frac{-c}{2a\sqrt{\pi t}} \int_0^\infty d\lambda \cdot \left\{ e^{-\frac{(x-\lambda)^2}{4a^2t}} - e^{-\frac{(x+\lambda)^2}{4a^2t}} \right\}.$$

Das Integral lässt sich in zwei zerlegen. In dem ersten setzen wir

$$\frac{x-\lambda}{2a\sqrt{t}} = -\beta,$$

in dem zweiten

$$\frac{x+\lambda}{2a\sqrt{t}} = \beta,$$

dann ergibt sich

$$u = -\frac{c}{\sqrt{\pi}}\left\{\int_{\frac{-x}{2a\sqrt{t}}}^{\infty} e^{-\beta^2}d\beta - \int_{\frac{x}{2a\sqrt{t}}}^{\infty} e^{-\beta^2}d\beta\right\},$$

wofür man kürzer schreiben kann

$$u = -\frac{c}{\sqrt{\pi}}\int_{\frac{-x}{2a\sqrt{t}}}^{\frac{x}{2a\sqrt{t}}} e^{-\beta^2}d\beta,$$

oder, da unter dem Integral eine gerade Function $e^{-\beta^2}$ steht:

$$\text{(II)} \qquad u = -\frac{2c}{\sqrt{\pi}}\int_0^{\frac{x}{2a\sqrt{t}}} e^{-\beta^2}d\beta.$$

III. Aufgabe. Die Function u so zu bestimmen, dass sie der partiellen Differentialgleichung (1) genüge und die Bedingungen erfülle

(2**) $\qquad u = 0 \qquad$ für $t = 0$,

(3**) $\qquad u = c \qquad$ „ $x = 0$.

Die Lösung setzt sich aus (I) und (II) zusammen. Wir erhalten

$$u = c\left\{1 - \frac{2}{\sqrt{\pi}}\int_0^{\frac{x}{2a\sqrt{t}}} e^{-\beta^2}d\beta\right\}.$$

Dieser Ausdruck lässt sich noch zusammenziehen. Es ist nemlich nach §. 17 Formel (33)

$$\frac{2}{\sqrt{\pi}}\int_0^{\infty} e^{-\beta^2}d\beta = 1.$$

Folglich haben wir

$$\text{(III)} \qquad u = \frac{2c}{\sqrt{\pi}}\int_{\frac{x}{2a\sqrt{t}}}^{\infty} e^{-\beta^2}d\beta.$$

Das Integral $\int_0^k e^{-\beta^2}d\beta$ kommt in sehr vielen analytischen Untersuchungen vor, wie bei der astronomischen Strahlenbrechung, in der Wahrscheinlichkeitsrechnung, und deshalb hat man dafür besondere

Tafeln berechnet*). Wenn wir also die Rechnung hier ausführen wollen, so haben wir keine Schwierigkeit zu überwinden.

Suchen wir nach dem Gesetze, welches bei der Temperaturverbreitung stattfindet, während an der Oberfläche eine positiv genommene constante Temperatur c herrschen mag, so kommt in dem Integrale

$$\int_0^{\frac{x}{2a\sqrt{t}}} e^{-\beta^2} d\beta$$

die Zeit nur in der oberen Grenze vor. Wenn wir der Oberfläche des Körpers immer näher kommen, d. h. dem Werthe $x = 0$, so nähert sich das Integral dem Werthe 0 und u dem Grenzwerthe c. Dasselbe findet statt, wenn t ins Unendliche wächst.

Fragen wir aber, nach welchen Zeiten zwei Punkte in verschiedenen Tiefen dieselbe Temperatur haben mögen, so ist

$$\int_0^{\frac{x}{2a\sqrt{t}}} e^{-\beta^2} d\beta = \int_0^{\frac{x'}{2a\sqrt{t'}}} e^{-\beta^2} d\beta$$

zu setzen, d. h.

---

*) Kramp. Analyse des réfractions astronomiques et terrestres. Leipsic et Paris, an VII. 4. Am Schlusse befinden sich drei Tabellen: Tab. I. enthält die Werthe des Integrals $J = \int_k^{\infty} e^{-\beta^2} d\beta$, Tab. II. $lg\,J$, Tab. III. $lg\,e^{k^2} J$, und zwar von $k = 0{,}00$ bis $k = 3{,}00$.

Legendre. Traité des fonctions elliptiques et des intégrales Eulériennes. T. 2. Paris 1826. 4. page 520, 521. Table des valeurs de l'integrale $Z = \int dx \left(l\frac{1}{x}\right)^{-\frac{1}{2}}$; la première partie depuis $t = \left(l\frac{1}{x}\right) = 0{,}00$ jusqu'à $t = 0{,}50$; la seconde depuis $x = 0{,}80$ jusqu'à $x = 0{,}00$.

Encke. Astronomisches Jahrbuch für 1834. Berlin 1832. 8. Am Schluss

Tafel I. $\frac{2}{\sqrt{\pi}} \int_0^t e^{-t^2} dt$ von $t = 0{,}00$ bis $t = 2{,}00$.

Tafel II. $\frac{2}{\sqrt{\pi}} \int_0^{\varrho \frac{\Delta}{r}} e^{-t^2} dt$ von $\frac{\Delta}{r} = 0{,}00$ bis $\frac{\Delta}{r} = 3{,}00$.

$\varrho = 0{,}4769360$ ist die obere Grenze, wenn der Integralwerth

$$\frac{2}{\sqrt{\pi}} \int_0^{\varrho} e^{-t^2} dt = \frac{1}{2}$$

sein soll.

$$\frac{x^2}{t} = \frac{x'^2}{t'}$$

und darin spricht sich der Satz aus: die Zeiten der gleichen Temperatur verhalten sich wie die Quadrate der Tiefen. Also wenn ein Punkt noch einmal so tief liegt wie ein anderer, so wird er nach der vierfachen Zeit erst dieselbe Temperatur erlangen, welche dieser nach der einfachen Zeit erhält.

§. 52.

Fortsetzung. Die Anfangstemperatur ist Null, die Temperatur der Oberfläche als Function der Zeit gegeben.

Gehen wir jetzt zu der allgemeinen Lösung der Aufgabe über: Die Function u so zu bestimmen, dass sie der partiellen Differentialgleichung genüge

$$\frac{\partial u}{\partial t} = a^2 \frac{\partial^2 u}{\partial x^2} \tag{1}$$

und den Bedingungen

$$u = 0 \qquad \text{für } t = 0, \tag{2}$$
$$u = \varphi(t) \qquad \text{„ } x = 0. \tag{3}$$

Statt die Temperatur der Oberfläche stetig mit t sich ändern zu lassen, wollen wir zunächst annehmen, sie ändere sich sprungweise nach Ablauf von kleinen Intervallen. Wir zerlegen das Intervall von 0 bis t in n gleiche Theile, setzen $\frac{t}{n} = \vartheta$ und bestimmen, dass an der Oberfläche (für $x = 0$)

$$\begin{array}{lll}
u = \varphi(0) & \text{sein soll für} & \vartheta \geqq t > 0 \\
u = \varphi(\vartheta) & \text{„ „ „} & 2\vartheta \geqq t > \vartheta \\
u = \varphi(2\vartheta) & \text{„ „ „} & 3\vartheta \geqq t > 2\vartheta \\
\dots & \dots & \dots \\
u = \varphi(\overline{n-1}\,\vartheta) & \text{„ „ „} & n\vartheta \geqq t > \overline{n-1}\,\vartheta.
\end{array}$$

Fassen wir die Aufgabe so auf, so können wir sie wieder durch Decomposition vereinfachen. Wir setzen nemlich

$$u = u_1 + u_2 + u_3 + \cdots + u_n$$

und stellen für u_m die folgenden Forderungen auf:

Die Function u_m soll der partiellen Differentialgleichung (1) und der Bedingung (2) Genüge leisten. Für $x = 0$ soll

$u_m = 0$ sein, wenn $t < \overline{m-1}\,\vartheta$ oder $t > m\vartheta$, dagegen
$u_m = \varphi(\overline{m-1}\,\vartheta)$, wenn $m\vartheta > t > \overline{m-1}\,\vartheta$.

Zur Lösung dieser Aufgabe müssen wir auf den vorigen §. zurückgehen. Wir definiren die Function $\chi(x,t)$, in welcher $x \geqq 0$ vorausgesetzt wird, durch die Bestimmung, dass

$$\chi(x,t) = 0$$

sein soll für negative Werthe von t und für $t = 0$, dagegen

$$\chi(x,t) = \frac{2}{\sqrt{\pi}} \int_{\frac{x}{2a\sqrt{t}}}^{\infty} e^{-\beta^2} d\beta$$

für positive Werthe von t. Alsdann genügt

$$\chi(x, t - \overline{m-1}\,\vartheta)$$

der partiellen Differentialgleichung (1). Für $t = 0$ wird die zweite Variable $= -(m-1)\vartheta$, also negativ und daher nach der Definition die Function $= 0$. Sie erfüllt also auch die Bedingung (2). Nehmen wir aber $x = 0$, so wird die Function

$$\begin{aligned} &= 0, \qquad \text{wenn } t \leqq \overline{m-1}\,\vartheta, \\ &= 1, \qquad \;\text{„}\;\; t > \overline{m-1}\,\vartheta. \end{aligned}$$

Ferner leistet die Function

$$\chi(x, t - m\vartheta)$$

der partiellen Differentialgleichung (1) und der Bedingung (2) Genüge. Für $x = 0$ wird sie

$$\begin{aligned} &= 0, \qquad \text{wenn } t \leqq m\vartheta, \\ &= 1, \qquad \;\text{„}\;\; t > m\vartheta. \end{aligned}$$

Und hieraus findet sich, dass

$$u_m = \varphi(\overline{m-1}\,\vartheta) \cdot \left\{\chi(x, t - \overline{m-1}\,\vartheta) - \chi(x, t - m\vartheta)\right\}$$

zu setzen ist. Nehmen wir der Reihe nach $m = 1, 2, 3, \ldots n$ und summiren die einzelnen Resultate, so ist

$$u = \sum_{m=1}^{n} \varphi(\overline{m-1}\,\vartheta) \cdot \frac{\chi(x, t - \overline{m-1}\,\vartheta) - \chi(x, t - m\vartheta)}{\vartheta} \cdot \vartheta$$

die Function, welche wir suchen. Sie genügt der partiellen Differentialgleichung (1) und der Bedingung (2). Sie nimmt für $x = 0$ sprungweise andere Werthe an, sobald t das Intervall ϑ durchlaufen hat. Sie ist dann nemlich

$$
\begin{aligned}
&= \varphi(0) && \text{für} \quad \vartheta \geqq t > 0,\\
&= \varphi(\vartheta) && \text{„} \quad 2\vartheta \geqq t > \vartheta,\\
&\ldots\ldots && \ldots\ldots\ldots\\
&= \varphi(\overline{m-1}\,\vartheta) && \text{„} \quad m\vartheta \geqq t > \overline{m-1}\,\vartheta,\\
&\ldots\ldots && \ldots\ldots\ldots\\
&= \varphi(\overline{n-1}\,\vartheta) && \text{„} \quad n\vartheta \geqq t > \overline{n-1}\,\vartheta.
\end{aligned}
$$

Soll hieraus die Function werden, die wir zu Anfang dieses Paragraphen verlangt haben, so müssen wir $\lim n = \infty$ setzen. Dann ist $m\vartheta = \lambda$ stetig variabel von 0 bis t und $\vartheta = d\lambda$. Also erhalten wir

$$u = \int_0^t \varphi(\lambda)\, \frac{\partial \chi(x, t-\lambda)}{\partial t}\, d\lambda.$$

Hier ist noch der Differentialquotient

$$\frac{\partial \chi(x, t-\lambda)}{\partial t}$$

zu ermitteln. Da innerhalb der Integrationsgrenzen $t - \lambda$ positiv ist, so haben wir

$$\chi(x, t-\lambda) = \frac{2}{\sqrt{\pi}} \int_{\frac{x}{2a\sqrt{t-\lambda}}}^{\infty} e^{-\beta^2}\, d\beta,$$

folglich

$$\frac{\partial \chi(x, t-\lambda)}{\partial t} = \frac{x}{2a\sqrt{\pi}} \cdot e^{\frac{-x^2}{4a^2(t-\lambda)}} \cdot (t-\lambda)^{-\frac{3}{2}},$$

und, wenn wir dies einsetzen, ergibt sich als Lösung der zu Anfang dieses Paragraphen gestellten Aufgabe

$$\text{(I)} \qquad u = \frac{x}{2a\sqrt{\pi}} \int_0^t \varphi(\lambda)\, e^{\frac{-x^2}{4a^2(t-\lambda)}} (t-\lambda)^{-\frac{3}{2}}\, d\lambda.$$

Dasselbe Resultat kann man auch auf dem folgenden Wege erlangen. Es ist vorher der Ausdruck gefunden

$$u = \sum_{m=1}^{n} \varphi(\overline{m-1}\,\vartheta) \left\{ \chi(x, t - \overline{m-1}\,\vartheta) - \chi(x, t - m\vartheta) \right\}$$

und darin sollte ϑ unendlich klein genommen werden. Derselbe Ausdruck lässt sich aber auch schreiben

$$
\begin{aligned}
u &= \varphi(0)\,\chi(x,t) - \varphi(\overline{n-1}\,\vartheta)\,\chi(x, t - n\vartheta)\\
&+ \sum_{m=1}^{n-1} \chi(x, t - m\vartheta) \left\{ \varphi(m\vartheta) - \varphi(\overline{m-1}\,\vartheta) \right\}
\end{aligned}
$$

oder da

$$\chi(x, t - n\vartheta) = \chi(x, 0) = 0$$

ist:

$$u = \varphi(0)\chi(x,t) + \sum_{m=1}^{n-1} \chi(x, t - m\vartheta) \left\{ \frac{\varphi(m\vartheta) - \varphi(\overline{m-1}\,\vartheta)}{\vartheta} \right\} \vartheta.$$

Geht man hier zu den Grenzwerthen über

$$\lim n = \infty, \; \lim \vartheta = \lim \frac{t}{n} = 0,$$

so erhält man

$$u = \varphi(0)\chi(x,t) + \int_0^t \chi(x, t - \lambda) \frac{\partial \varphi(\lambda)}{\partial \lambda} d\lambda,$$

und dieser Ausdruck lässt sich durch Integration nach Theilen in den oben gefundenen umformen

$$u = \int_0^t \varphi(\lambda) \frac{\partial \chi(x, t - \lambda)}{\partial t} d\lambda.$$

Um den Ausdruck (I) nachträglich zu verificiren, wollen wir eine neue Variable einführen, deren negatives Quadrat gleich dem Exponenten von e ist, also

$$\gamma = \frac{x}{2a\sqrt{t - \lambda}},$$

$$d\gamma = \frac{x}{4a}(t - \lambda)^{-\frac{3}{2}} d\lambda.$$

Dadurch geht der Ausdruck (I) über in

$$u = \frac{2}{\sqrt{\pi}} \int_{\frac{x}{2a\sqrt{t}}}^{\infty} \varphi\left(t - \frac{x^2}{4a^2\gamma^2}\right) e^{-\gamma^2} d\gamma.$$

Aus dieser Form geht hervor, dass

für $t = 0 \qquad u = 0$

„ $x = 0 \qquad u = \varphi(t)$

ist. Dagegen lässt sich das Zutreffen der partiellen Differentialgleichung am leichtesten nachweisen, wenn wir von dem Ausdruck ausgehen

$$u = \int_0^t \varphi(\lambda) \frac{\partial \chi(x, t - \lambda)}{\partial t} d\lambda.$$

Durch Differentiation ergibt sich

$$\frac{\partial u}{\partial t} = \int_0^t \varphi(\lambda) \frac{\partial^2 \chi(x, t-\lambda)}{\partial t^2} d\lambda + \varphi(t) \frac{\partial \chi(x,0)}{\partial t}.$$

Nun lässt sich aber durch Reihenentwicklung zeigen, dass

$$e^{-\frac{x^2}{4a^2t}} \cdot t^{-\frac{3}{2}} = 0 \qquad \text{für } t = 0,$$

also ist

$$\frac{\partial \chi(x,0)}{\partial t} = 0,$$

und deshalb

$$\frac{\partial u}{\partial t} = \int_0^t \varphi(\lambda) \frac{\partial^2 \chi(x, t-\lambda)}{\partial t^2} d\lambda.$$

Führt man die Differentiation aus, so erhält man

$$\frac{\partial u}{\partial t} = \frac{x}{2a\sqrt{\pi}} \int_0^t \varphi(\lambda) d\lambda \,.\, e^{-\frac{x^2}{4a^2(t-\lambda)}} (t-\lambda)^{-\frac{5}{2}} \left\{ \frac{x^2}{4a^2(t-\lambda)} - \frac{3}{2} \right\}.$$

Die zweimalige Differentiation nach x gibt

$$\frac{\partial^2 u}{\partial x^2} = \frac{x}{2a\sqrt{\pi}} \int_0^t \varphi(\lambda) d\lambda \,.\, e^{-\frac{x^2}{4a^2(t-\lambda)}} (t-\lambda)^{-\frac{5}{2}} \left\{ \frac{x^2}{4a^2(t-\lambda)} - \frac{3}{2} \right\} \cdot \frac{1}{a^2}$$

und folglich ist

$$\frac{\partial u}{\partial t} = a^2 \frac{\partial^2 u}{\partial x^2}.$$

Die Function

$$u = \frac{x}{2a\sqrt{\pi}} \int_0^t \varphi(\lambda) e^{-\frac{x^2}{4a^2(t-\lambda)}} (t-\lambda)^{-\frac{3}{2}} d\lambda$$

befriedigt also die zu Anfang dieses Paragraphen aufgestellten Bedingungen (1), (2), (3).

§. 53.

Fortsetzung. Die Anfangstemperatur und die Temperatur der Oberfläche sind gegeben.

Wir nehmen jetzt die Aufgabe des §. 49 wieder auf, nemlich:

Die Function u so zu bestimmen, dass sie der partiellen Differentialgleichung

$$(1) \qquad \frac{\partial u}{\partial t} = a^2 \frac{\partial^2 u}{\partial x^2}$$

genüge und den Nebenbedingungen

$$(2) \qquad u = f(x) \quad \text{für } t = 0,$$

$$(3) \qquad u = \varphi(t) \quad \text{„} \ x = 0.$$

Die Antwort auf diese Frage ergibt sich unmittelbar, indem man die Lösungen der §§. 50 und 52 addirt, also

$$u = \frac{1}{2a\sqrt{\pi}} \left\{ \begin{array}{l} \frac{1}{\sqrt{t}} \int\limits_0^\infty f(\lambda)\, d\lambda \,.\, \left(e^{-\frac{(x-\lambda)^2}{4a^2 t}} - e^{-\frac{(x+\lambda)^2}{4a^2 t}}\right) \\ + x \int\limits_0^t \varphi(\lambda)\, d\lambda \,.\, e^{-\frac{x^2}{4a^2(t-\lambda)}} (t-\lambda)^{-\frac{3}{2}}. \end{array} \right\}$$

§. 54.

Fortsetzung. Anwendung auf die Temperatur der Erde.

Wir wollen von den in den §§. 50 und 52 gewonnenen Resultaten eine interessante Anwendung auf die Temperatur der Erde machen, indem wir annehmen, dass die Temperatur der Oberfläche, wie es bei der Erde der Fall ist, eine periodische Function der Zeit sei

$$\varphi(t \pm n \,.\, 2g) = \varphi(t).$$

Eine solche periodische Function können wir nach Fourier in eine Reihe entwickeln, die nach Cosinus und Sinus der Vielfachen von $\frac{\pi t}{g}$ fortschreitet, nemlich

$$\varphi(t) = \sum \left(k_m \cos m \frac{\pi t}{g} + l_m \sin m \frac{\pi t}{g}\right),$$

und dieser Ausdruck lässt sich noch weiter vereinfachen, wenn wir setzen

$$k_m = \varrho_m \cos \lambda_m$$

$$l_m = \varrho_m \sin \lambda_m.$$

Dadurch wird

$$\varphi(t) = \sum \varrho_m \cos\left(m \frac{\pi t}{g} - \lambda_m\right).$$

Wir wollen zur Abkürzung $\frac{\pi}{g} = \alpha$ setzen und zunächst nur ein Glied der Reihe nehmen, also

$$\varphi(t) = \varrho_m \cos(m\alpha t - \lambda_m).$$

Die Aufgabe des §. 52 lautet dann:

Welche Function u genügt der partiellen Differentialgleichung

$$\frac{\partial u}{\partial t} = a^2 \frac{\partial^2 u}{\partial x^2} \tag{1}$$

und den Bedingungen

$$u = 0 \qquad \text{für } t = 0, \tag{2}$$

$$u = \varrho_m \cos(m\alpha t - \lambda_m) \qquad \text{für } x = 0. \tag{3}$$

In §. 52 haben wir gefunden

$$u = \frac{2}{\sqrt{\pi}} \int_{\frac{x}{2a\sqrt{t}}}^{\infty} \varphi\left(t - \frac{x^2}{4a^2\gamma^2}\right) e^{-\gamma^2} d\gamma.$$

Dies gibt also hier

$$u = \frac{2}{\sqrt{\pi}} \int_{\frac{x}{2a\sqrt{t}}}^{\infty} \varrho_m \cos\left(m\alpha t - \lambda_m - \frac{m\alpha x^2}{4a^2\gamma^2}\right) e^{-\gamma^2} d\gamma$$

oder

$$u = \frac{2}{\sqrt{\pi}} \varrho_m \cos(m\alpha t - \lambda_m) \int_{\frac{x}{2a\sqrt{t}}}^{\infty} e^{-\gamma^2} \cos\frac{m\alpha x^2}{4a^2\gamma^2} d\gamma$$

$$+ \frac{2}{\sqrt{\pi}} \varrho_m \sin(m\alpha t - \lambda_m) \int_{\frac{x}{2a\sqrt{t}}}^{\infty} e^{-\gamma^2} \sin\frac{m\alpha x^2}{4a^2\gamma^2} d\gamma.$$

Das Resultat besteht aus zwei Theilen. Jeder dieser beiden Theile enthält einen Factor, der in Beziehung auf die Zeit periodisch ist, und einen zweiten Factor, der von der Zeit abhängig aber nicht periodisch ist. Dieser zweite Factor, das Integral, nähert sich aber mit der zunehmenden Zeit einem Grenzwerthe, der von der Zeit unabhängig ist. Je längere Zeit also seit dem Anfangstermine verflossen ist, um so mehr nähert sich auch die Temperatur eines Punktes im Innern einem periodischen Zustande, und dieser soll jetzt einer nähern Betrachtung unterzogen werden. Wenn seit dem Anfangszustande, in welchem jeder Punkt des Körpers die Temperatur 0 besass, eine unendlich grosse Zeit verflossen ist, so erhalten wir

$$u = \frac{2}{\sqrt{\pi}} \varrho_m \cos(m\alpha t - \lambda_m) \int_0^\infty e^{-\gamma^2} \cos \frac{m\alpha x^2}{4a^2\gamma^2} d\gamma$$

$$+ \frac{2}{\sqrt{\pi}} \varrho_m \sin(m\alpha t - \lambda_m) \int_0^\infty e^{-\gamma^2} \sin \frac{m\alpha x^2}{4a^2\gamma^2} d\gamma.$$

Die Werthe der Integrale sind auf directem Wege nicht leicht zu berechnen. Wir können sie aber finden, wenn wir beachten, dass u der partiellen Differentialgleichung (1) genügen muss. Wir setzen also zur Abkürzung

$$\frac{2}{\sqrt{\pi}} \int_0^\infty e^{-\gamma^2} \cos \frac{m\alpha x^2}{4a^2\gamma^2} d\gamma = r$$

$$\frac{2}{\sqrt{\pi}} \int_0^\infty e^{-\gamma^2} \sin \frac{m\alpha x^2}{4a^2\gamma^2} d\gamma = s$$

und haben dann

$$u = \varrho_m \Big(r \,.\, \cos(m\alpha t - \lambda_m) + s \,.\, \sin(m\alpha t - \lambda_m)\Big).$$

Daraus erhalten wir

$$\frac{\partial u}{\partial t} = \varrho_m \Big(- m\alpha r \sin(m\alpha t - \lambda_m) + m\alpha s \cos(m\alpha t - \lambda_m)\Big)$$

$$\frac{\partial^2 u}{\partial x^2} = \varrho_m \left(\frac{d^2 r}{dx^2} \cos(m\alpha t - \lambda_m) + \frac{d^2 s}{dx^2} \sin(m\alpha t - \lambda_m)\right).$$

Da nun die partielle Differentialgleichung (1) unabhängig von der Zeit erfüllt werden soll, so haben wir getrennt einander gleich zu setzen die Glieder, die in den Cosinus multiplicirt sind, und die Glieder, die in den Sinus multiplicirt sind. Dadurch ergibt sich

$$a^2 \frac{d^2 r}{dx^2} = m\alpha s,$$

$$a^2 \frac{d^2 s}{dx^2} = - m\alpha r.$$

Wir setzen

$$r = p e^{\mu x}$$

$$s = q e^{\mu x}$$

und erhalten für die Erfüllung der beiden letzten Differentialgleichungen die Bedingungen

$$a^2 p \mu^2 = m\alpha q,$$

$$a^2 q \mu^2 = - m\alpha p.$$

In ihnen kommen drei unbekannte Grössen p, q, μ^2 vor, von denen also jedenfalls eine willkürlich bleibt. Nun findet sich aus den beiden Bedingungsgleichungen durch Multiplication

$$\mu^4 = -\frac{m^2\alpha^2}{a^4},$$

und hieraus gehen für μ die vier Wurzelwerthe hervor:

$$\mu_1 = \frac{1}{a}\sqrt{\frac{m\alpha}{2}}\left(-1+\sqrt{-1}\right),\quad \mu_3 = \frac{1}{a}\sqrt{\frac{m\alpha}{2}}\left(1+\sqrt{-1}\right),$$

$$\mu_2 = \frac{1}{a}\sqrt{\frac{m\alpha}{2}}\left(-1-\sqrt{-1}\right),\quad \mu_4 = \frac{1}{a}\sqrt{\frac{m\alpha}{2}}\left(1-\sqrt{-1}\right).$$

Man findet leicht

$$\mu_1^2 = \mu_4^2 = -\frac{m\alpha}{a^2}\cdot\sqrt{-1},$$

$$\mu_2^2 = \mu_3^2 = +\frac{m\alpha}{a^2}\cdot\sqrt{-1}.$$

Aus der ersten der beiden Bedingungsgleichungen berechnen wir

$$q = \frac{a^2}{m\alpha}\mu^2 \,.\, p.$$

Folglich ist

$$q = p\sqrt{-1},$$

wenn man μ_2 oder μ_3 in Rechnung bringt, und es ist

$$q = -p\sqrt{-1},$$

wenn μ_1 oder μ_4 genommen wird. Die Grösse p bleibt willkürlich.

Hiernach ergeben sich für u vier particuläre Lösungen, indem man in den Ausdrücken für r und s statt der bisher unbestimmten Grösse μ der Reihe nach μ_1, μ_2, μ_3, μ_4 nimmt. Jedoch ist zu bemerken, dass die beiden Lösungen, in denen μ_3 und μ_4 vorkommen, hier nicht zugelassen werden können, weil sonst mit unendlich wachsendem x auch u selbst unendlich gross würde, was der Natur der Aufgabe widerspricht. Die beiden anderen Lösungen dürfen wir, nachdem jede mit einer willkürlichen Constanten multiplicirt ist, addiren. Dadurch erhalten wir

$$u = p_1 e^{-\frac{x}{a}\sqrt{\frac{m\alpha}{2}}(1+\sqrt{-1}) + (m\alpha t - \lambda_m)\sqrt{-1}}$$
$$+ p_2 e^{-\frac{x}{a}\sqrt{\frac{m\alpha}{2}}(1-\sqrt{-1}) - (m\alpha t - \lambda_m)\sqrt{-1}}$$

oder

$$u = e^{-\frac{x}{a}\sqrt{\frac{m\alpha}{2}}}\left\{k\cos\left(m\alpha t - \lambda_m - \frac{x}{a}\sqrt{\frac{m\alpha}{2}}\right)\right.$$
$$\left. + l\sin\left(m\alpha t - \lambda_m - \frac{x}{a}\sqrt{\frac{m\alpha}{2}}\right)\right\}.$$

Daraus wird für $x = 0$

$$u = k \cos(m \alpha t - \lambda_m) + l \sin(m \alpha t - \lambda_m)$$

und dies muss mit der für $x = 0$ gegebenen Function

$$\varrho_m \cos(m \alpha t - \lambda_m)$$

übereinstimmen. Um dies zu erreichen, hat man $k = \varrho_m$, $l = 0$ zu setzen. Für unsere Aufgabe ist demnach

$$u = \varrho_m e^{-\frac{x}{a}\sqrt{\frac{m\alpha}{2}}} \, . \cos\left(m \alpha t - \lambda_m - \frac{x}{a}\sqrt{\frac{m\alpha}{2}}\right)$$

oder

$$u = \varrho_m e^{-\frac{x}{a}\sqrt{\frac{m\alpha}{2}}} \Big\{ \cos(m \alpha t - \lambda_m) \cos \frac{x}{a}\sqrt{\frac{m\alpha}{2}} + \sin(m \alpha t - \lambda_m) \sin \frac{x}{a}\sqrt{\frac{m\alpha}{2}} \Big\}.$$

Vergleichen wir diesen Ausdruck für u mit dem früheren, so zeigt sich noch, dass

$$\frac{2}{\sqrt{\pi}} \int_0^\infty \cos \frac{m \alpha x^2}{4 a^2 \gamma^2} e^{-\gamma^2} d\gamma = e^{-\frac{x}{a}\sqrt{\frac{m\alpha}{2}}} \, . \cos \frac{x}{a}\sqrt{\frac{m\alpha}{2}}$$

$$\frac{2}{\sqrt{\pi}} \int_0^\infty \sin \frac{m \alpha x^2}{4 a^2 \gamma^2} e^{-\gamma^2} d\gamma = e^{-\;x\sqrt{\frac{m\alpha}{2}}} \, . \sin \frac{x}{a}\sqrt{\frac{m\alpha}{2}}$$

ist, ein Resultat, das auf directem Wege sich nicht so leicht gefunden hätte.

Gehen wir zu dem allgemeinen Falle über, dass

$$\varphi(t) = \varrho_0 + \varrho_1 \cos(\alpha t - \lambda_1) + \varrho_2 \cos(2 \alpha t - \lambda_2) + \cdots,$$

so haben wir in der vorigen Lösung der Reihe nach $m = 1, 2, 3 \ldots$ zu setzen und die einzelnen Resultate zu addiren. Je längere Zeit seit dem Anfangszustande ($u = 0$) verflossen ist, um so mehr nähert sich die Temperatur einem periodischen Zustande, und wenn der Anfangszustand in unendlich ferner Vergangenheit liegt, so ist

$$\begin{aligned} u = \varrho_0 &+ \varrho_1 e^{-\frac{x}{a}\sqrt{\frac{\alpha}{2}}} \cos\left(\alpha t - \lambda_1 - \frac{x}{a}\sqrt{\frac{\alpha}{2}}\right) \\ &+ \varrho_2 e^{-\frac{x}{a}\sqrt{\frac{2\alpha}{2}}} \cos\left(2 \alpha t - \lambda_2 - \frac{x}{a}\sqrt{\frac{2\alpha}{2}}\right) \\ &+ \cdots \\ &+ \varrho_m e^{-\frac{x}{a}\sqrt{\frac{m\alpha}{2}}} \cos\left(m \alpha t - \lambda_m - \frac{x}{a}\sqrt{\frac{m\alpha}{2}}\right) + \cdots \end{aligned}$$

Da $\frac{\pi}{g} = \alpha$ gesetzt ist, so ist die Periode $= 2g$.

Suchen wir jetzt die mittlere Temperatur für irgend einen Punkt, also das Integral

$$\int_t^{t+2g} u\,dt,$$

dividirt durch

$$\int_t^{t+2g} dt,$$

d. h. durch $2g$. Bei der Integration $\int u\,dt$ liefern alle die Glieder von u, welche Cosinus enthalten, den Sinus des betreffenden Arguments, und da für Werthe von t, die um $2g$ verschieden sind, die Sinus einander gleich sind, so geben alle diese Glieder zu dem Integral den Beitrag 0. D. h. es wird

$$\int_t^{t+2g} u\,dt = 2g\varrho_0,$$

und daher ist die mittlere Temperatur einer jeden Periode constant $= \varrho_0$. Dies ist aber zugleich auch die mittlere Temperatur der Oberfläche.

Wir wollen jetzt noch für eine grosse Tiefe das Maximum und das Minimum der Temperatur suchen. Bei einem sehr tief gelegenen Punkte können wir uns auf die beiden ersten Glieder der Entwicklung beschränken. Die Abscisse x kommt nemlich in den negativen Exponenten von e vor und es werden daher, wenn x sehr gross ist, die Glieder der Reihe sehr rasch abnehmen. Wir betrachten also die Function

$$u = \varrho_0 + \varrho_1 e^{-\frac{x}{a}\sqrt{\frac{\alpha}{2}}} \cos\left(\alpha t - \lambda_1 - \frac{x}{a}\sqrt{\frac{\alpha}{2}}\right).$$

Wenn die Constante ϱ_1 positiv ist, so haben wir ein Maximum oder ein Minimum, je nachdem der Cosinus $= +1$ oder $= -1$ ist. Ziehen wir diese äussersten Werthe der Function von einander ab, so ergibt sich die Grösse der Oscillation

$$\vartheta = 2\varrho_1 e^{-\frac{x}{a}\sqrt{\frac{\alpha}{2}}}.$$

Die Grösse der Oscillation nimmt also ab mit wachsendem x. Sind ϑ_1 und ϑ_2 die Grössen der Oscillation für zwei verschiedene Tiefen x_1 und x_2, so ergibt sich

$$\frac{\vartheta_1}{\vartheta_2} = e^{-\frac{x_1 - x_2}{a}\sqrt{\frac{\alpha}{2}}}.$$

Wir nehmen noch zwei andere Punkte x_3 und x_4, bei denen die Grösse der Oscillation resp. ϑ_3 und ϑ_4 ist. Für

$$x_4 - x_3 = x_2 - x_1$$

findet sich

$$\vartheta_4 : \vartheta_3 = \vartheta_2 : \vartheta_1,$$

d. h. die Oscillationen nehmen in geometrischer Progression ab, wenn die Tiefen in arithmetischer Progression wachsen.

Ein Maximum findet statt, wenn

$$\alpha t_1 - \lambda_1 - \frac{x}{a}\sqrt{\frac{\alpha}{2}} = 2k\pi$$

ist, und darauf folgt ein Minimum für

$$\alpha t_2 - \lambda_1 - \frac{x}{a}\sqrt{\frac{\alpha}{2}} = (2k+1)\pi.$$

Die Zwischenzeit von dem Maximum bis zu dem Minimum ist

$$t_2 - t_1 = \frac{\pi}{\alpha} = g,$$

während die Zeit von einem Maximum zum nächsten, oder auch von einem Minimum zum nächsten

$$= 2g$$

ist. Wenn für zwei Tiefen x_1 und x_2 der Unterschied

$$x_2 - x_1 = \frac{\pi a}{\sqrt{\frac{\alpha}{2}}}$$

ist, so findet gleichzeitig in dem einen Punkte ein Maximum, in dem andern ein Minimum statt.

§. 55.

Fortsetzung.

Die Untersuchung des vorigen Paragraphen bezieht sich auf den Fall, dass die Anfangstemperatur $= 0$ ist. Soll dagegen für $t = 0$ die Temperatur $u = f(x)$ sein, so kommt nach §. 53 noch ein Glied

$$\frac{1}{2a\sqrt{\pi t}}\int_0^\infty f(\lambda)\left(e^{-\frac{(x-\lambda)^2}{4a^2t}} - e^{-\frac{(x+\lambda)^2}{4a^2t}}\right)d\lambda$$

zu dem im vorigen Paragraphen entwickelten Ausdrucke für u hinzu. Da die Klammer stets positiv ist, so lässt sich dieses Glied auch schreiben

$$M \cdot \frac{1}{2a\sqrt{\pi t}} \int_0^\infty \left(e^{-\frac{(x-\lambda)^2}{4a^2 t}} - e^{-\frac{(x+\lambda)^2}{4a^2 t}} \right) d\lambda$$

oder nach der in §. 51 (II) vorgenommenen Umformung

$$M \cdot \frac{2}{\sqrt{\pi}} \int_0^{\frac{x}{2a\sqrt{t}}} e^{-\beta^2} d\beta,$$

wenn M einen Mittelwerth der Function $f(\lambda)$ bezeichnet. Für wachsende t wird dieser Beitrag immer kleiner, für $t = \infty$ ist die obere Grenze der Integration $= 0$, also auch der Integralwerth $= 0$. Es kommt demnach die Anfangstemperatur um so weniger in Betracht, je grössere Zeit seit dem Anfangszustande verflossen ist.

Diese Betrachtungen finden im allgemeinen auf die Erde ihre Anwendung, obgleich bei dieser auch noch andere Umstände zu berücksichtigen sind. Die periodische Veränderlichkeit der Temperatur hört bei der Erde schon in sehr geringer Tiefe auf. Daher dürfen wir im Verhältniss zu dieser Tiefe den Radius der Erde als unendlich gross ansehen. Dann ist aber die Erde ein solcher Körper, wie wir ihn in den §§. 49 bis 53 vorausgesetzt haben.

§. 56.

Der Körper ist von zwei parallelen Ebenen begrenzt.

Wir gehen zu einem Körper über, der von zwei parallelen Ebenen $x = 0$ und $x = c$ begrenzt wird. Die Temperatur soll nur von der x-Coordinate abhängen, also in allen Punkten einer zur x-Axe rechtwinkligen Ebene dieselbe sein.

Die Aufgabe lautet jetzt:

Die Function u so zu bestimmen, dass sie die partielle Differentialgleichung

$$(1) \qquad \frac{\partial u}{\partial t} = a^2 \frac{\partial^2 u}{\partial x^2}$$

erfülle und die Nebenbedingungen

(2) $u = f(x)$ für $t = 0$,

(3) $u = \varphi(t)$ „ $x = 0$,

(4) $u = \psi(t)$ „ $x = c$.

Wir lösen die Aufgabe durch Decomposition, indem wir setzen

$$u = u_1 + u_2 + u_3.$$

u_1, u_2 und u_3 sollen der partiellen Differentialgleichung (1) genügen. Die Nebenbedingungen stellen wir folgendermaassen:

für $t = 0$	$u_1 = f(x)$,	$u_2 = 0$,	$u_3 = 0$,
„ $x = 0$	$u_1 = 0$,	$u_2 = \varphi(t)$,	$u_3 = 0$,
„ $x = c$	$u_1 = 0$,	$u_2 = 0$,	$u_3 = \psi(t)$.

Die Functionen u_2 und u_3 sind nicht wesentlich von einander verschieden. Haben wir die Function u_2 gefunden, so ist darin nur $c - x$ statt x und $\psi(t)$ statt $\varphi(t)$ zu setzen, um u_3 zu erlangen.

§. 57.

Fortsetzung. Die Anfangstemperatur ist gegeben. Die Oberflächen haben die Temperatur Null.

Aufgabe. Die Function u so zu bestimmen, dass sie der partiellen Differentialgleichung

(1) $$\frac{\partial u}{\partial t} = a^2 \frac{\partial^2 u}{\partial x^2}$$

genüge und die Bedingungen erfülle

(2) $u = f(x)$ für $t = 0$,

(3) $u = 0$ „ $x = 0$,

(4) $u = 0$ „ $x = c$.

Eine particuläre Lösung der partiellen Differentialgleichung (1) ist

$$e^{-a^2\lambda^2 t} \sin \lambda x.$$

Dieselbe befriedigt zugleich die Bedingung (3). Damit auch die Gleichung (4) erfüllt werde, haben wir $\lambda c = n\pi$ zu setzen. Multipliciren wir dann mit einer vorläufig noch unbestimmten Constanten k_n, setzen der Reihe nach $n = 1, 2, 3, \ldots$, und summiren, so erhalten wir die allgemeine Lösung

$$u = \sum_{n=1}^{\infty} k_n e^{-a^2\left(\frac{n\pi}{c}\right)^2 t} \sin \frac{n\pi}{c} x.$$

Die Coefficienten müssen noch so bestimmt werden, dass die Bedingung (2) erfüllt werde. Zu dem Ende entwickeln wir $f(x)$ nach §. 32 in die unendliche Reihe

$$f(x) = \sum_{n=1}^{\infty} k_n \sin \frac{n\pi}{c} x$$

$$k_n = \frac{2}{c} \int_0^c f(\lambda) \sin \frac{n\pi}{c} \lambda \, d\lambda.$$

Wir haben also die Lösung

$$\text{(I)} \qquad u = \frac{2}{c} \sum_{n=1}^{\infty} e^{-a^2 \left(\frac{n\pi}{c}\right)^2 t} \sin \frac{n\pi}{c} x \int_0^c f(\lambda) \sin \frac{n\pi}{c} \lambda \, d\lambda.$$

Die Reihe convergirt sehr rasch, weil mit wachsendem n die Exponentialgrösse rasch abnimmt. Mit zunehmender Zeit wird u immer kleiner und für $t = \infty$ haben wir $u = 0$. Dann ist also die Temperatur constant und übereinstimmend mit der Temperatur der Oberfläche.

§. 58.

Fortsetzung. Die Anfangstemperatur ist Null. Die Temperatur ist Null in der einen Oberfläche und constant in der andern.

Aufgabe. Die Function u so zu bestimmen, dass sie der partiellen Differentialgleichung

$$\text{(1)} \qquad \frac{\partial u}{\partial t} = a^2 \frac{\partial^2 u}{\partial x^2}$$

Genüge leiste und den Bedingungen

$$\text{(2)} \qquad u = 0 \quad \text{für } t = 0,$$
$$\text{(3)} \qquad u = 0 \quad \text{„} \; x = 0,$$
$$\text{(4)} \qquad u = \gamma \quad \text{„} \; x = c.$$

Die Gleichungen (1), (3), (4) befriedigt die Function

$$u = \frac{\gamma}{c} x.$$

Soll auch die Gleichung (2) erfüllt werden, so haben wir zu diesem Werthe von u noch einen Beitrag hinzuzufügen, der eine Lösung der partiellen Differentialgleichung (1) ist, für $x = 0$ und $x = c$ zu Null wird und für $t = 0$ den Werth $-\frac{\gamma}{c}x$ annimmt. Dieser Beitrag ergibt sich aus dem vorigen Paragraphen, wenn wir dort $f(x) = -\frac{\gamma}{c}x$ setzen. Dadurch erhalten wir

$$-\frac{2}{c}\sum_{n=1}^{\infty} e^{-a^2\left(\frac{n\pi}{c}\right)^2 t} \sin\frac{n\pi}{c}x \int_0^c \frac{\gamma}{c}\lambda \sin\frac{n\pi}{c}\lambda\, d\lambda.$$

Es ist aber

$$\int_0^c \lambda \sin\frac{n\pi}{c}\lambda\, d\lambda = -\frac{c^2}{n\pi}\cos n\pi = (-1)^{n+1}\frac{c^2}{n\pi}.$$

Dadurch geht der vorige Ausdruck über in

$$\frac{2\gamma}{\pi}\sum_{n=1}^{\infty}\frac{(-1)^n}{n} e^{-a^2\left(\frac{n\pi}{c}\right)^2 t} \sin\frac{n\pi}{c}x,$$

und wir erhalten als Lösung unserer Aufgabe

$$\text{(I)} \qquad u = \gamma\left\{\frac{x}{c} + \frac{2}{\pi}\sum_{n=1}^{\infty}\frac{(-1)^n}{n} e^{-a^2\left(\frac{n\pi}{c}\right)^2 t} \sin\frac{n\pi}{c}x\right\}.$$

Dass diese Function u der partiellen Differentialgleichung (1) und den Bedingungen (3) und (4) genügt, erkennt man ohne weiteres. Für $t = 0$ wird aber auch die Bedingung (2) erfüllt. Denn es ist nach §. 23 I.

$$\frac{2}{\pi}\sum_{n=1}^{\infty}\frac{(-1)^n}{n}\sin\frac{n\pi}{c}x = -\frac{x}{c},$$

wie man leicht sieht, wenn man dort $\frac{\pi x}{c}$ statt x schreibt. Diese Entwicklung ist gültig für $c > x \geqq 0$. Wir erhalten also für $t = 0$

$$u = \gamma\left(\frac{x}{c} - \frac{x}{c}\right) = 0.$$

§. 59.

Fortsetzung. Die Anfangstemperatur ist Null. Die Temperatur ist Null in der einen Oberfläche und eine gegebene Function der Zeit in der andern.

Aufgabe. Die Function u so zu bestimmen, dass sie der partiellen Differentialgleichung

$$(1) \qquad \frac{\partial u}{\partial t} = a^2 \frac{\partial^2 u}{\partial x^2}$$

genüge und den Bedingungen

$$(2) \qquad u = 0 \qquad \text{für } t = 0,$$
$$(3) \qquad u = 0 \qquad \text{„ } x = 0,$$
$$(4) \qquad u = \psi(t) \qquad \text{„ } x = c.$$

Zur Lösung dieser Aufgabe schlagen wir den in §. 52 betretenen Weg ein. Dort kam es darauf an, den Fall einer veränderlichen Temperatur der Oberfläche $x = 0$ auf den Fall der constanten Temperatur zurückzuführen. Hier handelt es sich um dasselbe Problem für die Oberfläche $x = c$. Wir zerlegen also das Intervall von 0 bis t in m gleiche Theile und setzen $\frac{t}{m} = \vartheta$. Dann stellen wir für

$$c \geqq x \geqq 0$$

eine Function $\chi(x,t)$ her, so dass

$$\chi(x,t) = 0 \qquad \text{für } t < 0,$$

dagegen

$$\chi(x,t) = \frac{x}{c} + \frac{2}{\pi} \sum_{n=1}^{\infty} \frac{(-1)^n}{n} e^{-a^2\left(\frac{n\pi}{c}\right)^2 t} \sin \frac{n\pi}{c} x$$
$$\text{für } t \geqq 0.$$

Es ist zu bemerken, dass diese Function an der Stelle $t = 0$ keinen Sprung hat, wenn $c > x \geqq 0$ ist. Denn alsdann hat $\chi(x,t)$ für $t = 0$ den Werth 0 wie für negative t. Ist aber $x = c$, so macht die Function von dem Werthe 0, den sie für unendlich kleine negative t noch besitzt, einen Sprung auf 1, den Werth für $t = 0$.

Hiernach hat die Function

$$u = \psi(m\vartheta)\chi(x, t - m\vartheta)$$
$$+ \sum_{k=1}^{m} \psi(\overline{k-1}\,\vartheta)\left\{\chi(x, t - \overline{k-1}\,\vartheta) - \chi(x, t - k\vartheta)\right\}$$

die folgenden Eigenschaften:

Sie genügt der partiellen Differentialgleichung (1). Für $t = 0$ hat sie im Innern des Körpers den Werth 0. Für $x = 0$ ist sie ebenfalls $= 0$. Für $x = c$ ändert sie mit der zunehmenden Zeit sprungweise ihren Werth. Sie hat nemlich für $x = c$ den Werth

$$\begin{array}{lll}
\psi(0) & \text{für} & \vartheta > t \geqq 0 \\
\psi(\vartheta) & \text{„} & 2\vartheta > t \geqq \vartheta \\
\psi(2\vartheta) & \text{„} & 3\vartheta > t \geqq 2\vartheta \\
\cdot\;\cdot\;\cdot & & \cdot\;\cdot\;\cdot\;\cdot\;\cdot\;\cdot\;\cdot\;\cdot \\
\psi(\overline{m-1}\,\vartheta) & \text{„} & m\vartheta > t \geqq \overline{m-1}\,\vartheta \\
\psi(m\vartheta) & \text{„} & m\vartheta = t.
\end{array}$$

Lassen wir nun $lim\, m = \infty$ werden, so ist $k\vartheta = \lambda$, $\vartheta = d\lambda$ zu setzen, und wir erhalten

$$\text{(I)} \qquad u = \psi(t)\left\{\frac{x}{c} + \frac{2}{\pi}\sum_{n=1}^{\infty}\frac{(-1)^n}{n}\, sin\,\frac{n\pi}{c}\,x\right\}$$

$$+ \frac{2a^2\pi}{c^2}\sum_{n=1}^{\infty}(-1)^{n-1}\, n\, sin\,\frac{n\pi}{c}\,x\int_0^t \psi(\lambda)\, e^{-a^2\left(\frac{n\pi}{c}\right)^2(t-\lambda)}\, d\lambda.$$

$$c \geqq x \geqq 0.$$

Für $t = 0$ hat diese Function u den Werth 0 im Innern des Körpers und in der Oberfläche $x = 0$, den Werth $\psi(0)$ in der Oberfläche $x = c$. Sie ist zu jeder Zeit $= 0$ für $x = 0$, dagegen hat sie den Werth $\psi(t)$ für $x = c$. Für innere Punkte genügt sie der partiellen Differentialgleichung (1). Um dies zu beweisen bringen wir den vorletzten Ausdruck von u in die Form

$$u = \psi(0)\,\chi(x,t) + \sum_{k=1}^{m}\chi(x, t - k\vartheta)\left\{\psi(k\vartheta) - \psi(\overline{k-1}\,\vartheta)\right\}.$$

Indem wir $lim\; m = \infty$ werden lassen und $k\vartheta = \lambda$, $\vartheta = d\lambda$ schreiben, ergibt sich

$$\text{(II)} \qquad u = \psi(0)\,\chi(x,t) + \int_0^t \chi(x, t-\lambda)\,\frac{\partial\psi(\lambda)}{\partial\lambda}\, d\lambda.$$

Führt man hier die Integration nach Theilen aus, so kommt man auf den Ausdruck (I). Daher dürfen wir den einen durch den andern ersetzen. Aus (II) erhalten wir aber

$$\frac{\partial u}{\partial t} = \psi(0)\,\frac{\partial\chi(x,t)}{\partial t} + \int_0^t \frac{\partial\chi(x,t-\lambda)}{\partial t}\,\frac{\partial\psi(\lambda)}{\partial\lambda}\, d\lambda,$$

$$+ \chi(x,0)\,\psi'(t)$$

$$\frac{\partial^2 u}{\partial x^2} = \psi(0)\,\frac{\partial^2\chi(x,t)}{\partial x^2} + \int_0^t \frac{\partial^2\chi(x,t-\lambda)}{\partial x^2}\,\frac{\partial\psi(\lambda)}{\partial\lambda}\, d\lambda.$$

Aus $\frac{\partial u}{\partial t}$ fällt für $c > x > 0$, d. h. für innere Punkte, der Beitrag $\chi(x,0)\,\psi'(t)$ heraus, denn $\chi(x,0)$ ist für solche Punkte $= 0$. Da wir nun im vorigen Paragraphen bewiesen haben, dass

$$\frac{\partial \chi(x,t)}{\partial t} = a^2 \frac{\partial^2 \chi(x,t)}{\partial x^2}$$

ist, so ergibt sich auch hier

$$\frac{\partial u}{\partial t} = a^2 \frac{\partial^2 u}{\partial x^2}.$$

Da wir nur das Innere des Körpers betrachten, so können wir in (I) den ersten Theil weglassen, weil darin der Factor von $\psi(t)$ den Werth 0 hat für $c > x \geqq 0$.

Als Beispiel wollen wir den Fall behandeln, dass $\psi(t)$ eine periodische Function der Zeit ist, also

$$\psi(t) = \cos(\alpha t - \nu).$$

Dann erhalten wir aus (I)

$$u = \frac{2a^2\pi}{c^2}\sum_{n=1}^{\infty}(-1)^{n-1} n \sin\frac{n\pi}{c}x \int_0^t e^{-a^2\left(\frac{n\pi}{c}\right)^2(t-\lambda)} \cos(\alpha\lambda - \nu)\,d\lambda.$$

Wir führen eine neue Variable ein, indem wir $t - \lambda = \varrho$ setzen. Für einen innern Punkt ist dann

$$u = \frac{2a^2\pi}{c^2}\sum_{n=1}^{\infty}(-1)^{n-1} n \sin\frac{n\pi}{c}x \int_0^t e^{-a^2\left(\frac{n\pi}{c}\right)^2\varrho} \cos(\alpha t - \nu - \alpha\varrho)\,d\varrho$$

oder wenn wir den Cosinus auflösen:

$$u = \frac{2a^2\pi}{c^2}\sum_{n=1}^{\infty}(-1)^{n-1} n \sin\frac{n\pi}{c}x \cos(\alpha t - \nu) \int_0^t e^{-a^2\left(\frac{n\pi}{c}\right)^2\varrho} \cos\alpha\varrho\,d\varrho$$

$$+ \frac{2a^2\pi}{c^2}\sum_{n=1}^{\infty}(-1)^{n-1} n \sin\frac{n\pi}{c}x \sin(\alpha t - \nu) \int_0^t e^{-a^2\left(\frac{n\pi}{c}\right)^2\varrho} \sin\alpha\varrho\,d\varrho$$

$$c > x \geqq 0.$$

Lässt man hier t ins Unendliche wachsen, verlegt also den Anfangszustand in eine unendlich ferne Vergangenheit von dem betrachteten Zeitmoment aus, so erhalten die Integrale

$$\int_0^t e^{-a^2\left(\frac{n\pi}{c}\right)^2\rho} \cos\alpha\varrho \, d\varrho$$

$$\int_0^t e^{-a^2\left(\frac{n\pi}{c}\right)^2\rho} \sin\alpha\varrho \, d\varrho,$$

Werthe, die von der Zeit unabhängig sind. Diese Integrale treten aber als Coefficienten auf in Gliedern, welche periodische Functionen der Zeit sind. Also wird auch die Temperatur eines innern Punktes mit der zunehmenden Zeit sich einer periodischen Function der Zeit immer mehr annähern.

§. 60.

Fortsetzung. Vertauschung der Oberflächen. Allgemeinste Form der Aufgabe.

Aufgabe. Die Function u so zu bestimmen, dass sie der partiellen Differentialgleichung

$$\frac{\partial u}{\partial t} = a^2 \frac{\partial^2 u}{\partial x^2} \tag{1}$$

genüge und den Bedingungen

$$u = 0 \quad \text{für } t = 0, \tag{2}$$
$$u = \varphi(t) \quad „ \ x = 0, \tag{3}$$
$$u = 0 \quad „ \ x = c. \tag{4}$$

Die Lösung ergibt sich unmittelbar aus der des vorigen Paragraphen, indem man $c - x$ statt x und $\varphi(t)$ statt $\psi(t)$ setzt. Wir erhalten für $c \geqq x \geqq 0$:

$$u = \varphi(t)\left\{\frac{c-x}{c} - \frac{2}{\pi}\sum_{n=1}^{\infty}\frac{1}{n}\sin\frac{n\pi}{c}x\right\} + \frac{2a^2\pi}{c^2}\sum_{n=1}^{\infty} n \sin\frac{n\pi}{c}x\int_0^t e^{-a^2\left(\frac{n\pi}{c}\right)^2(t-\lambda)}\varphi(\lambda)\,d\lambda. \tag{I}$$

Addirt man die Lösungen der §§. 57, 59, 60, so erhält man die Function, welche den Bedingungen (1), (2), (3), (4) des §. 56 Genüge leistet.

§. 61.

Die Temperatur der Kugel abhängig von der Zeit und vom Radiusvector.

Wir wollen zu einem nach allen Seiten hin begrenzten Körper übergehen, zunächst zu einer Kugel, in deren Mittelpunkt wir den Anfangspunkt der Coordinaten legen. Dann haben wir alle drei Coordinaten zu berücksichtigen und mithin lautet die partielle Differentialgleichung

(1) $$\frac{\partial u}{\partial t} = a^2 \left(\frac{\partial^2 u}{\partial x^2} + \frac{\partial^2 u}{\partial y^2} + \frac{\partial^2 u}{\partial z^2}\right).$$

Zuerst soll vorausgesetzt werden, dass die Temperatur in allen Punkten, die vom Mittelpunkte gleich weit abstehen, dieselbe sei. Dann hängt u ausser von t nur von dem Radiusvector r ab, welcher mit x, y, z in dem Zusammenhange steht

$$r^2 = x^2 + y^2 + z^2.$$

Die Lösung wird also die Form haben

$$u = \psi(r, t),$$

und es ist deshalb zweckmässig, die nach r genommenen Differentialquotienten statt der nach x, y, z genommenen einzuführen.

Es ist nun

$$\frac{\partial u}{\partial x} = \frac{\partial u}{\partial r}\frac{\partial r}{\partial x},$$

$$\frac{\partial^2 u}{\partial x^2} = \frac{\partial^2 u}{\partial r^2}\left(\frac{\partial r}{\partial x}\right)^2 + \frac{\partial u}{\partial r}\frac{\partial^2 r}{\partial x^2}.$$

Folglich haben wir

$$\frac{\partial^2 u}{\partial x^2} + \frac{\partial^2 u}{\partial y^2} + \frac{\partial^2 u}{\partial z^2}$$

$$= \frac{\partial^2 u}{\partial r^2}\left\{\left(\frac{\partial r}{\partial x}\right)^2 + \left(\frac{\partial r}{\partial y}\right)^2 + \left(\frac{\partial r}{\partial z}\right)^2\right\} + \frac{\partial u}{\partial r}\left\{\frac{\partial^2 r}{\partial x^2} + \frac{\partial^2 r}{\partial y^2} + \frac{\partial^2 r}{\partial z^2}\right\}.$$

Aus der Gleichung $r^2 = x^2 + y^2 + z^2$ ergibt sich

$$r\frac{\partial r}{\partial x} = x,$$

$$r\frac{\partial^2 r}{\partial x^2} + \left(\frac{\partial r}{\partial x}\right)^2 = 1.$$

Bildet man die entsprechenden Differentialquotienten nach y und nach z, so erhält man

$$r^2\left\{\left(\frac{\partial r}{\partial x}\right)^2+\left(\frac{\partial r}{\partial y}\right)^2+\left(\frac{\partial r}{\partial z}\right)^2\right\}=r^2$$

d. h.

$$\left(\frac{\partial r}{\partial x}\right)^2+\left(\frac{\partial r}{\partial y}\right)^2+\left(\frac{\partial r}{\partial z}\right)^2=1,$$

und ferner

$$r\left\{\frac{\partial^2 r}{\partial x^2}+\frac{\partial^2 r}{\partial y^2}+\frac{\partial^2 r}{\partial z^2}\right\}+\left(\frac{\partial r}{\partial x}\right)^2+\left(\frac{\partial r}{\partial y}\right)^2+\left(\frac{\partial r}{\partial z}\right)^2=3,$$

d. h.

$$\frac{\partial^2 r}{\partial x^2}+\frac{\partial^2 r}{\partial y^2}+\frac{\partial^2 r}{\partial z^2}=\frac{2}{r}.$$

Durch Substitution dieser Werthe geht die partielle Differentialgleichung (1) über in

$$(2)\qquad \frac{\partial u}{\partial t}=a^2\left(\frac{\partial^2 u}{\partial r^2}+\frac{2}{r}\frac{\partial u}{\partial r}\right).$$

Wir haben also eine partielle Differentialgleichung erlangt, in welcher die Coefficienten nicht mehr constant sind, und diese Gleichung scheint demnach mehr Schwierigkeiten zu machen als die frühere mit constanten Coefficienten. Wir können jedoch durch Einführung einer neuen Variablen die Gleichung (2) auf die frühere Form zurückführen. Wir haben nur zu beachten, dass r von t unabhängig, also $\frac{\partial r}{\partial t}=0$ ist. Dann haben wir

$$\frac{\partial (ru)}{\partial t}=r\frac{\partial u}{\partial t}=a^2\left(r\frac{\partial^2 u}{\partial r^2}+2\frac{\partial u}{\partial r}\right).$$

Die letzte Klammer ist aber

$$=\frac{\partial^2 (ru)}{\partial r^2}.$$

Folglich erhalten wir statt der partiellen Differentialgleichung (2) jetzt

$$(3)\qquad \frac{\partial (ru)}{\partial t}=a^2\frac{\partial^2 (ru)}{\partial r^2},$$

und diese stimmt mit der früher behandelten in der Form vollständig überein, nur dass r an die Stelle von x getreten ist, und die Function, welche der Gleichung (3) genügt, nicht mehr u, sondern ru ist.

§. 62.

Fortsetzung. Anfangstemperatur und Temperatur der Oberfläche gegeben.

Wir können hier im allgemeinen zwei Nebenbedingungen stellen, indem wir für einen Anfangstermin die Temperatur jedes Punktes im Innern der Kugel geben und für jeden Zeitmoment die Temperatur der Oberfläche. Es soll dann die Function u so bestimmt werden, dass sie der partiellen Differentialgleichung

$$(1) \qquad \frac{\partial (r u)}{\partial t} = a^2 \frac{\partial^2 (r u)}{\partial r^2}$$

genüge und den Nebenbedingungen

$$(2) \qquad u = F(r) \qquad \text{für } t = 0,$$

$$(3) \qquad u = \psi(t) \qquad \text{„ } r = c.$$

Wir wollen $r u = v$ setzen. Dann lauten die Bedingungen, an welche v geknüpft ist

$$(1) \qquad \frac{\partial v}{\partial t} = a^2 \frac{\partial^2 v}{\partial r^2},$$

$$(2) \qquad v = r F(r) \qquad \text{für } t = 0,$$

$$(3) \qquad v = c \psi(t) \qquad \text{„ } r = c.$$

Diese Aufgabe stimmt im wesentlichen überein mit einer schon früher gelösten. Ein Umstand ist jedoch nicht ausser Acht zu lassen. Wir haben hier zwei Grenzwerthe, zwischen denen r zu nehmen ist, nemlich $r = 0$ und $r = c$, gerade wie wir in den §§. 56 bis 60 zwei Grenzwerthe von x hatten. Dort kamen aber zu der partiellen Differentialgleichung drei Nebenbedingungen hinzu, während wir hier bis jetzt nur zwei haben. Es fehlt uns noch eine Bedingung für $r = 0$. Diese ist aber wirklich vorhanden. Denn es ist $r u = v$ gesetzt, und es muss demnach

$$(4) \qquad v = 0 \qquad \text{für } r = 0$$

sein.

Die Lösung dieser Aufgabe ist in den §§. 57 und 59 bereits enthalten. Man braucht dort nur r statt x und $r u$ statt u zu schreiben. Dann sind die Lösungen der §§. 57 und 59 durch Superposition zu verbinden.

Für eine Hohlkugel, die von zwei concentrischen Kugelflächen vom Radius c und resp. e begrenzt ist ($c > e > 0$), kommen wir ebenfalls auf die partielle Differentialgleichung (1), wenn wir festsetzen, dass die Temperatur nur von r abhängen soll. Die Nebenbedingungen lauten dann

$$ru = rF(r) \quad \text{für } t = 0, \tag{2}$$
$$ru = c\psi(t) \quad \text{,, } r = c, \tag{3}$$
$$ru = e\varphi(t) \quad \text{,, } r = e. \tag{4}$$

Diese Aufgabe lässt sich leicht auf die Aufgabe des §. 56 zurückführen.

§. 63.

Fortsetzung. Die Kugel in einem diathermanen Medium.

Wir betrachten wieder eine volle Kugel, in welcher die Temperatur nur von t und r abhängig ist. Wir setzen voraus, dass sie allmählich erkalte, indem sie sich in einem leeren Raume oder in einem Gase befindet, an welches der Körper regelmässig eine Wärmemenge abgeben möge, die der Temperaturdifferenz proportional sei. Dann muss man wieder eine constante Grösse kennen, welche den Wärmeaustausch in der Zeiteinheit angibt, und welche abhängt von der Natur des Körpers, von der Beschaffenheit seiner Oberfläche und von der Natur des äussern Mediums. Setzen wir die Wärmemenge, welche aus der Einheit der Oberfläche in der Zeiteinheit in das äussere Medium übertragen würde, wenn die Temperatur des Körpers und des Mediums um 1° sich unterschieden, also die äussere Leitungsfähigkeit $= H$, so können wir hieraus die Wärmemenge berechnen, welche durch die Oberfläche des Körpers in das äussere Mittel übergeht. Ein Elementarstück der Oberfläche sei ω und die Temperatur des Körpers sei u, die des Mediums U, dann geht in der Zeit dt die Wärmemenge

$$H(u - U)\,\omega\,dt$$

durch jenes Element hindurch. Die Temperatur an der Oberfläche des Körpers ist also jetzt weder constant, noch von der Zeit allein abhängig, sondern mit der Temperatur des Körpers selbst veränderlich.

Wir haben früher den Wärmefluss im Innern des Körpers in der Richtung der x-Axe betrachtet, auf die Einheit der Zeit und die Einheit der Fläche bezogen, und haben gefunden, dass er

$$= - k \frac{\partial u}{\partial x}$$

ist. Dies lässt sich verallgemeinern, indem wir den Wärmefluss in irgend einer Richtung nehmen.

Der Wärmefluss rechtwinklig gegen irgend ein Flächenelement ist die Wärmemenge, welche in der Zeit dt durch dieses Flächenelement hindurchgeht, dividirt durch den Inhalt des Flächenelementes und dividirt durch dt. Danach ist

$$- k \frac{\partial u}{\partial r}$$

der Wärmefluss in der Richtung des Radius r. Wir nehmen r kleiner als den Radius der Kugel und fragen nach der Wärmemenge, welche in der Zeit dt durch die Kugeloberfläche vom Radius r in der Richtung der wachsenden r hindurchgeht. Diese ist

$$- 4 r^2 \pi k \frac{\partial u}{\partial r} dt.$$

Sie tritt in der Zeit dt aus der inneren Kugel vom Radius r in die Kugelschale von den Radien r und c. Zu gleicher Zeit tritt aber aus dieser Kugelschale durch die Oberfläche vom Radius c die Wärmemenge

$$4 c^2 \pi H (u_c - U) dt$$

in das äussere Medium, wenn mit u_c die Temperatur in der Entfernung c vom Mittelpunkte bezeichnet wird. Folglich beträgt der Wärmezuwachs, welchen die Kugelschale von den Radien c und r in der Zeit dt erleidet

$$- 4 \pi dt \left(k r^2 \frac{\partial u}{\partial r} + H c^2 (u_c - U) \right).$$

Diese Wärmemenge ist um so geringer, je kleiner wir die Differenz $c - r$ nehmen. Sie ist $= 0$, wenn $c - r = 0$ wird. Denn alsdann wird der körperliche Inhalt der Kugelschale selbst $= 0$ und folglich auch die Wärmemenge $= 0$, welche in diesen Körper vom Inhalte 0 eintritt. Wir dürfen zwar nicht unmittelbar $c - r = 0$ setzen, weil wir bei Herstellung des Ausdruckes für den Wärmefluss in der Richtung r voraussetzen, dass $c - r > 0$ sei. Aber wir können die positive Differenz $c - r = \delta$ beliebig klein machen. Der vorige Ausdruck für den Wärmezuwachs gibt uns nun die Temperaturzunahme, die in der Zeit dt eintritt, indem wir durch den Inhalt der Kugelschale, durch die Dichtigkeit ϱ und durch die specifische Wärme C dividiren. Die Temperaturzunahme ist danach

$$= \frac{-\left(k r^2 \frac{\partial u}{\partial r} + H c^2 (u_c - U)\right)}{\frac{1}{3} \varrho C (c^3 - r^3)} dt$$

$$= \frac{-\left(k r^2 \frac{\partial u}{\partial r} + H c^2 (u_c - U)\right)}{\delta (c^2 - c\delta + \frac{1}{3}\delta^2) \varrho C} dt.$$

Der Factor von dt muss aber endlich bleiben, wie klein man auch δ nehme, weil u sonst unstetig würde. D. h. es muss der Zähler mit δ unendlich klein werden und zwar in derselben Ordnung unendlich klein wie δ. Dieser Zähler ist

$$k\left(r^2 \frac{\partial u}{\partial r}\right)_{c-\delta} + H c^2 (u_c - U).$$

Mit ihm zugleich wird auch

$$k\left(\frac{\partial u}{\partial r}\right)_c + H(u_c - U)$$

von derselben Ordnung unendlich klein wie δ. Schreiben wir also

$$k\left(\frac{\partial u}{\partial r}\right)_c + H(u_c - U) = 0,$$

so haben wir gegen die endlichen Grössen links nur eine unendlich kleine Grösse von derselben Ordnung wie δ vernachlässigt. Dasselbe Resultat hätten wir erlangt, wenn wir direct $r = c$ gesetzt hätten. Ueber die Zulässigkeit dieser Substitution ist viel gestritten worden. Unsere Darstellung beweist die Zulässigkeit und gibt zugleich an, in welchem Sinne die letzte Gleichung zu verstehen ist.

Der Einfachheit wegen soll $U = 0$ gesetzt und $\frac{H}{k}$ mit dem einfachen Buchstaben h bezeichnet werden. Die letzte Gleichung geht dadurch über in

$$\left(\frac{\partial u}{\partial r}\right)_c + h u = 0.$$

Führen wir noch $v = r u$ ein, so erhalten wir

$$\frac{\partial v}{\partial r} + \left(h - \frac{1}{c}\right) v = 0 \qquad \text{für } r = c$$

als Bedingung für die Oberfläche der Kugel.

§. 64.

Fortsetzung. Lösung der Aufgabe.

Aufgabe. Die Function v so zu bestimmen, dass sie für $c > r \geqq 0$ der partiellen Differentialgleichung genüge

$$\frac{\partial v}{\partial t} = a^2 \frac{\partial^2 v}{\partial r^2} \tag{1}$$

und die Nebenbedingungen erfülle

$$v = r F(r) \qquad \text{für } t = 0, \tag{2}$$

$$\frac{\partial v}{\partial r} + \left(h - \frac{1}{c}\right) v = 0 \qquad \text{,, } r = c, \tag{3}$$

$$v = 0 \qquad \text{,, } r = 0. \tag{4}$$

Wir gehen wieder von particulären Lösungen aus, nemlich von den Lösungen

$$e^{-a^2\lambda^2 t} \cos \lambda r,$$
$$e^{-a^2\lambda^2 t} \sin \lambda r.$$

Der Bedingung (4) genügt nur die letztere. Wir haben also in der Gleichung

$$v = e^{-a^2\lambda^2 t} \sin \lambda r$$

eine particuläre Lösung von (1), welche die Bedingung (4) befriedigt. Soll auch die Gleichung (3) erfüllt sein, so haben wir für $r = c$

$$e^{-a^2\lambda^2 t} \left\{ \lambda \cos \lambda r + \left(h - \frac{1}{c}\right) \sin \lambda r \right\} = 0$$

zu setzen, oder

$$c\lambda \cos c\lambda + (hc - 1) \sin c\lambda = 0.$$

Bezeichnen wir mit $\lambda_1, \lambda_2, \ldots \lambda_n \ldots$ die Wurzeln dieser transscendenten Gleichung, so ist

$$v = \sum_{n=1}^{\infty} b_n e^{-a^2\lambda_n^2} \sin \lambda_n r$$

die allgemeine Lösung von (1), welche zugleich die Bedingungen (3) und (4) erfüllt. Die Coefficienten b_n sind dann noch so zu bestimmen, dass die Gleichung (2) befriedigt werde.

§. 65.

Fortsetzung. Die transscendente Gleichung:
$$\varphi \cos \varphi + p \sin \varphi = 0.$$

Zunächst kommt also alles auf die transscendente Gleichung
$$\lambda c \cos \lambda c + (c h - 1) \sin \lambda c = 0$$
an. Wir schreiben zur Abkürzung $\lambda c = \varphi$, $c h - 1 = p$ und
$$\varphi \cos \varphi + p \sin \varphi = \Phi.$$
Dann lautet die zu untersuchende Gleichung
$$\Phi = 0.$$

Zu jeder reellen positiven Wurzel gehört eine negative von gleichem Zahlwerth. Wir können uns aber auf die Ermittlung der positiven Wurzeln beschränken, da die beiden Glieder
$$b'_n e^{-a^2 \lambda_n^2 t} \sin \lambda_n r \quad \text{und} \quad b''_n e^{-a^2 \lambda_n^2 t} \sin (- \lambda_n r)$$
sich in eins zusammenfassen lassen, wenn wir
$$b'_n - b''_n = b_n$$
setzen. Daher haben wir in dem Ausdrucke für v im vorigen Paragraphen unter $\lambda_1, \lambda_2 \ldots$ die positiven Wurzeln der transscendenten Gleichung zu verstehen. Die Wurzel $\varphi = 0$ kann von der Betrachtung ausgeschlossen werden, weil dadurch $\lambda = 0$ und also auch $\sin \lambda r = 0$ wird.

Bei der Discussion der transscendenten Gleichung sind drei Fälle zu unterscheiden, je nachdem p positiv, $= 0$ oder negativ ist.

Erstens. Es sei $p > 0$. Da wir nur positive Werthe von λ suchen und c wesentlich positiv ist, so brauchen wir nur positive Werthe von φ zu berücksichtigen. Soll der Gleichung
$$\varphi \cos \varphi + p \sin \varphi = 0$$
Genüge geleistet werden, so müssen $\cos \varphi$ und $\sin \varphi$ entgegengesetzte Zeichen haben. D. h. φ muss im zweiten, vierten, sechsten Quadranten u. s. f. liegen. In jedem solchen Quadranten existirt aber wenigstens ein Werth von φ, welcher die Gleichung erfüllt. Denn es ist

$$\text{für } \varphi = (2n + 1) \frac{\pi}{2} \qquad \Phi = (-1)^n \cdot p,$$
$$\text{„ } \varphi = (n + 1) \pi \qquad \Phi = (-1)^{n+1} \cdot (n + 1) \pi.$$

Die Function Φ hat also zu Anfang und zu Ende des betreffenden Quadranten entgegengesetzte Zeichen. Sie muss demnach, da sie stetig verläuft, mindestens einmal in dem Quadranten den Werth 0 annehmen. Dass sie aber in jedem der betreffenden Quadranten nur einmal $= 0$ wird, erkennt man an ihrem Differentialquotienten

$$\frac{d\Phi}{d\varphi} = (1 + p) \cos\varphi - \varphi \sin\varphi.$$

Wenn nemlich φ von $(2n + 1)\frac{\pi}{2}$ bis $(n + 1)\pi$ stetig zunimmt, so ändert der eben betrachtete Differentialquotient sein Vorzeichen nicht. Dasselbe ist vielmehr in diesem ganzen Quadranten $= (-1)^{n+1}$. Je nachdem also n ungerade oder gerade ist, nimmt die Function Φ in dem betreffenden Quadranten fortwährend zu oder ab. Sie kann deshalb in dem einen Quadranten den Werth 0 nur einmal annehmen. Betrachtet man φ als Abscisse, Φ als Ordinate einer Curve (Fig. 18), so geht diese durch den Anfangspunkt der Coor-

Fig. 18.

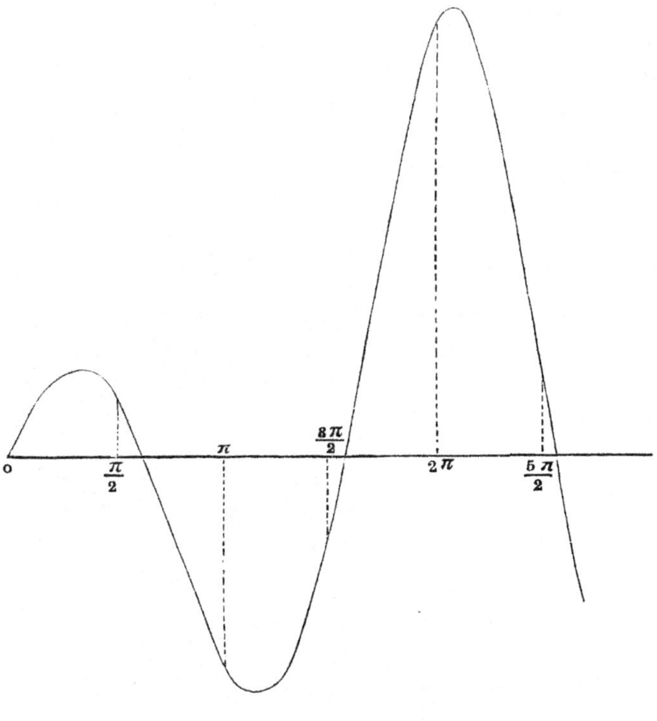

dinaten ($\varphi = 0$). Sie liegt abwechselnd oberhalb und unterhalb der Abscissenaxe, wenn φ den ersten, dritten, fünften Quadranten u. s. f. durchläuft, und schneidet dieselbe je einmal im zweiten, vierten, sechsten Quadranten u. s. f. Unter dem $n$ten Quadranten verstehen wir dabei das Intervall von $\varphi = (n-1)\frac{\pi}{2}$ bis $\varphi = n\frac{\pi}{2}$.

Zweitens. Es sei $p = 0$. Dann lautet die Gleichung

$$\varphi \cos \varphi = 0,$$

und ihre positiven Wurzeln sind $\varphi = (2n-1)\frac{\pi}{2}$ für $n = 1, 2, 3 \ldots$

Drittens. Es sei $p < 0$. Wir setzen $p = -q$ und verstehen unter q eine positive Grösse. Der Verlauf der Function

$$\Phi = \cos \varphi (\varphi - q \, tg \, \varphi)$$

soll wieder graphisch dargestellt werden durch eine Curve, deren Coordinaten φ und Φ sind. Zunächst sieht man, dass Φ nicht $= 0$ werden kann, wenn $tg\,\varphi$ negativ ist, d. h. wenn φ im zweiten, vierten Quadranten u. s. f. liegt. Denn es ist dann $\varphi - q\,tg\,\varphi$ in dem ganzen Quadranten positiv. Das Vorzeichen von Φ stimmt also überein mit dem Vorzeichen von $\cos \varphi$, es ist negativ im zweiten, sechsten, zehnten Quadranten u. s. f., positiv im vierten, achten, zwölften Quadranten u. s. f. Für den dritten, fünften Quadranten u. s. f. hat Φ zu Anfang und zu Ende Werthe mit entgegengesetzten Vorzeichen. Es ist nemlich

$$\text{für } \varphi = n\pi \qquad \Phi = (-1)^n n\pi$$
$$\text{„ } \varphi = (2n+1)\frac{\pi}{2} \qquad \Phi = (-1)^{n-1} q$$

und dies gilt für $n = 1, 2, 3 \ldots$ Im dritten, fünften Quadranten u. s. f. muss also die Curve mindestens einmal die Abscissenaxe schneiden. Im ersten Quadranten ist $\Phi = 0$ für $\varphi = 0$ und $\Phi = -q$ für $\varphi = \frac{\pi}{2}$. Ob die Curve ausserdem im ersten Quadranten die Abscissenaxe noch schneidet und ob sie in irgend einem der übrigen Quadranten von ungerader Ordnung mehr als einmal durch die Abscissenaxe geht, bedarf der besondern Untersuchung. Dabei kommt der Differentialquotient

$$\frac{d\Phi}{d\varphi} = \cos \varphi \left\{ (1-q) - \varphi \, tg \, \varphi \right\}$$

in Betracht, und es ist zu unterscheiden, ob $q \geqq 1$ oder ob $q < 1$ ist.

Für $q \geqq 1$ wird im ersten, dritten, fünften ... Quadranten die Klammergrösse $\left\{(1-q)-\varphi \, tg \, \varphi\right\}$ nicht positiv. Sie ist für $q > 1$ in den betreffenden Quadranten durchweg negativ. Für $q = 1$ ist sie $= 0$ für den Anfang des Quadranten, übrigens aber auch negativ. Das Vorzeichen von $\frac{d\Phi}{d\varphi}$ und das Vorzeichen von $\cos\varphi$ sind also entgegengesetzt und zwar ist $\frac{d\Phi}{d\varphi}$ negativ im ersten, fünften, neunten Quadranten u. s. f., positiv im dritten, siebenten Quadranten u. s. f. Die Curve verläuft also im ersten Quadranten ganz unterhalb der Abscissenaxe, ohne sie ausser dem Punkte $\varphi = 0$ noch weiter zu schneiden, und in den übrigen Quadranten ungerader Ordnung geht sie nur einmal durch die Abscissenaxe hindurch (Fig. 19). Für $q > 1$ liegen die Maxima und Minima von Φ in den Quadranten gerader Ordnung, für $q = 1$ am Ende dieser Quadranten.

Fig. 19.

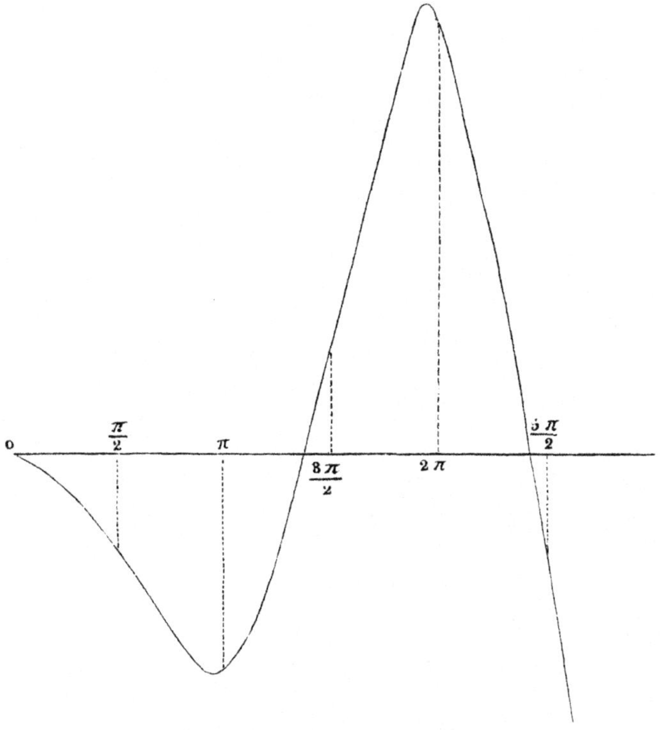

Für $q < 1$ ist dagegen in den Quadranten ungerader Ordnung

$$(1 - q) - \varphi \, tg \, \varphi$$

anfänglich positiv, dann an einer Stelle $= 0$ und hierauf negativ. Ebenso wird es also mit dem Vorzeichen von $\frac{d\,\Phi}{d\,\varphi}$ im ersten, fünften, neunten Quadranten sein, während im dritten, siebenten, elften Quadranten u. s. f. $\frac{d\,\Phi}{d\,\varphi}$ zuerst negativ, dann an einer Stelle $= 0$ und hierauf fortwährend positiv ist. Die Curve verläuft also im ersten Quadranten von der Abscissenaxe aus anfänglich oberhalb derselben, erreicht ein Maximum, kehrt dann um und geht ausser für $\varphi = 0$ noch an einer Stelle zwischen 0 und $\frac{\pi}{2}$ durch die Abscissenaxe hindurch. In den übrigen Quadranten ungerader Ordnung entfernt sich die Curve anfänglich von der Abscissenaxe, nach Erreichung des entferntesten Punktes nähert sie sich ihr wieder und schneidet sie in jedem der betreffenden Quadranten ein einziges Mal (Fig. 20).

Fig. 20.

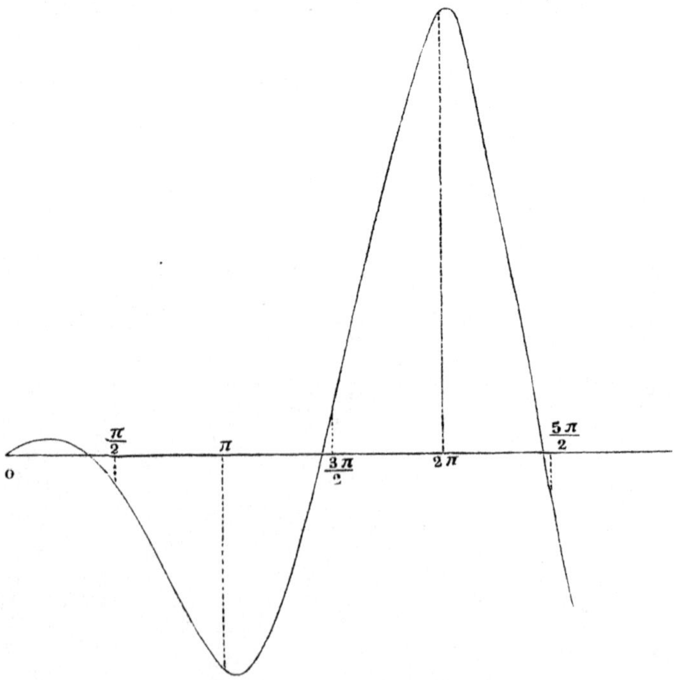

Fassen wir das Resultat der Untersuchung zusammen, so zeigt sich, dass die transscendente Gleichung

$$\varphi \cos \varphi + p \sin \varphi = 0$$

unendlich viele positive Wurzeln besitzt. Diese positiven Wurzeln sind die ungeraden Vielfachen von $\frac{\pi}{2}$, wenn $p = 0$ ist. Sie liegen in den Quadranten gerader Ordnung, in jedem eine, wenn p positiv ist. Es liegt je eine in den Quadranten ungerader Ordnung, wenn p negativ und sein Zahlwerth kleiner als 1 ist. Es liegt je eine in den Quadranten ungerader Ordnung, mit Ausnahme des ersten, wenn p negativ und sein Zahlwerth nicht kleiner als 1 ist. Uebrigens sind die Wurzeln der Gleichung ziemlich leicht zu berechnen. Man vergleiche hierüber Euler, introductio in analysin infinitorum. Tomus II. Cap. XXII. Problema IX, wo die Aufgabe für $p = -1$ gelöst ist.

§. 66.

Fortsetzung. Bestimmung der constanten Coefficienten der Lösung.

Die unendlich vielen positiven Wurzeln der transscendenten Gleichung

$$\lambda c \cos \lambda c + (h c - 1) \sin \lambda c = 0$$

bezeichnen wir der Reihe nach mit $\lambda_1, \lambda_2, \ldots \lambda_n \ldots$ und setzen sie ein in die unendliche Reihe

$$\text{(I)} \qquad v = \sum_{n=1}^{\infty} b_n e^{-a^2 \lambda_n^2 t} \sin \lambda_n r.$$

Dann genügt die Function v, wie in §. 64 nachgewiesen, für $c > r \geqq 0$ der partiellen Differentialgleichung

$$\text{(1)} \qquad \frac{\partial v}{\partial t} = a^2 \frac{\partial^2 v}{\partial r^2}$$

und ausserdem den Bedingungen

$$\text{(3)} \qquad \frac{\partial v}{\partial r} + \left(h - \frac{1}{c}\right) v = 0 \qquad \text{für } r = c,$$

$$\text{(4)} \qquad v = 0 \qquad \text{„ } r = 0.$$

Soll auch die Bedingung

$$\text{(2)} \qquad v = r F(r) \qquad \text{„ } t = 0$$

befriedigt werden, so sind die Coefficienten $b_1, b_2, b_3, \ldots b_n \ldots$ so zu bestimmen, dass

$$r F(r) = \sum_{n=1}^{\infty} b_n \sin \lambda_n r$$

ist. Dies ist eine Entwicklung, ganz analog der Reihe von Fourier. Wir schlagen also zur Bestimmung der Coefficienten denselben Weg ein wie bei Fourier's Reihe. Wir multipliciren beide Seiten der vorigen Gleichung mit $\sin \lambda_m r\, dr$ und integriren zwischen den Grenzen 0 und c. Ist $m \gtrless n$, so hat man

$$\sin \lambda_m r \sin \lambda_n r = \frac{\cos(\lambda_m - \lambda_n) r - \cos(\lambda_m + \lambda_n) r}{2},$$

folglich

$$\int_0^c \sin \lambda_m r \sin \lambda_n r\, dr = \frac{\sin(\lambda_m - \lambda_n) c}{2(\lambda_m - \lambda_n)} - \frac{\sin(\lambda_m + \lambda_n) c}{2(\lambda_m + \lambda_n)}$$

$$= \frac{\lambda_m \left\{ \sin(\lambda_m - \lambda_n) c - \sin(\lambda_m + \lambda_n) c \right\}}{2(\lambda_m^2 - \lambda_n^2)}$$

$$+ \frac{\lambda_n \left\{ \sin(\lambda_m - \lambda_n) c + \sin(\lambda_m + \lambda_n) c \right\}}{2(\lambda_m^2 - \lambda_n^2)}$$

oder

$$\int_0^c \sin \lambda_m r \sin \lambda_n r\, dr$$

$$= \frac{- \lambda_m \cos \lambda_m c \sin \lambda_n c + \lambda_n \sin \lambda_m c \cos \lambda_n c}{\lambda_m^2 - \lambda_n^2}.$$

Der Nenner ist von 0 verschieden, weil λ_m und λ_n verschiedene positive Wurzeln der Gleichung

$$\lambda c \cos \lambda c + (hc - 1) \sin \lambda c = 0$$

sind. Wir können aber nachweisen, dass der Zähler $= 0$ ist. Es ist nemlich

$$\lambda_m c \cos \lambda_m c = -(hc - 1) \sin \lambda_m c$$

und

$$-(hc - 1) \sin \lambda_n c = \lambda_n c \cos \lambda_n c.$$

Daraus folgt durch Multiplication

$$- \lambda_m \cos \lambda_m c \sin \lambda_n c + \lambda_n \sin \lambda_m c \cos \lambda_n c = 0.$$

Demnach ist

$$\int_0^c \sin \lambda_m r \sin \lambda_n r\, dr = 0 \qquad \text{für } m \gtrless n.$$

Nehmen wir dagegen $n = m$, so erhalten wir

$$(\sin \lambda_m r)^2 = \frac{1 - \cos 2\lambda_m r}{2},$$

und daher

$$\int_0^c (\sin \lambda_m r)^2 dr = \frac{1}{2}c - \frac{\sin 2\lambda_m c}{4\lambda_m}.$$

Das Resultat der vorgenommenen Integration beschränkt sich also auf der rechten Seite auf ein Glied. Wir erhalten

$$\int_0^c r F(r) \sin \lambda_m r \, dr = \frac{2\lambda_m c - \sin 2\lambda_m c}{4\lambda_m} b_m$$

oder

$$b_m = \frac{4\lambda_m}{2\lambda_m c - \sin 2\lambda_m c} \int_0^c r F(r) \sin \lambda_m r \, dr.$$

Den Factor vor dem Integral können wir noch etwas umformen. Es ist nemlich

$$\lambda c \cos \lambda c + p \sin \lambda c = 0.$$

Multipliciren wir mit $2 \cos \lambda c$, so ergibt sich

$$2\lambda c \cos \lambda c \cos \lambda c = -p \sin 2\lambda c.$$

Andererseits erhalten wir, indem wir beide Seiten der Gleichung

$$\lambda c \cos \lambda c = -p \sin \lambda c$$

quadriren:

$$(\lambda^2 c^2 + p^2) \cos \lambda c \cos \lambda c = p^2,$$

folglich

$$2\lambda c \cos \lambda c \cos \lambda c = \frac{2\lambda c p^2}{\lambda^2 c^2 + p^2}$$

und wenn wir dies in den vorher gefundenen Ausdruck für $-p \sin 2\lambda c$ einsetzen:

$$-\sin 2\lambda c = \frac{2\lambda c p}{\lambda^2 c^2 + p^2}.$$

Danach wird

$$\frac{4\lambda}{2\lambda c - \sin 2\lambda c} = \frac{2}{c} \frac{\lambda^2 c^2 + (hc - 1)^2}{\lambda^2 c^2 + hc(hc - 1)}.$$

Hier können wir für λ irgend eine Wurzel unserer transscendenten Gleichung, also auch λ_m, einsetzen. Dadurch erhalten wir den Factor des Integrals in dem Ausdrucke für b_m. Dieser Ausdruck lässt sich also auch schreiben

$$\text{(II)} \qquad b_m = \frac{2}{c}\,\frac{\lambda_m^2 c^2 + (hc-1)^2}{\lambda_m^2 c^2 + hc(hc-1)}\int_0^c r\,F(r)\,\sin\lambda_m r\,dr.$$

Geben wir den Coefficienten in der Reihe (I) die Werthe, welche in der Gleichung (II) ausgedrückt sind, so genügt die Function v den sämmtlichen Bedingungen.

Es bliebe nun, streng genommen, noch die Convergenz der Reihe (I) zu prüfen. Diese Untersuchung ist aber sehr subtil und soll deshalb hier weggelassen werden.

§. 67.

Fortsetzung. Die transscendente Gleichung hat nur reelle Wurzeln.

Wir haben bis jetzt nur die reellen Wurzeln der Gleichung

$$\lambda c \cos\lambda c + (hc-1)\sin\lambda c = 0$$

berücksichtigt. Daher entsteht die Frage, ob nicht auch imaginäre Wurzeln vorhanden sind. Wäre

$$\lambda = \alpha + \beta\sqrt{-1}$$

eine complexe Wurzel der Gleichung, so müsste auch

$$\lambda' = \alpha - \beta\sqrt{-1}$$

eine Wurzel sein, und es wäre dann

$$\sin\lambda r = R + S\sqrt{-1},$$
$$\sin\lambda' r = R - S\sqrt{-1}.$$

Wir haben aber schon bewiesen, dass

$$\int_0^c \sin\lambda r \sin\lambda' r\,dr = 0$$

ist, wenn $\lambda\lambda - \lambda'\lambda'$ nicht den Werth 0 hat. Es müsste also

$$\int_0^c (R + S\sqrt{-1})\,(R - S\sqrt{-1})\,dr = 0$$

sein, d. h.

$$\int_0^c (R^2 + S^2)\,dr = 0,$$

was unmöglich ist. Es können also complexe Wurzeln nicht vorhanden sein. Der Beweis passt nicht mehr, wenn $\alpha = 0$, d. h.

$$\lambda = \beta\sqrt{-1}$$
$$\lambda' = -\beta\sqrt{-1}$$

ist, denn in diesem Falle haben wir $\lambda^2 - \lambda'^2 = 0$. Nehmen wir aber die transscendente Gleichung in der Form

$$\varphi \cos\varphi + p \sin\varphi = 0$$

und entwickeln den Cosinus und den Sinus in Reihen, so lautet die Gleichung

$$0 = (p+1)\varphi - \frac{(p+3)}{3!}\varphi^3 + \frac{(p+5)}{5!}\varphi^5 - + \cdots$$

oder

$$0 = hc\varphi - \frac{(hc+2)}{3!}\varphi^3 + \frac{(hc+4)}{5!}\varphi^5 - + \cdots$$

Wird hier φ rein imaginär $= \psi\sqrt{-1}$ gesetzt, so muss ψ der Gleichung genügen

$$0 = \psi\sqrt{-1}\left\{hc + \frac{(hc+2)}{3!}\psi^2 + \frac{(hc+4)}{5!}\psi^4 + \cdots\right\}.$$

Dies ist aber unmöglich, da die Klammergrösse positiv ist.

Die transscendente Gleichung

$$\lambda c \cos\lambda c + (hc-1)\sin\lambda c = 0$$

hat also nur reelle Wurzeln.

§. 68.

Fortsetzung. Der Radius der Kugel ist sehr klein.

Die Aufgabe, mit der wir uns in den vorigen Paragraphen beschäftigt haben, lautet so:

Eine Kugel vom Radius c befindet sich in einem diathermanen Mittel. Die äussere Leitungsfähigkeit ist $= H$ und die Temperatur des Mittels constant $= 0$. Die Temperatur zur Zeit $t = 0$ ist für jeden Punkt im Innern der Kugel gegeben. Sie ist dieselbe für alle Punkte, die vom Mittelpunkte der Kugel gleichen Abstand haben. Wir bezeichnen sie mit $F(r)$. Dann ist die Temperatur zur Zeit t eine Function von r und t, und zwar haben wir gefunden

$$u = \frac{2}{c}\sum_{n=1}^{\infty} \frac{\lambda_n^2 c^2 + (hc-1)^2}{\lambda_n^2 c^2 + hc(hc-1)} \frac{e^{-a^2\lambda_n^2 t} \sin \lambda_n r}{r} \int_0^c r F(r) \sin \lambda_n r \, dr,$$

wenn man mit $\lambda_1, \lambda_2, \ldots \lambda_n \ldots$ die positiven Wurzeln der transscendenten Gleichung

$$\lambda c \cos \lambda c + (hc - 1) \sin \lambda c = 0$$

bezeichnet.

Es sollen nun die beiden Fälle besonders untersucht werden, dass c entweder sehr klein oder sehr gross ist.

Nehmen wir c sehr klein. Die Wurzel $\lambda_n c$ liegt jedenfalls zwischen $(n-1)\pi$ und $n\pi$, also λ_n zwischen $(n-1)\frac{\pi}{c}$ und $n\frac{\pi}{c}$. Da nun $\frac{\pi}{c}$ sehr gross ist, so sieht man, dass die Zahlen $\lambda_2, \lambda_3, \ldots$ im Vergleich zu λ_1 sehr gross sind. Daher kann man $e^{-a^2\lambda_2^2 t}$ und alle folgenden Glieder gegen $e^{-a^2\lambda_1^2 t}$ vernachlässigen und erhält einfach

$$u = b_1 \lambda_1 e^{-a^2\lambda_1^2 t} \frac{\sin \lambda_1 r}{\lambda_1 r}.$$

Die Temperatur zu einer und derselben Zeit t ändert sich also mit r in der Weise, dass sie proportional der Function

$$\frac{\sin \lambda_1 r}{\lambda_1 r}$$

bleibt, in welcher $\lambda_1 r$ kleiner als π ist. Der Differentialquotient der Function $\frac{\sin s}{s}$ ist $\frac{s \cos s - \sin s}{s^2}$ und hat negative Werthe, wenn s zwischen 0 und π liegt. Daraus folgt, dass zu einer und derselben Zeit die Temperatur mit dem wachsenden Abstande vom Mittelpunkt fortwährend zu- oder abnimmt, je nachdem b_1 negativ oder positiv ist.

Hier ist natürlich der Fall auszuschliessen, dass $b_1 = 0$ ist. Dann hätte man eine ganz ähnliche Betrachtung anzustellen über das erste Glied der Entwicklung, dessen Coefficient b nicht $= 0$ wird.

§. 69.

Fortsetzung. Der Radius der Kugel ist sehr gross.

Wir nehmen zweitens den Radius c der Kugeloberfläche sehr gross und wollen speciell voraussetzen, dass die Anfangstemperatur constant, $F(r) = 1$ sei. Dann können wir das Integral ausrechnen

$$\int_0^c r \sin \lambda_n r \, dr = \frac{\sin \lambda_n c - \lambda_n c \cos \lambda_n c}{\lambda_n^2}.$$

Wir erhalten also

$$u = \sum_{n=1}^{\infty} \frac{2}{\lambda_n^2 c} \frac{\lambda_n^2 c^2 + (hc-1)^2}{\lambda_n^2 c^2 + hc(hc-1)} e^{-a^2 \lambda_n^2 t} (\sin \lambda_n c - \lambda_n c \cos \lambda_n c) \frac{\sin \lambda_n r}{r}.$$

Darin sind $\lambda_1, \lambda_2, \lambda_3 \ldots$ der Reihe nach die durch c dividirten positiven Wurzeln der transscendenten Gleichung

$$\varphi \cos \varphi + (hc - 1) \sin \varphi = 0.$$

In dem hier betrachteten Falle ist $hc - 1$ sehr gross. So lange also φ selbst nicht sehr gross ist, wird $\sin \varphi$ nahezu $= 0$ sein müssen, damit die Gleichung erfüllt werde. Wir können demnach näherungsweise setzen

$$\varphi = n\pi, \qquad \lambda_n = \frac{n\pi}{c}.$$

Dadurch wird in dem Ausdrucke für u die Summe in ein bestimmtes Integral übergehen. Wir wollen bei der Umformung dieses Ausdruckes zugleich $r = c - x$ setzen, so dass x den Abstand von der Kugeloberfläche bezeichnet. Dann ergibt sich

$$\frac{\sin \lambda_n r}{r} = \frac{\sin \lambda_n c \cos \lambda_n x - \cos \lambda_n c \sin \lambda_n x}{c - x}.$$

Für $\sin \lambda c$ und $\cos \lambda c$ können wir mit Hülfe der transscendenten Gleichung algebraische Ausdrücke einsetzen. Es ist nemlich

$$\cos \lambda c = \frac{\pm (hc - 1)}{\sqrt{\lambda^2 c^2 + (hc-1)^2}},$$

$$\sin \lambda c = \frac{\mp \lambda c}{\sqrt{\lambda^2 c^2 + (hc-1)^2}}.$$

Folglich erhalten wir

$$\frac{\sin \lambda_n r}{r} = \mp \frac{\lambda_n c \cos \lambda_n x + (h c - 1) \sin \lambda_n x}{(c - x) \sqrt{\lambda_n^2 c^2 + (h c - 1)^2}}$$

und

$$\sin \lambda_n c - \lambda_n c \cos \lambda_n c = \mp \frac{\lambda_n c \,.\, h c}{\sqrt{\lambda_n^2 c^2 + (h c - 1)^2}},$$

wenn in den beiden Gleichungen zugleich entweder die oberen oder die unteren Vorzeichen genommen werden. Führt man dies in den Ausdruck für u ein, so wird

$$u = \sum_{n=1}^{\infty} e^{-a^2 \lambda_n^2 t} \frac{2}{c} \frac{\{\lambda_n c \cos \lambda_n x + (h c - 1) \sin \lambda_n x\} \lambda_n c h c}{\lambda_n^2 (c - x) \{\lambda_n^2 c^2 + h c (h c - 1)\}}.$$

Da c sehr gross sein soll, so können wir c statt $c - x$ setzen und $h c$ statt $h c - 1$. Beachten wir dann noch, dass

$$\lim (\lambda_n - \lambda_{n-1}) = \frac{\pi}{c}$$

ist, und dass λ stetig variabel wird für $\lim c = \infty$, so geht u in ein bestimmtes Integral über. Wir bezeichnen das stetig variable λ mit ϱ, so dass

$$\frac{2}{c} = \frac{2}{\pi} d \varrho$$

wird, und erhalten

$$u = \frac{2 h}{\pi} \int_0^{\infty} e^{-a^2 \varrho^2 t} \left(\cos \varrho x + \frac{h}{\varrho} \sin \varrho x \right) \frac{d \varrho}{h^2 + \varrho^2}$$

oder

$$\text{(I)} \quad u = \frac{2 h}{\pi} \int_0^{\infty} e^{-a^2 \varrho^2 t} \cos \varrho x \frac{d \varrho}{h^2 + \varrho^2} + \frac{2 h^2}{\pi} \int_0^{\infty} e^{-a^2 \varrho^2 t} \frac{\sin \varrho x}{\varrho} \frac{d \varrho}{h^2 + \varrho^2}.$$

Das erste dieser beiden Integrale wollen wir mit z bezeichnen. Zur Abkürzung setzen wir $a^2 t = \tau$. Dann ist also

$$z = \int_0^{\infty} e^{-\tau \varrho^2} \cos \varrho x \frac{d \varrho}{h^2 + \varrho^2},$$

und es muss bemerkt werden, dass $z = 0$ wird für $\tau = \infty$.

Differentiiren wir nach τ und subtrahiren $h^2 z$ von $\frac{d z}{d t}$, so erhalten wir

$$\frac{d z}{d \tau} - h^2 z = - \int_0^{\infty} e^{-\tau \varrho^2} \cos \varrho x \, d \varrho.$$

Das Integral auf der rechten Seite ist aus §. 18 Formel (35) zu entnehmen. Sein Werth ist

$$-\frac{1}{2}\sqrt{\frac{\pi}{\tau}}\, e^{-\frac{x^2}{4\tau}}.$$

Es entsteht dadurch für z die Differentialgleichung erster Ordnung

$$\frac{dz}{d\tau} - h^2 z = -\frac{1}{2}\sqrt{\frac{\pi}{\tau}}\, e^{-\frac{x^2}{4\tau}}.$$

Da die Coefficienten von $\frac{dz}{d\tau}$ und von z constant sind, so lässt sich die einfachere Differentialgleichung integriren, bei der die rechte Seite $= 0$ ist. Das Integral der vorgelegten Differentialgleichung findet sich dann durch Variation der Constanten.

Wir setzen also

$$\frac{dz_1}{d\tau} - h^2 z_1 = 0$$

und finden, dass $z_1 = C \,.\, e^{h^2\tau}$ das Integral dieser Differentialgleichung ist. Nehmen wir nun, um die Differentialgleichung für z zu integriren

$$z = v \,.\, e^{h^2\tau}$$

und betrachten v als eine noch unbekannte Function von τ, so ergibt sich

$$\frac{dz}{d\tau} = h^2 z + e^{h^2\tau}\frac{dv}{d\tau}.$$

Folglich muss

$$\frac{dv}{d\tau} = -\frac{\sqrt{\pi}}{2}\, e^{-h^2\tau - \frac{x^2}{4\tau}} \cdot \frac{1}{\sqrt{\tau}}$$

sein, d. h.

$$v = -\frac{\sqrt{\pi}}{2}\int_\alpha^\tau e^{-h^2\tau - \frac{x^2}{4\tau}}\frac{d\tau}{\sqrt{\tau}}$$

und

$$z = -\frac{\sqrt{\pi}}{2}\, e^{h^2\tau}\int_\alpha^\tau e^{-h^2\tau - \frac{x^2}{4\tau}}\frac{d\tau}{\sqrt{\tau}},$$

wenn α eine noch zu bestimmende Constante bezeichnet. Diese ergibt sich daraus, dass $z = 0$ werden muss für $\tau = \infty$. Damit dies zutreffe, ist $\alpha = \infty$ zu setzen. Wir haben also den ersten Theil in dem Ausdrucke (I) für u umgeformt

$$\frac{2h}{\pi} z = \frac{h e^{+h^2\tau}}{\sqrt{\pi}} \int_{\tau}^{\infty} e^{-h^2\tau - \frac{x^2}{4\tau}} \frac{d\tau}{\sqrt{\tau}},$$

oder wenn wir unter dem Integralzeichen $\tau = s^2$ setzen, in

$$\frac{2h}{\pi} z = \frac{2 h e^{h^2\tau}}{\sqrt{\pi}} \int_{\sqrt{\tau}}^{\infty} e^{-h^2 s^2 - \frac{x^2}{4 s^2}} ds.$$

Wir wollen jetzt die Temperatur an der Oberfläche der unendlich grossen Kugel betrachten, also $x = 0$ nehmen. Dann erhalten wir aus (I)

$$\text{für } x = 0 \qquad u = \frac{2h}{\pi} \int_0^{\infty} e^{-a^2 \varrho^2 t} \frac{d\varrho}{h^2 + \varrho^2}$$

oder wenn wir in z die Grösse $x = 0$ setzen:

$$u = \frac{2h}{\sqrt{\pi}} e^{a^2 h^2 t} \int_{a\sqrt{t}}^{\infty} e^{-h^2 s^2} ds.$$

Um die Veränderung untersuchen zu können, welche mit der Zeit eintritt, wollen wir das Integral transformiren. Es ist identisch

$$e^{-h^2 s^2} = e^{-h^2 s^2} (-2 h^2 s) \cdot \frac{1}{-2 h^2 s},$$

folglich

$$\int e^{-h^2 s^2} ds = \frac{e^{-h^2 s^2}}{-2 h^2 s} + \int \frac{e^{-h^2 s^2}}{-2 h^2 s^2} ds$$

$$\int_{a\sqrt{t}}^{\infty} e^{-h^2 s^2} ds = \frac{e^{-a^2 h^2 t}}{2 h^2 a \sqrt{t}} - \int_{a\sqrt{t}}^{\infty} e^{-h^2 s^2} \frac{ds}{2 h^2 s^2}.$$

Dadurch wird also

$$\text{für } x = 0 \qquad u = \frac{1}{a h \sqrt{\pi t}} - \frac{e^{a^2 h^2 t}}{h \sqrt{\pi}} \int_{a\sqrt{t}}^{\infty} e^{-h^2 s^2} \frac{ds}{s^2}.$$

Verlegen wir nun den Anfangszustand in eine unendlich ferne Vergangenheit, so wird in $u\sqrt{t}$ der zweite Theil zu Null.

Es ist nemlich

$$\frac{e^{-a_2 h^2 t}}{2 h^2 a^3 \sqrt{t^3}} > \int_{a\sqrt{t}}^{\infty} e^{-h^2 s^2} \frac{ds}{s^2} > 0,$$

folglich

$$\frac{1}{a h \sqrt{\pi}} > u\sqrt{t} > \frac{1}{a h \sqrt{\pi}} \left(1 - \frac{1}{2 a^2 h^2 t}\right).$$

Für $\lim t = \infty$ sind beide Grenzwerthe einander gleich.

Wir erhalten demnach

$$\left.\begin{array}{l}\text{für } x = 0 \\ lim\ t = \infty\end{array}\right\} \qquad u = \frac{1}{a h \sqrt{\pi t}}.$$

Für zwei Zeiten t und t', die beide, vom Anfangstermine gezählt, unendlich sind, ergibt sich also das Verhältniss der Temperaturen der Oberfläche

$$u' : u = \sqrt{t} : \sqrt{t'},$$

d. h. die Temperatur der Oberfläche nimmt ab proportional der Quadratwurzel aus der wachsenden Zeit.

Ueber das Integral

$$\int_k^l {}^{-s^2-\frac{n^2}{s^2}} d s,$$

welches in dem Ausdrucke für z vorkam, ist noch eine Bemerkung zu machen. Es lässt sich nemlich immer auf das Kramp'sche Integral zurückführen. Setzen wir $s + \frac{n}{s} = \varphi$, so erhalten wir

$$\int_k^l e^{-s^2-\frac{n^2}{s^2}-2n}\left(1-\frac{n}{s^2}\right) d s = \int_{k+\frac{n}{k}}^{l+\frac{n}{l}} e^{-\phi^2} d\varphi$$

und wenn wir $-n$ statt n schreiben:

$$\int_k^l e^{-s^2-\frac{n^2}{s^2}+2n}\left(1+\frac{n}{s^2}\right) d s = \int_{k-\frac{n}{k}}^{l-\frac{n}{l}} e^{-\phi^2} d\varphi.$$

Multipliciren wir die erste Gleichung mit e^{2n}, die zweite mit e^{-2n}, und addiren, so ergibt sich

$$2\int_k^l e^{-s^2-\frac{n^2}{s^2}} d s$$

$$= e^{2n}\int_{k+\frac{n}{k}}^{l+\frac{n}{l}} e^{-\phi^2} d\varphi + e^{-2n}\int_{k-\frac{n}{k}}^{l-\frac{n}{l}} e^{-\phi^2} d\varphi.$$

§. 70.

Die Erdtemperatur.

Wir wollen nun allgemein die Temperatur der Erde betrachten. Die Erde hat zwei Wärmequellen, nemlich die Wärme der Sonne und die Wärme des Weltalls, welche ja auch ohne die Sonne durch die Fixsterne bedingt ist. Hiernach können wir die Ermittlung der Temperatur der Erde gleich in zwei Aufgaben zertheilen, indem wir ihre anfängliche Temperatur als Summe von zwei Zuständen denken und darauf einmal die Sonne wirken lassen und das andere Mal das Weltall. Dies Princip ist von uns schon oft angewandt, es ist eine blosse Folge davon, dass der ganze Wärmeaustausch nur von den Differenzen der Temperatur abhängt. Nehmen wir die Temperatur des Weltalls zum Nullpunkt, so kommen wir für den zweiten Theil unserer Aufgabe auf die Untersuchung der §§. 64 bis 69.

Um die Einwirkung der Sonne für die gesammte Erdkugel in einem Problem zu behandeln, würden wir in den vorhergehenden Entwicklungen noch nicht ausreichende Hülfsmittel besitzen. Es müsste nemlich die Temperatur der Oberfläche als Function nicht nur der Zeit, sondern auch von Länge und Breite angesehen werden. Ziehen wir aber ein nicht zu ausgedehntes Gebiet der Oberfläche allein in Betracht, so können wir dafür die Temperatur vom Orte unabhängig nehmen und nur als periodische Function der Zeit ansehen. Dieser Fall ist dann nach Anleitung der §§. 53 und 54 zu behandeln, da der Radius der Erde im Vergleich zu den uns zugänglichen Tiefen sehr gross ist, und das betrachtete Oberflächenstück als eben angesehen werden darf.

Wenn wir also für alle einzelnen Punkte der Oberfläche eine periodische Aenderung der Temperatur annehmen, aber mit derselben Zeitperiode, wie es ja auch das Jahr ist, so wird sich auch hier eine periodische Aenderung im Innern nur auf eine dünne Schicht erstrecken. Gehen wir von der Oberfläche ab auf jeder Normale ins Innere, so wird die periodische Aenderung bald verschwinden und die Wärme sich nur mit der Tiefe langsam ändern. Abgesehen von der Oberflächenschicht, ist daher der Theil der Wärme im Innern, welcher von der Sonne herrührt, constant. Zu dieser Wirkung der Sonne müssen wir dann noch die Temperatur hinzufügen, welche sich aus der Temperatur 0 des Weltalls ergibt, indem die Erde allmählich erkaltet. Wir beobachten nur die Summe von beiden Wirkungen. Dabei zeigt sich, dass in den uns zugänglichen Tiefen die Temperatur bei gleichen Tiefen fast constant ist. Es lässt sich also die von der veränderten Tiefe herrührende Aenderung der Gesammtwärme in ihrer Abhängigkeit von der Tiefe durch Beobachtung bestimmen. In den tieferen Schichten rührt aber von der Sonne eine Wärme her, die mit der Tiefe sich so gut wie gar nicht ändert. Diese fällt also bei der Herstellung der Temperaturdifferenz für zwei verschiedene Tiefen heraus. Wir können demnach freilich nicht die Temperatur u selbst finden, die vom Weltraume herrührt, wohl aber $\frac{\partial u}{\partial x}$, weil in diesem Differentialquotienten das constante Glied der Sonne sich aufhebt. Haben wir auf diese Weise $\frac{\partial u}{\partial x}$, zunächst nur für die tieferen Schichten, als Function von x bestimmt, so nehmen wir das darin ausgesprochene Gesetz auch für die Oberflächenschicht als gültig an. In der Oberfläche ist aber [nach §. 69 (I) oder auch §. 64 (3)]

$$\text{für } x = 0 \qquad \frac{\partial u}{\partial x} = h u.$$

Es kommt also nur noch auf den Coefficienten h an, der sich aus seinen Bestandtheilen bestimmen lässt. Damit haben wir dann für die Oberfläche die Temperatur u selbst, d. h. die Temperatur, welche stattfinden würde bei einer nur im Weltraume erkaltenden Erde, welche dem Einflusse der Sonne nicht ausgesetzt ist. Dann lässt sich auch der Werth von u nach Verlauf einer unendlich langen Zeit finden, und es ergibt sich hieraus das interessanteste Resultat von Fourier's Theorie. Aus der Temperaturzunahme, welche in der Tiefe constant (etwa 1^0 auf $100'$) ist, hat Fourier berechnet, dass die Temperatur, welche aus dem Weltall folgt, auf der Oberfläche der Erde jetzt höchstens $\frac{1}{30^0}$ mehr betrage als in einer unendlich fernen Zukunft. Die Temperatur der grösseren Tiefe selbst können wir nicht finden, weil wir nicht wissen, in welchem Grade der Erkaltung sich die Erde befindet. Poisson berechnete die innerste Temperatur einmal bei der Annahme, dass die Erde schon im äussersten Stadium des Erkaltungsprocesses sich befinde. Er fand eine ungeheure Temperatur für den Mittelpunkt der Erde. Doch berechtigt uns nichts zu dieser Annahme, und zu der Berechnung des Erkaltungsgrades wären durch sehr lange Zeiträume getrennte Beobachtungen nöthig. Für die Erdoberfläche ist aber der Process der Erkaltung so gut wie vollendet.

Uebrigens hat die Wärmetheorie weniger physikalische Aufschlüsse über die Verbreitung der Wärme gegeben, als dass sie für die Rechnung wichtige Resultate geliefert hat.

III. Die Temperatur ist abhängig von der Zeit und von allen drei Coordinaten.

§. 71.

Die Kugel. Die partielle Differentialgleichung für Kugel-Coordinaten.

Wir gehen zu dem allgemeinen Falle über, dass die Temperatur im Innern der Kugel von allen drei Coordinaten abhängt, dass also die partielle Differentialgleichung

$$\frac{\partial u}{\partial t} = a^2\left(\frac{\partial^2 u}{\partial x^2} + \frac{\partial^2 u}{\partial y^2} + \frac{\partial^2 u}{\partial z^2}\right) \tag{1}$$

zu Grunde zu legen ist. Der Anfangspunkt der rechtwinkligen Coordinaten liege im Mittelpunkte der Kugel. Der von da aus nach dem Punkte (x, y, z) gezogene Radiusvector sei r. Derselbe schliesse mit der positiven z-Axe den Winkel θ ein, und φ sei der Neigungswinkel der positiven x-Axe gegen die durch r und z gelegte Ebene.

Legt man um den Anfangspunkt der rechtwinkligen Coordinaten als Mittelpunkt eine Kugel vom Radius 1, so wird deren Oberfläche von der positiven z-Axe in einem Punkte geschnitten, den wir den Pol nennen wollen. Halbe grösste Kreise, die auf eben derselben Kugelfläche vom Pol nach dem diametral gegenüberliegenden Gegenpol verlaufen, sollen Meridiane genannt werden. Als Anfangsmeridian nehmen wir denjenigen, welcher von der Axe der positiven x durchschnitten wird. Auf dieser Kugelfläche vom Radius 1 haben θ und φ eine geometrische Bedeutung. Der vom Anfangspunkte der Coordinaten nach dem Punkte (x, y, z) gezogene Radiusvector r schneidet nemlich die Kugelfläche in einem Punkte, welcher durch seine Poldistanz und seine geographische Länge eindeutig festgelegt wird. Unter der Poldistanz des Punktes verstehen wir seinen sphärischen Abstand vom Pol. Seine geographische Länge ist der sphärische Winkel, welchen sein Meridian mit dem Anfangsmeridian einschliesst. Man sieht leicht, dass hier die Poldistanz $= \theta$ und die geographische Länge $= \varphi$ ist. Die Grösse θ ist veränderlich von 0 bis π, dagegen kann φ alle Werthe von 0 bis 2π annehmen.

Dem Punkte, dessen rechtwinklige Coordinaten (x, y, z) sind, gehört je ein bestimmter Werth von r, θ, φ an. Und umgekehrt erhält man einen bestimmten Punkt im Raume, also je einen Werth für x, y, z, wenn r, θ, φ eindeutig gegeben sind. Man kann also auch r, θ, φ als Coordinaten auffassen. Man nennt sie Kugel-Coordinaten. Wir wollen für die vorliegende Aufgabe zu diesem System übergehen.

Zur Coordinaten-Transformation haben wir dann die Gleichungen

$$x = r \sin\theta \cos\varphi,$$
$$y = r \sin\theta \sin\varphi,$$
$$z = r \cos\theta.$$

Mit Hülfe dieser Gleichungen könnte man nun durch blosse Rechnung r, θ, φ statt x, y, z als unabhängige Variable auf der rechten Seite der partiellen Differentialgleichung (1) einführen. Wir ziehen es jedoch vor, die Differentialgleichung für das neue Coordinatensystem noch einmal direct abzuleiten.

Der Punkt A (Fig. 21) habe die Coordinaten r, θ, φ. Unendlich nahe bei A liegen drei Punkte B, C, D, deren Coordinaten resp.

Fig. 21.

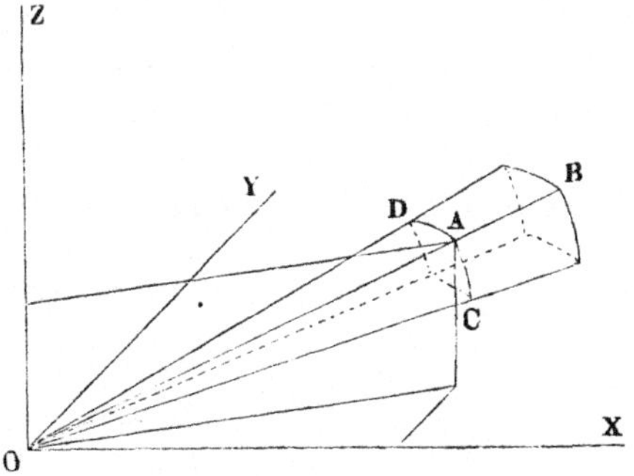

$$r + dr,\ \theta,\ \varphi$$
$$r,\ \theta + d\theta,\ \varphi$$
$$r,\ \theta,\ \varphi + d\varphi$$

sind. Die Linie AB ist eine Gerade von der Länge dr. AC ist der Bogen eines Kreises vom Radius r und dem Centriwinkel $d\theta$, also $AC = r\,d\theta$. AD liegt auf einem Kreise, dessen Radius der Abstand des Punktes A von der z-Axe, d. h. $= r \sin\theta$ ist. Der zu AD gehörige Centriwinkel ist $d\varphi$, also $AD = r \sin\theta\, d\varphi$. Diese drei Linien stehen auf einander rechtwinklig. Denn AC und AD liegen auf einem Meridian und resp. einem Parallelkreis der um O als Mittelpunkt beschriebenen Kugel vom Radius r. Sie durchschneiden sich also unter rechtem Winkel, und auf beiden steht der Radius OA rechtwinklig, dessen Verlängerung AB ist. Wir können demnach AB, AC, AD als die drei im Punkte A zusammenstossenden Kanten eines unendlich kleinen rechtwinkligen Parallelepipedon ansehen. Dieses möge im Innern des festen Körpers liegen, für welchen wir die Bewegung der Wärme untersuchen wollen. Wir betrachten den Wärmezuwachs, welchen das Parallelepipedon in dem auf die abgelaufene Zeit t folgenden Zeitdifferential dt erleidet. Der Wärmefluss in der Richtung der wachsenden r ist $-k\frac{\partial u}{\partial r}$. Rechtwinklig auf dieser Richtung stehen zwei Seitenflächen des Parallelepipedon, die eine vom Flächeninhalt

$$r^2 \sin\theta\, d\theta\, d\varphi,$$

die andere vom Inhalt

$$(r + dr)^2 \sin\theta\, d\theta\, d\varphi.$$

Durch die erste strömt in der Zeit dt die Wärmemenge

$$-k\frac{\partial u}{\partial r}\, dt\, r^2 \sin\theta\, d\theta\, d\varphi$$

in das Körperelement ein, durch die andere entweicht in derselben Zeit die Wärmemenge

$$-k\left(\frac{\partial u}{\partial r}\right)_{r+dr} dt\,(r + dr)^2 \sin\theta\, d\theta\, d\varphi.$$

Der Wärmezuwachs, welcher davon herrührt, ist demnach

$$k\frac{\partial\left(r^2\frac{\partial u}{\partial r}\right)}{\partial r} \sin\theta\, dr\, d\theta\, d\varphi\, dt.$$

Rechtwinklig gegen die Richtung der wachsenden θ liegen zwei Seitenflächen, die eine vom Inhalt

$$r \sin\theta\, dr\, d\varphi,$$

die andere vom Inhalt

$$r \sin(\theta + d\theta)\, dr\, d\varphi.$$

Der Wärmefluss in der Richtung der wachsenden θ ist $-k \dfrac{\partial u}{r \partial \theta}$. Folglich rührt von dem Ein- und Ausströmen der Wärme durch die eben betrachteten Seitenflächen ein Wärmezuwachs her, der in der Zeit dt beträgt

$$k \frac{\partial\left(\sin\theta \dfrac{\partial u}{\partial \theta}\right)}{\partial \theta}\, dr\, d\theta\, d\varphi\, dt.$$

Endlich liegen rechtwinklig zu der Richtung der wachsenden φ zwei Seitenflächen, jede vom Inhalt

$$r\, dr\, d\theta.$$

Der Wärmefluss in der Richtung der wachsenden φ beträgt $-k \dfrac{\partial u}{r \sin\theta\, d\varphi}$. Die Wärme, welche durch die letztgenannten Seitenflächen strömt, liefert also einen Wärmezuwachs, der in der Zeit dt sich beläuft auf

$$\frac{k}{\sin\theta} \frac{\partial\left(\dfrac{\partial u}{\partial \varphi}\right)}{\partial \varphi}\, dr\, d\theta\, d\varphi\, dt.$$

Die gesammte Wärmezunahme in der Zeit dt ist also

$$k\, dr\, d\theta\, d\varphi\, dt \cdot \left\{ \sin\theta \frac{\partial\left(r^2 \dfrac{\partial u}{\partial r}\right)}{\partial r} + \frac{\partial\left(\sin\theta \dfrac{\partial u}{\partial \theta}\right)}{\partial \theta} + \frac{1}{\sin\theta} \frac{\partial^2 u}{\partial \varphi^2} \right\}.$$

Zur Zeit t ist aber in dem Körperelement vorhanden die Wärmemenge

$$C \varrho\, u\, r^2 \sin\theta\, dr\, d\theta\, d\varphi,$$

wenn C die specifische Wärme und ϱ die Dichtigkeit des Körpers bezeichnet. Diese Wärmemenge erleidet in der Zeit dt den Zuwachs

$$C \varrho \frac{\partial u}{\partial t} r^2 \sin\theta\, dr\, d\theta\, d\varphi\, dt,$$

und folglich erhalten wir die Gleichung

$$\text{(I)}\qquad \frac{\partial u}{\partial t} = \frac{a^2}{r^2}\left\{\frac{\partial\left(r^2\frac{\partial u}{\partial r}\right)}{\partial r} + \frac{\partial\left(\sin\theta\frac{\partial u}{\partial\theta}\right)}{\sin\theta\,\partial\theta} + \frac{1}{\sin\theta^2}\frac{\partial^2 u}{\partial\varphi^2}\right\},$$

in welcher zur Abkürzung $\frac{k}{C\varrho} = a^2$ gesetzt ist. Dieselbe Gleichung hätte man auf rein analytischem Wege aus (1) herleiten können durch Einführung der unabhängigen Variabeln r, θ, φ.

§. 72.

Fortsetzung. Die Anfangstemperatur ist gegeben, die Temperatur der Oberfläche gleich Null.

Wir wollen den Fall behandeln, dass die Anfangstemperatur als Function von r, θ, φ gegeben ist und die Temperatur der Kugeloberfläche constant $= 0$ sein soll. Die Aufgabe lautet dann folgendermaassen:

Die Function u von t, r, θ, φ so zu bestimmen, dass sie für $c > r \geqq 0$ der partiellen Differentialgleichung

$$\text{(1)}\qquad \frac{\partial u}{\partial t} = \frac{a^2}{r^2}\left\{\frac{\partial\left(r^2\frac{\partial u}{\partial r}\right)}{\partial r} + \frac{\partial\left(\sin\theta\frac{\partial u}{\partial\theta}\right)}{\sin\theta\,\partial\theta} + \frac{1}{\sin\theta^2}\frac{\partial^2 u}{\partial\varphi^2}\right.$$

Genüge leiste, und dass sie die Nebenbedingungen erfülle

$$\text{(2)}\qquad u = F(r, \theta, \varphi) \qquad \text{für } t = 0,$$

$$\text{(3)}\qquad u = 0 \qquad \text{„ } r = c.$$

Um zunächst die partielle Differentialgleichung zu lösen, schlagen wir einen Weg ein, den Euler im letzten Bande der Institutiones calculi integralis*) vorgeschrieben hat. Wir setzen

$$u = VX$$

und bestimmen, dass V nur von t und r, X nur von θ und φ abhängig sein soll. Dann zerfällt die partielle Differentialgleichung (1) in die beiden einfacheren

$$\text{(I)}\qquad \frac{\partial\left(\sin\theta\frac{\partial X}{\partial\theta}\right)}{\sin\theta\,\partial\theta} + \frac{1}{\sin\theta^2}\frac{\partial^2 X}{\partial\varphi^2} = \alpha X,$$

*) Inst. calculi integr. Vol. III. Ed. 2. Petropoli 1793. 4. Pars 2. Caput 4.

$$\text{(II)} \qquad \frac{\partial V}{\partial t} = \frac{a^2}{r^2}\left\{\frac{\partial\left(r^2 \frac{\partial V}{\partial r}\right)}{\partial r} + \alpha V\right\},$$

in welchen α eine unbestimmte Constante bezeichnet. Sind V und X so hergestellt, dass sie für ein und dasselbe α diesen partiellen Differentialgleichungen genügen, so ist ihr Product eine particuläre Lösung der partiellen Differentialgleichung (1). Denn man erhält die Gleichung (1), wenn man aus (I) und (II) die Constante α eliminirt und beachtet, dass X von r und t, V von θ und φ unabhängig ist.

Um zu einer Lösung der partiellen Differentialgleichung (I) zu gelangen, machen wir die Bemerkung, dass der reciproke Werth der Entfernung zweier Punkte (x, y, z) und (x_1, y_1, z_1)

$$T = \frac{1}{\sqrt{(x - x_1)^2 + (y - y_1)^2 + (z - z_1)^2}}$$

der partiellen Differentialgleichung genügt

$$\frac{\partial^2 T}{\partial x^2} + \frac{\partial^2 T}{\partial y^2} + \frac{\partial^2 T}{\partial z^2} = 0.$$

Führen wir statt der rechtwinkligen Coordinaten Kugelcoordinaten r, θ, φ und resp. r_1, θ_1, φ_1 ein, so erhalten wir

$$T = \frac{1}{\sqrt{r^2 - 2 r r_1 \cos\gamma + r_1^2}},$$

wenn zur Abkürzung geschrieben wird

$$\cos\theta \cos\theta_1 + \sin\theta \sin\theta_1 \cos(\varphi - \varphi_1) = \cos\gamma.$$

Die partielle Differentialgleichung für T geht dann über in

$$\text{(III)} \qquad \frac{\partial\left(r^2 \frac{\partial T}{\partial r}\right)}{\partial r} + \frac{\partial\left(\sin\theta \frac{\partial T}{\partial \theta}\right)}{\sin\theta\, \partial\theta} + \frac{1}{\sin\theta^2}\frac{\partial^2 T}{\partial \varphi^2} = 0.$$

Setzen wir voraus, dass $r > r_1$ sei, so lässt sich T nach negativen Potenzen von r entwickeln

$$T = \frac{1}{r}\sum_{n=0}^{\infty} P_n \left(\frac{r_1}{r}\right)^n.$$

Nehmen wir dagegen $r_1 > r$, so ergibt sich die Entwicklung

$$T = \frac{1}{r_1}\sum_{n=0}^{\infty} P_n \left(\frac{r}{r_1}\right)^n.$$

In beiden Entwicklungen treten der Reihe nach dieselben Coefficienten $P_0, P_1, P_2, \ldots P_n, \ldots$ auf. Es sind Functionen von $\cos\gamma$, die sich leicht ausdrücken lassen. Der nächstliegende Weg zur Herstellung der Ausdrücke ist der, dass man die Function T als Potenz mit dem Exponenten $-\frac{1}{2}$ nach dem binomischen Lehrsatze entwickelt. Auf diese Weise findet sich

$$P_n = \frac{1.3.5\ldots(2n-1)}{1.2.3\ldots\quad n}\left\{\cos\gamma^n - \frac{n(n-1)}{2(2n-1)}\cos\gamma^{n-2} + \frac{n(n-1)(n-2)(n-3)}{2.4(2n-1)(2n-3)}\cos\gamma^{n-4} - + \ldots\right\}$$

Die Klammer schliesst mit der ersten oder mit der 0ten Potenz von $\cos\gamma$ ab, je nachdem n ungerade oder gerade ist. Es zeigt sich also, dass P_n eine ganze Function $n$ten Grades von $\cos\gamma$ ist, d. h. eine ganze Function $n$ten Grades von $\cos\theta$, $\sin\theta\cos\varphi$ und $\sin\theta\sin\varphi$. Führt man statt der Potenzen von $\cos\theta$ und $\sin\theta$ und statt der Potenzen von $\cos\varphi$ und $\sin\varphi$ die Cosinus und Sinus der Vielfachen von θ und resp. von φ ein, so ergibt sich leicht, dass sowohl von θ als von φ höchstens das $n$fache vorkommt. Die Coefficienten der Entwicklung enthalten θ_1 und φ_1. Die Function P_n darf man hiernach als bekannt ansehen. Sie genügt einer partiellen Differentialgleichung, die sich leicht herstellen lässt. Man braucht nur in die Gleichung (III) für T die unendliche Reihe einzuführen und für sich $= 0$ zu setzen, was mit derselben Potenz von r multiplicirt ist. Dadurch ergibt sich

$$\frac{\partial\left(\sin\theta\,\frac{\partial P_n}{\partial\theta}\right)}{\sin\theta\,\partial\theta} + \frac{1}{\sin\theta^2}\,\frac{\partial^2 P_n}{\partial\varphi^2} + n(n+1)P_n = 0.$$

Von dieser partiellen Differentialgleichung ist P_n eine particuläre Lösung. Daraus kann man die allgemeine Lösung herleiten, indem man mit einer willkürlichen Function von θ_1 und φ_1, sowie mit $d\theta_1\,d\varphi_1$ multiplicirt und zwischen den Grenzen 0 und 2π in Beziehung auf φ_1, 0 und π in Beziehung auf θ_1 integrirt. Die willkürliche Function wollen wir mit

$$\sin\theta_1 f(\theta_1, \varphi_1)$$

bezeichnen. Dann ist also

$$X_n = \int_0^\pi \sin\theta_1\,d\theta_1 \int_0^{2\pi} f(\theta_1, \varphi_1)\,P_n\,d\varphi_1$$

die allgemeine Lösung der partiellen Differentialgleichung

$$\text{(IV)} \qquad \frac{\partial\left(\sin\theta\,\frac{\partial X_n}{\partial\theta}\right)}{\sin\theta\,d\theta} + \frac{1}{\sin\theta^2}\,\frac{\partial^2 X_n}{\partial\varphi^2} + n(n+1)X_n = 0.$$

Jede Function, welche dieser partiellen Differentialgleichung Genüge leistet, wird eine Kugelfunction $n$ten Ranges genannt. Die Kugelfunctionen sind in den achtziger Jahren des vorigen Jahrhunderts von Legendre und Laplace eingeführt, und zwar bei der Untersuchung der Attraction im umgekehrten quadratischen Verhältniss der Entfernung. Wir können hier nicht weiter auf die Theorie dieser Functionen eingehen. Eine systematische Darstellung der bisherigen Untersuchungen, sowie einen Ueberblick über die Literatur des Gegenstandes geben die Monographien von Heine und Sidler*).

Für unsere Aufgabe kommt hier eine wichtige Eigenschaft der Kugelfunctionen in Betracht. Bezeichnet nemlich $f(\theta, \varphi)$ eine Function von θ und φ, die für jeden Werth von θ zwischen 0 und π und jeden Werth von φ zwischen 0 und 2π willkürlich, aber überall eindeutig und endlich, gegeben ist, so lässt sie sich immer und nur auf eine Weise in eine Reihe von Kugelfunctionen entwickeln:

$$f(\theta, \varphi) = \sum_{n=0}^{\infty} \frac{(2n+1)}{4\pi} \int_0^{\pi} \sin\theta_1\,d\theta_1 \int_0^{2\pi} P_n f(\theta_1, \varphi_1)\,d\varphi_1.$$

Dieser Satz ist in aller Strenge zuerst von Dirichlet bewiesen**). Wir machen davon Gebrauch, indem wir die in Gleichung (2) auftretende Function $F(r, \theta, \varphi)$ in Form einer solchen Reihe darstellen:

$$\text{(2*)} \qquad F(r, \theta, \varphi) = \sum_{n=0}^{\infty} \frac{(2n+1)}{4\pi} \int_0^{\pi} \sin\theta_1\,d\theta_1 \int_0^{2\pi} P_n F(r, \theta_1, \varphi_1)\,d\varphi_1.$$

Hiernach liegt es nun nahe, dass man in (I) und (II) X_n und V_n statt X und V schreibt und die bis dahin unbestimmte Con-

---

*) Heine, E. Handbuch der Kugelfunctionen. Berlin 1861. 8. — 2. Aufl. Bd. 1. Berlin 1878. Bd. 2. Berlin 1881. 8.

Sidler, G. Die Theorie der Kugelfunctionen. Programm der Berner Kantonschule. Bern 1861. 4.

Man beachte auch: Neumann, F. Beiträge zur Theorie der Kugelfunctionen. 1. u. 2. Abtheil. Leipzig 1878. 4.

**) Sur les séries dont le terme général dépend de deux angles et qui servent à exprimer des fonctions arbitraires entre des limites données. (Crelle, J. Bd. 17. S. 35.)

stante $\alpha = -n(n+1)$ setzt. Die Gleichung (I) geht dadurch in (IV) über, und die Gleichung (II) lautet dann

$$(II^*) \qquad \frac{\partial V_n}{\partial t} = \frac{a^2}{r^2}\left\{\frac{\partial\left(r^2\frac{\partial V_n}{\partial r}\right)}{\partial r} - n(n+1)V_n\right\}.$$

Für n hat man der Reihe nach 0 und alle positiven ganzen Zahlen zu setzen. Man erhält demnach unendlich viele particuläre Lösungen X_n, V_n, aus denen sich die allgemeine Lösung der partiellen Differentialgleichung (1) zusammensetzt:

$$u = \sum_{n=0}^{\infty} X_n V_n.$$

Die darin auftretenden constanten Coefficienten sind so zu bestimmen, dass die Gleichungen (2), (2*) und (3) erfüllt werden.

Der Beweis des Satzes von Dirichlet soll hier nicht gegeben werden. Es ist in Betreff desselben auf die Abhandlung selbst zu verweisen.

§. 73.

Fortsetzung. Lösung der Aufgabe.

Hiernach nimmt unsere Aufgabe folgende Gestalt an:

Die Function u von t, r, θ, φ soll in Form einer unendlichen Reihe

$$u = \sum_{n=0}^{\infty} u_n$$

so hergestellt werden, dass für $c > r \geqq 0$ die partielle Differentialgleichung

$$(1) \qquad \frac{\partial u_n}{\partial t} = \frac{a^2}{r^2}\left\{\frac{\partial\left(r^2\frac{\partial u_n}{\partial r}\right)}{\partial r} - n(n+1)u_n\right\}$$

erfüllt werde, dass ferner

$$(2) \quad \text{für } t = 0 \qquad u_n = \frac{(2n+1)}{4\pi}\int_0^{\pi} \sin\theta_1\, d\theta_1 \int_0^{2\pi} P_n . F(r,\theta_1,\varphi_1)\, d\varphi_1$$

und dass

$$(3) \qquad \text{für } r = c \qquad u_n = 0$$

werde.

Wir schreiben zur Abkürzung

$$\frac{2n+1}{4\pi}\int_0^{\pi} \sin\theta_1\, d\theta_1 \int_0^{2\pi} P_n \,.\, F(r,\theta_1,\varphi_1)\, d\varphi_1 = Y_n.$$

Um eine Lösung der partiellen Differentialgleichung (1) zu erlangen, setzen wir

$$u_n = e^{-a^2\lambda_n^2 t} \,.\, z$$

und verstehen unter z eine Function, die von t unabhängig ist. Dann erhalten wir zur Bestimmung von z die Differentialgleichung

$$\frac{d\left(r^2 \frac{dz}{dr}\right)}{dr} - n(n+1)z + \lambda_n^2 r^2 z = 0.$$

Es möge nun die Entwicklung versucht werden

$$z = q_\mu r^\mu + q_{\mu+1} r^{\mu+1} + \cdots,$$

so geht aus der Differentialgleichung hervor, dass

$$\sum_{\nu=\mu}^{\infty} q_\nu \nu(\nu+1) r^\nu - \sum_{\nu=\mu}^{\infty} q_\nu n(n+1) r^\nu + \sum_{\nu=\mu}^{\infty} \lambda_n^2 q_\nu r^{\nu+2} = 0$$

sein muss. Zur Bestimmung von μ hat man demnach die Gleichung

$$\mu(\mu+1) - n(n+1) = 0,$$

deren Wurzeln $\mu = n$ und $\mu = -n-1$ sind. Hier ist nur der erste Werth zulässig, da z nicht unendlich werden darf für $r = 0$. Die vorletzte Gleichung lässt sich dann auch folgendermaassen schreiben

$$q_{n+1}\Big\{(n+1)(n+2) - n(n+1)\Big\} r^{n+1}$$
$$+ \sum_{\nu=n}^{\infty}\Big[q_{\nu+2}\Big\{(\nu+2)(\nu+3) - n(n+1)\Big\} + \lambda_n^2 q_\nu\Big] r^{\nu+2} = 0.$$

Daraus ersieht man, dass $q_{n+1} = 0$ sein muss und folglich auch $q_{n+3} = q_{n+5} = \cdots = q_{n+2k+1} = 0$. Dagegen hat man

$$q_{n+2k}\Big\{(n+2k)(n+2k+1) - n(n+1)\Big\} + \lambda_n^2 q_{n+2k-2} = 0$$

oder kürzer

$$q_{n+2k} = -\frac{\lambda_n^2\, q_{n+2k-2}}{2k(2n+2k+1)}.$$

Folglich ist

$$z = q_n \,.\, f(\lambda_n, r),$$

wenn wir mit $f(\lambda_n, r)$ die Function bezeichnen

$$f(\lambda_n, r) = r^n\left\{1 - \frac{r^2\lambda_n^2}{2(2n+3)} + \frac{r^4\lambda_n^4}{2.4(2n+3)(2n+5)} - + \cdots\right\}.$$

Die Werthe, welche die Constante λ_n annehmen kann, ergeben sich aus der Bedingung (3). Soll nemlich $u_n = 0$ sein für $r = c$, so hat man

$$f(\lambda_n c) = 0,$$

d. h.

$$1 - \frac{c^2 \lambda_n^2}{2(2n+3)} + \frac{c^4 \lambda_n^4}{2 \,.\, 4 \,.\, (2n+3)(2n+5)} - + \cdots = 0$$

zu setzen. Die Wurzeln dieser transscendenten Gleichung bezeichnen wir mit $\lambda_{n1}, \lambda_{n2}, \ldots$ Dann ist

$$u_n = q_{n1} e^{-a^2 \lambda_{n1}^2 t} f(\lambda_{n1} r) + q_{n2} e^{-a^2 \lambda_{n2}^2 t} f(\lambda_{n2} r) + \cdots$$

eine Lösung der partiellen Differentialgleichung (1), welche der Nebenbedingung (3) Genüge leistet.

Diese Lösung muss für $t = 0$ in Y_n übergehen. Es muss also

$$Y_n = q_{n1} f(\lambda_{n1} r) + q_{n2} f(\lambda_{n2} r) + \cdots$$

sein. Daraus bestimmen sich die Coefficienten q. Um q_{nk} zu finden, multipliciren wir auf beiden Seiten mit $r^2 f(\lambda_{nk} r)\, dr$ und integriren zwischen den Grenzen 0 und c. Dann bleibt, wie gleich nachgewiesen werden soll, auf der rechten Seite nur ein Glied stehen und wir erhalten

$$q_{nk} = \frac{\int\limits_0^c Y_n r^2 f(\lambda_{nk} r)\, dr}{\int\limits_0^c \left\{ r f(\lambda_{nk} r) \right\}^2 dr}.$$

Um zu zeigen, dass bei der eben ausgeführten Rechnung das mit q_{nm} multiplicirte Glied für $m \gtrless k$ herausfällt, d. h. dass

$$\int\limits_0^c r^2 f(\lambda_{nk} r) f(\lambda_{nm} r)\, dr = 0$$

ist, müssen wir auf die Differentialgleichung für z zurückgehen. Wir haben gefunden, dass

$$z = f(\lambda_{nk} r)$$

ein particuläres Integral der Differentialgleichung

$$\frac{d\left(r^2 \frac{dz}{dr}\right)}{dr} - n(n+1) z + \lambda_{nk}^2 r^2 z = 0$$

ist. Folglich haben wir

$$r^2 \lambda_{nk}^2 f(\lambda_{nk} r) = n(n+1) f(\lambda_{nk} r) - \frac{d\left(r^2 \frac{d f(\lambda_{nk} r)}{d r}\right)}{d r}.$$

Diese Gleichung multipliciren wir auf beiden Seiten mit $f(\lambda_{nm} r)\, dr$ und integriren zwischen 0 und c. Dadurch ergibt sich

$$\lambda_{nk}^2 \int_0^c r^2 f(\lambda_{nk} r) f(\lambda_{nm} r)\, dr$$

$$= n(n+1) \int_0^c f(\lambda_{nk} r) f(\lambda_{nm} r)\, dr - \int_0^c f(\lambda_{nm} r) \frac{d\left(r^2 \frac{d f(\lambda_{nk} r)}{d r}\right)}{d r} dr.$$

Das letzte Integral rechts lässt sich durch Integration nach Theilen transformiren. Man erhält

$$- \int_0^c f(\lambda_{nm} r) \frac{d\left(r^2 \frac{d f(\lambda_{nk} r)}{d r}\right)}{d r} dr$$

$$= - \left[f(\lambda_{nm} r)\, r^2 \frac{d f(\lambda_{nk} r)}{d r}\right]_{r=c}$$

$$+ \left[f(\lambda_{nm} r)\, r^2 \frac{d f(\lambda_{nk} r)}{d r}\right]_{r=0}$$

$$+ \int_0^c \frac{d f(\lambda_{nm} r)}{d r}\, r^2 \frac{d f(\lambda_{nk} r)}{d r}\, dr.$$

Die vom Integralzeichen freien Glieder der rechten Seite fallen weg. Auf das übrig bleibende Integral rechts wenden wir noch einmal dasselbe Verfahren an und erhalten

$$\int_0^c r^2 \frac{d f(\lambda_{nm} r)}{d r} \frac{d f(\lambda_{nk} r)}{d r}\, dr$$

$$= \left[r^2 \frac{d f(\lambda_{nm} r)}{d r} f(\lambda_{nk} r)\right]_{r=c}$$

$$- \left[r^2 \frac{d f(\lambda_{nm} r)}{d r} f(\lambda_{nk} r)\right]_{r=0}$$

$$- \int_0^c f(\lambda_{nk} r) \frac{d\left(r^2 \frac{d f(\lambda_{nm} r)}{d r}\right)}{d r} dr.$$

Auch hier fallen die beiden ersten Glieder der rechten Seite weg, und es ergibt sich

$$\lambda_{nk}^2 \int_0^c r^2 f(\lambda_{nk} r) f(\lambda_{nm} r)\, d r$$

$$= \int_0^c \left\{ n(n+1) f(\lambda_{nm} r) - \frac{d\left(r^2 \frac{d f(\lambda_{nm} r)}{d r}\right)}{d r} \right\} f(\lambda_{nk} r)\, d r.$$

Der Inhalt der Klammer unter dem Integral rechts kann aber vermöge der Differentialgleichung für z ersetzt werden durch

$$\lambda_{nm}^2 r^2 f(\lambda_{nm} r),$$

und dann geht die letzte Gleichung über in

$$(\lambda_{nk}^2 - \lambda_{nm}^2) \int_0^c r^2 f(\lambda_{nk} r) f(\lambda_{nm} r)\, d r = 0.$$

Da nun λ_{nk} und λ_{nm} verschiedene Wurzeln der transscendenten Gleichung $f(\lambda c) = 0$ sein sollen, so muss nothwendig

$$\int_0^c r^2 f(\lambda_{nk} r) f(\lambda_{nm} r)\, d r = 0$$

sein.

* * *

Anmerkung. Die ersten Untersuchungen über die Bewegung der Wärme in festen Körpern verdanken wir Fourier. Er legte zu Ende des Jahres 1807 der Pariser Akademie eine Abhandlung vor, welche im Auszuge abgedruckt ist in dem Bulletin des sciences de la société philomatique 1808, p. 112 ff. Eine zweite Abhandlung wurde in dem Archiv des *Institut* niedergelegt am 28. Sept. 1811. Sie ist im 4. und 5. Bande der Mémoires de l'Académie abgedruckt unter dem Titel: Théorie du mouvement de la chaleur dans les corps solides. Weitere Arbeiten von Fourier über die Theorie der Wärme finden sich in den Annales de chimie et de physique, Tome 3 (1816), Tome 4 (1817), Tome 6 (1817), Tome 13 (1820), in dem Bulletin des sciences de la société philomatique, 1818, 1820, in der Analyse des travaux de l'Académie par M. Delambre 1820 und im 7. Bande der Mémoires de l'Académie. Als selbständiges Werk erschien 1822 seine Théorie analytique de la chaleur.

Neben Fourier ist zu nennen:

Poisson. Mémoire sur la distribution de la chaleur des corps solides. (Journal de l'école polytechnique. Cahier 19.)

Addition au mémoire etc. (Daselbst.)

Second mémoire etc. (Daselbst.)

Théorie mathématique de la chaleur. Paris 1835.

Ueber die Bewegung der Wärme in krystallinischen Körpern hat zuerst Duhamel geschrieben (Sur la propagation de la chaleur dans les corps solides dont la conductibilité n'est pas la même dans tous les sens. Journal de l'école polyt. Cahier 21) und nach ihm Lamé, der seine Untersuchungen systematisch dargestellt hat in den Leçons sur la théorie analytique de la chaleur. Paris 1861. Ferner ist zu citiren: Minnigerode, Ueber Wärmeleitung in Krystallen. Göttingen 1862. 4.

Fünfter Abschnitt.

Schwingungen elastischer fester Körper.

I. Schwingungen einer gespannten Saite.

§. 74.

Ableitung der partiellen Differentialgleichungen.

Die Aufgabe der schwingenden Saiten, welche besonders im vorigen Jahrhundert die Mathematiker vielfach beschäftigt hat, soll jetzt durch Behandlung von partiellen Differentialgleichungen gelöst werden. Wir haben von mechanischen Principien nur die Gleichung für die freie Bewegung eines Körpers nöthig. Eine gespannte Saite hat bei ihrer Ruhe eigentlich nicht die Form einer geraden Linie, weil sie schwer ist und sich in der Mitte also senken wird; doch weicht ihre Lage nur sehr wenig von der horizontalen Geraden ab, so dass wir sie wirklich als gerade ansehen können. Wird die Saite aus diesem Gleichgewichte herausgebracht, so fragt sich, nach welchen Gesetzen sie dann vermöge ihrer Elasticität in die Gleichgewichtslage zurückkehrt. Nehmen wir den einen Endpunkt O der Saite OL (Fig. 22) als Anfangspunkt der Coordinaten und die Linie OL als Axe der x, die Länge $OL = c$, so ist zu bestimmen, wo ein Punkt mit der ursprünglichen Abscisse x sich nach der Störung des Gleichgewichts zu jeder Zeit befindet, also sind die rechtwinkligen Coordinaten aufzustellen. Dieser Punkt sei M. Bei der Ablenkung von der ursprünglichen Lage werden die Coordinaten sich nur wenig vermehren, weil wir nur sogenannte kleine

Schwingungen für die Rechnung voraussetzen können. Dann wird also der Punkt M, welcher die Anfangslage $(x, 0, 0)$ hat, sich nach einer Zeit t in einem Orte $(x + \xi, \eta, \zeta)$ befinden. Zerlegen wir die

Fig. 22.

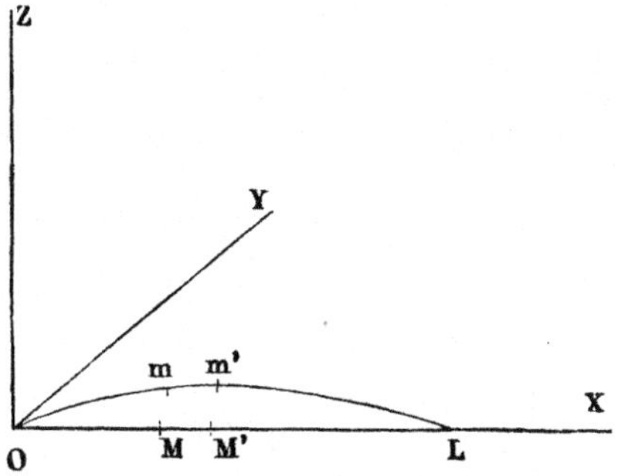

ganze Saite c in unendlich kleine Theile, so wird, während der Punkt M sich nach m bewegt hat, der benachbarte Punkt von M' nach m' gegangen sein. Wir wollen die Lage der Linie mm' bestimmen. m hat die Coordinaten $x + \xi$, η, ζ, und da diese Functionen von x sind, so hat der Punkt m', in welche Lage der Punkt $M'(x + dx, 0, 0)$ gekommen ist, die Coordinaten $x + \xi + dx + d\xi$, $\eta + d\eta$, $\zeta + d\zeta$. Die Linie mm' hat also die Länge $mm' = \sqrt{(dx + d\xi)^2 + d\eta^2 + d\zeta^2}$, und die Winkel zwischen mm' und den Axen haben die Cosinus

$$\cos(mm', X) = \frac{dx + d\xi}{\sqrt{(dx + d\xi)^2 + d\eta^2 + d\zeta^2}},$$

$$\cos(mm', Y) = \frac{d\eta}{\sqrt{(dx + d\xi)^2 + d\eta^2 + d\zeta^2}},$$

$$\cos(mm', Z) = \frac{d\zeta}{\sqrt{(dx + d\xi)^2 + d\eta^2 + d\zeta^2}},$$

oder, wenn wir nach der Bezeichnung von Lagrange $mm' = dx\sqrt{(1 + \xi')^2 + \eta'^2 + \zeta'^2}$ schreiben:

$$\cos(mm', X) = \frac{1 + \xi'}{\sqrt{(1 + \xi')^2 + \eta'^2 + \zeta'^2}},$$

$$\cos(mm', Y) = \frac{\eta'}{\sqrt{(1 + \xi')^2 + \eta'^2 + \zeta'^2}},$$

$$\cos(mm', Z) = \frac{\zeta'}{\sqrt{(1 + \xi')^2 + \eta'^2 + \zeta'^2}}.$$

Dann haben wir für die Berechnung die Voraussetzung zu machen, dass der Winkel $(m m', X)$ sehr klein, also sein Cosinus sehr nahe $= 1$ ist. Demnach wird angenähert $m m' = d x (1 + \xi')$, $\cos(m m', X) = 1$, $\cos(m m', Y) = \frac{\eta'}{1 + \xi'}$, $\cos(m m', Z) = \frac{\zeta'}{1 + \xi'}$.

Die Saite habe das Gewicht p, also hat ein Stück derselben von der Länge $d x$ das Gewicht $\frac{p\, d x}{c}$ und die Masse $\mu = \frac{p\, d x}{g c}$. Wir denken uns die Saite in einzelne unendlich kleine Theile oder in einzelne massive Punkte zerlegt, so dass sich die Massen der Theilchen immer auf ihre Anfangspunkte zusammenhäufen.

Die Saite werde ursprünglich gespannt durch die Kraft P. Dieser Spannung entspricht die ursprüngliche Länge l eines Theilchens. Es wird also bei einer Verlängerung um $l' - l$ die Spannungszunahme $P' - P = q \cdot \frac{l' - l}{l}$ sein, worin q einen durch Versuche noch näher zu bestimmenden Factor bezeichnet. Suchen wir so nach der Spannung des Stückes $m m'$, so haben wir $l = M M' = d x$, dagegen $l' = (1 + \xi') d x$, und wir erhalten also $P' - P = q \xi'$ oder $P' = P + q \xi'$. Diese Spannung wirkt von m nach m'. Um die Componenten zu finden, hat man mit den Cosinus der Winkel gegen die Coordinaten-Axen zu multipliciren. Diese Componenten sind also

$$X = P + q \xi', \quad Y = \frac{(P + q \xi') \eta'}{1 + \xi'}, \quad Z = \frac{(P + q \xi') \zeta'}{1 + \xi'}.$$

Die letzteren Werthe für Y und Z müssen noch reducirt werden, weil wir die höheren Potenzen von ξ', η', ζ' weglassen. Da fällt zunächst der Nenner weg und dann auch das zweite Glied des Zählers, weil sich hieraus höhere Potenzen ergeben würden. Es bleibt also nur übrig

$$X = P + q \xi', \quad Y = P \eta', \quad Z = P \zeta'.$$

Suchen wir nun auch die Grösse der Spannung, welche in dem benachbarten Element stattfindet, so haben wir nur $x - d x$ für x zu setzen und erhalten danach für den benachbarten Punkt die Componenten

$$X' = P + q \xi' - q \xi'' d x, \; Y' = P \eta' - P \eta'' d x, \; Z' = P \zeta' - P \zeta'' d x.$$

Diese Kraft ist der ersten Kraft, welche von m nach m' wirkte, gerade entgegengesetzt, so dass durch Subtraction sich als Componenten der wirkenden Kraft herausstellen:

$$X - X' = q\frac{\partial^2 \xi}{\partial x^2}dx,\ Y - Y' = P\frac{\partial^2 \eta}{\partial x^2}dx,\ Z - Z' = P\frac{\partial^2 \zeta}{\partial x^2}dx.$$

Nach der Dynamik sind diese Componenten gleich der Masse multiplicirt mit dem zweiten Differentialquotienten der Coordinaten nach der Zeit, also da wir die Masse $\mu = \frac{p\,dx}{cg}$ gefunden haben:

$$q\frac{\partial^2 \xi}{\partial x^2}dx = \frac{p}{cg}dx \cdot \frac{\partial^2 \xi}{\partial t^2},$$

$$P\frac{\partial^2 \eta}{\partial x^2}dx = \frac{p}{cg}dx \cdot \frac{\partial^2 \eta}{\partial t^2},$$

$$P\frac{\partial^2 \zeta}{\partial x^2}dx = \frac{p}{cg}dx \cdot \frac{\partial^2 \zeta}{\partial t^2}.$$

Wenn wir hier die Coefficienten zusammenfassen durch $\frac{gcq}{p} = \beta^2$, $\frac{gcP}{p} = \alpha^2$, so erhalten wir als die drei Gleichungen für die schwingenden Saiten:

(1) $$\frac{\partial^2 \xi}{\partial t^2} = \beta^2 \frac{\partial^2 \xi}{\partial x^2},$$

(2) $$\frac{\partial^2 \eta}{\partial t^2} = \alpha^2 \frac{\partial^2 \eta}{\partial x^2},$$

(3) $$\frac{\partial^2 \zeta}{\partial t^2} = \alpha^2 \frac{\partial^2 \zeta}{\partial x^2},$$

also drei partielle Differentialgleichungen, welche alle drei dieselbe Form haben, während doch die Bewegungen nach den einzelnen Seiten hin ganz von einander unabhängig sind.

Hier sind ξ, η, ζ drei unbekannte Functionen, von den Variabeln t und x und ausserdem von dem Anfangszustande der Saite abhängig. Es müssen also die Anfangscoordinaten ξ_0, η_0, ζ_0 gegeben sein, und ausserdem können den einzelnen Punkten noch bestimmte Anfangsgeschwindigkeiten ertheilt sein, d. h. nach den drei Axen hin die Geschwindigkeits-Componenten $\frac{\partial \xi}{\partial t}$, $\frac{\partial \eta}{\partial t}$, $\frac{\partial \zeta}{\partial t}$ für $t = 0$. Es fragt sich dann, wie die Saite im Laufe der Zeit sich bewegen werde.

In den drei Gleichungen sind die drei Variabeln ξ, η, ζ separirt, so dass das ξ sich bestimmt aus der ersten Gleichung und aus den anfänglichen Werthen für ξ und $\frac{\partial \xi}{\partial t}$, und ebenso ist es mit η und mit ζ. Die erste Gleichung zeigt eine Veränderung der

x-Coordinate, d. h. eine Longitudinalschwingung, während die beiden letzten Gleichungen die Veränderungen der y- und der z-Coordinaten, also die Transversalschwingungen anzeigen. Wir wollen zunächst nur die Transversalschwingungen nehmen, und zwar so, dass sich die Saite nur in der Ebene der xy bewege, wodurch sowohl ξ als auch ζ wegfällt und auch keine Anfangsbestimmungen für ξ, ζ, $\frac{\partial \xi}{\partial t}$, $\frac{\partial \zeta}{\partial t}$ bei $t = 0$ nöthig werden.

§. 75.

Transversalschwingungen. Lösung von d'Alembert.

Wir haben zunächst nur die zweite Differentialgleichung und dazu zwei beliebige Bestimmungen für η und $\frac{\partial \eta}{\partial t}$ in der Anfangszeit $t = 0$. Dies ist wieder ganz dieselbe Aufgabe, welche wir früher schon (§. 43) behandelt haben. Wir nehmen zuerst die ältere Methode, wie sie von d'Alembert eigentlich herrührt und von Euler etwas modificirt ist. Nachher wollen wir die Lösung der partiellen Differentialgleichung in der Weise vornehmen, wie bei der früheren Aufgabe über die Wärme, und hieran eine kurze Geschichte des Problems anschliessen. Obgleich nemlich schon früher einmal bei einem geometrischen Problem eine partielle Differentialgleichung vorgekommen war, so hatte sie doch keine besondere Aufmerksamkeit erregt. Erst die hier vorliegende Aufgabe hat zu einer genaueren Untersuchung über die Behandlung der partiellen Differentialgleichungen geführt.

Wir haben hier in der Voraussetzung, dass die Saite nur transversal schwingt, und dass die Schwingungen in der xy-Ebene vor sich gehen, die Bedingungen

$$(1) \qquad \frac{\partial^2 \eta}{\partial t^2} = \alpha^2 \frac{\partial^2 \eta}{\partial x^2}$$

$$(2) \qquad \eta = f(x) \qquad \text{für } t = 0.$$

$$(3) \qquad \frac{\partial \eta}{\partial t} = F(x) \quad \text{„} \quad t = 0.$$

Auf diese Form der Differentialgleichung war zuerst d'Alembert gekommen. Sie gehört zu den leichteren. Denn man sieht auf den ersten Blick, dass sie befriedigt wird durch irgend eine Function von $x + \alpha t$ oder von $x - \alpha t$, also durch $\varphi(x + \alpha t)$ und auch durch $\psi(x - \alpha t)$. Denn der zweite Differentialquotient dieser Functionen in Beziehung auf x ist gleich dem in Beziehung auf $x \pm \alpha t$, der zweite Differentialquotient in Beziehung auf t ist dagegen gleich dem in Beziehung auf $x \pm \alpha t$, multiplicirt mit α^2. Also lassen sich die beiden Functionen durch Addition oder Subtraction zusammenfügen, und man hatte sofort

$$\eta = \varphi(x + \alpha t) + \psi(x - \alpha t).$$

Dies ist in der That auch die allgemeinste Lösung, wie Euler schon nachwies. Denn wenn wir $x + \alpha t = u$ und $x - \alpha t = v$ setzen und diese Grössen in die Differentialgleichung einführen, so erhalten wir

$$\frac{\partial \eta}{\partial x} = \frac{\partial \eta}{\partial u}\frac{\partial u}{\partial x} + \frac{\partial \eta}{\partial v}\frac{\partial v}{\partial x} = \frac{\partial \eta}{\partial u} + \frac{\partial \eta}{\partial v},$$

weil $\frac{\partial u}{\partial x} = \frac{\partial v}{\partial x} = 1$ ist, und also auch

$$\frac{\partial^2 \eta}{\partial x^2} = \frac{\partial^2 \eta}{\partial u^2} + 2\frac{\partial^2 \eta}{\partial u \partial v} + \frac{\partial^2 \eta}{\partial v^2}.$$

Ebenso erhalten wir, da $\frac{\partial u}{\partial t} = \alpha$, $\frac{\partial v}{\partial t} = -\alpha$ ist,

$$\frac{\partial \eta}{\partial t} = \alpha \frac{\partial \eta}{\partial u} - \alpha \frac{\partial \eta}{\partial v},$$

$$\frac{\partial^2 \eta}{\partial t^2} = \alpha^2\left(\frac{\partial^2 \eta}{\partial u^2} - \frac{\partial^2 \eta}{\partial u \partial v}\right) - \alpha^2\left(\frac{\partial^2 \eta}{\partial u \partial v} - \frac{\partial^2 \eta}{\partial v^2}\right)$$

$$= \alpha^2\left(\frac{\partial^2 \eta}{\partial u^2} - 2\frac{\partial^2 \eta}{\partial u \partial v} + \frac{\partial^2 \eta}{\partial v^2}\right).$$

Setzen wir nun diese Werthe in die gegebene partielle Differentialgleichung ein, so erhalten wir, da die ersten und letzten Glieder sich wegheben, nur $4\alpha^2 \cdot \frac{\partial^2 \eta}{\partial u \partial v} = 0$, also

$$\frac{\partial^2 \eta}{\partial u \partial v} = 0.$$

Dafür lässt sich schreiben $\frac{\partial\left(\frac{\partial \eta}{\partial v}\right)}{\partial u} = 0$, und man erhält sofort die Lösung $\frac{\partial \eta}{\partial v} = \psi'(v)$, in welcher $\psi'(v)$ von u unabhängig ist. Durch weitere Integration ergibt sich $\eta = \int \psi'(v)\,d\,v + const.$ Die

Integrationsconstante ist von v unabhängig, also eine Function von u allein, so dass

$$\eta = \varphi(u) + \psi(v)$$

die allgemeine Lösung der partiellen Differentialgleichung ist. Diese stimmt mit unserer Lösung $\eta = \varphi(x + \alpha t) + \psi(x - \alpha t)$ völlig überein.

Wir müssen unsere allgemeine Lösung für η so modificiren, dass sie den beiden gegebenen Bedingungen genüge. Wir suchen also $\frac{\partial \eta}{\partial t} = \alpha \varphi'(x + \alpha t) - \alpha \psi'(x - \alpha t)$, und nach unseren Bedingungen muss dieser Werth gleich $F(x)$ sein für $t = 0$, während der Werth von η dann in $f(x)$ übergehen muss. Daher sind φ und ψ so zu bestimmen, dass

$$f(x) = \varphi(x) + \psi(x)$$

und

$$\frac{1}{\alpha} F(x) = \varphi'(x) - \psi'(x)$$

werde.

Suchen wir nun $\varphi(x)$ und $\psi(x)$, so haben wir aus der zweiten Gleichung $\int \frac{1}{\alpha} F(x)\,dx = \varphi(x) - \psi(x)$ und also in Verbindung mit $f(x) = \varphi(x) + \psi(x)$ die Werthe

$$\varphi(x) = \frac{1}{2} f(x) + \frac{1}{2\alpha} \int F(x)\,dx,$$

$$\psi(x) = \frac{1}{2} f(x) - \frac{1}{2\alpha} \int F(x)\,dx.$$

Wir haben für das Integral noch eine Constante hinzuzufügen, können diese aber beliebig nehmen, da sie in die Werthe von $\varphi(x)$ und $\psi(x)$ nur eine constante Grösse hineinbringt. Wir wollen die Constante so nehmen, dass das Integral für $x = 0$ zu 0 wird, also $\int_0^x F(x)\,dx$, und danach haben wir

$$\text{(I)} \qquad \begin{aligned} \varphi(x) &= \frac{1}{2} f(x) + \frac{1}{2\alpha} \int_0^x F(x)\,dx, \\ \psi(x) &= \frac{1}{2} f(x) - \frac{1}{2\alpha} \int_0^x F(x)\,dx. \end{aligned}$$

Hiermit würde aber der Werth von η noch nicht vollkommen bestimmt sein, sondern nur für Argumente, die zwischen 0 und c

liegen. Es müssen aber wegen der unbeschränkt wachsenden Zeit die Werthe von φ bekannt sein für alle Argumente von 0 bis ∞ und die Werthe von ψ für alle Argumente von c bis $-\infty$. Wir haben jedoch auch noch nicht alle Bedingungen ausgedrückt, die unserer Betrachtung zu Grunde liegen. Denn wir setzen darin die beiden Endpunkte der Saite als fest voraus und haben also

$$\eta = 0 \qquad \text{für } x = 0 \text{ und für } x = c. \tag{4}$$

Aus dieser Bedingung erhalten wir die beiden Gleichungen

$$\varphi(\alpha t) + \psi(-\alpha t) = 0,$$

und

$$\varphi(c + \alpha t) + \psi(c - \alpha t) = 0,$$

oder wenn wir hier $\alpha t = \varrho$ setzen:

$$\text{(II)} \qquad \begin{aligned} \varphi(\varrho) + \psi(-\varrho) &= 0, \\ \varphi(c + \varrho) + \psi(c - \varrho) &= 0. \end{aligned}$$

Mit Hülfe dieser beiden nothwendigen Bedingungen und der beiden Gleichungen (I) sind die Functionen φ und ψ für ein beliebiges Argument bestimmt. Wir suchen die Curven, welche durch diese Functionen dargestellt werden, nehmen also x als Abscisse, $\varphi(x)$ als Ordinate für die eine, $\psi(x)$ für die andere Curve. Die Gleichungen (I) geben den Verlauf der Curven von 0 bis c. Beide Curven gehen durch den Nullpunkt, weil für $x = 0$ die Function $f(x) = 0$ und auch das Integral zu Null wird. Für $x = c$ sind die Ordinaten der Curven entgegengesetzt gleich, weil $f(c) = 0$ und daher

Fig. 23.

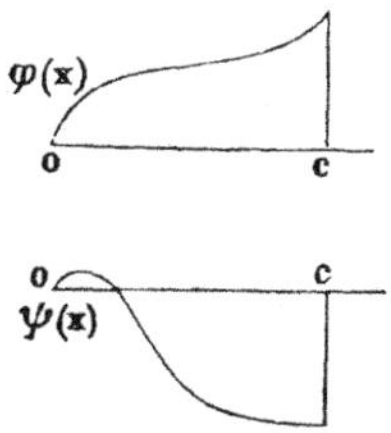

$$\varphi(c) = \frac{1}{2\alpha}\int_0^c F(x)\,dx, \; \psi(c) = -\frac{1}{2\alpha}\int_0^c F(x)\,dx \text{ ist.}$$

Soll nun die Curve φ über c hinaus nach der positiven Seite, die Curve ψ über 0 hinaus nach der negativen Seite fortgesetzt werden, so müssen wir auf die Gleichungen (II) Rücksicht nehmen. Die zweite dieser Gleichungen gibt

$$\varphi(c + \varrho) = -\psi(c - \varrho).$$

Nimmt man also $c > \varrho > 0$, so ist $\psi(c - \varrho)$ bekannt und daher $\varphi(x)$ hergestellt für Werthe von x zwischen c und $2c$. Man erhält nach der letzten Gleichung die Fortsetzung der Curve φ von c bis $2c$, indem man die Curve ψ zuerst um die Ordinate von $x = c$

und dann um die Abscissenaxe umkehrt (Fig. 24). Der weitere Verlauf der Curve φ ist eine periodische Wiederholung des bisherigen mit der Periode $2c$. Setzen wir nemlich in der letzten der

Fig. 24.

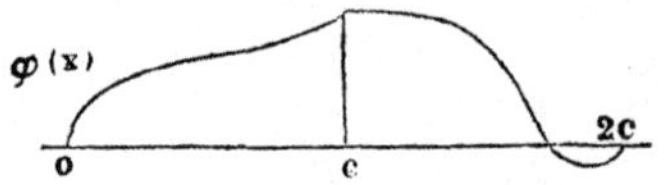

Gleichungen (II) $c+\varrho$ statt ϱ, so ergibt sich

$$\varphi(2c+\varrho)=-\psi(-\varrho)$$

und also nach der ersten der Gleichungen (II)

$$\varphi(2c+\varrho)=\varphi(\varrho).$$

Jetzt kommt es darauf an, auch ψ weiter zu führen und zwar nach der negativen Seite der Abscissen. Dazu dient die erste der Gleichungen (II), nemlich

$$\psi(-\varrho)=-\varphi(\varrho).$$

Wir erhalten also die Curve ψ für negative Abscissen, indem wir die Curve φ zuerst um die Ordinatenaxe und dann um die Abscissenaxe umkehren. Danach ist auch die Curve ψ periodisch mit der Periode $2c$, und zwar beginnt die Periodicität schon von c ab. Denn es findet sich leicht aus den Gleichungen (II)

$$\psi(-c-\varrho)=-\varphi(3c+\varrho)=-\varphi(c+\varrho)=\psi(c-\varrho).$$

Nun sind aber $c-\varrho$ und $-c-\varrho$ (Fig. 25) überhaupt zwei Werthe,

Fig. 25.

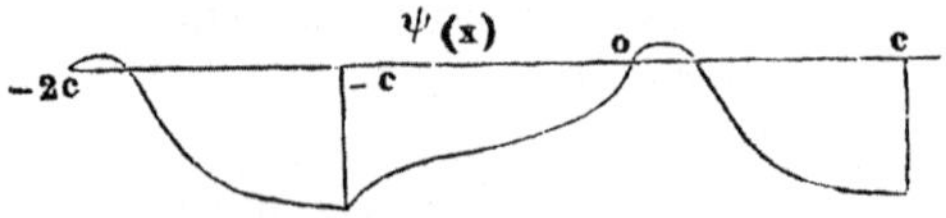

welche um $2c$ von einander verschieden sind, und von welchen der eine, bei $c>\varrho>0$, auf der positiven, der andere auf der negativen Seite liegt. Bei beiden Curven sind also die Perioden $=2c$ und zwei um $2c$ verschiedene Abscissen haben gleiche Ordinaten.

Hierdurch ist nun η vollständig bestimmt. Nehmen wir zunächst αt gleich einem Vielfachen von $2c$, so erhalten wir $\eta=\varphi(x+\alpha t)+\psi(x-\alpha t)=\varphi(x+n2c)+\psi(x-n2c)=\varphi(x)+\psi(x)$, gleich der Ordinate in der Anfangszeit. Oder auch, wenn wir denselben Punkt mit der Abscisse x in den beiden Zeiten t und t' nehmen, so haben wir dafür $\eta=\varphi(x+\alpha t)+\psi(x-\alpha t)$ und $\eta'=\varphi(x+\alpha t')+\psi(x-\alpha t')$. Es ist also $\eta=\eta'$, wenn $\alpha(t-t')=2c$ ist. Der Anfangszustand wird also zurückkehren nach der

Zeit $T = t - t' = \frac{2c}{\alpha}$. Von der Schwingungsdauer hängt die Höhe des Tons ab, und wir sehen, wie dieselbe bedingt ist durch die Länge der Saite und durch unsern Coefficienten α, welcher aus den obigen Bedingungen sich ergibt. Mit dieser Theorie stimmt die Erfahrung vollkommen überein.

Wenn wir hier nun auch die zweite Axe hinzunehmen wollten und also voraussetzen, dass sich die Saite beliebig im Raume in transversalen Schwingungen bewegen könne, so haben wir zwei Differentialgleichungen, welche dieselbe Form haben, und auch denselben Coefficienten α^2, so dass wir die beiden Aufgaben durch Decomposition gesondert lösen und hieraus die Saitenstellungen finden. Da die zweite Differentialgleichung denselben Coefficienten α hat, so wird auch bei dieser zweiten Transversalschwingung dieselbe Schwingungsdauer $\frac{2c}{\alpha}$ sich ergeben, und daher findet man für die Transversalschwingung im Raume dieselbe Periode und eine Curve von derselben Art wie bei der Schwingung in der Ebene.

§. 76.

Fortsetzung. Besondere Voraussetzungen über den Anfangszustand.

Wir wollen noch einige besondere Betrachtungen über den Anfangszustand machen. Für diesen haben wir die beiden Bedingungen $\eta = f(x)$ und $\frac{\partial \eta}{\partial t} = F(x)$. Durch Decomposition können wir die Aufgabe in zwei getrennte zerlegen, so dass zuerst $\eta = f(x)$ und $\frac{\partial \eta}{\partial t} = 0$ und dann $\eta = 0$ und $\frac{\partial \eta}{\partial t} = F(x)$ ist.

Es sei also zuerst $F(x) = 0$. Dann haben wir $\varphi(x) = \frac{1}{2} f(x)$ und $\psi(x) = \frac{1}{2} f(x)$. Es werden also die beiden Curven gleich sein, und wir haben daher für die Functionen φ und ψ nur den Verlauf einer Curve von $-\infty$ bis $+\infty$ zu betrachten. Diese Curve ist unmittelbar gegeben von 0 bis c. Man erhält sie von c bis $2c$, indem man das Stück von 0 bis c zuerst um die Ordinate von $x = c$, dann um die Abscissenaxe umkehrt. Der Verlauf von 0 bis $2c$ wiederholt sich periodisch sowohl nach der positiven, als

Fig. 26.

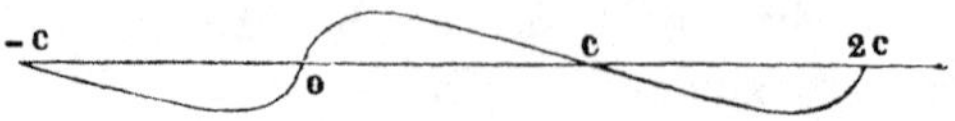

nach der negativen Seite. Die Curve schneidet die Abscissenaxe für $x = 0$, für $x = c$ und für jedes positive und negative Vielfache von c. Der Verlauf von 0 bis ∞ stellt die Function φ, der Verlauf von c bis $-\infty$ die Function ψ dar. Betrachten wir zwei Zeiten, die sich um $\frac{T}{2} = \frac{c}{\alpha}$ unterscheiden, so haben wir

$$\begin{aligned}\eta &= \varphi(x + \alpha t) + \psi(x - \alpha t),\\ \eta_1 &= \varphi(x + \alpha t + c) + \psi(x \mp \alpha t - c)\\ &= \varphi(x + \alpha t + c) + \psi(x - \alpha t + c).\end{aligned}$$

Es nimmt aber, wenn man die Abscisse um c vermehrt oder vermindert, sowohl die Curve φ als die Curve ψ die doppelt umgekehrte Lage an. Dasselbe muss also auch bei η stattfinden, wenn das Argument um c sich ändert. Nach der halben Periode ist daher die Lage der Saite zwiefach umgekehrt, von oben nach unten und von vorn nach hinten.

Fig. 27.

Setzen wir zweitens $f(x) = 0$, so wird $\varphi(x) = +\frac{1}{2\alpha}\int_0^x F(x)\,dx$ und $\psi(x) = -\frac{1}{2\alpha}\int_0^x F(x)\,dx$. Dann sind also zwischen 0 und c die beiden Curven einander entgegengesetzt. Durch doppelte Umkehrung des Stücks von ψ zwischen 0 und c erhalten wir den Verlauf von φ zwischen c und $2c$. Derselbe hätte sich hier auch ergeben, wenn man das Stück von φ zwischen 0 und c einfach um die Ordinate von $x = c$ umgekehrt hätte. Der weitere Verlauf von φ ist dann periodisch mit der Periode $2c$. Man erhält ferner ψ für negative Abscissen, indem man die Curve φ zuerst um die Ordinatenaxe und dann um die Abscissenaxe umkehrt, oder indem man das Stück von ψ zwischen 0 und c einfach um die Ordinatenaxe umkehrt und darauf den Verlauf von c bis $-c$ periodisch nach der negativen Seite der Abscissen wiederholt. Betrachten wir auch hier zwei Zeiten, die sich um die halbe Schwingungsdauer unterscheiden, so haben wir

$$\begin{aligned}\eta &= \varphi(x + \alpha t) + \psi(x - \alpha t),\\ \eta_1 &= \varphi(x + \alpha t + c) + \psi(x - \alpha t - c)\\ &= \varphi(x + \alpha t + c) + \psi(x - \alpha t + c).\end{aligned}$$

Fig. 28.

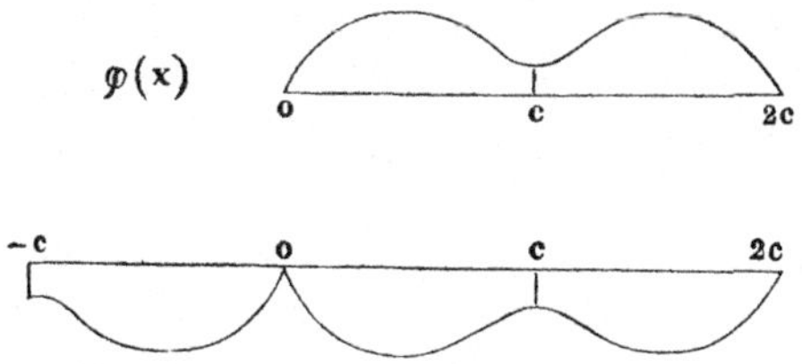

Hier nimmt aber bei der Vermehrung der Abscisse um c sowohl die Curve φ als die Curve ψ die einfach (um die Parallele zur Ordinatenaxe) umgekehrte Lage an. Dasselbe gilt also von η, wenn das Argument um c vermehrt wird. D. h. nach Ablauf der halben Schwingungsdauer ist die Gestalt der Saite einfach umgekehrt von vorn nach hinten.

Fig. 29.

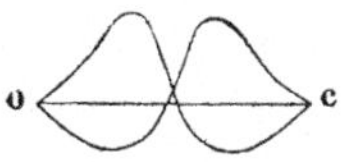

§. 77.

Lösung von Daniel Bernoulli. Schwingungsknoten.

Wir wollen jetzt das Problem nach unserer frühern Methode der partiellen Differentialgleichungen behandeln. Die Aufgabe ist ausgesprochen in den vier Gleichungen

$$(1) \qquad \frac{\partial^2 \eta}{\partial t^2} = \alpha^2 \frac{\partial^2 \eta}{\partial x^2},$$

$$(2) \qquad \eta = f(x) \qquad \text{für } t = 0,$$

$$(3) \qquad \frac{\partial \eta}{\partial t} = F(x) \qquad \text{„ } t = 0,$$

$$(4) \qquad \eta = 0 \qquad \text{„ } x = 0 \text{ und für } x = c.$$

Wir nehmen also wieder particuläre Auflösungen und suchen durch Verallgemeinerung derselben den allgemeinen Ausdruck zu finden, welcher zugleich den gegebenen Bedingungen angepasst ist.

Wir können wieder die Exponentialform nehmen, nemlich $e^{\lambda x + \mu t}$, und dann müsste $\mu^2 = \alpha^2 \lambda^2$, also $\lambda = \pm \frac{\mu}{\alpha}$ sein. Wir haben danach die beiden particulären Lösungen $e^{\mu\left(\frac{x}{\alpha}+t\right)}$ und $e^{\mu\left(-\frac{x}{\alpha}+t\right)}$, die wir mit Constanten multipliciren und dann addiren, also $e^{\mu t}\left\{me^{\frac{\mu x}{\alpha}} + ne^{-\frac{\mu x}{\alpha}}\right\}$. Wenn hierin $x = 0$ gesetzt wird, soll dieser Werth auch gleich Null werden, und es muss deshalb $-m = n$ sein, also die particuläre Lösung $me^{\mu t}\left\{e^{\frac{\mu x}{\alpha}} - e^{-\frac{\mu x}{\alpha}}\right\}$. Soll dieser Werth auch für $x = c$ verschwinden, so ist das bei reellen Grössen nicht möglich. Wir müssen deshalb die Exponentialgrössen in trigonometrische Functionen übergehen lassen, indem wir $\mu\sqrt{-1}$ statt μ setzen. Dann haben wir

$$2m \,.\, \sqrt{-1} \cdot e^{\mu t\sqrt{-1}} \,.\, \sin \frac{\mu x}{\alpha}.$$

Damit hier der Werth verschwinde für $x = c$, braucht nur $\frac{\mu c}{\alpha}$ gleich einem Vielfachen von π genommen zu werden, also $\frac{\mu c}{\alpha} = n\pi$. Indem man noch die Exponentialgrösse $e^{\mu t\sqrt{-1}}$ auflöst, erhält man die beiden particulären Lösungen

$$A_n \cos \frac{n\pi\alpha}{c} t \,.\, \sin \frac{n\pi}{c} x,$$

und

$$B_n \sin \frac{n\pi\alpha}{c} t \,.\, \sin \frac{n\pi}{c} x,$$

in denen n eine beliebige positive ganze Zahl ist. Negative ganze Werthe von n geben nichts Neues, da sie höchstens auf das Vorzeichen Einfluss üben. Man kann also je eine particuläre Lösung mit negativem n zusammenfassen mit der entsprechenden Lösung, in der n positiv ist, da die Coefficienten A und B vorläufig noch beliebig sind. Addiren wir die beiden particulären Lösungen und bilden eine unendliche Reihe, indem für n alle positiven ganzen Zahlen gesetzt werden, so haben wir

$$\text{(I)} \qquad \eta = \sum_{n=1}^{\infty}\left(A_n \cos \frac{n\alpha\pi}{c} t + B_n \sin \frac{n\alpha\pi}{c} t\right) \sin \frac{n\pi}{c} x.$$

Dieser Ausdruck für η muss noch den Bedingungen (2) und (3) genügen. Wir erhalten durch Differentiation

$$\frac{\partial \eta}{\partial t} = \frac{\alpha \pi}{c} \sum_{n=1}^{\infty} \left(- n A_n \sin \frac{n \alpha \pi}{c} t + n B_n \cos \frac{n \alpha \pi}{c} t \right) \sin \frac{n \pi}{c} x.$$

In dieser Gleichung und in (I) ist $t = 0$ zu setzen, und es muss dann zur Erfüllung der Bedingungen (2) und (3)

$$f(x) = \sum_{n=1}^{\infty} A_n \sin \frac{n\pi}{c} x,$$

$$F(x) = \frac{\alpha\pi}{c} \sum_{n=1}^{\infty} n B_n \sin \frac{n\pi}{c} x$$

sein. Entwickelt man also $f(x)$ und $F(x)$ nach Fourier in Reihen, die nach den Sinus der Vielfachen von $\frac{\pi x}{c}$ fortschreiten, so ergeben sich durch Vergleichung die Coefficienten

$$\text{(II)} \quad \begin{aligned} A_n &= \frac{2}{c} \int_0^c f(\lambda) \sin \frac{n\pi}{c} \lambda \, d\lambda, \\ B_n &= \frac{2}{n\alpha\pi} \int_0^c F(\lambda) \sin \frac{n\pi}{c} \lambda \, d\lambda. \end{aligned}$$

Damit η für t und $t + T$ denselben Werth erhalte, muss $T \frac{\alpha\pi}{c} = 2\pi$ sein, und die Periode ist also $T = \frac{2c}{\alpha}$. Aus der hier vorliegenden Form der Lösung ergibt sich aber auch die Möglichkeit, dass statt der ganzen Schwingungen nur partielle Schwingungen vorkommen, weil ja einzelne Glieder in regelmässiger Wiederholung ausfallen können. Fallen z. B. alle Glieder weg, bei denen n nicht durch m theilbar ist, so ist in dem niedrigsten Gliede $n = m$, im zweiten $n = 2m$ u. s. w., und für T haben wir die Gleichung $T \frac{m\alpha\pi}{c} = 2\pi$, also $T = \frac{2c}{m\alpha}$. Ist dies der Fall bei der Saite, so bilden sich sogenannte Schwingungsknoten, d. h. Punkte, in welchen die Schwingungen sich gegenseitig aufheben. Dann sind nemlich die Werthe

Fig. 30.

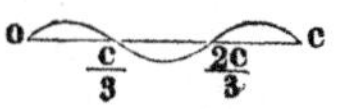

von $\eta = 0$, für welche $\frac{m\pi}{c} x = h\pi$ und also $x = \frac{hc}{m}$, wo h die fortschreitenden ganzen Zahlen von 0 bis m darstellt. Also wenn

$m = 3$ ist, so sind (ausser 0 und c) die Punkte für die Abscissen $\frac{c}{3}$ und $\frac{2c}{3}$ unbeweglich.

Für die Longitudinalschwingungen würden wir ein ganz ähnliches Resultat erlangen.

§. 78.

Geschichte des Problems.

Die Geschichte dieses Problems der schwingenden Saiten*) ist besonders wichtig für die historische Entwicklung der Theorie der partiellen Differentialgleichungen. Der allgemeinen Lösung gingen specielle Lösungen voraus. So hatte schon Taylor die Bemerkung gemacht, dass man für eine gewisse anfängliche Gestalt der Saite die Schwingungen leicht bestimmen könne, nemlich wo sich die Reihe auf ein einzelnes Glied reducirt und also z. B. alle Coefficienten bis auf A_n gleich 0 werden. Dann ist $\eta = A \cos \frac{n \alpha \pi}{c} t \sin \frac{n \pi}{c} x$ und der ursprüngliche Werth, wenn $t = 0$, ist $\eta = A \sin \frac{n\pi}{c} x$. Diese Curve nannte man damals eine Trochoide, welcher Ausdruck jetzt freilich nicht mehr gebräuchlich ist. Man kannte also die Lösung, wenn die anfängliche Gestalt eine Trochoide war. Dann behielten alle Verrückungen immer dieselben Verhältnisse, und Taylor hatte eigentlich eine Particularauflösung.

Dann kam die Auflösung von d'Alembert, welche ungefähr diejenige ist, die wir zuerst entwickelt haben. Diese Auflösung commentirte Euler und behauptete, dass sie in grösserer Ausdehnung gelte, als d'Alembert angenommen habe. Dieser hatte nemlich gesagt, dass in der allgemeinen Lösung die beiden Functionen φ und ψ in ihrer ganzen Ausdehnung nach demselben Gesetz ausgedrückt sein müssten, selbst wenn die Function über das ursprüngliche Gebiet der Variabeln fortgesetzt werde. Und er glaubte, dass φ und ψ in seiner Lösung für alle ihre Argumente nach demselben mathematischen Gesetz sich entwickelten. Dagegen sagte Euler richtig, dass man der Differentialgleichung ge-

*) Man vergleiche: Riemann, Ueber die Darstellbarkeit einer Function durch eine trigonometrische Reihe. (Abhandlungen der Königl. Gesellschaft der Wissenschaften zu Göttingen. Bd. 13. — Riemann's Werke. S. 213 ff.)

nügen könne durch irgend welche Functionen von $x + \alpha t$ und $x - \alpha t$, so dass diese also gar nicht durch dieselben mathematischen Gesetze durchweg dargestellt zu werden brauchten, sondern stellenweise auch verschiedene Gesetze befolgen könnten. Hierüber wurde zwischen ihnen beiden vielfach hin- und hergestritten, obgleich der Einwurf von Euler gar keine weitere Erwiderung zuliess.

Fast gleichzeitig kam Daniel Bernoulli mit seiner Auflösung, indem er solche particuläre Auflösungen nahm, wie wir sie zuletzt behandelt haben. Er behauptete, dass er in einer Reihe unendlich viele Constanten habe und also durch deren passende Bestimmung die Summe der Reihe einer willkürlichen Function anpassen könne. Gegen diese Behauptung erhob sich Euler und sagte, dass eine solche nach Sinus fortschreitende Reihe nicht einer beliebigen Function angepasst werden könne, da ja die Function z. B. in einer Strecke eine Ellipse und dann auf einmal eine Hyperbel sein könnte.

Um diesen Streit zu schlichten, fasste Lagrange die Sache von einem andern Gesichtspunkte auf, indem er einen elastischen Faden mit massiven Punkten betrachtete und die Bewegungen dieser einzelnen Massen zu bestimmen suchte. Dann hing das Problem nicht von einer partiellen Differentialgleichung ab, sondern von einer Reihe von gewöhnlichen Differentialgleichungen. Für jeden der n Punkte hatte er eine besondere Differentialgleichung, und in jeder derselben kamen immer drei zusammenliegende η vor, nemlich ausser dem gesuchten noch die beiden η für die benachbarten Punkte. Diese Differentialgleichungen suchte er zu befriedigen, so dass die Integrale den ursprünglichen Verrückungen und Geschwindigkeiten entsprachen. In den Integralen der n Differentialgleichungen hatte er $2n$ Constanten und dafür also durch die ursprüngliche Verrückung, und die ursprüngliche Geschwindigkeit jedes einzelnen Punktes auch $2n$ gegebene Werthe. Hierbei löste Lagrange das Problem, durch eine endliche Sinusreihe von beliebig vielen Gliedern eine Function für eben so viel Werthe darzustellen, wie wir es zu Anfang dieser Vorlesung gethan haben. Dann suchte er durch eine geometrische Construction die Gestalt des Polygons für jeden Augenblick zu bestimmen, wie es sich für die n einzelnen Punkte herausstellte. Er fand, dass das Polygon zu irgend einer Zeit aus den beiden gegebenen Polygonen für die Anfangsverrückung und Anfangsgeschwindigkeit sich so darstellen liess, wie d'Alembert die Curven für seine Lösung gefunden hatte. Zum Schluss sagte er, dies lasse sich ausdehnen auf eine unendliche Anzahl von Punkten und demnach gelte nach seinem Resultat Euler's Ansicht über die Lösung von d'Alembert. Er entwickelte also Ausdrücke von endlicher Gliederzahl und machte erst in dem abgeleiteten Gesetz den Uebergang zum Unendlichen. Hätte er nur in der Entwicklung und in den Formeln selbst das $n = \infty$ gesetzt, so wäre er auf die Lösung von Daniel Bernoulli gekommen. Er hatte aber wie Euler die Meinung, dass man eine beliebige Function nicht in eine unendliche Reihe von Sinus auflösen könne. Keineswegs hat er, wie Poisson und andere neuerdings sagen, jede nach abwechselnden Gesetzen fortschreitende Curve in eine solche Reihe zu entwickeln versucht, denn sonst hätte er doch auch sicher den ihm bekannten Einwurf von Euler widerlegt, wenn auch nur in irgend einem Beispiel.

Dieser Fortschritt wurde erst nach 40 Jahren (zuerst 1807) von Fourier gemacht. Dieser hatte eigentlich nur den Muth, das Unendliche gleich in die Entwicklung einzusetzen. Bei der neuen Formel verwunderte sich Lagrange und wollte sie nicht gelten lassen, wie in einigen Blättern in seinen Manuscripten auf der Pariser Bibliothek sich deutlich zeigt. Poisson citirt für seine Behauptung, dass Lagrange schon die allgemeine Entwicklung nach einer Reihe von Sinus gemacht habe, 5mal eine Stelle von ihm, welche doch in der That nur das Eigenthümliche hat, dass Lagrange dabei statt des Zeichens $\sum$ ein $\int$ zur Summation einer endlichen Anzahl von Gliedern gebraucht, während er sich ausdrücklich gegen den unendlichen Werth von n ausspricht. Poisson hat das Verdienst von Fourier nur aus Eifersucht gegen ihn in Abrede gestellt, obgleich dasselbe eigentlich nicht bedeutend war. Das Material lag schon vollständig vor, nur war der Schritt in vierzig Jahren nicht versucht.

Also hatte d'Alembert vollkommen Recht, dass man das Problem nur lösen könne, wenn die Curve sich auf gleiche Weise fortsetzte, denn dies ist eben das Wesen der Entwicklung einer Function in eine Sinusreihe. Sie stellt jenseits der Grenzen die Wiederholung der Periode dar, welche innerhalb der Grenzen liegt. Aber Euler und Bernoulli haben ebenfalls vollkommen Recht. Es kam die Meinungsverschiedenheit daher, dass man die Entwicklung von Fourier nicht kannte. Früher bezeichnete man eine Curve, welche zum Theil einem Gesetze, zum Theil einem andern gehorcht, welche also immer verschiedene Arten von Curven darstellt, als discontinuirlich. Mit diesem Worte bezeichnet man jetzt etwas ganz Anderes, und mit Recht. Denn die frühere Discontinuität löst sich nach einer allgemeineren Function in eine Continuität auf, weil eine höhere Function in verschiedenen Theilen verschiedene Curven darstellen kann. Dieser Begriff von Discontinuität kommt in älteren Schriften häufig vor.

Dass Lagrange durchaus nicht seine Betrachtungen auf das Unendliche ausgedehnt, sondern nur aus dem unendlichen Polygon einige allgemeine Eigenschaften abgeleitet hat, zeigt sich auch aus seiner Behandlung des Problems des schwingenden Fadens, wo er denselben ebenfalls in Theile theilte und die Massen in die einzelnen Theilpunkte legte. Auch bei diesen Pendelschwingungen gelang es ihm, den Ort jedes einzelnen Punktes zu bestimmen auf ähnliche Weise, wie er unser jetziges Problem behandelte. Doch ging er nicht so weit, dass er daraus die Gesetze für einen continuirlichen Faden abgeleitet hätte, weil die Formeln für den discontinuirlichen Faden sich nicht so einfach zeigten. Man vergleiche Lagrange, Mécanique analytique Tome I. Partie II. Sect. VI. §. III*) und den Aufsatz: Des oscillations d'un fil fixe par une de ses extrémités, et chargé d'un nombre quelconque de poids**), wo man leicht den Ausdruck verallgemeinern kann.

II. Allgemeine Theorie der Schwingungen elastischer fester Körper.

§. 79.

Die partiellen Differentialgleichungen für das Innere des Körpers und die Oberflächen-Bedingungen.

Wir haben bisher die Schwingungen elastischer fester Körper betrachtet, die nur in einer Dimension eine endliche Ausdehnung haben. Es läge also nahe, zu solchen Körpern überzugehen, deren Ausdehnung in zwei Dimensionen endlich, in der dritten aber unendlich klein ist, zu elastischen Platten. Ueber die Schwingungen

*) Edition 3. publiée par Bertrand, pag. 362.

**) Miscellanea Taurinensia. Tomus III. pag. 242.

solcher Platten hat zuerst Sophie Germain geschrieben, und zwar in drei Abhandlungen, die sie in den Jahren 1811 bis 1815 der Pariser Akademie einreichte. Diese Arbeiten sind nicht gedruckt. Erst in den Jahren 1821 und 1826 hat die Verfasserin ihre weiteren Untersuchungen in zwei Schriften veröffentlicht. Eine Würdigung dieser Arbeiten und die Berichtigung der Theorie finden wir in einem Aufsatze von Kirchhoff im 40. Bande von Crelle's Journal.

Wir wenden uns sofort zu der Betrachtung des allgemeinsten Falles, nemlich von Körpern, die in jeder Richtung eine endliche Ausdehnung besitzen. Bei der Untersuchung der Bewegung eines solchen Körpers kommen zunächst in Betracht die auf die Masse wirkenden äusseren Kräfte, dann die Zug- oder Druckkräfte, welche auf die Oberfläche ausgeübt werden, und endlich die durch die Formveränderung hervorgerufenen inneren elastischen Kräfte, welche die Moleküle des Körpers in die Lage zurückzuführen streben, in der sie bei der Abwesenheit aller Einwirkungen im Gleichgewicht sein würden.

Die Untersuchung des Bewegungszustandes lässt sich auf die des Gleichgewichts zurückführen, indem wir das Princip d'Alembert's anwenden. Danach halten die resultirenden bewegenden Kräfte, im entgegengesetzten Sinne genommen, den wirklich eingeprägten Kräften das Gleichgewicht. Es gehe nun ein Punkt des Körpers, der in der Ruhelage die rechtwinkligen Coordinaten x, y, z hatte, in Folge der auf ihn einwirkenden Kräfte in eine unendlich wenig abweichende neue Lage über, die zur Zeit t durch die Coordinaten $x + u$, $y + v$, $z + w$ bestimmt werde. Dann sind die resultirenden bewegenden Kräfte, welche auf die in dem Punkte concentrirt gedachte Masse m parallel den Coordinatenaxen wirken, resp. $m\frac{\partial^2 u}{\partial t^2}$, $m\frac{\partial^2 v}{\partial t^2}$, $m\frac{\partial^2 w}{\partial t^2}$. Diese sind also mit entgegengesetztem Zeichen versehen den Componenten der eingeprägten Kräfte hinzuzufügen. Es kommt aber auf dasselbe hinaus, wenn man die genannten Beiträge zu den Componenten irgend einer der eingeprägten Kräfte heranzieht. Sind also mX', mY', mZ' die Componenten der äusseren Kräfte, welche parallel den Coordinatenaxen auf das Massenelement m im Punkte (x, y, z) wirken, so hat man statt dieser Componenten in Rechnung zu bringen

$$m X' - m \frac{\partial^2 u}{\partial t^2} = m X,$$

$$m Y' - m \frac{\partial^2 v}{\partial t^2} = m Y,$$

$$m Z' - m \frac{\partial^2 w}{\partial t^2} = m Z,$$

und dann die Bedingungen des Gleichgewichtes aufzustellen.

Zu dem Ende zerlegen wir den Körper in Elemente von unendlich kleinen Dimensionen, und zwar durch Ebenen, die rechtwinklig gegen die Coordinatenaxen liegen. Die Form eines solchen Körperelementes ist verschieden, je nachdem seine Oberfläche ganz im Inneren des Körpers liegt, oder ein Theil derselben in die Oberfläche des Körpers fällt. Im ersten Falle ist das Körperelement ein rechtwinkliges Parallelepipedon. Hat der dem Anfangspunkte der Coordinaten zunächst gelegene Eckpunkt die Coordinaten x, y, z, so stossen in ihm drei Kanten zusammen von der Länge dx, dy, dz. Im andern Falle ist das Körperelement (allgemein zu reden) eine dreiseitige Pyramide, deren Basis ein in der Oberfläche des Körpers liegendes unendlich kleines krummliniges Dreieck ist, und deren Spitze im Innern des Körpers unendlich nahe an der Oberfläche liegt. Sind x, y, z die Coordinaten der Spitze, so haben die drei Seitenkanten die Länge dx, dy, dz. Für jede dieser beiden Arten von Körperelementen sind die Gleichgewichtsbedingungen besonders aufzustellen.

Betrachten wir zunächst ein Körperelement im Innern, also (Fig. 31) ein Parallelepipedon mit den rechtwinklig auf einander stehenden Kanten dx, dy, dz. Der dem Coordinaten-Anfang zu-

Fig. 31.

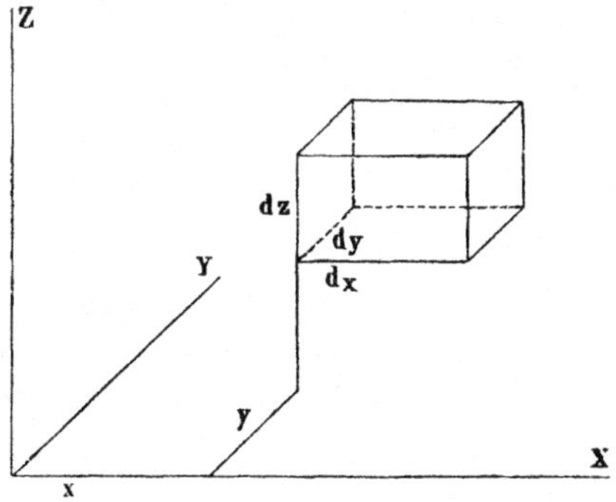

nächst gelegene Eckpunkt habe die Coordinaten x, y, z. Auf jede Seitenfläche des Parallelepipedon wirkt eine elastische Kraft, deren Angriffspunkt wir in der Mitte der Fläche annehmen. Rechtwinklig zur Axe der x liegen zwei Seitenflächen, jede vom Inhalte $dy\,dz$. Die eine geht durch den Punkt (x, y, z), die andere durch den Punkt $(x + dx, y, z)$. Auf die erste dieser Seitenflächen wirkt eine elastische Kraft, deren Componenten parallel den Coordinatenaxen wir bezeichnen mit

$$- X_x \,.\, dy\,dz, \quad - Y_x \,.\, dy\,dz, \quad - Z_x \,.\, dy\,dz.$$

Dass die Kräfte dem Inhalte des Flächenelementes proportional genommen werden, auf welches sie wirken, bedarf keiner besondern Auseinandersetzung. Die Factoren, mit welchen der Inhalt des Flächenelementes multiplicirt ist, sind so bezeichnet, dass der grosse Buchstabe die Richtung der Componente angibt, der angehängte Index die Normale der Fläche, auf welche die Kraft wirkt.

Auf die Seitenfläche vom Inhalte $dy\,dz$, welche rechtwinklig zur x-Axe durch den Punkt $(x + dx, y, z)$ geht, wirkt eine elastische Kraft, die sich — dem vorher Gesagten entsprechend — in die Componenten zerlegt

$$+ (X_x)_{x+dx} \,.\, dy\,dz, \quad + (Y_x)_{x+dx} \,.\, dy\,dz, \quad + (Z_x)_{x+dx} \,.\, dy\,dz.$$

Wir verlegen den Angriffspunkt dieser elastischen Kräfte in den Mittelpunkt des Parallelepipedon. Abgesehen von den dabei entstehenden Kräftepaaren, die nachher besonders untersucht werden sollen, ergeben sich dann die folgenden Componenten, resp. parallel den Axen der x, der y, der z

$$\frac{\partial X_x}{\partial x} \cdot dx\,dy\,dz, \quad \frac{\partial Y_x}{\partial x} \cdot dx\,dy\,dz, \quad \frac{\partial Z_x}{\partial x} \cdot dx\,dy\,dz.$$

In derselben Weise behandeln wir die Componenten der elastischen Kräfte, welche auf die beiden zur y-Axe rechtwinkligen Oberflächen wirken. Es ergeben sich daraus parallel den Coordinatenaxen die im Mittelpunkte des Parallelepipedon angreifenden Componenten

$$\frac{\partial X_y}{\partial y} \cdot dx\,dy\,dz, \quad \frac{\partial Y_y}{\partial y} \cdot dx\,dy\,dz, \quad \frac{\partial Z_y}{\partial y} \cdot dx\,dy\,dz$$

und daneben Paare, die nachher besonders zu betrachten sind.

Endlich kommen die elastischen Kräfte in Frage, welche auf die beiden zur z-Axe rechtwinkligen Oberflächen wirken. Sie setzen sich im Mittelpunkte des Parallelepipedon zusammen zu den den Coordinatenaxen resp. parallel gerichteten Componenten

$$\frac{\partial X_z}{\partial z} \cdot dx\,dy\,dz, \quad \frac{\partial Y_z}{\partial z} \cdot dx\,dy\,dz, \quad \frac{\partial Z_z}{\partial z} \cdot dx\,dy\,dz,$$

und die dabei auftretenden Paare sollen ebenfalls nachher berücksichtigt werden.

Die auf das Parallelepipedon wirkenden äusseren Kräfte haben wir in die Componenten zerlegt

$$\varrho X' \,.\, dx\,dy\,dz, \quad \varrho Y' \,.\, dx\,dy\,dz, \quad \varrho Z' \,.\, dx\,dy\,dz,$$

wenn mit ϱ die Dichtigkeit bezeichnet wird. Indem wir also wie vorher setzen

$$X' - \frac{\partial^2 u}{\partial t^2} = X, \quad Y' - \frac{\partial^2 v}{\partial t^2} = Y, \quad Z' - \frac{\partial^2 w}{\partial t^2} = Z,$$

ergeben sich die folgenden Bedingungen dafür, dass der Mittelpunkt des betrachteten Körperelementes im Gleichgewicht bleibe:

$$\begin{aligned} &\varrho X + \frac{\partial X_x}{\partial x} + \frac{\partial X_y}{\partial y} + \frac{\partial X_z}{\partial z} = 0 \\ (1) \qquad &\varrho Y + \frac{\partial Y_x}{\partial x} + \frac{\partial Y_y}{\partial y} + \frac{\partial Y_z}{\partial z} = 0 \\ &\varrho Z + \frac{\partial Z_x}{\partial x} + \frac{\partial Z_y}{\partial y} + \frac{\partial Z_z}{\partial z} = 0. \end{aligned}$$

Soll aber das Körperelement um seinen Mittelpunkt auch keine Drehung erleiden, so sind noch die Drehungsmomente der Kräftepaare gleich Null zu setzen, die von der Verlegung der Angriffspunkte herrühren. Dabei kommen nur die elastischen Kräfte in Betracht, da die auf die Masse des Körperelementes wirkenden äusseren Kräfte von vorn herein in seinem Mittelpunkte angreifen. Die Kräfte $-X_x \,.\, dy\,dz$ und $(X_x)_{x+dx} \,.\, dy\,dz$ sind nur in ihrer eigenen Richtung verschoben, sie liefern also kein Paar, ebenso die Kräfte $-Y_y \,.\, dx\,dz$ und $(Y_y)_{y+dy} \,.\, dx\,dz$, und endlich $-Z_z \,.\, dx\,dy$ und $(Z_z)_{z+dz} \,.\, dx\,dy$. Von den übrigen zwölf Componenten rühren dagegen Paare her, nemlich

erstens von den Kräften, welche auf die zur x-Axe rechtwinkligen Flächenelemente wirken:

ein Paar mit dem Moment $+Y_x\,dy\,dz \,.\, dx$ in einer Ebene rechtwinklig zur z-Axe,

ein Paar mit dem Moment $-Z_x\,dy\,dz \,.\, dx$ in einer Ebene rechtwinklig zur y-Axe;

zweitens von den Kräften, welche auf die zur y-Axe rechtwinkligen Flächenelemente wirken:

ein Paar mit dem Moment $- X_y\, dx\, dz\, .\, dy$ in einer Ebene rechtwinklig zur z-Axe,

ein Paar mit dem Moment $+ Z_y\, dx\, dz\, .\, dy$ in einer Ebene rechtwinklig zur x-Axe;

drittens von den Kräften, welche auf die zur z-Axe rechtwinkligen Flächenelemente wirken:

ein Paar mit dem Moment $+ X_z\, dx\, dy\, .\, dz$ in einer Ebene rechtwinklig zur y-Axe,

ein Paar mit dem Moment $- Y_z\, dx\, dy\, .\, dz$ in einer Ebene rechtwinklig zur x-Axe.

Das Vorzeichen der Momente ist übereinstimmend genommen mit dem Sinn der Drehung, welche das betreffende Kräftepaar hervorbringen würde. Dabei ist zu bemerken, dass wenn man sich der Reihe nach auf der positiven Seite der Coordinatenaxen aufstellt, eine positive Drehung auf dem kürzesten Wege aus der Richtung der positiven x in die Richtung der positiven y, aus der Richtung der positiven y in die Richtung der positiven z, aus der Richtung der positiven z in die Richtung der positiven x führt.

Nimmt man die Paare zusammen, die in derselben Ebene liegen und drückt die Bedingungen des Gleichgewichts gegen Drehung aus, so findet sich

$$
(2) \qquad \begin{aligned} X_y &= Y_x, \\ Y_z &= Z_y, \\ Z_x &= X_z. \end{aligned}
$$

Nachdem wir in den Gleichungen (1) und (2) die Bedingungen für das Gleichgewicht eines Körperelementes im Innern des elastischen Körpers gefunden haben, betrachten wir ein Element an der Oberfläche, also eine dreiseitige Pyramide, deren Spitze in dem unendlich nahe an der Oberfläche gelegenen inneren Punkte (x, y, z) sich befindet, deren Seitenkanten dx, dy, dz sind und deren Basis vom Flächeninhalt $d\sigma$ in der Oberfläche des Körpers liegt. Die auf dem Oberflächenelemente $d\sigma$ von aussen nach innen errichtete Normale schliesse mit den positiven Coordinatenaxen Winkel ein, deren Cosinus resp. α, β, γ sein mögen. Durch $d\sigma$ und diese drei Cosinus lässt sich der Inhalt der drei Seitenflächen der Pyramide ausdrücken. Es ist nemlich $- d\sigma\, .\, \alpha$ der Inhalt der Seitenfläche, die rechtwinklig zur x-Axe liegt, $- d\sigma\, .\, \beta$ der Inhalt der Seitenfläche rechtwinklig zur y-Axe, $- d\sigma\, .\, \gamma$ der Inhalt der Seitenfläche rechtwinklig zur z-Axe. Zerlegt man die auf die Seitenflächen wirkenden elastischen Kräfte in die den Coordinatenaxen parallel gerichteten Componenten, so findet sich als Gesammtcomponente parallel der x-Axe

$$+\alpha\, d\sigma X_x + \beta\, d\sigma X_y + \gamma\, d\sigma X_z,$$

parallel der y-Axe

$$+\alpha\, d\sigma Y_x + \beta\, d\sigma Y_y + \gamma\, d\sigma Y_z,$$

parallel der z-Axe

$$+\alpha\, d\sigma Z_x + \beta\, d\sigma Z_y + \gamma\, d\sigma Z_z.$$

Auf das Oberflächenelement $d\sigma$ sollen Zug- oder Druckkräfte wirken, deren Componenten parallel den Axen resp.

$$d\sigma\,.\,\Xi, \qquad d\sigma\,.\,H, \qquad d\sigma\,.\,Z$$

sein mögen. Diese sowohl als auch die vorher betrachteten Componenten der auf die Seitenflächen wirkenden elastischen Kräfte sind von derselben Ordnung wie $d\sigma$. Gegen $d\sigma$ ist aber das Massenelement der Pyramide unendlich klein, und daher können die Componenten der äusseren auf die Masse wirkenden Kräfte, welche von der Ordnung dieser Masse sind, hier vernachlässigt werden. Wir erhalten demnach, bei Unterdrückung des gemeinschaftlichen Factors $d\sigma$, die folgenden Bedingungen für das Gleichgewicht des Körperelementes an der Oberfläche

$$\begin{aligned} \Xi + \alpha X_x + \beta X_y + \gamma X_z &= 0, \\ H + \alpha Y_x + \beta Y_y + \gamma Y_z &= 0, \\ Z + \alpha Z_x + \beta Z_y + \gamma Z_z &= 0. \end{aligned} \tag{3}$$

§. 80.

Die elastischen Kräfte.

Es kommt nun vor allen Dingen darauf an, die elastischen Kräfte selbst zu untersuchen. Eine elastische Wechselwirkung findet nur zwischen unendlich nahe gelegenen Molekülen statt. Und wir beschränken die Untersuchung auf den Fall, dass die Aenderung der Entfernung, welche zwei solche Moleküle in Folge ihrer elastischen Wechselwirkung erleiden, unendlich klein ist im Vergleich zu ihrer ursprünglichen Entfernung.

Wir legen durch das Innere des Körpers irgend eine Fläche und wollen die elastischen Kräfte betrachten, welche auf ein Element $d\sigma$ dieser Fläche wirken. Zu dem Ende nehmen wir zwei unendlich nahe gelegene Moleküle M und M_1 auf entgegengesetzten Seiten von $d\sigma$. Das Molekül M befinde sich ursprünglich im Punkte (x, y, z), M_1 im Punkte (x_1, y_1, z_1), und es sei $x_1 = x + g$, $y_1 = y + h$, $z_1 = z + k$, so dass g, h, k der Voraussetzung gemäss unendlich kleine Grössen bezeichnen. In Folge der einwirkenden Kräfte geht M in die neue Lage $(x + u, y + v, z + w)$, M_1 in die neue Lage $(x_1 + u_1, y_1 + v_1, z_1 + w_1)$ über, und es sind u, v, w, u_1, v_1, w_1 unendlich klein.

Fig. 32.

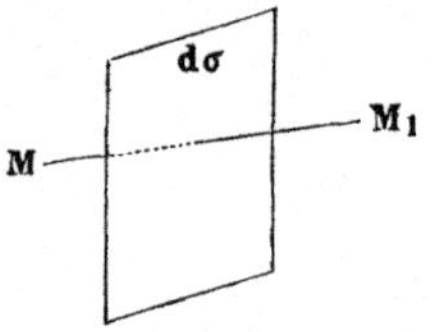

Dann sieht man leicht, dass die Differenzen $u_1 - u$, $v_1 - v$, $w_1 - w$ unendlich klein in zweiter Ordnung sind. Man erhält nemlich u_1, v_1, w_1 aus u, v, w, indem man x, y, z in x_1, y_1, z_1 übergehen lässt. Also ist nach Taylor's Lehrsatze

$$u_1 - u = g\frac{\partial u}{\partial x} + h\frac{\partial u}{\partial y} + k\frac{\partial u}{\partial z},$$

$$v_1 - v = g\frac{\partial v}{\partial x} + h\frac{\partial v}{\partial y} + k\frac{\partial v}{\partial z},$$

$$w_1 - w = g\frac{\partial w}{\partial x} + h\frac{\partial w}{\partial y} + k\frac{\partial w}{\partial z}.$$

Die Glieder auf der rechten Seite sind unendlich klein in zweiter Ordnung. Alle weiteren Glieder der Entwicklung sind in Producte der Grössen g, h, k multiplicirt und verschwinden also gegen die ersten Glieder, die g, h, k lineär enthalten.

Die Wirkung, welche M_1 und M auf einander ausüben, denken wir uns parallel den Coordinatenaxen zerlegt und betrachten zunächst die Componente parallel der x-Axe. Diese ist eine Function von u, v, w, u_1, v_1, w_1, und zwar eine lineäre Function, weil alle nichtlineären Glieder gegen die lineären unendlich klein sind und daher vernachlässigt werden können. Also ist die Componente parallel der x-Axe eine lineäre Function von u, v, w und von den nach x, y, z genommenen ersten Derivirten dieser drei Grössen. Summirt man über alle M, die auf der einen, über alle M_1, die auf der andern Seite von $d\sigma$ in unendlich kleiner Entfernung liegen, so erhält man die Componente der elastischen Kraft, welche parallel der x-Axe auf das Flächenelement $d\sigma$ wirkt, und diese Componente ist ebenfalls eine lineäre Function von u, v, w und den ersten Derivirten dieser Grössen. Nehmen wir $d\sigma$ rechtwinklig zur x-Axe, so ergibt sich hiernach

$$X_x = A_{00} + A_0\,u + B_0\,v + C_0\,w$$
$$+ A\frac{\partial u}{\partial x} + B\frac{\partial v}{\partial x} + C\frac{\partial w}{\partial x}$$
$$+ D\frac{\partial u}{\partial y} + E\frac{\partial v}{\partial y} + F\frac{\partial w}{\partial y}$$
$$+ G\frac{\partial u}{\partial z} + H\frac{\partial v}{\partial z} + J\frac{\partial w}{\partial z}.$$

Dieser Ausdruck vereinfacht sich aber noch. Zunächst ist klar, dass $X_x = 0$ sein muss, wenn gar keine Verschiebung der Moleküle stattgefunden hat, wenn also $u = v = w = 0$ ist. Daraus geht hervor, dass $A_{00} = 0$ sein muss. Nehmen wir ferner u constant, $v = 0$, $w = 0$, so wird jedes Molekül um eine und dieselbe Strecke parallel der x-Axe verschoben. Die gegenseitige Lage der Moleküle ändert sich dabei durchaus nicht, es kann also auch keine elastische Kraft auftreten. D. h. es muss $A_0 = 0$ sein. In derselben Weise findet man $B_0 = 0$, $C_0 = 0$.

Fig. 33.

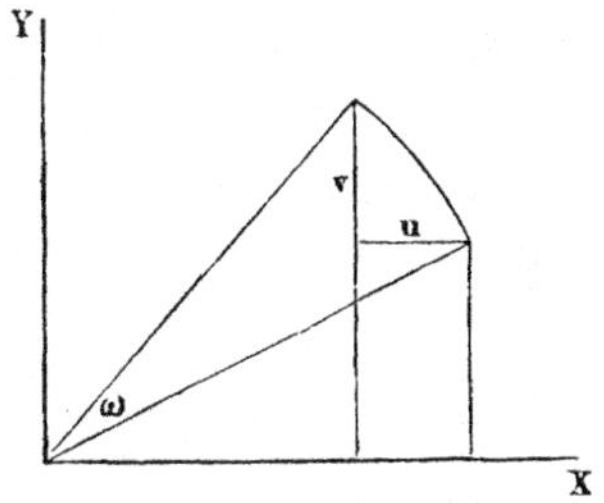

Es können aber auch keine elastischen Kräfte auftreten, wenn man, ohne die gegenseitige Lage der Moleküle zu ändern, den ganzen Körper unendlich wenig um eine feste Axe dreht. Dabei beschreibt jedes Molekül einen Kreisbogen, der dem Abstande von der Drehungsaxe proportional ist. Drehen wir also um die Axe der z und zwar um einen unendlich kleinen Winkel ω in positiver Richtung, so ist

$$u = -\,y\,\omega,\quad \frac{\partial u}{\partial x} = 0,\quad \frac{\partial u}{\partial y} = -\,\omega,\quad \frac{\partial u}{\partial z} = 0,$$
$$v = +\,x\,\omega,\quad \frac{\partial v}{\partial x} = \omega,\quad \frac{\partial v}{\partial y} = 0,\quad \frac{\partial v}{\partial z} = 0.$$
$$w = 0.$$

Folglich erhält man $X_x = D\frac{\partial u}{\partial y} + B\frac{\partial v}{\partial x} = -\,D\,\omega + B\,\omega$. Da aber in diesem Falle $X_x = 0$ sein muss, so findet sich $D = B$. Hätte man eine unendlich kleine Drehung um die y-Axe oder um die z-Axe vorgenommen, so würde sich daraus ergeben $G = C$

und resp. $H = F$. Folglich ist X_x eine homogene lineäre Function der sechs Grössen

$$\frac{\partial u}{\partial x}, \quad \frac{\partial v}{\partial z} + \frac{\partial w}{\partial y},$$
$$\frac{\partial v}{\partial y}, \quad \frac{\partial w}{\partial x} + \frac{\partial u}{\partial z},$$
$$\frac{\partial w}{\partial z}, \quad \frac{\partial u}{\partial y} + \frac{\partial v}{\partial x}.$$

Dasselbe gilt, wie man leicht sieht, von allen übrigen Componenten der elastischen Kräfte.

§. 81.

Hülfssätze aus der Mechanik. Das Potential.

Für die weitere Untersuchung ist es wünschenswerth, einige Hülfssätze aus der Mechanik ins Gedächtniss zu rufen. Bewegt sich ein materieller Punkt, von einer Kraft P getrieben, in der Richtung dieser Kraft um die Strecke ds, so nennt man bekanntlich das Product $P \,.\, ds$ die verrichtete mechanische Arbeit. Schliesst dagegen der durchlaufene Weg ds mit der Richtung der Kraft P den Winkel φ ein, so ist die Arbeit $P \,.\, \cos\varphi \,.\, ds$. Der materielle Punkt habe die Coordinaten x, y, z. Die Componenten der Kraft parallel den Coordinatenaxen seien resp. X, Y, Z. Von diesen Componenten getrieben durchlaufe der Punkt einen Weg ds, dessen Projectionen auf den Axen dx, dy, dz sein mögen. Dann ist die geleistete Arbeit $X dx + Y dy + Z dz$.

Wir betrachten zwei Punkte m und m_1, deren Coordinaten x, y, z und resp. x_1, y_1, z_1 seien, und bezeichnen ihre Entfernung mit r. Zwischen diesen beiden Punkten finde in der Richtung ihrer Verbindungslinie eine Abstossung $f(r)$ statt, die nur von der Entfernung r abhängig ist. In Folge dieser abstossenden Kraft möge gleichzeitig m in die neue Lage $(x + \delta x, y + \delta y, z + \delta z)$ und m_1 in die neue Lage $(x_1 + \delta x_1, y_1 + \delta y_1, z_1 + \delta z_1)$ gelangen. Wir bezeichnen mit δr den auf $m_1 m$ projicirten Weg des Punktes m, mit $\delta_1 r$ den auf $m m_1$ projicirten Weg des Punktes m_1, so dass also

$$\delta r = \frac{\partial r}{\partial x} \delta x + \frac{\partial r}{\partial y} \delta y + \frac{\partial r}{\partial z} \delta z,$$

$$\delta_1 r = \frac{\partial r}{\partial x_1} \delta x_1 + \frac{\partial r}{\partial y_1} \delta y_1 + \frac{\partial r}{\partial z_1} \delta z_1$$

ist. Die geleistete Arbeit ist danach

$$= f(r)(\delta r + \delta_1 r) = f(r) d r.$$

Eine Anziehung $\varphi(r)$ kann als negative Abstossung angesehen werden. Man hat also in dem Falle der Anziehung $f(r) = -\varphi(r)$ zu setzen. Der Ausdruck für die Arbeit ist dann wieder $f(r) d r$.

Fig. 34.

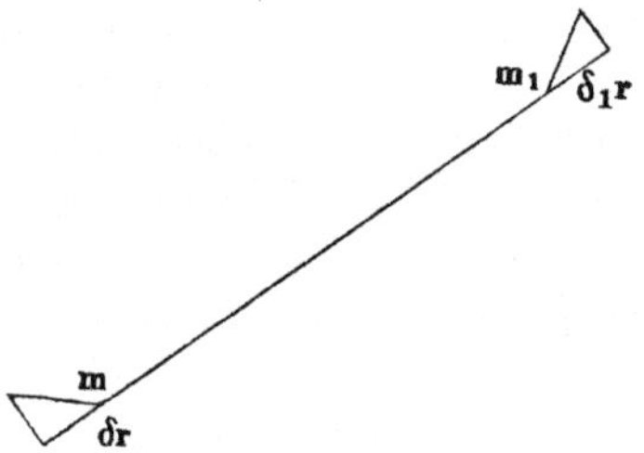

Wir bilden das Integral

$$F(r) = \int f(r) d r + const$$

und bestimmen die Integrationsconstante so, dass $F(r) = 0$ wird, wenn die Punkte unendlich entfernt sind. Dann nennt man $F(r)$ das Potential. Die mechanische Bedeutung dieser Function ist leicht zu erkennen. Es ist die Arbeit, die verrichtet wird, wenn die beiden Punkte unter Einwirkung der Kraft $f(r)$ aus unendlicher Entfernung in die Entfernung r gebracht werden.

Als Beispiele führen wir eine Abstossung oder Anziehung an, die dem Producte der Massen direct, dem Quadrat der Entfernung umgekehrt proportional ist. Im ersteren Falle ist $f(r) = \frac{m \cdot m_1}{r^2}$ und $F(r) = -\frac{m \cdot m_1}{r}$, im andern Falle $f(r) = -\frac{m \cdot m_1}{r^2}$ und $F(r) = \frac{m \cdot m_1}{r}$.

Hat man ein System von Punkten, von denen je zwei mit Kräften auf einander wirken, die in der Richtung ihrer Verbindungslinie liegen und nur von der Entfernung abhängen, so ist die Gesammtarbeit gleich der Summe der einzelnen Arbeiten, und das Potential des materiellen Systems auf sich selbst ist

$$\sum F(r),$$

wenn man $F(r)$ in Bezug auf je zwei Punkte bildet und alle so erhaltenen Functionen addirt.

Geht ein System, für welches ein Potential vorhanden ist, aus einer Lage in eine andere über, so ist die dabei geleistete Arbeit gleich der Aenderung des Gesammtpotentials. Die Arbeit ist demnach $= 0$, wenn jeder Punkt des Systems wieder in seine Anfangslage zurückkehrt. Daraus geht ohne weiteres hervor, dass die Arbeit, welche bei der Ueberführung eines Systems aus einer Lage in eine andere geleistet wird, nur von der Anfangs- und Endlage abhängig ist, dagegen unabhängig von dem Wege, auf welchem die Ueberführung stattgefunden hat. Denn es sei P die Arbeit, wenn das System auf einem bestimmten Wege aus der Anfangs- in die Endlage gebracht wird, P_1 die Arbeit, wenn dasselbe auf einem zweiten Wege geschieht. Bringt man dann das System auf dem ersten Wege aus der Anfangs- in die Endlage und danach auf dem zweiten Wege zurück aus der Endlage in die Anfangslage, so ist die geleistete Arbeit $P - P_1$. Diese muss aber $= 0$ sein, da jeder Punkt in seine ursprüngliche Lage zurückgeführt ist.

§. 82.

Das Gesammtpotential aller auftretenden Kräfte.

Nach dieser Vorbereitung wenden wir uns wieder zu unserer eigentlichen Aufgabe. Wir suchen die mechanische Arbeit, die verrichtet wird, wenn jedes Molekül des elastischen Körpers eine unendlich kleine Verschiebung erleidet. Für den Punkt (x, y, z) sei diese Verschiebung δu parallel der x-Axe, δv parallel der y-Axe, δw parallel der z-Axe. Dann erhält man als Ausdruck für die Arbeit im Innern des Körpers

$$\begin{aligned}&\int\!\!\int\!\!\int \delta u \left[\varrho X + \left(\frac{\partial X_x}{\partial x} + \frac{\partial X_y}{\partial y} + \frac{\partial X_z}{\partial z}\right)\right] dx\,dy\,dz\\ +&\int\!\!\int\!\!\int \delta v \left[\varrho Y + \left(\frac{\partial Y_x}{\partial x} + \frac{\partial Y_y}{\partial y} + \frac{\partial Y_z}{\partial z}\right)\right] dx\,dy\,dz\\ +&\int\!\!\int\!\!\int \delta w \left[\varrho Z + \left(\frac{\partial Z_x}{\partial x} + \frac{\partial Z_y}{\partial y} + \frac{\partial Z_z}{\partial z}\right)\right] dx\,dy\,dz,\end{aligned}$$

und für die Arbeit der an der Oberfläche wirkenden Kräfte

$$\int \delta u \left[\Xi + (\alpha X_x + \beta X_y + \gamma X_z)\right] d\sigma$$
$$+ \int \delta v \left[H + (\alpha Y_x + \beta Y_y + \gamma Y_z)\right] d\sigma$$
$$+ \int \delta w \left[Z + (\alpha Z_x + \beta Z_y + \gamma Z_z)\right] d\sigma.$$

In dem ersten Ausdruck ist die dreifache Integration nach x, y, z auszudehnen über den von dem Körper erfüllten Raum. In dem zweiten Ausdruck ist $d\sigma$ ein Oberflächenelement, und die Integration ist über die ganze Oberfläche des Körpers zu erstrecken. Der erste Ausdruck lässt noch theilweise eine Umformung zu, soweit nemlich die Arbeit von den elastischen Kräften herrührt. Wir betrachten zunächst das Integral

$$\int\int\int \delta u \frac{\partial X_x}{\partial x} \, dx \, dy \, dz.$$

Der Körper habe eine solche Lage gegen das Coordinatensystem, dass zu allen Punkten im Innern und in der Oberfläche positive Coordinaten gehören. Nöthigenfalls kann man dies durch parallele Verschiebung der Coordinatenebenen immer erreichen.

In der yz-Ebene nehmen wir ein unendlich kleines Rechteck von den Seiten dy, dz, dessen einer Eckpunkt — dem Anfangspunkte der Coordinaten zunächst gelegen — die Coordinaten $0, y, z$ hat (Fig. 35 a. f. S.). Ein über diesem Rechteck errichtetes gerades Prisma tritt in den Körper ebenso oft ein wie aus ihm heraus. Der Eintritt möge stattfinden an den Stellen, für welche x die Werthe x', x''', ... $x^{(2n-1)}$ hat, der Austritt dagegen an den Stellen x'', x^{IV}, ... $x^{(2n)}$. Die Werthe, welche X_x und δu an den betreffenden Stellen besitzen, mögen durch die entsprechenden oberen Indices bezeichnet werden. Durch Integration nach Theilen erhält man dann

$$dy\,dz \int \frac{\partial X_x}{\partial x} \delta u \, dx = \Big\{ X_x'' \delta u'' + X_x^{\text{IV}} \delta u^{\text{IV}} + \cdots + X_x^{(2n)} \delta u^{(2n)}$$
$$- X_x' \delta u' - X_x''' \delta u''' - \cdots - X_x^{(2n-1)} \delta u^{(2n-1)}$$
$$- \int X_x \frac{\partial \delta u}{\partial x} dx \Big\} dy\,dz.$$

Die Integrale $\int \frac{\partial X_x}{\partial x} \delta u \, dx$ und $\int X_x \frac{\partial \delta u}{\partial x} dx$ sind über alle die Theile des Elementarprisma zu erstrecken, welche innerhalb des Körpers liegen. Bezeichnen wir nun mit $d\sigma'$, $d\sigma''$, ... $d\sigma^{(2n)}$ die

Elemente, welche das Prisma bei seinem Ein- und Austritt aus der Oberfläche des Körpers herausschneidet, und mit α', β', γ'; $\alpha'', \beta'', \gamma''$;

Fig. 35.

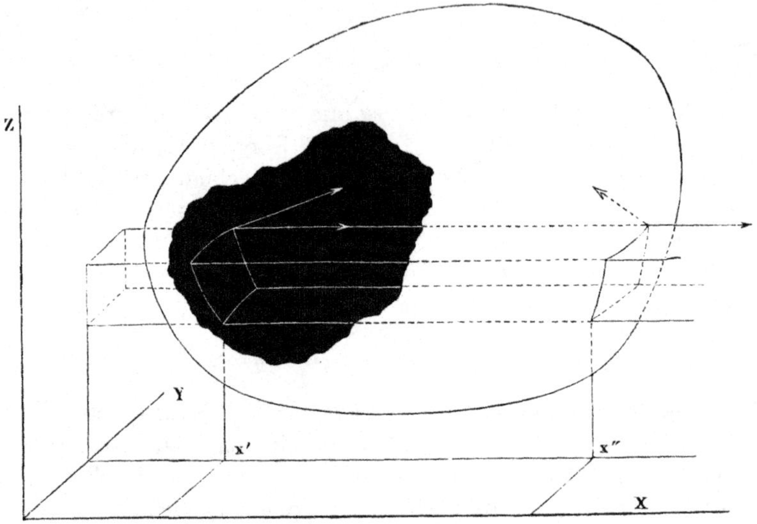

... $\alpha^{(2n)}, \beta^{(2n)}, \gamma^{(2n)}$ die Cosinus der Winkel, welche die auf $d\sigma, d\sigma''$, ... $d\sigma^{(2n)}$ nach dem Innern des Körpers gezogenen Normalen mit den positiven Axen einschliessen, so ergibt sich

$$dy\,dz = \alpha'\,.\,d\sigma' = \alpha'''\,.\,d\sigma''' \ldots = \alpha^{(2n-1)}\,.\,d\sigma^{(2n-1)},$$

dagegen

$$dy\,dz = -\,\alpha''\,.\,d\sigma'' = -\,\alpha^{\text{IV}}\,.\,d\sigma^{\text{IV}} \ldots = -\,\alpha^{(2n)}\,.\,d\sigma^{(2n)}.$$

Beachtet man dies, so erhält man

$$dy\,dz\int\frac{\partial X_x}{\partial x}\,\delta u\,dx = -\sum \alpha X_x\,\delta u\,.\,d\sigma - dy\,dz\int X_x\frac{\partial\,\delta u}{\partial x}\,dx.$$

Die beiden Integrale sind in derselben Bedeutung zu nehmen wie vorher. Die Summe $\sum \alpha X_x \delta u\,.\,d\sigma$ bezieht sich auf alle die Stellen, welche das Elementarprisma aus der Oberfläche des Körpers herausschneidet. Geht man dann zu der Integration nach y und z über, so erhält man

$$\int\int\int\frac{\partial X_x}{\partial x}\,\delta u\,dx\,dy\,dz = -\int \alpha X_x\,\delta u\,d\sigma - \int\int\int X_x\frac{\partial\,\delta u}{\partial x}\,dx\,dy\,dz.$$

Die dreifachen Integrale sind über den von dem Körper ausgefüllten

Raum auszudehnen, das Integral $\int \alpha X_x \delta u \, d\sigma$ auf seine gesammte Oberfläche. Auf demselben Wege ergibt sich

$$\int\int\int \frac{\partial X_y}{\partial y} \delta u \, dx \, dy \, dz = -\int \beta X_y \delta u \, d\sigma - \int\int\int X_y \frac{\partial \delta u}{\partial y} dx \, dy \, dz.$$

$$\int\int\int \frac{\partial X_z}{\partial z} \delta u \, dx \, dy \, dz = -\int \gamma X_z \delta u \, d\sigma - \int\int\int X_z \frac{\partial \delta u}{\partial z} dx \, dy \, dz.$$

Ebenso hat man die Integrale

$$\int\int\int \delta v \left(\frac{\partial Y_x}{\partial x} + \frac{\partial Y_y}{\partial y} + \frac{\partial Y_z}{\partial z}\right) dx \, dy \, dz$$

und

$$\int\int\int \delta w \left(\frac{\partial Z_x}{\partial x} + \frac{\partial Z_y}{\partial y} + \frac{\partial Z_z}{\partial z}\right) dx \, dy \, dz$$

zu transformiren. Fasst man dann die hervortretenden Oberflächenintegrale zusammen, so erkennt man leicht, dass sie sich gegen die entsprechenden Glieder in dem Ausdrucke der Oberflächenarbeit heben. Es bleibt als Arbeit der Kräfte an der Oberfläche

$$(1) \qquad \int (\Xi \delta u + H \delta v + Z \delta w) \, d\sigma$$

und als Arbeit der inneren elastischen Kräfte

$$-\int\int\int dx \, dy \, dz \left\{ \begin{aligned} & X_x \delta \frac{\partial u}{\partial x} + X_y \delta \frac{\partial u}{\partial y} + X_z \delta \frac{\partial u}{\partial z} \\ + & Y_x \delta \frac{\partial v}{\partial x} + Y_y \delta \frac{\partial v}{\partial y} + Y_z \delta \frac{\partial v}{\partial z} \\ + & Z_x \delta \frac{\partial w}{\partial x} + Z_y \delta \frac{\partial w}{\partial y} + Z_z \delta \frac{\partial w}{\partial z} \end{aligned} \right\}$$

oder einfacher, wenn man die Gleichungen (2) des §. 79 berücksichtigt:

$$(2) \qquad -\int\int\int dx \, dy \, dz \left\{ \begin{aligned} & X_x \delta \frac{\partial u}{\partial x} + X_y \delta \left(\frac{\partial u}{\partial y} + \frac{\partial v}{\partial x}\right) \\ + & Y_y \delta \frac{\partial v}{\partial y} + Y_z \delta \left(\frac{\partial v}{\partial z} + \frac{\partial w}{\partial y}\right) \\ + & Z_z \delta \frac{\partial w}{\partial z} + Z_x \delta \left(\frac{\partial w}{\partial x} + \frac{\partial u}{\partial z}\right) \end{aligned} \right\}$$

Die Arbeit endlich, die im Innern des Körpers von den auf die Masse wirkenden äusseren Kräften geleistet wird, ist unverändert

$$(3) \qquad \int\int\int \varrho \, dx \, dy \, dz \, (X \delta u + Y \delta v + Z \delta w).$$

Wir bezeichnen mit

$$\Phi\left(u, v, w, \frac{\partial u}{\partial x}, \frac{\partial v}{\partial y}, \frac{\partial w}{\partial z}, \left(\frac{\partial u}{\partial y}+\frac{\partial v}{\partial x}\right), \left(\frac{\partial v}{\partial z}+\frac{\partial w}{\partial y}\right), \left(\frac{\partial w}{\partial x}+\frac{\partial u}{\partial z}\right)\right)$$

eine Function, deren Variation die unter dem Integral (2) mit $dx\,dy\,dz$ multiplicirte Klammergrösse ist. Dann lässt sich die Elementararbeit der inneren elastischen Kräfte auch schreiben

$$(2^*) \qquad -\delta\int\int\int \Phi\, dx\, dy\, dz,$$

und es ist $-\int\int\int \Phi\, dx\, dy\, dz$ das Potential, soweit es von den inneren elastischen Kräften herrührt. Dass dieses Potential wirklich existirt, ist leicht einzusehen. Man hat nur zu beachten, dass die inneren elastischen Kräfte abstossende und anziehende Kräfte sind, die von der Entfernung der Moleküle abhängen.

Das Gesammtpotential ist dann, abgesehen von einer Constanten, die dem Anfangszustande entspricht:

$$-\int\int\int \Phi\, dx\, dy\, dz + \int\int\int (u X + v Y + w Z)\, \varrho\, dx\, dy\, dz$$
$$+ \int d\sigma (u\, \Xi + v H + w Z).$$

§. 83.

Die Function Φ in dem Ausdrucke für das Potential der elastischen Kräfte.

Die Function Φ kann u, v, w nicht enthalten, weil in $\delta\Phi$ die Variationen δu, δv, δw nicht vorkommen. Wir führen zur Abkürzung die Bezeichnungen ein

$$\frac{\partial u}{\partial x} = x_x, \quad \frac{\partial v}{\partial z} + \frac{\partial w}{\partial y} = y_z = z_y,$$
$$\frac{\partial v}{\partial y} = y_y, \quad \frac{\partial w}{\partial x} + \frac{\partial u}{\partial z} = z_x = x_z,$$
$$\frac{\partial w}{\partial z} = z_z, \quad \frac{\partial u}{\partial y} + \frac{\partial v}{\partial x} = x_y = y_x.$$

Dann ist

$$\delta\Phi = X_x\, \delta x_x + Y_y\, \delta y_y + Z_z\, \delta z_z$$
$$+ X_y\, \delta x_y + Y_z\, \delta y_z + Z_x\, \delta z_x.$$

Da nun X_x und die übrigen Componenten homogene lineäre Functionen von x_x, y_y, z_z, x_y, y_z, z_x sind, so muss Φ eine homogene Function zweiten Grades von denselben 6 Grössen sein. Sie enthält 21 Constanten, nemlich 6 Coefficienten der Quadrate und $\frac{6 \, . \, 5}{1 \, . \, 2}$ Coefficienten der doppelten Producte. Diese Coefficienten sind durch Experiment zu bestimmen. Setzen wir

$$\Phi = a_{11} x_x^2 + 2 a_{12} x_x y_y + a_{22} y_y^2 + \cdots$$

und berücksichtigen, dass

$$\frac{\partial \Phi}{\partial x_x} = X_x, \quad \frac{\partial \Phi}{\partial y_y} = Y_y, \quad \frac{\partial \Phi}{\partial z_z} = Z_z,$$

$$\frac{\partial \Phi}{\partial x_y} = X_y, \quad \frac{\partial \Phi}{\partial y_z} = Y_z, \quad \frac{\partial \Phi}{\partial z_x} = Z_x$$

ist, so finden sich die Componenten der elastischen Kräfte leicht durch Differentiation, nemlich

$$X_x = 2 a_{11} x_x + 2 a_{12} y_y + 2 a_{13} z_z$$
$$+ 2 a_{14} y_z + 2 a_{15} z_x + 2 a_{16} x_y,$$

und entsprechend die übrigen.

Die Function Φ lässt sich auf unendlich viele verschiedene Weisen in die Summe von 6 Quadraten umformen. In sehr einfacher Weise geschieht dies wie folgt. Der quadratische Ausdruck

$$\frac{1}{a_{11}} (a_{11} x_x + a_{12} y_y + a_{13} z_z + a_{14} y_z + a_{15} z_x + a_{16} x_y)^2$$

stimmt mit Φ in allen Gliedern überein, die x_x enthalten. Subtrahirt man also dieses Quadrat von Φ, so bleibt eine homogene Function zweiten Grades übrig, die nur noch von 5 Variabeln abhängt. Von dieser kann man wiederum einen quadratischen Ausdruck subtrahiren, der so beschaffen ist, dass die Differenz von der Variablen y_y völlig befreit ist. Durch Fortsetzung dieses Verfahrens wird Φ in eine Summe von 6 Quadraten zerlegt.

Allgemein lässt sich jede homogene Function zweiten Grades von n Variabeln

$$S = \sum_{i=1}^{n} \sum_{k=1}^{n} A_{ik} \xi_i \xi_k$$

in die algebraische Summe von n Quadraten verwandeln. Dies geschieht, indem man durch lineäre Substitution für die Variabeln $\xi_1, \xi_2, \ldots \xi_n$ n neue Variable $\eta_1, \eta_2, \ldots \eta_n$ einführt. In den n Substitutionsgleichungen von der Form

$$\xi_k = c_{k,1}\,\eta_1 + c_{k,2}\,\eta_2 + \cdots + c_{kn}\,\eta_n$$
$$(k = 1, 2, 3 \ldots n)$$

disponirt man über n^2 Coefficienten. Es treten aber nur $\frac{n(n-1)}{1 \cdot 2}$ Bedingungsgleichungen auf, nemlich die Gleichungen, welche aussprechen, dass nach Einführung der Variabeln η die Producte von je zwei verschiedenen η den Coefficienten 0 haben sollen. Folglich lässt sich die Transformation in unendlich mannichfaltiger Weise vornehmen. In unserm Falle ist vorher als Beispiel die Transformation angedeutet, bei welcher $c_{k,i} = 0$ gesetzt ist für $k > i$ und $c_{k,k} = 1$. Danach sind noch $\frac{n(n-1)}{1 \cdot 2}$ Coefficienten c disponibel, ebenso viel als Bedingungsgleichungen vorhanden sind. Hat man also über die Reihenfolge der Variabeln $x_x, y_y, z_z, x_y, y_z, z_x$ eine Bestimmung getroffen, so liefert jene besondere Art der Transformation nur ein Resultat.

Es sei nun mit Hülfe irgend einer linearen Substitution die Function S in eine Summe von Quadraten transformirt. Zeigt sich dabei, dass m Quadrate mit positiven, also $n - m$ mit negativen Coefficienten behaftet sind, so ist auch bei jeder andern Transformation, die nur quadratische Glieder liefert, die Anzahl der Quadrate mit positiven Coefficienten m, die Anzahl der Quadrate mit negativen Coefficienten $n - m$. Diesen merkwürdigen Satz hat Sylvester das Trägheitsgesetz der quadratischen Formen genannt*). Die Function heisst wesentlich positiv, wenn bei der Transformation in eine Summe von Quadraten sich ergibt, dass alle Quadrate positive Coefficienten haben, sie heisst wesentlich negativ, wenn aus der Transformation lauter Quadrate mit negativen Coefficienten hervorgehen.

Die Erfahrung hat gezeigt, dass die Constanten in der Function Φ stets solche Werthe haben, dass die Function wesentlich positiv ist. Diese Eigenschaft der Function Φ soll daher als ihr nothwendig zukommend angesehen werden.

---

*) In Betreff des Beweises muss hier verwiesen werden auf Sylvester, On a Theory of the Syzygetic relations of two rational integral functions. Sect. IV. (Philosophical Transactions of the Royal Society of London. 1853.); Jacobi (Crelle's Journal Bd. 53); Hermite (Crelle's Journal Bd. 53); Brioschi (Nouvelles Annales de Mathématiques. T. 15).

§. 84.

Das Princip des Lagrange.

Nach dem Princip des L a g r a n g e ist ein Körper unter der Einwirkung von Kräften im Gleichgewicht, wenn für irgend welche unendlich kleine Verschiebung die Summe der virtuellen Momente, d. h. die bei der Verschiebung geleistete Arbeit, $= 0$ ist.

Wir betrachten zuerst den Fall, dass auf die Masse keine äusseren Kräfte und auf die Oberfläche des Körpers keine Zug- oder Druckkräfte wirken. Dann reducirt sich das Potential auf $-\int\int\int \Phi\, dx\, dy\, dz$ und die bei einer unendlich kleinen Verschiebung geleistete Arbeit ist $-\delta \int\int\int \Phi\, dx\, dy\, dz$. Als Bedingung des Gleichgewichtes erhalten wir also

$$\delta \int\int\int \Phi\, dx\, dy\, dz = 0.$$

Das Gleichgewicht ist stabil, wenn das dreifache Integral

$$\int\int\int \Phi\, dx\, dy\, dz$$

ein Minimum ist. Der Werth dieses Integrals kann nicht negativ werden, da alle seine Elemente wesentlich positiv sind. Sein kleinster Werth ist Null, und dieser kommt nur dann zu Stande, wenn überall

$$\Phi = 0,$$

d. h. wenn an jeder Stelle des elastischen Körpers

$$\frac{\partial u}{\partial x} = 0, \quad \frac{\partial v}{\partial z} + \frac{\partial w}{\partial y} = 0,$$

$$\frac{\partial v}{\partial y} = 0, \quad \frac{\partial w}{\partial x} + \frac{\partial u}{\partial z} = 0,$$

$$\frac{\partial w}{\partial z} = 0, \quad \frac{\partial u}{\partial y} + \frac{\partial v}{\partial x} = 0.$$

Diesen Bedingungen wird genügt durch die Ausdrücke

$$u = a_0 + cy - bz,$$
$$v = b_0 + az - cx,$$
$$z = c_0 + bx - ay.$$

Darin spricht sich aus, dass alle Punkte drei gemeinschaftliche Verschiebungen parallel den drei Coordinatenaxen resp. um die unendlich kleinen Strecken a_0, b_0, c_0 erleiden, und dass alle Punkte drei gemeinschaftliche Drehbewegungen ausführen, wobei der Reihe nach die drei Coordinatenaxen als Drehungsaxen auftreten. Die bei den Drehungen von den einzelnen Punkten durchlaufenen Kreisbögen sind jedesmal dem Abstande von der Drehungsaxe proportional. Der Punkt, welcher in der Entfernung 1 von allen drei Axen liegt, durchläuft die unendlich kleinen Kreisbögen $-a$, $-b$, $-c$ resp. bei der Drehung um die Axen der x, der y, der z. Bei einer solchen Bewegung bleibt aber die gegenseitige Lage der sämmtlichen Moleküle ungeändert.

Wenn also auf die Masse keine äusseren Kräfte und auf die Oberfläche keine Zug- oder Druckkräfte wirken, so ist die unveränderte gegenseitige Lage der Moleküle die Bedingung für das Gleichgewicht der elastischen Kräfte.

Wir gehen zu dem allgemeinen Fall über, dass äussere Kräfte auf die Masse des Körpers und Zug- oder Druckkräfte auf die Oberfläche wirken. Zur Abkürzung werde gesetzt

$$-\int\!\!\int\!\!\int \Phi\, dx\, dy\, dz = \Omega,$$

$$\int\!\!\int\!\!\int (uX + vY + wZ)\,\varrho\, dx\, dy\, dz$$
$$+\int d\sigma (u\Xi + vH + wZ) = \Theta.$$

Das Gesammtpotential ist danach $\Omega + \Theta$, und wir erhalten als Bedingung des Gleichgewichts, dass

$$\delta(\Omega + \Theta) = 0$$

sein muss für irgend welche unendlich kleine Verschiebung. Diese eine Bedingungsgleichung zerfällt aber in mehrere. Man hat nur zu beachten, dass die Verschiebungen δu, δv, δw von einander unabhängig sind. Die Variation ist demnach so umzuformen, dass man sowohl unter dem dreifachen Integral als unter dem auf die Oberfläche zu erstreckenden Integral je ein Glied multiplicirt mit resp. δu, δv, δw erhält. Zu dem Ende muss man das dreifache Integral $\int\!\!\int\!\!\int \delta\Phi\, dx\, dy\, dz$, in welchem nur die nach x, y, z genommenen 9 Derivirten von δu, δv, δw vorkommen, durch Integration nach Theilen transformiren. Der Rechnungsgang ist genau die Umkehrung von dem in §. 82 vorgenommenen. Man erhält daher, nachdem die Umformung durchgeführt ist, für die (gleich Null zu setzende) Elementararbeit denselben Ausdruck wie zu Anfang des §. 82. Dann hat man sowohl unter dem dreifachen Integral als unter dem Oberflächenintegral einzeln gleich Null zu setzen, was resp. mit δu, δv, δw multiplicirt ist. Als Bedingungen des Gleichgewichts ergeben sich danach die sechs Gleichungen

$$\varrho X + \frac{\partial X_x}{\partial x} + \frac{\partial X_y}{\partial y} + \frac{\partial X_z}{\partial z} = 0,$$
$$\varrho Y + \frac{\partial Y_x}{\partial x} + \frac{\partial Y_y}{\partial y} + \frac{\partial Y_z}{\partial z} = 0,$$
$$\varrho Z + \frac{\partial Z_x}{\partial x} + \frac{\partial Z_y}{\partial y} + \frac{\partial Z_z}{\partial z} = 0,$$
$$\Xi + \alpha X_x + \beta X_y + \gamma X_z = 0,$$
$$H + \alpha Y_x + \beta Y_y + \gamma Y_z = 0,$$
$$Z + \alpha Z_x + \beta Z_y + \gamma Z_z = 0,$$

von denen die ersten drei sich auf das Innere des Körpers, die anderen drei auf die Oberfläche beziehen.

Da jedoch in diesen sechs Gleichungen die Grössen u, v, w selbst nicht vorkommen, sondern nur Functionen von

$$\frac{\partial u}{\partial x}, \quad \frac{\partial v}{\partial z} + \frac{\partial w}{\partial y},$$
$$\frac{\partial v}{\partial y}, \quad \frac{\partial w}{\partial x} + \frac{\partial u}{\partial z},$$
$$\frac{\partial w}{\partial z}, \quad \frac{\partial u}{\partial y} + \frac{\partial v}{\partial x},$$

so kann man zu den Lösungen für u, v, w, die den obigen sechs Gleichungen genügen, unbeschadet der Gültigkeit jener Gleichungen noch solche Werthe von u, v, w hinzufügen, durch welche man erhält

$$\frac{\partial u}{\partial x} = 0, \quad \frac{\partial v}{\partial z} + \frac{\partial w}{\partial y} = 0,$$
$$\frac{\partial v}{\partial y} = 0, \quad \frac{\partial w}{\partial x} + \frac{\partial u}{\partial z} = 0,$$
$$\frac{\partial w}{\partial z} = 0, \quad \frac{\partial u}{\partial y} + \frac{\partial v}{\partial x} = 0.$$

Solche Werthe von u, v, w sind (wie schon oben erwähnt) von der Form

$$u = a_0 + cy - bz,$$
$$v = b_0 + az - cx,$$
$$w = c_0 + bx - ay.$$

§. 85.

Es gibt stets ein einziges System, welches $\delta(\Omega + \Theta) = 0$ macht.

Wir wollen beweisen, dass es stets ein System von Grössen u, v, w gibt, durch welche den Bedingungsgleichungen des Gleichgewichts oder, was auf dasselbe hinausläuft, der Gleichung

$$\delta(\Omega + \Theta) = 0$$

Genüge geleistet wird. Dabei ist zu unterscheiden, ob $\Omega = 0$ oder verschieden von 0 ist.

Es sei zuerst $\Omega = 0$. Da Φ niemals negativ wird, so kann das Integral

$$\Omega = -\int\int\int \Phi\, dx\, dy\, dz$$

nur dadurch den Werth 0 erhalten, dass überall $\Phi = 0$ wird, d. h.

$$x_x = 0, \quad y_z = 0,$$
$$y_y = 0, \quad z_x = 0,$$
$$z_z = 0, \quad x_y = 0.$$

Diese Gleichungen werden aber nur durch Werthe von u, v, w erfüllt, wie sie zu Ende des vorigen §. abgeleitet sind. Und umgekehrt wird $\Omega = 0$, wenn wir

$$u = a_0 + cy - bz,$$
$$v = b_0 + az - cx,$$
$$w = c_0 + bx - ay$$

setzen. Führen wir die so gefundenen Werthe von u, v, w in den Ausdruck für Θ ein, so ergibt sich

$$
\begin{aligned}
\Theta = a_0 & \left\{ \int\int\int \varrho X\,dx\,dy\,dz + \int \Xi\,d\sigma \right\} \\
+ b_0 & \left\{ \int\int\int \varrho Y\,dx\,dy\,dz + \int H\,d\sigma \right\} \\
+ c_0 & \left\{ \int\int\int \varrho Z\,dx\,dy\,dz + \int Z\,d\sigma \right\} \\
+ a & \left\{ \begin{array}{l} \left(\int\int\int \varrho Yz\,dx\,dy\,dz + \int Hz\,d\sigma \right) \\ - \left(\int\int\int \varrho Zy\,dx\,dy\,dz + \int Zy\,d\sigma \right) \end{array} \right\} \\
+ b & \left\{ \begin{array}{l} \left(\int\int\int \varrho Zx\,dx\,dy\,dz + \int Zx\,d\sigma \right) \\ - \left(\int\int\int \varrho Xz\,dx\,dy\,dz + \int \Xi z\,d\sigma \right) \end{array} \right\} \\
+ c & \left\{ \begin{array}{l} \left(\int\int\int \varrho Xy\,dx\,dy\,dz + \int \Xi y\,d\sigma \right) \\ - \left(\int\int\int \varrho Yx\,dx\,dy\,dz + \int Hx\,d\sigma \right) \end{array} \right\}.
\end{aligned}
$$

Nun sind aber die gefundenen Werthe von u, v, w so beschaffen, dass bei der Verschiebung keine Formveränderung stattfindet. Die äusseren Kräfte und die auf die Oberfläche wirkenden Zug- und Druckkräfte müssen sich also in diesem Falle so im Gleichgewicht halten, als ob der Körper starr wäre. Stellt man dafür die Bedingungsgleichungen auf, so ergibt sich, dass in dem eben gefundenen Ausdrucke für Θ die Grössen, die resp. mit a_0, b_0, c_0, a, b, c multiplicirt sind, einzeln $= 0$ sein müssen. Es drücken nemlich die mit a_0, b_0, c_0 multiplicirten Grössen die Componenten der Gesammtkraft aus, die auf den (zum Coordinaten-Anfang genommenen) Schwerpunkt des starr gedachten Körpers einwirkt, und die mit a, b, c multiplicirten Grössen sind die Momente der Drehung resp. um die Axe der x, der y und der z.

Ist also $\Omega = 0$, so kann nicht anders Gleichgewicht vorhanden sein, als wenn auch $\Theta = 0$ wird. Hat aber Θ einen von 0 verschiedenen Werth, so kann Φ nicht $= 0$ sein. Denn aus $\Phi = 0$ würde nothwendig wieder $\Theta = 0$ folgen, gegen die Voraussetzung.

Wir gehen zu dem zweiten Falle über, dass Θ von 0 verschieden ist, und betrachten alle Systeme von Grössen u, v, w, die der Nebenbedingung genügen, dass Θ einen constanten Werth A annehme. Unter allen diesen Systemen ist, wie eben bewiesen, keins, das $\Omega = 0$ liefern könnte. Wir werden also, wenn wir an der

Nebenbedingung $\Theta = A$ festhalten, $-\Omega$ stets positiv erhalten. Unter allen den Systemen von Grössen u, v, w, welche der Nebenbedingung genügen, ist dann jedenfalls eins (u', v', w') vorhanden, für welches die Function $-\Omega$ ihren kleinsten positiven Werth annimmt. Wir erhalten dieses System (u', v', w'), indem wir die erste Variation von Ω gleich Null setzen, dabei jedoch berücksichtigen, dass nur solche Variationen $\delta u, \delta v, \delta w$ zulässig sind, welche mit der Gleichung $\Theta = A$ verträglich sind. Nach Lagrange wird die Nebenbedingung sogleich mit berücksichtigt, indem man

$$\delta(\Omega + \mu\Theta) = 0$$

setzt. μ bezeichnet dabei eine Constante, die nur von A abhängig ist.

Wir haben danach bewiesen, dass unter allen Systemen (u, v, w), welche $\Theta = A$ machen, jedenfalls eins (u', v', w') vorhanden ist, für welches die von 0 verschiedene, positive Function $-\Omega$ zu einem Minimum wird. Und dieses System (u', v', w') macht die Variation von $\Omega + \mu\Theta$ zu Null. Die Bedingungs-Gleichungen dafür lauten aber

$$\frac{\partial X_x}{\partial x} + \frac{\partial X_y}{\partial y} + \frac{\partial X_z}{\partial z} + \mu\varrho X = 0,$$

$$\frac{\partial Y_x}{\partial x} + \frac{\partial Y_y}{\partial y} + \frac{\partial Y_z}{\partial z} + \mu\varrho Y = 0,$$

$$\frac{\partial Z_x}{\partial x} + \frac{\partial Z_y}{\partial y} + \frac{\partial Z_z}{\partial z} + \mu\varrho Z = 0,$$

$$\alpha X_x + \beta X_y + \gamma X_z + \mu\Xi = 0,$$

$$\alpha Y_x + \beta Y_y + \gamma Y_z + \mu H = 0,$$

$$\alpha Z_x + \beta Z_y + \gamma Z_z + \mu Z = 0.$$

Hat man das immer vorhandene System (u', v', w') ausfindig gemacht, das diesen Bedingungen Genüge leistet, so braucht man nur $u = \frac{u'}{\mu}$, $v = \frac{v'}{\mu}$, $w = \frac{w'}{\mu}$ zu setzen, um solche Werthe von u, v, w zu erlangen, welche die Bedingung $\delta(\Omega + \Theta)$ erfüllen.

Es bleibt noch zu untersuchen, ob es ausser der gefundenen Lösung noch andere gibt, d. h. ob ausser dem System (u', v', w') noch ein anderes u'', v'', w'' vorhanden sein kann, für welches ebenfalls

$$\Theta = A,$$

$$-\Omega = Min.$$

Angenommen, dies wäre der Fall, so müssten die Werthe

$$u = u'' - u',$$
$$v = v'' - v',$$
$$w = w'' - w'$$

den Bedingungsgleichungen genügen

$$\frac{\partial X_x}{\partial x} + \frac{\partial X_y}{\partial y} + \frac{\partial X_z}{\partial z} = 0,$$
$$\frac{\partial Y_x}{\partial x} + \frac{\partial Y_y}{\partial y} + \frac{\partial Y_z}{\partial z} = 0,$$
$$\frac{\partial Z_x}{\partial x} + \frac{\partial Z_y}{\partial y} + \frac{\partial Z_z}{\partial z} = 0,$$
$$\alpha X_x + \beta X_y + \gamma X_z = 0,$$
$$\alpha Y_x + \beta Y_y + \gamma Y_z = 0,$$
$$\alpha Z_x + \beta Z_y + \gamma Z_z = 0.$$

Diese Gleichungen sind aber dieselben, die sich ergeben würden, wenn man die auf die Masse wirkenden äusseren Kräfte und die auf die Oberfläche ausgeübten Zug- und Druckkräfte $= 0$ setzte. Es müsste also $-\int\int\int \Phi\, dx\, dy\, dz = 0$ sein, d. h.

$$u'' - u' = a_0 + cy - bz,$$
$$v'' - v' = b_0 + az - cx,$$
$$w'' - w' = c_0 + bx - ay.$$

Danach ist (mit Rücksicht auf den Schluss des vorigen §.) die Lösung (u'', v'', w'') keine neue, sondern von der Lösung (u', v', w') nur um solche Werthe verschieden, für welche

$$x_x = 0, \quad y_z = z_y = 0,$$
$$y_y = 0, \quad z_x = x_z = 0,$$
$$z_z = 0, \quad x_y = y_x = 0.$$

§. 86.

Transformation der rechtwinkligen Coordinaten.

Wir gehen zu dem besondern Fall über, dass der Körper in Betreff der Elasticität eine durchaus homogene Constitution besitzt. Dann darf die Function Φ keine Formänderung erleiden, wenn man von dem ursprünglichen rechtwinkligen Coordinatensystem zu irgend einem anderen rechtwinkligen System mit demselben Anfangspunkt übergeht.

Die neuen Coordinaten sollen mit x', y', z' bezeichnet werden. Zur Transformation der Coordinaten dienen die Gleichungen

$$(1) \qquad \begin{aligned} x &= \alpha_1 x' + \beta_1 y' + \gamma_1 z', \\ y &= \alpha_2 x' + \beta_2 y' + \gamma_2 z', \\ z &= \alpha_3 x' + \beta_3 y' + \gamma_3 z'. \end{aligned}$$

Zwischen den 9 Coefficienten bestehen 22 Relationen, die hier zunächst ins Gedächtniss gerufen werden sollen.

Bezeichnet r den Abstand eines Punktes vom Anfangspunkte der Coordinaten, so hat man

$$r^2 = x^2 + y^2 + z^2 = x'^2 + y'^2 + z'^2.$$

Setzt man hier für x, y, z ihre Werthe aus (1) ein, so erhält man die folgenden 6 Gleichungen

$$\begin{aligned} \alpha_1^2 + \alpha_2^2 + \alpha_3^2 &= 1, & \alpha_1 \beta_1 + \alpha_2 \beta_2 + \alpha_3 \beta_3 &= 0, \\ \beta_1^2 + \beta_2^2 + \beta_3^2 &= 1, & \beta_1 \gamma_1 + \beta_2 \gamma_2 + \beta_3 \gamma_3 &= 0, \\ \gamma_1^2 + \gamma_2^2 + \gamma_3^2 &= 1, & \gamma_1 \alpha_1 + \gamma_2 \alpha_2 + \gamma_3 \alpha_3 &= 0. \end{aligned}$$

Von den Gleichungen (1) kann man leicht zu den folgenden gelangen

$$(2) \qquad \begin{aligned} x' &= \alpha_1 x + \alpha_2 y + \alpha_3 z, \\ y' &= \beta_1 x + \beta_2 y + \beta_3 z, \\ z' &= \gamma_1 x + \gamma_2 y + \gamma_3 z. \end{aligned}$$

Man erhält sie ohne weiteres, indem man an den unter (1) gegebenen Ausdrücken für x, y, z die auf der rechten Seite der Gleichungen (2) vorgeschriebenen Operationen ausführt und die vorher gefundenen 6 Relationen der Coefficienten berücksichtigt. Die Gleichungen (2) sind aber von ähnlicher Form wie die Gleichungen (1). Es treten also den ersten 6 Relationen die folgenden an die Seite:

$$\begin{aligned} \alpha_1^2 + \beta_1^2 + \gamma_1^2 &= 1, & \alpha_1 \alpha_2 + \beta_1 \beta_2 + \gamma_1 \gamma_2 &= 0, \\ \alpha_2^2 + \beta_2^2 + \gamma_2^2 &= 1, & \alpha_2 \alpha_3 + \beta_2 \beta_3 + \gamma_2 \gamma_3 &= 0, \\ \alpha_3^2 + \beta_3^2 + \gamma_3^2 &= 1, & \alpha_3 \alpha_1 + \beta_3 \beta_1 + \gamma_3 \gamma_1 &= 0. \end{aligned}$$

Mit Hülfe der Substitution (1) geht man von den Coordinaten x, y, z zu den neuen Coordinaten x', y', z' über. Die Determinante dieser Substitution möge mit R bezeichnet werden, also

$$R = \begin{vmatrix} \alpha_1 & \beta_1 & \gamma_1 \\ \alpha_2 & \beta_2 & \gamma_2 \\ \alpha_3 & \beta_3 & \gamma_3 \end{vmatrix}.$$

Die Substitution (2) führt von den Coordinaten x', y', z' zu den Coordinaten x, y, z. Die Determinante der Substitution ist ebenfalls R, nemlich

$$= \begin{vmatrix} \alpha_1 & \alpha_2 & \alpha_3 \\ \beta_1 & \beta_2 & \beta_3 \\ \gamma_1 & \gamma_2 & \gamma_3 \end{vmatrix}.$$

Geht man nun mit Hülfe der Substitution (1) von den Variabeln x, y, z zu x', y', z' über und dann mit Hülfe der Substitution (2) von x', y', z' wieder zu x, y, z, so ist das Resultat dasselbe, als ob man direct die Substitution angewandt hätte

$$\begin{aligned} x &= 1 \,.\, x + 0 \,.\, y + 0 \,.\, z, \\ y &= 0 \,.\, x + 1 \,.\, y + 0 \,.\, z, \\ z &= 0 \,.\, x + 0 \,.\, y + 1 \,.\, z, \end{aligned}$$

und die Determinante dieser Substitution ist $= 1$, nemlich

$$\begin{vmatrix} 1 & 0 & 0 \\ 0 & 1 & 0 \\ 0 & 0 & 1 \end{vmatrix}.$$

Gelangt man aber durch zwei aufeinander folgende Substitutionen von einem System von Variabeln zu einem zweiten und von da zu einem dritten, so ist das Product der beiden Substitutions-Determinanten gleich der Determinante der Substitution, welche direct von dem ersten System von Variabeln zu dem dritten führt. In unserm Falle gibt das $R \,.\, R = 1$, d. h.

$$R = \begin{vmatrix} \alpha_1 & \beta_1 & \gamma_1 \\ \alpha_2 & \beta_2 & \gamma_2 \\ \alpha_3 & \beta_3 & \gamma_3 \end{vmatrix} = \pm 1.$$

Dies ist die dreizehnte Relation. Die übrigen 9 findet man folgendermaassen. Löst man das System (1) nach x', y', z' auf und vergleicht das Resultat mit (2), so ergibt sich

$$\alpha_1 = \frac{1}{R}\begin{vmatrix} \beta_2 & \gamma_2 \\ \beta_3 & \gamma_3 \end{vmatrix}, \quad \beta_1 = \frac{1}{R}\begin{vmatrix} \gamma_2 & \alpha_2 \\ \gamma_3 & \alpha_3 \end{vmatrix}, \quad \gamma_1 = \frac{1}{R}\begin{vmatrix} \alpha_2 & \beta_2 \\ \alpha_3 & \beta_3 \end{vmatrix},$$

$$\alpha_2 = \frac{1}{R}\begin{vmatrix} \beta_3 & \gamma_3 \\ \beta_1 & \gamma_1 \end{vmatrix}, \quad \beta_2 = \frac{1}{R}\begin{vmatrix} \gamma_3 & \alpha_3 \\ \gamma_1 & \alpha_1 \end{vmatrix}, \quad \gamma_2 = \frac{1}{R}\begin{vmatrix} \alpha_3 & \beta_3 \\ \alpha_1 & \beta_1 \end{vmatrix},$$

$$\alpha_3 = \frac{1}{R}\begin{vmatrix} \beta_1 & \gamma_1 \\ \beta_2 & \gamma_2 \end{vmatrix}, \quad \beta_3 = \frac{1}{R}\begin{vmatrix} \gamma_1 & \alpha_1 \\ \gamma_2 & \alpha_2 \end{vmatrix}, \quad \gamma_3 = \frac{1}{R}\begin{vmatrix} \alpha_1 & \beta_1 \\ \alpha_2 & \beta_2 \end{vmatrix}.$$

Und dieses sind, wenn man beachtet, dass $R = \pm 1$ ist, die letzten 9 Relationen.

§. 87.

Körper von homogener Constitution. Besondere Form der Function Φ.

Φ ist eine homogene Function zweiten Grades von den sechs Grössen

$$(1) \quad x_x = \frac{\partial u}{\partial x}, \qquad (4) \quad y_z = \frac{\partial v}{\partial z} + \frac{\partial w}{\partial y},$$

$$(2) \quad y_y = \frac{\partial v}{\partial y}, \qquad (5) \quad z_x = \frac{\partial w}{\partial x} + \frac{\partial u}{\partial z},$$

$$(3) \quad z_z = \frac{\partial w}{\partial z}, \qquad (6) \quad x_y = \frac{\partial u}{\partial y} + \frac{\partial v}{\partial x}.$$

Durch Einführung der neuen Coordinaten wird bewirkt, dass in dem Ausdrucke für Φ sechs neue Grössen

$$(1') \quad x'_{x'} = \frac{\partial u'}{\partial x'}, \qquad (4') \quad y'_{z'} = \frac{\partial v'}{\partial z'} + \frac{\partial w'}{\partial y'},$$

$$(2') \quad y'_{y'} = \frac{\partial v'}{\partial y'}, \qquad (5') \quad z'_{x'} = \frac{\partial w'}{\partial x'} + \frac{\partial u'}{\partial z'},$$

$$(3') \quad z'_{z'} = \frac{\partial w'}{\partial z'}, \qquad (6') \quad x'_{y'} = \frac{\partial u'}{\partial y'} + \frac{\partial v'}{\partial x'}$$

auftreten und es wird — da die ersten sechs Grössen lineär und homogen durch die letzten sich ausdrücken lassen, — auch der neue Ausdruck für Φ eine homogene Function zweiten Grades von den letzten 6 Grössen sein. Es fragt sich nun, von welcher Form der ursprüngliche Ausdruck von Φ sein müsse, damit der neue Ausdruck in derselben Form wieder erscheine.

Um diese Frage zu untersuchen, wollen wir zunächst die positiven Axen der x' und der y' resp. mit den positiven Axen der x und der y zusammenfallen lassen, dagegen die positive Axe der z' mit der negativen Axe der z. Dadurch geht nur z in $-z'$ und w in $-w'$ über. Es wird also

$$x_x = x'_{x'}, \qquad y_z = -y'_{z'},$$
$$y_y = y'_{y'}, \qquad z_x = -z'_{x'},$$
$$z_z = z'_{z'}, \qquad x_y = x'_{y'}.$$

Soll demnach in dem Ausdrucke für Φ keine Formänderung vor sich gehen, so darf keine der Grössen (1), (2), (3), (6) mit (4) oder mit (5) multiplicirt vorkommen.

Wir legen zweitens die positiven Axen der z' und der x' resp. in die positiven Axen der z und der x, dagegen die positive Axe der y' in die negative Axe der y. Dann hat man nur in (4) und (6) die Vorzeichen zu ändern, um resp. (4') und (6') zu erlangen. Die übrigen Grössen bleiben ungeändert. Soll also Φ nach Einführung der neuen Variabeln in derselben Form wieder auftreten wie vorher, so darf keine der Grössen (1), (2), (3), (5) mit (4) oder (6) multiplicirt sein.

Es mögen ferner die positiven Axen der y' und der z' resp. mit den positiven Axen der y und der z zusammenfallen, aber die positive Axe der x' mit der negativen Axe der x. Dann bleiben die Grössen (1), (2), (3), (4) unverändert, in (5) und (6) hat man die Vorzeichen zu ändern. Die Function Φ ändert in diesem Falle nur unter der Bedingung ihre Form nicht, dass keine der Grössen (1), (2), (3), (4) mit (5) oder mit (6) multiplicirt ist.

Fassen wir die gewonnenen drei Bedingungen zusammen, so zeigt sich, dass in dem Ausdrucke für Φ nur die Quadrate und die doppelten Producte der Grössen (1), (2), (3) und die Quadrate der Grössen (4), (5), (6) vorkommen können.

Nun soll weiter die positive Axe der x' in die positive Axe der y und umgekehrt die positive Axe der y' in die positive Axe der x gelegt werden, während die positiven Axen der z' und der z zusammenfallen. Dadurch ergibt sich

$$x'_{x'} = y_y, \qquad y'_{z'} = z_x,$$
$$y'_{y'} = x_x, \qquad z'_{x'} = y_z,$$
$$z'_{z'} = z_z, \qquad x'_{y'} = x_y.$$

Folglich muss in Φ das Quadrat von (1) denselben Coefficienten haben wie das Quadrat von (2), das Quadrat von (4) denselben

Coefficienten wie das Quadrat von (5) und das Product von (1) und (3) denselben Coefficienten wie das Product von (2) und (3).

Entsprechende Bedingungen ergeben sich, wenn man unter Beibehaltung der x oder der y die beiden anderen Axen vertauscht. Fasst man auch hier die Bedingungen wieder zusammen, so zeigt sich, dass überhaupt nur drei Coefficienten auftreten, nemlich der erste gemeinschaftlich für die Quadrate von (1), (2), (3), der zweite gemeinschaftlich für die doppelten Producte von je zweien der Grössen (1), (2), (3) und der dritte gemeinschaftlich für die Quadrate von (4), (5), (6). Danach ist

$$\Phi = A\left\{\left(\frac{\partial u}{\partial x}\right)^2 + \left(\frac{\partial v}{\partial y}\right)^2 + \left(\frac{\partial w}{\partial z}\right)^2\right\}$$
$$+ 2B\left\{\frac{\partial u}{\partial x}\frac{\partial v}{\partial y} + \frac{\partial v}{\partial y}\frac{\partial w}{\partial z} + \frac{\partial w}{\partial z}\frac{\partial u}{\partial x}\right\}$$
$$+ C\left\{\left(\frac{\partial v}{\partial z} + \frac{\partial w}{\partial y}\right)^2 + \left(\frac{\partial w}{\partial x} + \frac{\partial u}{\partial z}\right)^2 + \left(\frac{\partial u}{\partial y} + \frac{\partial v}{\partial x}\right)^2\right\},$$

wofür man auch schreiben kann

$$\Phi = B\left(\frac{\partial u}{\partial x} + \frac{\partial v}{\partial y} + \frac{\partial w}{\partial z}\right)^2 + B'\left\{\left(\frac{\partial u}{\partial x}\right)^2 + \left(\frac{\partial v}{\partial y}\right)^2 + \left(\frac{\partial w}{\partial z}\right)^2\right\}$$
$$+ C\left\{\left(\frac{\partial v}{\partial z} + \frac{\partial w}{\partial y}\right)^2 + \left(\frac{\partial w}{\partial x} + \frac{\partial u}{\partial z}\right)^2 + \left(\frac{\partial u}{\partial y} + \frac{\partial v}{\partial x}\right)^2\right\}.$$

Wir haben nun noch das Coordinatensystem beliebig um den Anfangspunkt zu drehen. Legen wir die positive z'-Axe in die positive z-Axe und setzen fest, dass die positiven Axen der x' und der x einen Winkel φ einschliessen sollen, so ist

$$x' = x\cos\varphi + y\sin\varphi, \qquad u' = u\cos\varphi + v\sin\varphi,$$
$$y' = -x\sin\varphi + y\cos\varphi, \qquad v' = -u\sin\varphi + v\cos\varphi,$$
$$z' = z, \qquad w' = w,$$
$$u = u'\cos\varphi - v'\sin\varphi,$$
$$v = u'\sin\varphi + v'\cos\varphi,$$
$$w = w'.$$

Daraus berechnen wir

(1) $$\frac{\partial u}{\partial x} = \frac{\partial u'}{\partial x'}\cos\varphi^2 - \left(\frac{\partial u'}{\partial y'} + \frac{\partial v'}{\partial x'}\right)\sin\varphi\cos\varphi + \frac{\partial v'}{\partial y'}\sin\varphi^2,$$

(2) $$\frac{\partial v}{\partial y} = \frac{\partial u'}{\partial x'}\sin\varphi^2 + \left(\frac{\partial u'}{\partial y'} + \frac{\partial v'}{\partial x'}\right)\sin\varphi\cos\varphi + \frac{\partial v'}{\partial y'}\cos\varphi^2,$$

(3) $$\frac{\partial w}{\partial z} = \frac{\partial w'}{\partial z'},$$

$$(4)\qquad \frac{\partial v}{\partial z}+\frac{\partial w}{\partial y}=\left(\frac{\partial w'}{\partial x'}+\frac{\partial u'}{\partial z'}\right)\sin\varphi+\left(\frac{\partial v'}{\partial z'}+\frac{\partial w'}{\partial y'}\right)\cos\varphi,$$

$$(5)\qquad \frac{\partial w}{\partial x}+\frac{\partial u}{\partial z}=\left(\frac{\partial w'}{\partial x'}+\frac{\partial u'}{\partial z'}\right)\cos\varphi-\left(\frac{\partial v'}{\partial z'}+\frac{\partial w'}{\partial y'}\right)\sin\varphi,$$

$$(6)\qquad \frac{\partial u}{\partial y}+\frac{\partial v}{\partial x}=\left(\frac{\partial u'}{\partial x'}+\frac{\partial v'}{\partial y'}\right)\sin 2\varphi+\left(\frac{\partial u'}{\partial y'}+\frac{\partial v'}{\partial x'}\right)\cos 2\varphi.$$

Man sieht, dass in dem Ausdrucke für Φ das Glied

$$B\left(\frac{\partial u}{\partial x}+\frac{\partial v}{\partial y}+\frac{\partial w}{\partial z}\right)^2$$

übergeht in

$$B\left(\frac{\partial u'}{\partial x'}+\frac{\partial v'}{\partial y'}+\frac{\partial w'}{\partial z'}\right)^2,$$

ferner das Glied

$$B'\left(\frac{\partial w}{\partial z}\right)^2 \quad \text{in } B'\left(\frac{\partial w'}{\partial z'}\right)^2$$

und das Glied

$$C\left\{\left(\frac{\partial v}{\partial z}+\frac{\partial w}{\partial y}\right)^2+\left(\frac{\partial w}{\partial x}+\frac{\partial u}{\partial z}\right)^2\right\}$$

in

$$C\left\{\left(\frac{\partial v'}{\partial z'}+\frac{\partial w'}{\partial y'}\right)^2+\left(\frac{\partial w'}{\partial x'}+\frac{\partial u'}{\partial z'}\right)^2\right\}.$$

Diese Glieder erleiden also keine Formveränderung. Es bleibt ausser ihnen noch übrig

$$B'\left\{\left(\frac{\partial u}{\partial x}\right)^2+\left(\frac{\partial v}{\partial y}\right)^2\right\}+C\left(\frac{\partial u}{\partial y}+\frac{\partial v}{\partial x}\right)^2$$

oder, was dasselbe ist:

$$\frac{B'}{2}\left\{\left(\frac{\partial u}{\partial x}+\frac{\partial v}{\partial y}\right)^2+\left(\frac{\partial u}{\partial x}-\frac{\partial v}{\partial y}\right)^2\right\}+C\left(\frac{\partial u}{\partial y}+\frac{\partial v}{\partial x}\right)^2.$$

Nun ist aber weiter

$$\frac{B'}{2}\left(\frac{\partial u}{\partial x}+\frac{\partial v}{\partial y}\right)^2=\frac{B'}{2}\left(\frac{\partial u'}{\partial x'}+\frac{\partial v'}{\partial y'}\right)^2,$$

und deshalb brauchen wir nur noch zu untersuchen, was aus dem Beitrage

$$\frac{B'}{2}\left(\frac{\partial u}{\partial x}-\frac{\partial v}{\partial y}\right)^2+C\left(\frac{\partial u}{\partial y}+\frac{\partial v}{\partial x}\right)^2$$

wird. Es findet sich

$$\frac{\partial u}{\partial x}-\frac{\partial v}{\partial y}=\left(\frac{\partial u'}{\partial x'}-\frac{\partial v'}{\partial y'}\right)\cos 2\varphi-\left(\frac{\partial u'}{\partial y'}+\frac{\partial v'}{\partial x'}\right)\sin 2\varphi,$$

$$\frac{\partial u}{\partial y}+\frac{\partial v}{\partial x}=\left(\frac{\partial u'}{\partial x'}-\frac{\partial v'}{\partial y'}\right)\sin 2\varphi+\left(\frac{\partial u'}{\partial y'}+\frac{\partial v'}{\partial x'}\right)\cos 2\varphi.$$

Soll also durch die Einführung der neuen Variabeln das Glied

$$\frac{B'}{2}\left(\frac{\partial u}{\partial x}-\frac{\partial v}{\partial y}\right)^2+C\left(\frac{\partial u}{\partial y}+\frac{\partial v}{\partial x}\right)^2$$

keine Formänderung erleiden, so muss das doppelte Product

$$2\left(-\frac{B'}{2}+C\right)\left(\frac{\partial u'}{\partial x'}-\frac{\partial v'}{\partial y'}\right)\left(\frac{\partial u'}{\partial y'}+\frac{\partial v'}{\partial y'}\right) \sin 2\varphi \cos 2\varphi$$

herausfallen, d. h. es muss

$$-\frac{B'}{2}+C=0$$

gesetzt werden. Dann wird in der That

$$\frac{B'}{2}\left\{\left(\frac{\partial u}{\partial x}-\frac{\partial v}{\partial y}\right)^2+\left(\frac{\partial u}{\partial y}+\frac{\partial v}{\partial x}\right)^2\right\}$$

übergehen in

$$\frac{B'}{2}\left\{\left(\frac{\partial u'}{\partial x'}-\frac{\partial v'}{\partial y'}\right)^2+\left(\frac{\partial u'}{\partial y'}+\frac{\partial v'}{\partial x'}\right)^2\right\}.$$

Wir sehen hieraus, dass bei einer Drehung des Coordinatensystems um die z-Axe die Function Φ keine Formänderung erleidet, wenn wir setzen

$$\Phi=B\left(\frac{\partial u}{\partial x}+\frac{\partial v}{\partial y}+\frac{\partial w}{\partial z}\right)^2+B'\left\{\left(\frac{\partial u}{\partial x}\right)^2+\left(\frac{\partial v}{\partial y}\right)^2+\left(\frac{\partial w}{\partial z}\right)^2\right\}$$
$$+\frac{1}{2}B'\left\{\left(\frac{\partial v}{\partial z}+\frac{\partial w}{\partial y}\right)^2+\left(\frac{\partial w}{\partial x}+\frac{\partial u}{\partial y}\right)^2+\left(\frac{\partial u}{\partial y}+\frac{\partial v}{\partial x}\right)^2\right\}.$$

Dieser Ausdruck bleibt aber derselbe, wenn man irgendwie die Axen vertauscht. Wir hätten also auch ebenso gut um die Axe der x oder die Axe der y das Coordinatensystem drehen können, ohne dass Φ eine Formänderung erlitten hätte. Da man aber durch drei auf einander folgende Drehungen um je eine Axe von einem gegebenen rechtwinkligen Coordinatensystem zu einem beliebigen andern rechtwinkligen System übergehen kann, so ist nun bewiesen, dass bei einem solchen Uebergange die Function

$$\Phi=B(x_x+y_y+z_z)^2+B'(x_x^2+y_y^2+z_z^2)$$
$$+\frac{1}{2}B'(y_z^2+z_x^2+x_y^2)$$

ihre Form nicht ändert.

Wir könnten dies auch noch nachträglich verificiren, indem wir direct die Gleichungen (1) und (2) des vorigen §. und ihnen entsprechend die Gleichungen

$$u = \alpha_1 u' + \beta_1 v' + \gamma_1 w',$$
$$v = \alpha_2 u' + \beta_2 v' + \gamma_2 w',$$
$$w = \alpha_3 u' + \beta_3 v' + \gamma_3 w'$$

in die Rechnung einführten und die 22 Relationen zwischen den 9 Coefficienten der Substitution berücksichtigten.

Es ist noch zu bemerken, dass die Summe

$$\frac{\partial u}{\partial x} + \frac{\partial v}{\partial y} + \frac{\partial w}{\partial z},$$

welche von der Lage des Coordinatensystems unabhängig ist, sich leicht geometrisch interpretiren lässt. Geht nemlich x, y, z über in resp. $x + u$, $y + v$, $z + w$, so haben wir

$$dx + \frac{\partial u}{\partial x} dx \qquad \text{statt } dx,$$

$$dy + \frac{\partial v}{\partial y} dy \qquad \text{statt } dy,$$

$$dz + \frac{\partial w}{\partial z} dz \qquad \text{statt } dz$$

zu setzen, und während vorher das Volumelement

$$dx\, dy\, dz$$

war, ist es jetzt

$$dx\,dy\,dz + \left(\frac{\partial u}{\partial x} + \frac{\partial v}{\partial y} + \frac{\partial w}{\partial z}\right) dx\,dy\,dz.$$

Die Producte der Grössen $\frac{\partial u}{\partial x}, \frac{\partial v}{\partial y}, \frac{\partial w}{\partial z}$ unter einander können wir als unendlich klein von höherer Ordnung gegen die ersten Potenzen vernachlässigen. Also repräsentirt

$$\frac{\partial u}{\partial x} + \frac{\partial v}{\partial y} + \frac{\partial w}{\partial z}$$

die Dilatation der Volumeneinheit, die wir mit θ bezeichnen wollen.

§. 88.

Fortsetzung. Die Differentialgleichungen der Bewegung.

Für die Coefficienten B und B' in dem gefundenen Ausdrucke für Φ mögen noch die gebräuchlicheren Bezeichnungen eingeführt werden, nemlich

$$2B = \lambda,$$
$$B' = \mu.$$

Dann haben wir

$$\Phi = \frac{1}{2}\lambda\theta^2 + \mu(x_x^2 + y_y^2 + z_z^2) + \frac{1}{2}\mu(y_z^2 + z_x^2 + x_y^2),$$

und daraus können wir leicht nach §. 82 die Componenten der elastischen Kräfte ableiten. Es ergeben sich

normal gegen das Körperelement die Kräfte

$$X_x = \lambda\theta + 2\mu\frac{\partial u}{\partial x},$$

$$Y_y = \lambda\theta + 2\mu\frac{\partial v}{\partial y},$$

$$Z_z = \lambda\theta + 2\mu\frac{\partial w}{\partial z};$$

tangential gegen das Körperelement die Kräfte

$$Y_z = Z_y = \mu\left(\frac{\partial v}{\partial z} + \frac{\partial w}{\partial y}\right),$$

$$Z_x = X_z = \mu\left(\frac{\partial w}{\partial x} + \frac{\partial u}{\partial z}\right),$$

$$X_y = Y_x = \mu\left(\frac{\partial u}{\partial y} + \frac{\partial v}{\partial x}\right).$$

Die Differentialgleichungen der Bewegung sind in §. 79 unter (1) aufgestellt. Es ist leicht, die einfachere Form zu finden, die sie für das hier vorliegende Problem annehmen. Wir erhalten

$$\frac{\partial X_x}{\partial x} = \lambda\frac{\partial\theta}{\partial x} + \mu\frac{\partial^2 u}{\partial x^2} + \mu\frac{\partial^2 u}{\partial x^2},$$

$$\frac{\partial X_y}{\partial y} = \mu\frac{\partial^2 u}{\partial y^2} + \mu\frac{\partial^2 v}{\partial y\,\partial x},$$

$$\frac{\partial X_z}{\partial z} = \mu\frac{\partial^2 u}{\partial z^2} + \mu\frac{\partial^2 w}{\partial z\,\partial x},$$

und daraus durch Addition

$$\frac{\partial X_x}{\partial x} + \frac{\partial X_y}{\partial y} + \frac{\partial X_z}{\partial z} = \lambda \frac{\partial \theta}{\partial x} + \mu \left(\frac{\partial^2 u}{\partial x^2} + \frac{\partial^2 u}{\partial y^2} + \frac{\partial^2 u}{\partial z^2} \right)$$

$$+ \mu \frac{\partial \left(\frac{\partial u}{\partial x} + \frac{\partial v}{\partial y} + \frac{\partial w}{\partial z} \right)}{\partial x}$$

$$= (\lambda + \mu) \frac{\partial \theta}{\partial x} + \mu \Delta^2 u,$$

wenn zur Abkürzung

$$\frac{\partial^2 u}{\partial x^2} + \frac{\partial^2 u}{\partial y^2} + \frac{\partial^2 u}{\partial z^2} = \Delta^2 u$$

gesetzt wird. Entsprechende Ausdrücke ergeben sich für die in der zweiten und dritten Bewegungsgleichung vorkommenden elastischen Componenten. Demnach haben wir jetzt für die Bewegung die Differentialgleichungen

$$(1) \qquad \begin{aligned} \varrho \frac{\partial^2 u}{\partial t^2} &= \varrho X' + (\lambda + \mu) \frac{\partial \theta}{\partial x} + \mu \Delta^2 u, \\ \varrho \frac{\partial^2 v}{\partial t^2} &= \varrho Y' + (\lambda + \mu) \frac{\partial \theta}{\partial y} + \mu \Delta^2 v, \\ \varrho \frac{\partial^2 w}{\partial t^2} &= \varrho Z' + (\lambda + \mu) \frac{\partial \theta}{\partial z} + \mu \Delta^2 w, \end{aligned}$$

und dazu lauten die Bedingungen für die Oberfläche

$$(2) \qquad \begin{aligned} \alpha X_x + \beta X_y + \gamma X_z + \Xi &= 0, \\ \alpha Y_x + \beta Y_y + \gamma Y_z + H &= 0, \\ \alpha Z_x + \beta Z_y + \gamma Z_z + Z &= 0. \end{aligned}$$

Zur Vereinfachung der Rechnung lässt sich die Aufgabe decomponiren. Wir suchen nemlich zunächst die Functionen u', v', w' so zu bestimmen, dass sie den partiellen Differentialgleichungen (1) genügen, wenn $\frac{\partial^2 u'}{\partial t^2} = 0$, $\frac{\partial^2 v'}{\partial t^2} = 0$, $\frac{\partial^2 w'}{\partial t^2} = 0$ gesetzt wird. Hierauf kommt es noch auf die Functionen u'', v'', w'' an, welche ebenfalls den partiellen Differentialgleichungen (1) Genüge leisten, jedoch so, dass darin $X' = Y' = Z' = 0$ ist. Dann ist

$$\begin{aligned} u &= u' + u'', \\ v &= v' + v'', \\ w &= w' + w'' \end{aligned}$$

die allgemeine Lösung, und diese ist dann noch rücksichtlich der Oberfläche an die Bedingungen (2) geknüpft.

Wir wollen nun dazu übergehen, einige einfache Fälle zu behandeln.

III. Anwendung der allgemeinen Theorie auf besondere Fälle.

§. 89.

Aufgabe.

Auf die Oberfläche eines Körpers von beliebiger Gestalt, der von keinen beschleunigenden Kräften getrieben wird, soll eine allenthalben gleiche, normal gegen die Oberfläche gerichtete Druckkraft einwirken.

Wir bezeichnen die Druckkraft, welche auf das Flächenelement $d\sigma$ ausgeübt wird, mit $P d\sigma$. Ihre Richtung fällt in die von aussen nach innen gezogene Normale. Folglich sind die Componenten

$$\Xi d\sigma = \alpha P d\sigma,$$
$$H d\sigma = \beta P d\sigma,$$
$$Z d\sigma = \gamma P d\sigma.$$

Der Körper bleibt stets seiner ursprünglichen Gestalt ähnlich. Alle Theile werden proportional zusammengedrückt. Daher können wir setzen

$$u = -a'x,$$
$$v = -a'y,$$
$$w = -a'z.$$

Dazu dürfen wir, wie früher (§. 84) bemerkt ist, noch Ausdrücke von der Form

$$u = a_0 + cy - bz,$$
$$v = b_0 + az - cx,$$
$$w = c_0 + bx - ay$$

hinzufügen, ohne dass die partiellen Differentialgleichungen dadurch beeinflusst werden. D. h. man kann den Körper um die Strecken a_0, b_0, c_0 parallel den Axen verschieben und unendlich wenig um die Axen drehen, ohne dass dadurch die elastischen Kräfte geändert werden. Das Gleichgewicht kann also in jeder Lage des Körpers stattfinden.

Wir erhalten nun

$$\theta = -3a',$$
$$X_x = -a'(3\lambda + 2\mu),$$
$$Y_y = -a'(3\lambda + 2\mu),$$
$$Z_z = -a'(3\lambda + 2\mu).$$

Die tangential gegen ein Körperelement wirkenden Componenten sind $= 0$. Es finden also nur normale elastische Kräfte statt, und zwar normal gegen jedes Flächenelement, da das System der Coordinatenaxen beliebig ist. Dies gilt auch für die Oberfläche. In dieser müssen die elastischen Kräfte dem Druck das Gleichgewicht halten. Also ist

$$P - a'(3\lambda + 2\mu) = 0,$$

und danach

$$a' = \frac{P}{3\lambda + 2\mu},$$

$$\theta = \frac{-3P}{3\lambda + 2\mu}.$$

Der cubische Compressibilitätscoefficent ist

$$\frac{3}{3\lambda + 2\mu}$$

und der lineäre

$$\frac{1}{3\lambda + 2\mu}.$$

§. 90.

Aufgabe.

Auf die Basis eines Cylinders, dessen Mantel parallel der z-Axe liegt, soll eine Zugkraft wirken, die für die Flächeneinheit $= F$ ist.

Dann haben wir

$$u = -ax, \qquad v = -ay, \qquad w = cz,$$
$$\theta = c - 2a.$$

Hieraus ergibt sich

$$X_x = \lambda (c - 2a) - 2\mu a,$$
$$Y_y = \lambda (c - 2a) - 2\mu a,$$
$$Z_z = \lambda (c - 2a) + 2\mu c.$$

Die tangentialen Componenten sind $= 0$.

Da keine äusseren Kräfte wirken und nur ein Zug parallel der z-Axe ausgeübt wird, so ergibt sich aus den Oberflächen-Bedingungen

$$X_x = 0, \qquad Y_y = 0,$$

d. h.

$$2a = \frac{c\lambda}{\lambda + \mu}.$$

Für die Basis des Cylinders falle die von aussen nach innen gezogene Normale mit der positiven Richtung der z-Axe zusammen. Dann ist $\alpha = 0$, $\beta = 0$, $\gamma = 1$. Die Zugkraft $F d\sigma$ hat die Richtung der negativen z-Axe, d. h. es ist

$$\Xi d\sigma = 0,$$
$$H d\sigma = 0,$$
$$Z d\sigma = - F d\sigma.$$

Auf das Flächenelement $d\sigma$ der Basis wirkt die elastische Kraft

$$Z_z d\sigma = c\left(\lambda + 2\mu - \frac{\lambda^2}{\lambda + \mu}\right) d\sigma$$
$$= c\mu \frac{3\lambda + 2\mu}{\lambda + \mu} d\sigma.$$

Folglich ist

$$F = c\mu \frac{3\lambda + 2\mu}{\lambda + \mu},$$

und daraus findet sich

$$c = \frac{F\left(1 + \frac{\lambda}{\mu}\right)}{3\lambda + 2\mu}.$$

Der Elasticitätscoefficient ist also

$$\frac{1 + \frac{\lambda}{\mu}}{3\lambda + 2\mu}.$$

Poisson hat durch besondere Hypothesen über die Constitution der Körper und über das Gesetz der Molecularanziehung die Relation $\lambda = \mu$ abgeleitet, die durch die Erfahrung nicht bestätigt ist.

§. 91.

Aufgabe.

Auf den zur z-Axe parallelen Mantel eines Cylinders soll eine constante Zugkraft wirken, die für das Flächenelement $= F d\sigma$ ist.

Die auf dem Flächenelement $d\sigma$ des Cylindermantels von aussen nach innen gezogene Normale steht rechtwinklig auf der Richtung der z-Axe, folglich ist $\gamma = 0$. Die Zugkraft fällt in die nach aussen gezogene Normale, ihre Componenten sind also

$$\begin{aligned} \Xi\, d\sigma &= -\alpha F d\sigma, \\ H\, d\sigma &= -\beta F d\sigma, \\ Z\, d\sigma &= 0. \end{aligned}$$

Wir haben hier zu setzen

$$u = a x, \qquad v = a y, \qquad w = -c z.$$

Daraus ergibt sich

$$\begin{aligned} \theta &= 2a - c, \\ X_x &= \lambda(2a - c) + 2\mu a, \\ Y_y &= \lambda(2a - c) + 2\mu a, \\ Z_z &= \lambda(2a - c) - 2\mu c. \end{aligned}$$

Die tangentialen Componenten sind $= 0$. Für die Basis haben wir $\Xi = H = Z = 0$, $\alpha = \beta = 0$, $\gamma = 1$, folglich

$$Z_z = 0,$$

d. h.

$$c = \frac{2a\lambda}{\lambda + 2\mu}.$$

Daraus geht hervor

$$X_x = Y_y = 2a\mu \,.\, \frac{3\lambda + 2\mu}{\lambda + 2\mu}.$$

Die beiden ersten Oberflächen-Bedingungen für den Mantel geben dann

$$F = \frac{2a\mu(3\lambda + 2\mu)}{\lambda + 2\mu},$$

wonach der Ausdehnungscoefficient

$$\frac{a}{F} = \frac{\lambda + 2\mu}{2\mu(3\lambda + 2\mu)}$$

wird.

§. 92.

Aufgabe.

Wir betrachten den einfachsten Fall der Torsion eines Cylinders. Die Axe des Cylinders, in welche die z-Axe des Coordinatensystems gelegt werden mag, soll auch die Axe der Torsion sein, d. h. alle in ihr gelegenen Punkte sollen unter der Einwirkung der Torsionskräfte keine Verschiebung erfahren. Um diese Axe herum soll eine unendlich kleine Verdrehung stattfinden, die für einen zur Axe rechtwinkligen Querschnitt constant und dem Abstande dieses Querschnittes von der xy-Ebene proportional genommen werde.

Demgemäss haben wir zu setzen

$$u = -\omega y z,$$
$$v = \omega x z,$$
$$w = 0,$$

wenn ω die unendlich kleine Drehung bezeichnet, welche in dem Querschnitte $z = 1$ stattfindet (Fig. 36).

Fig. 36.

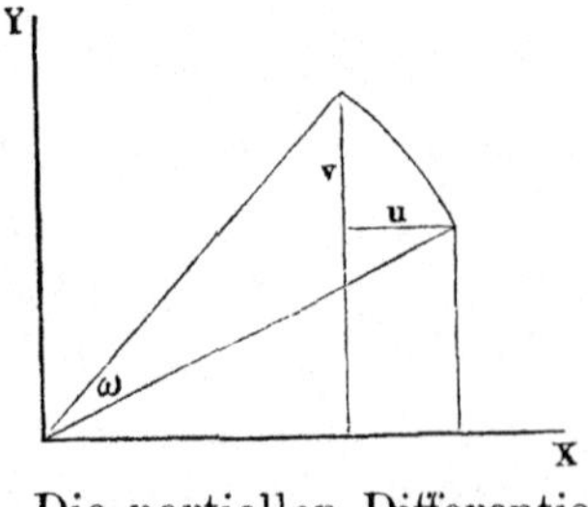

Daraus findet sich

$$\frac{\partial u}{\partial x} = 0, \quad \frac{\partial v}{\partial y} = 0, \quad \frac{\partial w}{\partial z} = 0,$$
$$\theta = 0,$$
$$X_x = 0, \quad Y_y = 0, \quad Z_z = 0,$$
$$Y_z = Z_y = \mu \omega x,$$
$$Z_x = X_z = -\mu \omega y,$$
$$X_y = Y_x = 0.$$

Die partiellen Differentialgleichungen für das Innere sind dadurch erfüllt. Für die Oberfläche haben wir Folgendes zu beachten. Nehmen wir zunächst die Mantelfläche des Cylinders, so steht die auf irgend einem Element von aussen nach innen errichtete Normale rechtwinklig auf der Richtung der z-Axe, also ist $\gamma = 0$. Die Gleichungen (2) des §. 88 ergeben danach

$$\begin{aligned}
\Xi &= -\alpha X_x - \beta X_y - 0 \,.\, X_z = 0, \\
H &= -\alpha Y_x - \beta Y_y - 0 \,.\, Y_z = 0, \\
Z &= -\alpha Z_x - \beta Z_y - 0 \,.\, Z_z = \alpha \mu \omega y - \beta \mu \omega x.
\end{aligned}$$

Soll die letzte Componente der auf die Mantelfläche wirkenden Kraft ebenfalls $= 0$ sein, so haben wir für α und β die Bedingungsgleichung

$$\alpha y - \beta x = 0,$$

oder, wenn in der xy-Ebene Polarcoordinaten r und φ eingeführt werden

$$\alpha \sin \varphi - \beta \cos \varphi = 0,$$

d. h. der auf der z-Axe rechtwinklige Querschnitt muss ein Kreis sein.

Betrachten wir für diesen Fall noch die Endflächen des Cylinders, also zwei Ebenen

$$z = z_1, \qquad z = 0.$$

Für die erste dieser beiden Ebenen fällt die ins Innere des Körpers gezogene Normale mit der Richtung der negativen z-Axe zusammen, es ist daher $\alpha = 0$, $\beta = 0$, $\gamma = -1$. Die Gleichungen (2) des §. 88 liefern als Componenten der auf die Endfläche wirkenden Kraft

$$\begin{aligned}
\Xi &= -\mu \omega y, \\
H &= \mu \omega x, \\
Z &= 0.
\end{aligned}$$

Für die zweite Endfläche fällt dagegen die ins Innere des Körpers gezogene Normale in die Richtung der positiven z-Axe, d. h. es ist $\alpha = 0$, $\beta = 0$, $\gamma = 1$. Folglich erhalten wir für diese Endfläche

$$\begin{aligned}
\Xi &= \mu \omega y, \\
H &= -\mu \omega x, \\
Z &= 0.
\end{aligned}$$

Daraus ist leicht zu erkennen, dass die beiden Endflächen durch entgegengesetzt gleiche Kräftepaare in Anspruch genommen werden.

In einem Querschnitte, dessen Abstand von der xy-Ebene $= z$ ist, findet eine Verdrehung um den Winkel ωz statt. Dabei ist jedoch zu beachten, dass die ganze Betrachtung unendlich kleine Verschiebungen voraussetzt. Ist nun die Länge des Cylinders sehr gross im Verhältniss zum Radius des Querschnittes, so können die Verdrehungen eine endliche Grösse erlangen, ohne dass die Torsion (d. h. die Dilatation und die Compression der einzelnen Moleküle) aufhört unendlich klein zu sein. Dann gelten unsere Gleichungen ohne weiteres nicht mehr. Wir können aber diesen Fall auf den hier betrachteten zurückführen, indem wir den Cylinder durch Querschnitte in solche einzelne Stücke zerlegen, deren Höhe zum Radius des Querschnittes in endlichem Verhältniss steht.

Lamé hat hier eine Lücke.

Man vergleiche über dieses Problem den Aufsatz von Kirchhoff in Borchardt's Journal Bd. 56.

§. 93.

Schwingungen einer gespannten Membran.

Wir wenden uns zu der Betrachtung der Schwingungen einer gespannten Membran von constanter Dicke. Die Membran ist ein Cylinder von unendlich kleiner Höhe, dessen Mantel parallel zur z-Axe ist. Der in halber Höhe durchgelegte Querschnitt soll mit der xy-Ebene zusammenfallen.

Auf den Cylindermantel wirkt eine constante Zugkraft, die für das Flächenelement $= F d\sigma$ ist. Für die Ruhelage können wir also auf den §. 91 zurückgehen und erhalten

$$X_x^0 = F, \qquad Y_z^0 = Z_y^0 = 0,$$
$$Y_y^0 = F, \qquad Z_x^0 = X_z^0 = 0,$$
$$Z_z^0 = 0, \qquad X_y^0 = Y_x^0 = 0.$$

$$u_0 = a x, \qquad v_0 = a y, \qquad w_0 = -c z,$$
$$a = \frac{F(\lambda + 2\mu)}{2\mu(3\lambda + 2\mu)},$$
$$c = \frac{2a\lambda}{\lambda + 2\mu} = \frac{F\lambda}{\mu(3\lambda + 2\mu)}.$$

Die Kraft F soll so gross sein, dass bei der Bewegung die elastischen Kräfte nur unendlich wenig von denen bei der Ruhelage abweichen.

Für die Bewegung gelten die partiellen Differentialgleichungen (1) des §. 88 und die Oberflächen-Bedingungen (2). Betrachten wir nun die beiden freien Oberflächen der Membran, d. h. die Endflächen des Cylinders, so ist für diese $\Xi = H = Z = 0$. Ferner sind α, β, γ die Cosinus der Winkel, welche die von einem Oberflächenelement nach dem Innern der Membran gezogene Normale mit den Coordinatenaxen einschliesst. Diese Normale steht rechtwinklig auf jedem Linienelement ds, das durch ihren Fusspunkt geht und in der Oberfläche liegt. Nun sind aber $\frac{dx}{ds}, \frac{dy}{ds}, \frac{dw}{ds}$ die Cosinus der Winkel, welche das Linienelement ds mit den Coordinatenrichtungen bildet. Wir haben also

$$\alpha\, dx + \beta\, dy + \gamma\, dw = 0,$$

ferner

$$dw = \frac{\partial w}{\partial x} dx + \frac{\partial w}{\partial y} dy$$

und

$$\alpha^2 + \beta^2 + \gamma^2 = 1.$$

Daraus ergibt sich

$$\alpha = \frac{\pm \frac{\partial w}{\partial x}}{\sqrt{1 + \left(\frac{\partial w}{\partial x}\right)^2 + \left(\frac{\partial w}{\partial y}\right)^2}},$$

$$\beta = \frac{\pm \frac{\partial w}{\partial y}}{\sqrt{1 + \left(\frac{\partial w}{\partial x}\right)^2 + \left(\frac{\partial w}{\partial y}\right)^2}},$$

$$\gamma = \frac{\mp 1}{\sqrt{1 + \left(\frac{\partial w}{\partial x}\right)^2 + \left(\frac{\partial w}{\partial y}\right)^2}}.$$

Hiernach gehen die drei Gleichungen für die Oberfläche in folgende über

$$X_x \frac{\partial w}{\partial x} + X_y \frac{\partial w}{\partial y} - X_z = 0,$$

$$Y_x \frac{\partial w}{\partial x} + Y_y \frac{\partial w}{\partial y} - Y_z = 0,$$

$$Z_x \frac{\partial w}{\partial x} + Z_y \frac{\partial w}{\partial y} - Z_z = 0.$$

Wir erhalten also, bis auf unendlich kleine Grössen, die vernachlässigt sind,

$$X_z = F \frac{\partial w}{\partial x},$$

$$Y_z = F \frac{\partial w}{\partial y},$$

$$Z_z = 0.$$

Die dritte der Bewegungsgleichungen geht über in

$$(1)\qquad \varrho\,\frac{\partial^2 w}{\partial t^2} = F\left(\frac{\partial^2 w}{\partial x^2} + \frac{\partial^2 w}{\partial y^2}\right).$$

Als Nebenbedingungen des Problems haben wir folgende zu beachten. Es ist

(2) $w = 0$ in der Umgrenzung der Membran,

(3) $w = f(x, y)$ für $t = 0$,

(4) $\dfrac{\partial w}{\partial t} = \psi(x, y)$ „ $t = 0$.

§. 94.

Rechteckige Membran. Knotenlinien.

Es sei speciell die Membran ein Rechteck. Ein Punkt im Innern sei an die Ungleichungen geknüpft

$$a > x > 0,$$
$$b > y > 0.$$

Wir setzen zur Abkürzung $\dfrac{F}{\varrho} = c^2$. Dann lautet die Aufgabe:

Eine Lösung der partiellen Differentialgleichung

$$(1)\qquad \frac{\partial^2 w}{\partial t^2} = c^2\left(\frac{\partial^2 w}{\partial x^2} + \frac{\partial^2 w}{\partial y^2}\right)$$

zu finden, welche den Nebenbedingungen genügt

(2) $w = 0$ für $x = 0$ und $x = a$,

„ $y = 0$ „ $y = b$;

(3) $w = f(x, y)$ „ $t = 0$;

(4) $\dfrac{\partial w}{\partial t} = F(x, y)$ „ $t = 0$.

Als particuläre Lösung von (1) nehmen wir

$$w = e^{\alpha x + \beta y + \gamma t}.$$

Dadurch wird

$$\frac{\partial^2 w}{\partial t^2} = \gamma^2 w, \quad \frac{\partial^2 w}{\partial x^2} = \alpha^2 w, \quad \frac{\partial^2 w}{\partial y^2} = \beta^2 w.$$

Es muss also zwischen α, β, γ die Relation stattfinden

$$\gamma^2 = c^2(\alpha^2 + \beta^2).$$

Diese Relation ist von dem Vorzeichen der Grössen α, β, γ unabhängig. Daher ist auch

$$w = (p e^{\alpha x} + q e^{-\alpha x}) (p_1 e^{\beta y} + q_1 e^{-\beta y}) (e^{\gamma t} \pm e^{-\gamma t})$$

eine particuläre Lösung, wenn α^2, β^2, γ^2 an die eben gefundene Relation geknüpft sind.

Damit $w = 0$ werde für $x = 0$, muss $q = - p$ sein. Soll ferner $w = 0$ werden für $x = a$, so hat man

$$e^{2 \alpha a} = 1,$$

d. h.

$$\alpha = \frac{m \pi \sqrt{-1}}{a}$$

zu setzen und für m eine beliebige ganze Zahl zu nehmen.

Ebenso ergibt sich aus den Bedingungen:

$$w = 0 \qquad \text{für } y = 0,$$
$$w = 0 \qquad \text{„ } y = b,$$

dass man

$$q_1 = - p_1,$$
$$\beta = \frac{n \pi \sqrt{-1}}{b}$$

setzen muss und für n eine beliebige ganze Zahl zu nehmen hat.

Dadurch erhalten wir

$$\gamma = \sqrt{-1} \, . \, c \pi \sqrt{\frac{m^2}{a^2} + \frac{n^2}{b^2}},$$

und es sind

$$w = \sin \frac{m \pi x}{a} \sin \frac{n \pi y}{b} \cos c \pi t \sqrt{\frac{m^2}{a^2} + \frac{n^2}{b^2}},$$
$$w = \sin \frac{m \pi x}{a} \sin \frac{n \pi y}{b} \sin c \pi t \sqrt{\frac{m^2}{a^2} + \frac{n^2}{b^2}}$$

particuläre Lösungen der partiellen Differentialgleichung (1), die den Bedingungen (2) Genüge leisten. Als allgemeine Lösung ergibt sich daraus

$$\text{(I)} \quad w = \sum_{m=1}^{\infty} \sum_{n=1}^{\infty} \sin \frac{m \pi x}{a} \sin \frac{n \pi y}{b} \, . \left\{ \begin{array}{l} A_{m,n} \cos c \pi t \sqrt{\frac{m^2}{a^2} + \frac{n^2}{b^2}} \\ + B_{m,n} \sin c \pi t \sqrt{\frac{m^2}{a^2} + \frac{n^2}{b^2}} \end{array} \right\}.$$

Nun sind noch die Bedingungen (3) und (4) zu befriedigen. Zu dem Ende beachten wir, dass für $t = 0$

$$w = \sum_{m=1}^{\infty}\sum_{n=1}^{\infty} A_{m,n} \sin\frac{m\pi x}{a} \sin\frac{n\pi y}{b}$$

$$\frac{\partial w}{\partial t} = \sum_{m=1}^{\infty}\sum_{n=1}^{\infty} c\pi\sqrt{\frac{m^2}{a^2}+\frac{n^2}{b^2}} \cdot B_{m,n} \sin\frac{m\pi x}{a} \sin\frac{n\pi y}{b}$$

wird. Aus der Bedingung, dass der erste dieser Ausdrücke $= f(x, y)$, der andere $= F(x, y)$ sein muss, ergeben sich dann leicht die Coefficienten $A_{m,n}$ und $B_{m,n}$, indem man nach Fourier die Functionen $f(x, y)$ und $F(x, y)$ in trigonometrische Doppelreihen entwickelt. Man erhält

$$A_{m,n} = \frac{4}{ab}\int_0^a\int_0^b f(\lambda, \mu) \sin\frac{m\pi\lambda}{a} \sin\frac{n\pi\mu}{b}\, d\lambda\, d\mu,$$

(II)

$$B_{m,n} = \frac{4}{abc\pi\sqrt{\frac{m^2}{a^2}+\frac{n^2}{b^2}}}\int_0^a\int_0^b F(\lambda, \mu) \sin\frac{m\pi\lambda}{a} \sin\frac{n\pi\mu}{b}\, d\lambda\, d\mu.$$

Sind die Bedingungen für den Anfangszustand so beschaffen, dass die Reihe (I) nur ein bestimmtes m und ein bestimmtes n enthält, so ist

$$T = \frac{2}{c\sqrt{\frac{m^2}{a^2}+\frac{n^2}{b^2}}}$$

die Schwingungsdauer.

Unter derselben Voraussetzung können Knotenlinien entstehen, d. h. Linien, in denen immer $w = 0$ ist. Wenn nemlich m oder n oder beide grösser sind als 1, so ist $w = 0$ für

$$x = \frac{a}{m}, \frac{2a}{m}, \ldots \frac{(m-1)a}{m},$$

$$y = \frac{b}{n}, \frac{2b}{n}, \ldots \frac{(n-1)b}{n}.$$

Die Knotenlinien laufen also den Kanten der Membran parallel und zerlegen das Rechteck in congruente Bestandtheile.

§. 95.

Fortsetzung. Quadratische Membran.

Die eben betrachteten Knotenlinien sind die einzigen, wenn das Verhältniss $a^2 : b^2$ irrational ist. Ist dasselbe aber rational, so können noch andere Knotenlinien auftreten. Der einfachste Fall ist der des Quadrates, wenn also $a = b$ ist. Dann liefert ein Doppelglied der Reihe, worin m und n je einen bestimmten Werth haben, die Schwingungsdauer

$$T = \frac{2a}{c\sqrt{m^2 + n^2}} = \frac{2a}{c\sqrt{r}},$$

wenn $\sqrt{m^2 + n^2} = \sqrt{r}$ gesetzt wird. Dieselbe Schwingungsdauer kann aber noch von anderen Gliedern herrühren, wenn nur

$$m^2 + n^2 = m_1^2 + n_1^2 = m_2^2 + n_2^2 = \cdots$$

ist. Es entsteht also die Frage, in welchen verschiedenen Weisen dieselbe Zahl r sich als Summe von zwei Quadraten darstellen lasse. Um diese Frage beantworten zu können, müssen wir an einige Sätze aus der Zahlentheorie erinnern.

Jede reelle Zahl lässt sich nur auf eine Weise in reelle Primfactoren zerlegen. Jede reelle Primzahl von der Form $4n + 3$ ist auch complexe Primzahl, und jede reelle Primzahl von der Form $4n + 1$ lässt sich in vierfacher Weise in zwei complexe Primfactoren zerlegen, nemlich $(\pm\alpha + \beta i)(\pm\alpha - \beta i)$ und $(\pm\beta + \alpha i)(\pm\beta - \alpha i)$. Die reelle Primzahl 2 enthält die complexen Primfactoren: $1 + i$ und $1 - i$, oder auch $-1 + i$ und $-1 - i$, wenn $i = \sqrt{-1}$ gesetzt wird. Für unsern Zweck kommt nur eine Zerlegung in Betracht.

Soll nun die reelle Zahl r überhaupt eine Summe von zwei Quadraten sein,

$$r = m^2 + n^2,$$

so kann man sie in Form des Productes darstellen

$$r = (m + ni)(m - ni)$$

und jeden der beiden complexen Factoren in seine Primfactoren zerlegt denken. Es sei

$$m + ni = (\alpha + \beta i)^k (\alpha_1 + \beta_1 i)^{k_1} \ldots q^p \cdot q_1^{p_1} \ldots$$

und k, k_1, . . . p, p_1 . . . mögen absolute ganze Zahlen bedeuten. Dann ist

$$m - n\,i = (\alpha - \beta\,i)^k\,(\alpha_1 - \beta_1\,i)^{k_1} \ldots q^p \,.\, q_1^{p_1} \ldots$$

Darin bezeichnen q, q_1 . . . die reellen Primfactoren von der Form $4\,n + 3$. Man sieht, dass jeder derselben in r nur in gerader Potenz vorkommt, wenn r als Summe von zwei Quadraten sich darstellen lässt.

Die wirkliche Herstellung der complexen Primfactoren von r geschieht in folgender Weise. Man zerlegt r in seine reellen Primfactoren und erhält dadurch die Gleichung

$$r = (\alpha^2 + \beta^2)^k\,(\alpha_1^2 + \beta_1^2)^{k_1} \ldots q^{2p} \,.\, q_1^{2p_1} \ldots$$

In diesem Product sind $\alpha^2 + \beta^2$, $\alpha_1^2 + \beta_1^2$, . . . Primfactoren, die nicht unter die Form $4\,n + 3$ fallen, dagegen q, q_1 . . . Primfactoren von der Form $4\,n + 3$. Die ersteren sind leicht in ihre complexen Primfactoren zerlegt, so dass wir dann in dem Producte

$$r = (\alpha + \beta\,i)^k(\alpha - \beta\,i)^k(\alpha_1 + \beta_1\,i)^{k_1}(\alpha_1 - \beta_1\,i)^{k_1} \ldots q^{2p} \,.\, p_1^{2p_1} \ldots$$

jeden einzelnen Factor kennen.

Hierauf bilden wir ein Product, worin k mal der zweideutige Factor $(\alpha \pm \beta\,i)$, k_1 mal der zweideutige Factor $(\alpha_1 \pm \beta_1\,i)$, k_2 mal der zweideutige Factor $(\alpha_2 \pm \beta_2\,i)$ u. s. f. vorkommt, und stellen aus diesem vieldeutigen Ausdrucke der Reihe nach alle Werthe her, die derselbe annehmen kann, d. h. wir disponiren in jedem einzelnen Factor über die Vorzeichen der Grössen β, so dass alle Vorzeichen-Zusammenstellungen erschöpft werden. Dies gibt $(k + 1)\,(k_1 + 1)\,(k_2 + 1) \ldots$ verschiedene Producte. Jedes einzelne derselben multipliciren wir mit $q^p \,.\, q_1^{p_1} \ldots$ und bezeichnen die Resultate der Reihe nach mit $m + n\,i$, $m_1 + n_1\,i$, $m_2 + n_2\,i \ldots$ Durch Multiplication von je einer Zahl aus dieser Reihe mit der ihr conjugirten complexen Zahl ergeben sich dann die Summen von je zwei Quadraten, von denen jede $= r$ ist. Aus diesen Ausdrücken wählen wir die unter einander verschiedenen aus und stellen jeder Summe $m^2 + n^2$ die entsprechende $n^2 + m^2$ an die Seite.

Als Beispiel nehmen wir $r = 65 = 5 \,.\, 13$. Es ist

$$5 = 2^2 + 1^2 = (1 + 2i)(1 - 2i),$$
$$13 = 3^2 + 2^2 = (3 + 2i)(3 - 2i),$$

also $r = 65 = (1 + 2i)(1 - 2i)(3 + 2i)(3 - 2i)$

$$m + n\,i = (1 + 2i)(3 + 2i) = -1 + 8i, \quad m^2 + n^2 = 1^2 + 8^2$$
$$m_1 + n_1 i = (1 + 2i)(3 - 2i) = 7 + 4i, \quad m_1^2 + n_1^2 = 7^2 + 4^2$$
$$m_2 + n_2 i = (1 - 2i)(3 + 2i) = 7 - 4i, \quad m_2^2 + n_2^2 = 7^2 + 4^2$$
$$m_3 + n_3 i = (1 - 2i)(3 - 2i) = -1 - 8i, \quad m_3^2 + n_3^2 = 1^2 + 8^2.$$

Nachdem wir so die Aufgabe erledigt haben, die Zahl r in jeder möglichen Weise als Summe von zwei Quadraten darzustellen, wenden wir uns wieder zu der Betrachtung der quadratförmigen Membran und wollen nun die einfachsten Fälle durchnehmen.

Erstens. Es sei $r = 2$. Dann ist $m = 1$, $n = 1$. Wir erhalten

$$w = \sin\frac{\pi x}{a} \sin\frac{\pi y}{a}\, \varphi(t).$$

Die Knotenlinien ergeben sich aus der Gleichung

Fig. 37.

$$\sin\frac{\pi x}{a} \sin\frac{\pi y}{a} = 0.$$

Sie fallen mit der Begrenzung zusammen (Fig. 37).

Zweitens. Es sei $r = 5$, also

$$m = 1, \quad n = 2,$$
$$m_1 = 2, \quad n_1 = 1.$$

$$w = (A_{12} \cos kt + B_{12} \sin kt) \sin\frac{\pi x}{a} \sin\frac{2\pi y}{a}$$
$$+ (A_{21} \cos kt + B_{21} \sin kt) \sin\frac{2\pi x}{a} \sin\frac{\pi y}{a}.$$

Dabei ist $k = \frac{c\pi}{a}\sqrt{5}$ zu setzen. Soll $w = 0$ werden können, unabhängig von t, so muss die Function die Form haben

$$w = \varphi(t)\left\{\partial \sin\frac{\pi x}{a} \sin\frac{2\pi y}{a} + e \sin\frac{2\pi x}{a} \sin\frac{\pi y}{a}\right\}.$$

Die Klammer ist $= 0$ zu setzen, wenn man die Gleichung der Knotenlinien haben will. Wir bringen dieselbe in die Form

$$2 \sin\frac{\pi x}{a} \sin\frac{\pi y}{a}\left(\partial \cos\frac{\pi y}{a} + e \cos\frac{\pi x}{a}\right) = 0.$$

Wenn einer der vor der Klammer stehenden Sinus zu Null wird, so erhalten wir Knotenlinien, die mit der Begrenzung zusammenfallen. Im Innern liegt eine einzige Knotenlinie, deren Gleichung

$$\partial \cos \frac{\pi y}{a} + e \cos \frac{\pi x}{a} = 0$$

ist. In dem besonderen Falle, dass $e = 0$ ist, wird $y = \frac{a}{2}.$ Für $\partial = 0$ wird $x = \frac{a}{2}\cdot$ Für $\partial = - e$ ergibt sich $y = x$, und für $\partial = e$ erhalten wir $y = a - x$. Diese vier verschiedenen Formen der Knotenlinien sind in Fig. 38 dargestellt.

Fig. 38.

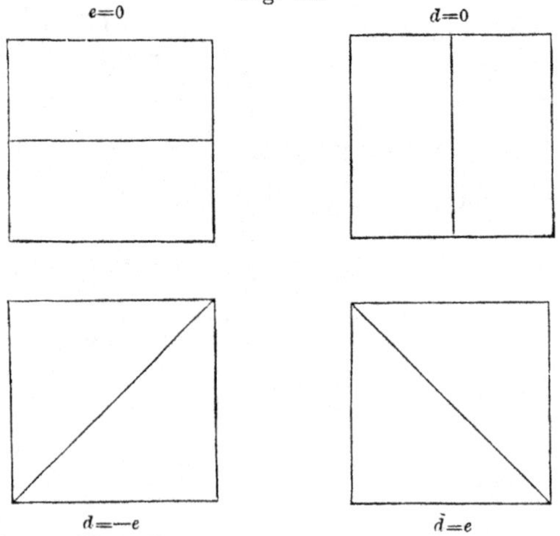

Drittens. Es sei $r = 8 = 2^2 + 2^2$. Die Gleichung der Knotenlinien wird

$$\sin \frac{2\pi x}{a} \sin \frac{2\pi y}{a} = 0,$$

wofür man auch schreiben kann

$$\sin \frac{\pi x}{a} \sin \frac{\pi y}{a} \cos \frac{\pi x}{a} \cos \frac{\pi y}{a} = 0.$$

Fig. 39.

Für die inneren Knotenlinien haben wir

$$\cos \frac{\pi x}{a} \cos \frac{\pi y}{a} = 0.$$

Darin sind zwei Linien ausgedrückt, nemlich (Fig. 39)

$$x = \frac{a}{2}, \qquad y = \frac{a}{2}.$$

Viertens. Es sei $r = 10 = 3^2 + 1^2 = 1^2 + 3^2$. Wenn Knotenlinien vorhanden sein sollen, so muss w von der Form sein

$$w = \varphi\,(t) \left\{\partial \sin\frac{\pi x}{a} \sin\frac{3\pi y}{a} + e \sin\frac{3\pi x}{a} \sin\frac{\pi y}{a}\right\}.$$

Die Klammer, gleich Null gesetzt, gibt die Gleichung der Knotenlinien. Diese Gleichung bringen wir in die Form

$$\sin\frac{\pi x}{a}\sin\frac{\pi y}{a}\left\{\partial\left(4\left(\cos\frac{\pi y}{a}\right)^2 - 1\right) + e\left(4\left(\cos\frac{\pi x}{a}\right)^2 - 1\right)\right\} = 0.$$

Schliessen wir die Knotenlinien, die in die Begrenzung fallen, aus, so bleibt noch

$$\partial\left(4\left(\cos\frac{\pi y}{a}\right)^2 - 1\right) + e\left(4\left(\cos\frac{\pi x}{a}\right)^2 - 1\right) = 0.$$

Diese Gleichung vereinfacht sich für besondere Fälle. Für $e = 0$ erhalten wir $y = \frac{a}{3}$, $y = \frac{2a}{3}$. Für $\partial = 0$ ergiebt sich $x = \frac{a}{3}$, $x = \frac{2a}{3}$. Für $\partial = - e$ wird $\cos\frac{\pi y}{a} = \pm \cos\frac{\pi x}{a}$, d. h. $y = x$, $y = a - x$. Für $\partial = e$ haben wir $\left(\cos\frac{\pi y}{a}\right)^2 + \left(\cos\frac{\pi x}{a}\right)^2 = \frac{1}{2}$. Diese vier Fälle finden sich in Fig. 40 dargestellt.

Fig. 40.

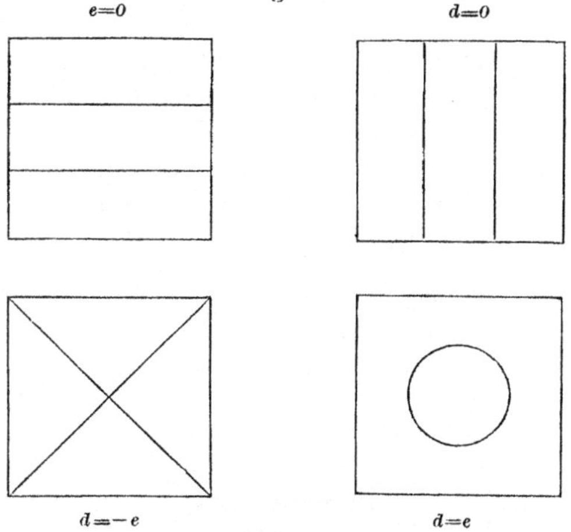

Im allgemeinen stimmen die durch Versuche gewonnenen Resultate mit der Theorie überein. Abweichungen bei höheren

Tönen erklären sich aus der ungleichmässigen Spannung und Dichtigkeit der Membran.

Betrachten wir eine rechteckige Membran, bei der $a^2 : b^2$ rational ist, also

$$a = \frac{c}{\sqrt{\alpha}}, \quad b = \frac{c}{\sqrt{\beta}}.$$

Ein Doppelglied der Reihe, für welches m und n je einen bestimmten Werth haben, gibt eine Schwingungsdauer

$$T = \frac{2c}{\sqrt{\alpha n^2 + \beta m^2}} = \frac{2c}{\sqrt{r}}.$$

Die Frage, ob mehrere Doppelglieder auf dieselbe Schwingungsdauer führen, kommt darauf hinaus, zu untersuchen, wie sich auf alle mögliche Weise

$$r = \alpha n^2 + \beta m^2$$

setzen lasse, wenn α und β gegeben sind.

§. 96.

Kreisförmige Membran.

Wir gehen zu der Untersuchung einer kreisförmigen Membran über und legen den Anfangspunkt der Coordinaten in den Mittelpunkt des Kreises. Zunächst sollen Polarcoordinaten eingeführt werden

$$x = r \cos \varphi,$$
$$y = r \sin \varphi.$$

Um die partielle Differentialgleichung

$$\frac{\partial^2 w}{\partial t^2} = c^2 \left(\frac{\partial^2 w}{\partial x^2} + \frac{\partial^2 w}{\partial y^2} \right)$$

so umzuformen, dass statt x und y die unabhängigen Variabeln r und φ auftreten, setzen wir

$$x + yi = \xi,$$
$$x - yi = \xi',$$

also $x = \frac{1}{2}(\xi + \xi')$ und $y = -\frac{i}{2}(\xi - \xi')$.

Dann findet sich

$$\frac{\partial w}{\partial \xi} = \frac{1}{2}\left(\frac{\partial w}{\partial x} - i\frac{\partial w}{\partial y}\right),$$

$$\frac{\partial^2 w}{\partial \xi \partial \xi'} = \frac{1}{4}\left(\frac{\partial^2 w}{\partial x^2} + \frac{\partial^2 w}{\partial y^2}\right).$$

Nun ist ferner

$$\xi = r(\cos\varphi + i\sin\varphi) = r e^{\varphi i},$$

$$\xi' = r e^{-\varphi i}.$$

Daraus ergibt sich, wenn wir natürliche Logarithmen nehmen:

$$\log \xi = \log r + \varphi i,$$

$$\log \xi' = \log r - \varphi i.$$

Folglich haben wir

$$\frac{\partial w}{\partial \xi} = \frac{1}{\xi}\frac{\partial w}{\partial \log \xi} = \frac{1}{2\xi}\left(\frac{\partial w}{\partial \log r} - i\frac{\partial w}{\partial \varphi}\right)$$

$$\frac{\partial^2 w}{\partial \xi \partial \xi'} = \frac{1}{\xi\xi'}\frac{\partial^2 w}{\partial \log \xi\, \partial \log \xi'} = \frac{1}{4\xi\xi'}\left(\frac{\partial^2 w}{\partial \log r^2} + \frac{\partial^2 w}{\partial \varphi^2}\right).$$

Hiernach ist

$$\frac{\partial^2 w}{\partial x^2} + \frac{\partial^2 w}{\partial y^2} = \frac{1}{r^2}\left(\frac{\partial^2 w}{\partial \log r^2} + \frac{\partial^2 w}{\partial \varphi^2}\right),$$

und die partielle Differentialgleichung geht dadurch über in

$$(1) \qquad \frac{\partial^2 w}{\partial t^2} = \frac{c^2}{r^2}\left(\frac{\partial^2 w}{\partial \log r^2} + \frac{\partial^2 w}{\partial \varphi^2}\right).$$

Die Nebenbedingungen lauten

$$(2) \qquad w = 0 \quad \text{für } r = a,$$

$$(3) \qquad w = f(r, \varphi) \quad \text{„} \ t = 0,$$

$$(4) \qquad \frac{\partial w}{\partial t} = F(r, \varphi) \quad \text{„} \ t = 0.$$

Um die partielle Differentialgleichung zu lösen, setzen wir $w = T.R.\Phi$ und betrachten T als Function von t allein, R als Function von r allein, Φ als Function von φ allein. Dadurch zerfällt die partielle Differentialgleichung in drei gewöhnliche Differentialgleichungen, nemlich

$$(\text{I}) \qquad \frac{d^2 T}{dt^2} + \mu^2 T = 0.$$

$$(\text{II}) \qquad \frac{d^2 \Phi}{d\varphi^2} + \nu^2 \Phi = 0.$$

$$(\text{III}) \qquad \frac{d^2 R}{d \log r^2} - \nu^2 R + \frac{r^2}{c^2}\mu^2 R = 0.$$

Dass dies richtig ist, erkennt man leicht. Man braucht nur die erste Gleichung mit $-r^2 R \Phi : c^2$, die zweite mit $R\,T$, die dritte mit $T\Phi$ zu multipliciren und die Resultate zu addiren, so kommt die partielle Differentialgleichung (1) wieder zum Vorschein, wenn man berücksichtigt, dass $w = T.R.\Phi$ gesetzt ist.

Als particuläre Integrale der ersten beiden Differentialgleichungen erhalten wir

$$T = \cos \mu t \quad \text{und} \quad T = \sin \mu t,$$
$$\Phi = \cos \nu \varphi \quad \text{,,} \quad \Phi = \sin \nu \varphi.$$

Folglich werden

$$w = R \cos \mu t \cos \nu \varphi,$$
$$w = R \cos \mu t \sin \nu \varphi,$$
$$w = R \sin \mu t \cos \nu \varphi,$$
$$w = R \sin \mu t \sin \nu \varphi$$

particuläre Lösungen der partiellen Differentialgleichung sein, wenn R an die Differentialgleichung (III) gebunden ist. Damit für $\varphi = 0$ und $\varphi = 2\pi$ die Function w denselben Werth erhalte, muss ν eine ganze Zahl sein.

In die Differentialgleichung (III) führen wir eine neue Variable ein

$$s = \frac{\mu}{c} r.$$

Dadurch geht die Gleichung über in

$$\text{(III*)} \qquad \frac{d^2 R}{d \log s^2} - (\nu^2 - s^2)\, R = 0.$$

Ein particuläres Integral werde mit

$$f_\nu(s)$$

bezeichnet und nach Potenzen von s mit unbestimmten Coefficienten entwickelt. Also

$$R = \sum a_n s^n,$$
$$\frac{d^2 R}{d \log s^2} = \sum a_n n^2 s^n;$$

Setzt man dies in die Differentialgleichung ein, so ergibt sich

$$\sum a_n (n^2 - \nu^2) s^n + \sum a_n s^{n+2} = 0,$$

oder

$$\sum \left\{ a_n (n^2 - \nu^2) + a_{n-2} \right\} s^n = 0.$$

Soll die Summirung bei $n = m$ anfangen, so ist $a_{m-2} = 0$, folglich muss auch

$$m^2 - \nu^2 = 0$$

sein, d. h.

$$m = \pm \nu.$$

Der Werth $m = -\nu$ ist hier nicht zulässig, weil R nicht ∞ werden darf für $r = 0$. Es bleibt also nur das particuläre Integral

$$f_\nu(s) = \sum_{n=\nu}^{\infty} a_n s^n$$

brauchbar. Die Differentialgleichung gibt danach

$$\sum_{n=\nu+2}^{\infty} \left\{ a_n (n^2 - \nu^2) + a_{n-2} \right\} s^n = 0,$$

und sie ist erfüllt, wenn wir für jedes n den Coefficienten von s^n für sich $= 0$ setzen. Dies gibt

$$a_n (n - \nu)(n + \nu) = - a_{n-2}.$$

Danach können wir auch schreiben

$$f_\nu(s) = c_0 s^\nu + c_1 s^{\nu+2} + c_2 s^{\nu+4} + \cdots$$

$$= \sum_{m=0}^{\infty} c_m s^{\nu+2m},$$

$$c_m \,.\, 2m \,.\, 2(\nu + m) + c_{m-1} = 0.$$

Die letzte Gleichung, welche den Zusammenhang der Coefficienten gibt, wollen wir noch auf beiden Seiten mit

$$(-4)^{m-1} \,.\, (\nu + m - 1)!\, (m - 1)!$$

multipliciren. Dadurch ergibt sich

$$(-4)^m \,.\, c_m \,.\, m!\, (\nu + m)! = (-4)^{m-1} (m - 1)!\, (\nu + m - 1)!\, c_{m-1},$$

und wenn wir diese Gleichung wiederholt ansetzen für $m = 1, 2, 3 \ldots$, so erhalten wir durch Addition

$$c_m \,.\, (\nu + m)!\, m!\, (-4)^m = c_0 \,.\, \nu!$$

c_0 ist willkürlich, wir nehmen also $c_0 = \frac{1}{\nu!}$. Dann ist

$$f_\nu\left(\frac{r\mu}{c}\right) = f_\nu(s) = \sum_{m=0}^{\infty} \frac{s^{\nu+2m}}{(-4)^m (\nu + m)!\, m!}.$$

Diese Function ist für R in die particulären Lösungen

$$w = R \cos \mu t \cos \nu \varphi,$$
$$w = R \cos \mu t \sin \nu \varphi,$$
$$w = R \sin \mu t \cos \nu \varphi,$$
$$w = R \sin \mu t \sin \nu \varphi$$

einzusetzen. Wir wenden uns nun zu der Nebenbedingung (2). Sie ist erfüllt, wenn

$$f_\nu \left(\frac{a\mu}{c}\right) = 0$$

ist, oder — was dasselbe sagt — wenn $\frac{a\mu}{c}$ eine Wurzel der transscendenten Gleichung

$$f_\nu (s) = 0$$

ist. Dass diese Gleichung unendlich viele reelle und keine imaginären Wurzeln hat, soll demnächst bewiesen werden. Da in $f_\nu (s)$ sich s^ν als Factor absondern lässt und der andere Factor eine Function von s^2 ist, so entspricht jeder positiven Wurzel eine ebenso grosse negative. Ist ν von 0 verschieden, so gehört auch $s = 0$ zu den Wurzeln der Gleichung. Für unsern Zweck kommen indessen nur die positiven Wurzeln in Betracht. Wir bezeichnen sie der Reihe nach mit

$$s_{\nu 1}, \; s_{\nu 2}, \; s_{\nu 3}, \; \ldots \; s_{\nu n} \; \ldots$$

und haben daher allgemein

$$\mu = \frac{c}{a} s_{\nu n}.$$

Die allgemeine Lösung der partiellen Differentialgleichung ist hiernach

$$\text{(IV)} \qquad w = \sum_{\nu=0}^{\infty} \sum_{n=1}^{\infty} f_\nu \left(\frac{r}{a} s_{\nu n}\right) \cdot \left\{ \begin{array}{l} A_{\nu n} \cos \left(\frac{c}{a} s_{\nu n} t\right) \cos \nu \varphi \\ + B_{\nu n} \cos \left(\frac{c}{a} s_{\nu n} t\right) \sin \nu \varphi \\ + C_{\nu n} \sin \left(\frac{c}{a} s_{\nu n} t\right) \cos \nu \varphi \\ + D_{\nu n} \sin \left(\frac{c}{a} s_{\nu n} t\right) \sin \nu \varphi \end{array} \right\}.$$

Die Coefficienten bestimmen sich aus den Anfangsbedingungen (3) und (4). Wir haben danach zu setzen

$$f(r,\varphi)=\sum_{\nu=0}^{\infty}\sum_{n=1}^{\infty}f_\nu\left(\frac{r}{a}s_{\nu n}\right)\left\{A_{\nu n}\cos\nu\varphi+B_{\nu n}\sin\nu\varphi\right\}$$

$$F(r,\varphi)=\sum_{\nu=0}^{\infty}\sum_{n=1}^{\infty}\frac{c}{a}s_{\nu n}f_\nu\left(\frac{r}{a}s_{\nu n}\right)\left\{C_{\nu n}\cos\nu\varphi+D_{\nu n}\sin\nu\varphi\right\}$$

und diese Entwicklungen zu vergleichen mit den nach Fourier hergestellten Reihen

$$f(r,\varphi)=\sum_{\nu=0}^{\infty}(A_\nu\cos\nu\varphi+B_\nu\sin\nu\varphi),$$

$$F(r,\varphi)=\sum_{\nu=0}^{\infty}(C_\nu\cos\nu\varphi+D_\nu\sin\nu\varphi).$$

Dies gibt zunächst

$$A_\nu=\sum_{n=1}^{\infty}A_{\nu n}.f_\nu\left(\frac{r}{a}s_{\nu n}\right),$$

$$B_\nu=\sum_{n=1}^{\infty}B_{\nu n}.f_\nu\left(\frac{r}{a}s_{\nu n}\right),$$

$$C_\nu=\sum_{n=1}^{\infty}C_{\nu n}\frac{c}{a}s_{\nu n}.f_\nu\left(\frac{r}{a}s_{\nu n}\right),$$

$$D_\nu=\sum_{n=1}^{\infty}D_{\nu n}\frac{c}{a}s_{\nu n}.f_\nu\left(\frac{r}{a}s_{\nu n}\right).$$

Hier sind nun allerdings die linken Seiten bekannt, während rechts in jeder Gleichung die unendlich vielen Coefficienten unbekannt sind. Dennoch kann man diese sämmtlichen Unbekannten aus den Gleichungen bestimmen. Dazu ist der schon von Lagrange vorgezeichnete Weg einzuschlagen, und zwar in derselben Weise wie in §. 73. Es findet sich

(V)

$$A_{\nu m}\int_0^a r\left\{f_\nu\left(\frac{r}{a}s_{\nu m}\right)\right\}^2dr=\int_0^a A_\nu r.f_\nu\left(\frac{r}{a}s_{\nu m}\right)dr,$$

$$B_{\nu m}\int_0^a r\left\{f_\nu\left(\frac{r}{a}s_{\nu m}\right)\right\}^2dr=\int_0^a B_\nu r.f_\nu\left(\frac{r}{a}s_{\nu m}\right)dr,$$

$$\frac{c}{a}s_{\nu m}\,C_{\nu m}\int_0^a r\left\{f_\nu\left(\frac{r}{a}s_{\nu m}\right)\right\}^2dr=\int_0^a C_\nu r.f_\nu\left(\frac{r}{a}s_{\nu m}\right)dr,$$

$$\frac{c}{a}s_{\nu m}\,D_{\nu m}\int_0^a r\left\{f_\nu\left(\frac{r}{a}s_{\nu m}\right)\right\}^2dr=\int_0^a D_\nu r.f_\nu\left(\frac{r}{a}s_{\nu m}\right)dr.$$

Die Richtigkeit dieser Ausdrücke ist bewiesen, sobald gezeigt ist, dass für $n \gtrless m$

$$\int_0^a r f_\nu\left(\frac{r}{a} s_{\nu m}\right) f_\nu\left(\frac{r}{a} s_{\nu n}\right) dr = 0$$

sein muss. Wir bezeichnen der Kürze wegen $f_\nu\left(\frac{r}{a} s_{\nu m}\right)$ mit R und $f_\nu\left(\frac{r}{a} s_{\nu n}\right)$ mit R'. Dabei muss bemerkt werden, dass zu R der Werth der Constanten $\mu = \frac{c}{a} s_{\nu m}$, zu R' dagegen $\mu' = \frac{c}{a} s_{\nu n}$ gehört. Beachten wir nun die Differentialgleichung (III), so können wir schreiben

$$\frac{\mu^2}{c^2}\int_0^a r^2 R R' \frac{dr}{r} = \nu^2 \int_0^a R R' \frac{dr}{r} - \int_{r=0}^a R' \frac{d^2 R}{d \log r^2} d \log r$$

und

$$\frac{\mu'^2}{c^2}\int_0^a r^2 R R' \frac{dr}{r} = \nu^2 \int_0^a R R' \frac{dr}{r} - \int_{r=0}^a R \frac{d^2 R'}{d \log r^2} d \log r.$$

Diese Gleichungen gelten für $\nu > 0$, und unter derselben Voraussetzung sind die Integrale völlig bestimmt und endlich. Für $\nu = 0$ erhält man dagegen aus der Differentialgleichung (III)

$$\frac{\mu^2}{c^2}\int_0^a r^2 R R' \frac{dr}{r} = -\int_{r=0}^a R' \frac{d^2 R}{d \log r^2} d \log r,$$

$$\frac{\mu'^2}{c^2}\int_0^a r^2 R R' \frac{dr}{r} = -\int_{r=0}^a R \frac{d^2 R'}{d \log r^2} d \log r,$$

und es sind auch die hier auftretenden Integrale völlig bestimmt und endlich.

Durch Integration nach Theilen findet sich

$$-\int_{r=0}^a R \frac{d^2 R'}{d \log r^2} d \log r = \int_{r=0}^a \frac{dR}{d \log r} \frac{dR'}{d \log r} d \log r.$$

Das vom Integralzeichen freie Glied fällt weg, da

$$R \frac{dR'}{d \log r} = r R \frac{dR'}{dr}$$

zu 0 wird sowohl für $r = 0$ als für $r = a$. Im ersten Falle, weil $r = 0$ ist, im andern, weil für $r = a$ die Function $R = 0$ ist. Ebenso haben wir aber

$$-\int_{r=0}^{a} R' \frac{d^2 R}{d \log r^2} d \log r = \int_{r=0}^{a} \frac{d R'}{d \log r} \frac{d R}{d \log r} d r,$$

und folglich ist allgemein (für $\nu > 0$ und für $\nu = 0$)

$$\frac{\mu^2 - \mu'^2}{c^2} \int_{r=0}^{a} r^2 R R' \frac{d r}{r} = 0.$$

Da aber $\frac{\mu^2 - \mu'^2}{c^2}$ verschieden von 0 ist, so kann die letzte Gleichung nur bestehen, wenn

$$\int_{0}^{a} r R R' d r = 0$$

ist, und dieses war zu beweisen.

Es kann vorkommen, dass in (IV) alle Coefficienten den Werth 0 annehmen, ausser für ein bestimmtes ν und ein bestimmtes n. In diesem besondern Falle ist w eine periodische Function von t. Die Schwingungsdauer ist

$$T = \frac{2 \pi a}{c s_{\nu n}}.$$

Dann wird w unter Umständen zu 0 für jedes t, d. h. es sind Knotenlinien vorhanden. Dies ist zunächst der Fall für

$$r = \frac{s_{\nu 1}}{s_{\nu n}} a,$$

$$r = \frac{s_{\nu 2}}{s_{\nu n}} a,$$

......

$$r = \frac{s_{\nu \overline{n-1}}}{s_{\nu n}} a,$$

$$r = \frac{s_{\nu n}}{s_{\nu n}} a.$$

Die letzte dieser Linien ist die Umgrenzung der Membran, die übrigen sind concentrische Kreise.

Es treten aber noch andere Knotenlinien auf, wenn

$$\frac{A}{B} = \frac{C}{D}.$$

Denn unter dieser Voraussetzung lässt sich w in die Form bringen

$$w = \varphi(t).(p_1 \cos \nu\varphi + q_1 \sin \nu\varphi) f_\nu\left(\frac{r}{a} s_{n\nu}\right),$$

$$\varphi(t) = p \cos \frac{c}{a} s_{\nu n} t + q \sin \frac{c}{a} s_{\nu n} t.$$

Wir können einen Hülfswinkel ψ einführen durch die Gleichung

$$tg \nu\psi = -\frac{p_1}{q_1}.$$

Dann wird in dem Ausdrucke für w der Factor

$$p_1 \cos \nu\varphi + q_1 \sin \nu\varphi = 0$$

für

$$\varphi = \psi,$$

$$\varphi = \psi + \frac{\pi}{\nu},$$

$$\varphi = \psi + \frac{2\pi}{\nu},$$

$$\cdot \quad \cdot \quad \cdot \quad \cdot \quad \cdot$$

$$\varphi = \psi + \frac{(2\nu - 1)\pi}{\nu}.$$

Dies gibt also radiale Knotenlinien.

§. 97.

Fortsetzung. Die transscendente Gleichung

$$\sum_{m=0}^{\infty} \frac{\left(-\frac{1}{4}s^2\right)^m s^\nu}{m!\,(m+\nu)!} = 0.$$

Es bleibt noch die transscendente Gleichung

(1) $$f_\nu(s) = 0$$

zu discutiren. Die Function

(2) $$y = f_\nu(s) = \sum_{m=0}^{\infty} \frac{\left(-\frac{1}{4}s^2\right)^m}{m!\,(m+\nu)!} s_\nu$$

ist, wie schon bewiesen, ein Integral der Differentialgleichung

(3) $$\frac{d^2 y}{d \log s^2} + (s^2 - \nu^2)\, y = 0.$$

Es sei zunächst ν von 0 verschieden. Wir nehmen $log\, s$ zur Abscisse, y zur Ordinate einer ebenen Curve (Fig. 41), deren Ver-

Fig. 41.

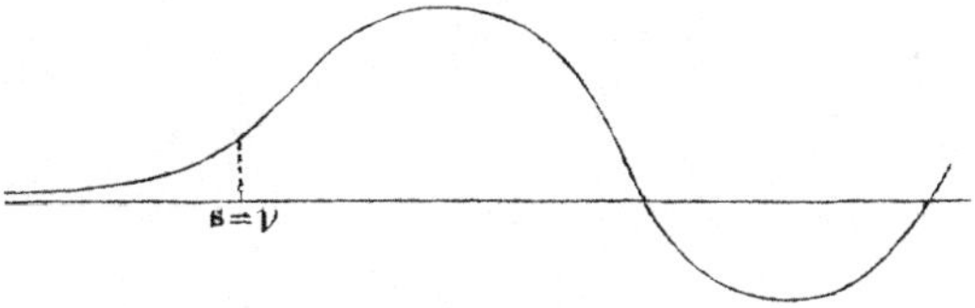

lauf zu untersuchen ist. Jeder Stelle, an welcher die Curve die Abscissenaxe schneidet, entspricht eine positive reelle Wurzel der transscendenten Gleichung. Zunächst ist zu beachten, dass

$$y, \frac{dy}{d\,log\,s} \text{ und } \frac{d^2 y}{d\,log\,s^2}$$

endlich sind für jedes endliche s, weil die Reihen, durch welche diese Functionen dargestellt werden, für jedes endliche s convergiren.

Nehmen wir $log\,s = -\infty$, so ist $s = 0$, $y = 0$, $\frac{dy}{d\,log\,s} = 0$. Die Curve hat also die negative Abscissenaxe zur Asymptote. Lassen wir dann $log\,s$ von $-\infty$ an die Zahlenreihe in der Richtung nach $+\infty$ hin durchlaufen, so nimmt s von 0 an wachsend alle positiven Werthe an. So lange nun $s < \nu$ ist, hat vermöge der Gleichung (3) $\frac{d^2 y}{d\,log\,s^2}$ dasselbe Vorzeichen wie y. Für sehr kleine positive s hängt aber das Vorzeichen der Function y von dem ersten Gliede ab, ist also positiv, und die Curve liegt zunächst oberhalb der Abscissenaxe. Die Ordinaten wachsen, weil $\frac{dy}{d\,log\,s}$ anfangs $= 0$ und $\frac{d^2 y}{d\,log\,s^2}$ positiv ist. So lange $\frac{d^2 y}{d\,log\,s^2}$ positiv bleibt, d. h. so lange $s < \nu$ ist, kehrt die Curve der Abscissenaxe ihre convexe Seite zu.

An der Stelle $s = \nu$ sind y und $\frac{dy}{d\,log\,s}$ noch positiv, $\frac{d^2 y}{d\,log\,s^2} = 0$. Für $s > \nu$ haben y und $\frac{d^2 y}{d\,log\,s^2}$ fortwährend entgegengesetzte Zeichen. Nach Ueberschreitung der Stelle $s = \nu$ ist demnach $\frac{d^2 y}{d\,log\,s^2}$ zunächst negativ, die Curve liegt concav gegen die Abscissenaxe und hat daher bei $s = \nu$ einen Inflexionspunkt. Von da an nimmt $\frac{dy}{d\log s}$ stetig ab und erreicht also an einer bestimmten Stelle den Werth 0. Bis dahin haben die positiven Ordinaten noch immer zugenommen, an dieser Stelle selbst liegt das erste Maximum der Curve. Nun wird auch $\frac{dy}{d\log s}$ negativ, die Ordinaten nehmen stetig ab, und wir erreichen eine Stelle, wo $y = 0$ wird, die Curve demnach (da $\frac{dy}{d\log s} < 0$ bleibt) aus dem Positiven ins Negative übergeht. Zugleich ist zu bemerken, dass für $s > \nu$ stets $\frac{d^2y}{d\log s^2}$ mit y zu Null wird, d. h. dass bei jedem Durchgange der Curve durch die Abscissenaxe Inflexion stattfindet.

Die Curve liegt nun zunächst unterhalb der Abscissenaxe und entfernt sich vorläufig von ihr, da $\frac{dy}{d\log s} < 0$ ist. Der absolute Werth von $\frac{dy}{d\log s}$ nimmt aber fortwährend ab, da der zweite Differentialquotient positiv ist. Es muss also an einer bestimmten Stelle $\frac{dy}{d\log s}$ durch 0 hindurchgehen und positiv werden. Hier hat die Curve ihre grösste Entfernung unterhalb der Abscissenaxe. Die absoluten Werthe der Ordinaten nehmen von da an ab, weil $\frac{d^2y}{d\log s^2}$ positiv bleibt und daher $\frac{dy}{d\log s}$ wachsende positive Werthe annimmt. Die Curve nähert sich der Abscissenaxe wieder und durchschneidet sie an einer gewissen Stelle zum zweiten Male. Von da an wird y positiv, $\frac{d^2y}{d\log s^2}$ negativ, $\frac{dy}{d\log s}$ bleibt vorläufig positiv, aber mit stetig abnehmenden Werthen. Daraus erkennt man, dass die Curve auf der positiven Seite sich zunächst von der Abscissenaxe entfernt und dass ihre Ordinate ein Maximum erreicht, sobald das abnehmende $\frac{dy}{d\log s}$ bei dem Werthe 0 angelangt ist. Von da an wird $\frac{dy}{d\log s}$ negativ, die Ordinaten nehmen also stetig ab, und die Curve trifft an einer bestimmten Stelle die Abscissenaxe aufs Neue.

Man sieht leicht, dass der Lauf vom ersten bis zum dritten

Schnittpunkte sich unaufhörlich wiederholt. Stets wird von einer Durchgangsstelle an die Curve zunächst sich von der Abscissenaxe entfernen, eine grösste Entfernung erreichen, von da an sich der Axe wieder nähern bis zu einem neuen Schnittpunkte. Damit ist bewiesen, dass die Gleichung

$$f_\nu(s) = 0$$

unendlich viele reelle Wurzeln hat.

Für $\nu = 0$ sind dieselben Betrachtungen anzustellen und führen, abgesehen von dem Ausgangspunkte, zu denselben Resultaten. Für $s = 0$, also $\log s = -\infty$ ist $y = c_0$, also positiv. Die negative Abscissenaxe ist nicht Asymptote und die Curve verläuft von Anfang an concav gegen die Abscissenaxe.

Setzen wir $s = s'i$, so geht die Gleichung (2) über in

$$(2^*) \qquad y' = i^\nu . f(s'i) = s'^\nu \sum_{m=0}^{\infty} \frac{\left(\frac{1}{4} s'^2\right)^m}{m!(m+\nu)!}$$

und die Gleichung (3) in

$$(3^*) \qquad \frac{d^2 y'}{d \log s'^2} - (s'^2 + \nu^2) y' = 0.$$

In (2*) besteht die Summe aus lauter positiven Gliedern, sie kann also nie den Werth 0 annehmen. Der Factor s'^ν kann $= 0$ werden, wenn $\nu > 0$, jedoch nur für $s' = 0$. Es gibt also keine rein imaginäre Wurzel der Gleichung (1). Dasselbe geht aus der Gleichung (3*) hervor, denn diese zeigt, dass die Curve stets convex zur Abscissenaxe liegt, ihre Ordinaten wachsen mit wachsendem s', sie kann also für positive Werthe von s' die Abscissenaxe nicht schneiden.

Auch complexe Wurzeln kann die Gleichung (1) nicht haben. Denn angenommen, es sei $\alpha + \beta i$ eine Wurzel, so müsste auch $\alpha - \beta i$ eine Wurzel sein. Setzen wir dann

$$f_\nu\left(\frac{r}{a}(\alpha + \beta i)\right) = R.$$

$$f_\nu\left(\frac{r}{a}(\alpha - \beta i)\right) = R',$$

so sind R und R' conjugirte complexe Grössen. Zu R gehört $\mu = \frac{c}{a}(\alpha + \beta i)$, zu R' dagegen $\mu' = \frac{c}{a}(\alpha - \beta i)$.

Nun lässt sich wie im vorigen §. nachweisen, dass

$$\int_0^a r R R' dr = 0$$

sein müsste. Dies ist aber unmöglich, da $R R'$ gleich der Summe von zwei Quadraten ist, die nicht fortwährend $= 0$ sind, wenn r das Intervall von 0 bis a durchläuft. Folglich ist die Annahme, es könnte $\alpha + \beta i$ eine Wurzel der Gleichung (1) sein, nicht zulässig.

* * *

Anmerkung. Die Untersuchungen von Poisson über Elasticität finden sich in drei Abhandlungen:

Mémoire sur l'équilibre et le mouvement des corps élastiques. (Mém. de l'Académie, T. 8. Paris 1829.)

Mémoire sur les équations générales de l'équilibre et du mouvement des corps solides élastiques et des fluides. (Journal de l'Ecole polytechnique. Cahier 20. Paris 1831.)

Mémoire sur l'équilibre et le mouvement des corps cristallisés. (Mémoires de l'Académie, T. 18. Paris 1842.)

Ferner sind zu beachten die betreffenden Abschnitte in dem Traité de Mécanique.

Die Torsion ist von De Saint-Venant behandelt in zwei Aufsätzen (Mémoires des savants étrangers, T. 14. Liouville, Journal. Série 2. T. 1).

Endlich sind noch die Lehrbücher von Lamé, Clebsch und Beer zu nennen (Lamé: Leçons sur la théorie mathématique de l'élasticité des corps solides. Paris 1852. — Clebsch: Theorie der Elasticität fester Körper. Leipzig 1862. Beer: Einleitung in die mathematische Theorie der Elasticität und Capillarität. Leipzig 1869).

Sechster Abschnitt.

Bewegung der Flüssigkeiten.

I. Allgemeine Gleichungen der Bewegung.

§. 98.

Princip der Hydrodynamik. Präcisirung der Aufgabe.

Wir werden uns jetzt noch beschäftigen mit der Bewegung der compressibeln und der incompressibeln Flüssigkeiten. Zunächst müssen wir die Grundgleichungen aus den Principen der Hydrodynamik ableiten. Das Princip der Hydrostatik ist, dass der Druck in einer Flüssigkeit von allen Seiten derselbe ist. Für das Gleichgewicht ist dieses Gesetz experimentell bewiesen. Ob es auch noch bei der Bewegung stattfinde, weiss man nicht, setzt es aber auch da voraus.

Das Maass des Druckes wird auch hier bezogen auf die Einheit der Fläche. Denken wir uns also in der Flüssigkeit ein unendlich kleines Raumelement, etwa ein unendlich kleines rechtwinkliges Parallelepipedon. Die an ein Oberflächenelement angrenzende Flüssigkeit übt rechtwinklig gegen dieses Oberflächenelement eine gewisse Kraft auf das mit Flüssigkeit erfüllte Parallelepipedon aus. Zerlegen wir nun die Flächeneinheit in Elemente, die sämmtlich dem eben betrachteten Oberflächenelement gleich sind und lassen rechtwinklig gegen jedes Element die eben erwähnte Kraft einwirken, so nennen wir die gesammte Kraft, welche auf die Flächeneinheit ausgeübt wird, den Druck. Oder mit anderen Worten: man erhält den Druck auf ein Flächenelement, indem man die ausgeübte bewegende Kraft durch den Flächeninhalt des Elementes dividirt.

Man kann sich nun entweder die Aufgabe stellen, jedes Theilchen der Flüssigkeit im Laufe der Zeit zu verfolgen, oder (im Gegentheil) die Bewegung zu untersuchen, welche an irgend einem Punkte der Zeit nach vor sich geht. Im ersten Falle fragt man nach der Bewegung und der Dichtigkeit eines einzelnen Theilchens zu irgend einer Zeit, im andern Falle nach dem Zustande, welcher in Beziehung auf Bewegung und Dichtigkeit zu irgend einer Zeit an einem Orte stattfindet. Wir wollen den zweiten Weg einschlagen.

Es werde alles auf rechtwinklige Coordinaten bezogen. Als Unbekannte sollen angesehen werden: die Dichtigkeit ϱ an irgend einer bestimmten Stelle und zu irgend einer bestimmten Zeit, d. h. als Function von x, y, z, t; dann ferner die Richtung der Bewegung und die Geschwindigkeit an irgend einer Stelle zu irgend einer Zeit, d. h. die drei Componenten der Geschwindigkeit u, v, w, ebenfalls als Functionen von x, y, z, t. Bei den incompressibeln Flüssigkeiten vereinfacht sich die Frage, insofern die Dichtigkeit ϱ constant ist.

§. 99.

Geometrische Relation zwischen ϱ, u, v, w.

Zunächst findet rein geometrisch eine Relation zwischen ϱ, u, v, w statt. Wir nehmen irgend ein Flächenelement und suchen zu bestimmen, wie viel Flüssigkeit durch dasselbe in einem Zeitelement hindurchgeht, also ganz ähnlich wie bei der Bewegung der Wärme. Wir wollen zunächst voraussetzen, dass die ganze flüssige Masse sich mit derselben Geschwindigkeit in derselben Richtung bewege. Das Flächenstück liege rechtwinklig zur Axe der x. Wir machen es (Fig. 42) zur Grundfläche eines Cylinders, dessen Axe parallel mit der Richtung der Bewegung sein soll. Die zur Grundfläche parallele Gegenfläche liege im Abstande h von derselben.

und zwar soll die Höhe h des Cylinders so gewählt werden, dass die Endflächen auf der Axe die Länge des Weges s abschneiden, welchen jedes Flüssigkeitstheilchen in der Zeit θ durchläuft. Dann ist h die Projection von s auf der x-Axe. Bezeichnen wir mit ω die Geschwindigkeit der Flüssigkeitstheilchen und mit u die Componente derselben parallel der x-Axe, so ergeben sich die beiden Gleichungen

$$\frac{u}{\omega} = \frac{h}{s},$$

$$\omega = \frac{s}{\theta},$$

und daraus folgt

$$h = u\theta.$$

Die Flüssigkeitsmenge, welche in der Zeit θ durch die Grundfläche χ des Cylinders hindurchgegangen ist, füllt den Cylinder gerade vollständig aus. Denn die Flüssigkeitstheilchen, welche

Fig. 42.

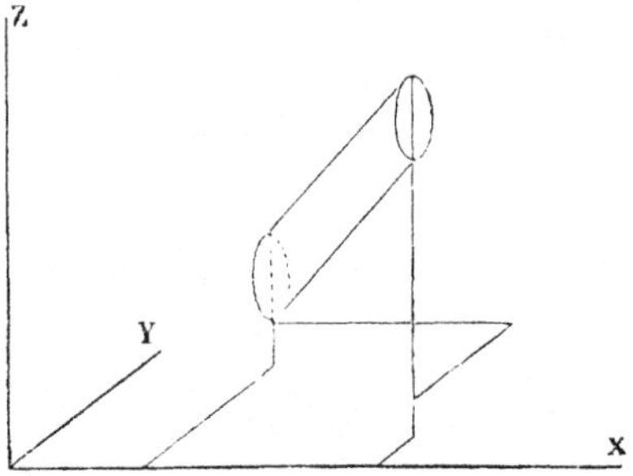

anfangs in der Grundfläche sich befanden, sind nach der Zeit θ gerade in der parallelen Gegenfläche angekommen. Wir finden also diese in der Zeit θ hindurchgegangene Flüssigkeitsmenge, indem wir den Inhalt des Cylinders χh mit der Dichtigkeit ϱ der Flüssigkeit multipliciren. Benutzen wir aber die eben gefundene Gleichung für h, so zeigt sich, dass

$$u \chi \theta \varrho$$

die Flüssigkeitsmenge ist, welche in der Zeit θ durch das zur x-Axe rechtwinklige Flächenelement χ hindurchgegangen ist. D. h. man hat den Inhalt des Flächenelementes mit der Zeit und der Dichtigkeit zu multipliciren und mit der auf dem Flächenelement rechtwinkligen Componente der Geschwindigkeit.

Nehmen wir jetzt ein rechtwinkliges Parallelepipedon (Fig. 43), dessen Kanten dx, dy, dz den Coordinatenaxen parallel laufen, und fragen nach der Flüssigkeitsmenge, welche sich in der Zeit dt

Fig. 43.

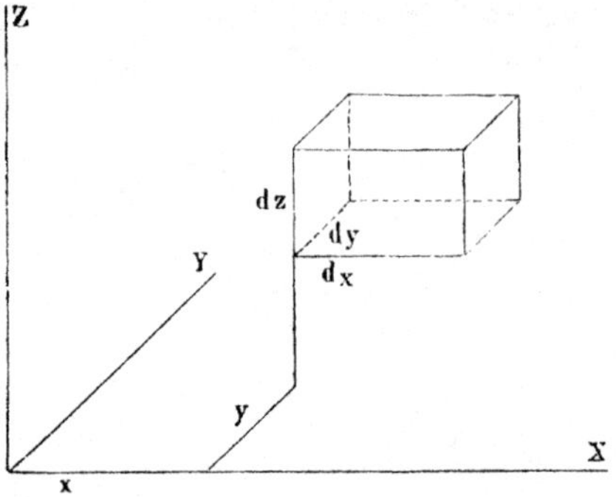

durch die sechs Begrenzungsflächen hindurchbewegt. Daraus lässt sich dann der Zuwachs an Flüssigkeitsmenge berechnen, den das Innere des Parallelepipedon in der Zeit dt erfährt. Rechtwinklig zur x-Axe liegen zwei Flächen, jede vom Inhalte $dy\,dz$. Die erste geht durch den Punkt x, y, z, die andere durch den Punkt $x + dx$, y, z. Durch die erste strömt in der Zeit dt die Flüssigkeitsmenge

$$\varrho\, u\, dy\, dz\, dt$$

und zwar in der Richtung von aussen nach innen. Durch die andere strömt in der Zeit dt die Flüssigkeitsmenge

$$\left(\varrho u + \frac{\partial(\varrho u)}{\partial x} dx\right) dy\, dz\, dt$$

aber in der Richtung von innen nach aussen. Folglich erleidet dadurch das Innere des Körperelementes einen Zuwachs an Flüssigkeitsmenge

$$= -\frac{\partial(\varrho u)}{\partial x} dx\, dy\, dz\, dt.$$

Ebenso finden wir, dass

$$-\frac{\partial(\varrho v)}{\partial y} dx\, dy\, dz\, dt$$

$$-\frac{\partial(\varrho w)}{\partial z} dx\, dy\, dz\, dt$$

die Zunahmen der Flüssigkeitsmenge sind, welche von dem Durchströmen durch die zur y-Axe und resp. zur z-Axe rechtwinkligen

Begrenzungsflächen herrühren. Die gesammte Zunahme der Flüssigkeitsmenge im Innern des Parallelepipedon ist also

$$= -\left(\frac{\partial(\varrho u)}{\partial x} + \frac{\partial(\varrho v)}{\partial y} + \frac{\partial(\varrho w)}{\partial z}\right) dx\, dy\, dz\, dt.$$

Dieselbe lässt sich aber auch noch anders ausdrücken. Das Parallelepipedon enthält nemlich zur Zeit t die gesammte Flüssigkeitsmenge

$$\varrho\, dx\, dy\, dz,$$

und in diesem Ausdrucke ist ϱ als Function von x, y, z, t anzusehen. Bleiben wir also an derselben Stelle und lassen t um dt zunehmen, so ändert sich die Flüssigkeitsmenge um

$$\frac{\partial \varrho}{\partial t} dx\, dy\, dz\, dt.$$

Folglich erhalten wir durch Gleichsetzung beider für die Zunahme gefundenen Ausdrücke die Gleichung

$$\frac{\partial \varrho}{\partial t} + \frac{\partial(\varrho u)}{\partial x} + \frac{\partial(\varrho v)}{\partial y} + \frac{\partial(\varrho w)}{\partial z} = 0.$$

§. 100.

Die allgemeinen Bewegungsgleichungen.

Berücksichtigen wir jetzt einen Augenblick auch die andere Frage, an welcher Stelle des Raumes zur Zeit $t + dt$ sich das Theilchen befinde, welches zur Zeit t im Punkte (x, y, z) angelangt war. Dieser Punkt hat die Seitengeschwindigkeiten u, v, w, und folglich bewegt sich das Theilchen in der Zeit dt um die Strecken udt, vdt, wdt parallel den Coordinatenaxen. Zur Zeit $t + dt$ befindet es sich also im Punkte $(x + udt, y + vdt, z + wdt)$, und seine neuen Seitengeschwindigkeiten sind

$$u + \left(\frac{\partial u}{\partial t} + \frac{\partial u}{\partial x} u + \frac{\partial u}{\partial y} v + \frac{\partial u}{\partial z} w\right) dt,$$

$$v + \left(\frac{\partial v}{\partial t} + \frac{\partial v}{\partial x} u + \frac{\partial v}{\partial y} v + \frac{\partial v}{\partial z} w\right) dt,$$

$$w + \left(\frac{\partial w}{\partial t} + \frac{\partial w}{\partial x} u + \frac{\partial w}{\partial y} v + \frac{\partial w}{\partial z} w\right) dt.$$

Die Accelerationen sind also, parallel den drei Coordinatenaxen, respective

$$\frac{\partial u}{\partial t} + u\frac{\partial u}{\partial x} + v\frac{\partial u}{\partial y} + w\frac{\partial u}{\partial z},$$

$$\frac{\partial v}{\partial t} + u\frac{\partial v}{\partial x} + v\frac{\partial v}{\partial y} + w\frac{\partial v}{\partial z}.$$

$$\frac{\partial w}{\partial t} + u\frac{\partial w}{\partial x} + v\frac{\partial w}{\partial y} + w\frac{\partial w}{\partial z}.$$

Zur Zeit t war im Punkte (x, y, z) die Dichtigkeit $= \varrho$. Sie ist für dasselbe Flüssigkeitstheilchen nach Ablauf der Zeit $t + dt$ übergegangen in

$$\varrho + \left(\frac{\partial \varrho}{\partial t} + \frac{\partial \varrho}{\partial x}u + \frac{\partial \varrho}{\partial y}v + \frac{\partial \varrho}{\partial z}w\right)dt.$$

Es kommt nun darauf an, die bewegenden Kräfte auszudrücken, welche auf das mit Flüssigkeit erfüllte unendlich kleine Parallelepipedon einwirken. Die äusseren beschleunigenden Kräfte bezeichnen wir mit X, Y, Z. Ausser ihnen kommen noch die Druckkräfte in Betracht, welche die benachbarte Flüssigkeit auf das Parallelepipedon ausübt. Wir bezeichnen den Druck im Punkte (x, y, z) mit p. Dann handelt es sich um die Druckkräfte, welche rechtwinklig gegen die sechs Begrenzungsflächen einwirken. Rechtwinklig auf der Richtung der x stehen zwei Seitenflächen, jede vom Inhalt $dy\,dz$. Die erste geht durch den Punkt (x, y, z), die andere durch den Punkt $(x + dx, y, z)$. Auf die erste wirkt daher in der Richtung der wachsenden x die Druckkraft

$$p\,dy\,dz,$$

auf die andere dagegen in der Richtung der abnehmenden x die Druckkraft

$$\left(p + \frac{\partial p}{\partial x}dx\right)dy\,dz.$$

Die gesammte Druckkraft, welche also in der Richtung der wachsenden x das Parallelepipedon zu bewegen strebt, ist demnach

$$= -\frac{\partial p}{\partial x}dx\,dy\,dz.$$

Ebenso erhält man

$$-\frac{\partial p}{\partial y}dx\,dy\,dz,$$

$$-\frac{\partial p}{\partial z}dx\,dy\,dz$$

als die Druckkräfte, welche resp. in der Richtung der wachsenden y und der wachsenden z auf das Parallelepipedon ausgeübt werden.

Die dem Parallelepipedon eingeprägten bewegenden Kräfte liefern also parallel den Coordinatenaxen die Componenten

$$\left(\varrho X - \frac{\partial p}{\partial x}\right) dx\, dy\, dz,$$

$$\left(\varrho Y - \frac{\partial p}{\partial y}\right) dx\, dy\, dz,$$

$$\left(\varrho Z - \frac{\partial p}{\partial z}\right) dx\, dy\, dz.$$

Nach dem Princip d'Alembert's haben wir die mit der Masse multiplicirten Accelerationen um diese eingeprägten bewegenden Kräfte zu vermindern und die Differenzen = 0 zu setzen. Dadurch ergibt sich

$$(1) \qquad \frac{1}{\varrho}\frac{\partial p}{\partial x} = X - \frac{\partial u}{\partial t} - u\frac{\partial u}{\partial x} - v\frac{\partial u}{\partial y} - w\frac{\partial u}{\partial z},$$

$$(2) \qquad \frac{1}{\varrho}\frac{\partial p}{\partial y} = Y - \frac{\partial v}{\partial t} - u\frac{\partial v}{\partial x} - v\frac{\partial v}{\partial y} - w\frac{\partial v}{\partial z},$$

$$(3) \qquad \frac{1}{\varrho}\frac{\partial p}{\partial z} = Z - \frac{\partial w}{\partial t} - u\frac{\partial w}{\partial x} - v\frac{\partial w}{\partial y} - w\frac{\partial w}{\partial z}.$$

Als vierte Gleichung kommt die im vorigen §. abgeleitete Relation zwischen ϱ, u, v, w hinzu, nemlich

$$(4) \qquad \frac{\partial \varrho}{\partial t} + \frac{\partial(\varrho u)}{\partial x} + \frac{\partial(\varrho v)}{\partial y} + \frac{\partial(\varrho w)}{\partial z} = 0.$$

Diese vier partiellen Differentialgleichungen gelten sowohl für compressible als für incompressible Flüssigkeiten. Das Unterscheidende ist in einer fünften Gleichung noch hinzuzufügen. Die fünfte Gleichung muss einen durch Experiment zu erforschenden Zusammenhang zwischen Druck und Dichtigkeit geben für compressible Flüssigkeiten. Sie sagt dagegen für incompressible Flüssigkeiten aus, dass die Dichtigkeit constant ist. Danach lautet die fünfte Gleichung

für compressible Flüssigkeiten:

$$(5) \qquad p = \Phi(\varrho),$$

für incompressible Flüssigkeiten dagegen:

$$(5\text{a}) \qquad \varrho = const.$$

Man kann aber für incompressible Flüssigkeiten die Gleichung (5a) mit (4) verbinden. Es folgt nemlich aus der Gleichung (5a) sofort, dass das Differential von ϱ gleich Null sein muss, d. h.

$$\frac{\partial \varrho}{\partial t} + u \frac{\partial \varrho}{\partial x} + v \frac{\partial \varrho}{\partial y} + w \frac{\partial \varrho}{\partial z} = 0.$$

Führt man in (4) die Differentiation aus, so erhält man

$$\frac{\partial \varrho}{\partial t} + u \frac{\partial \varrho}{\partial x} + v \frac{\partial \varrho}{\partial y} + w \frac{\partial \varrho}{\partial z} + \varrho \left(\frac{\partial u}{\partial x} + \frac{\partial v}{\partial y} + \frac{\partial w}{\partial z} \right) = 0,$$

und dies, mit der vorigen Gleichung verbunden, gibt für incompressible Flüssigkeiten:

$$\text{(4 a)} \qquad \frac{\partial u}{\partial x} + \frac{\partial v}{\partial y} + \frac{\partial w}{\partial z} = 0.$$

§. 101.

Vereinfachung beim Vorhandensein einer Potentialfunction.

Die partiellen Differentialgleichungen (1), (2), (3) des vorigen §. lassen sich zu einer einzigen Gleichung zusammenziehen, wenn die Componenten der äusseren beschleunigenden Kräfte X, Y, Z die nach den Coordinaten genommenen partiellen Derivirten einer Function V des Ortes sind, d. h. wenn die Gleichungen gelten

$$\text{(a)} \qquad X = \frac{\partial V}{\partial x}, \quad Y = \frac{\partial V}{\partial y}, \quad Z = \frac{\partial V}{\partial z}.$$

Dieser Fall, der in der Natur eine wichtige Rolle spielt, soll jetzt besonders behandelt werden.

Wir setzen zur Abkürzung

$$\text{(b)} \qquad \begin{aligned} \frac{\partial u}{\partial t} + u \frac{\partial u}{\partial x} + v \frac{\partial u}{\partial y} + w \frac{\partial u}{\partial z} &= P, \\ \frac{\partial v}{\partial t} + u \frac{\partial v}{\partial x} + v \frac{\partial v}{\partial y} + w \frac{\partial v}{\partial z} &= Q, \\ \frac{\partial w}{\partial t} + u \frac{\partial w}{\partial x} + v \frac{\partial w}{\partial y} + w \frac{\partial w}{\partial z} &= R. \end{aligned}$$

Multipliciren wir die Gleichungen (1), (2), (3) des vorigen §. der Reihe nach mit dx, dy, dz und addiren, so ergibt sich

für compressible Flüssigkeiten:

$$(c)\qquad \begin{aligned} dV - \frac{1}{\varrho}\,\Phi'(\varrho)\left(\frac{\partial \varrho}{\partial x}\,dx + \frac{\partial \varrho}{\partial y}\,dy + \frac{\partial \varrho}{\partial z}\,dz\right) \\ = P\,dx + Q\,dy + R\,dz; \end{aligned}$$

dagegen für incompressible Flüssigkeiten:

$$(c^*)\qquad \begin{aligned} dV - \frac{1}{\varrho}\left(\frac{\partial p}{\partial x}\,dx + \frac{\partial p}{\partial y}\,dy + \frac{\partial p}{\partial z}\,dz\right) \\ = P\,dx + Q\,dy + R\,dz. \end{aligned}$$

In beiden Fällen ist der Ausdruck auf der linken Seite vom Gleichheitszeichen ein vollständiges Differential. Folglich muss auch

$$P\,dx + Q\,dy + R\,dz$$

ein solches sein, d. h. bei dem Vorhandensein einer Potentialfunction V, aus welcher die Kraftcomponenten X, Y, Z sich durch die Gleichungen (a) ableiten lassen, sind die Functionen P, Q, R an die drei partiellen Differentialgleichungen geknüpft:

$$(d)\qquad \begin{aligned} \frac{\partial P}{\partial y} - \frac{\partial Q}{\partial x} &= 0, \\ \frac{\partial Q}{\partial z} - \frac{\partial R}{\partial y} &= 0, \\ \frac{\partial R}{\partial x} - \frac{\partial P}{\partial z} &= 0. \end{aligned}$$

Führt man an P, Q und R die Differentiationen wirklich aus, so sieht man, dass die drei Gleichungen (d) jedenfalls dann zu Stande kommen, wenn für jedes Flüssigkeitstheilchen zu jeder Zeit

$$(e)\qquad \begin{aligned} \frac{\partial u}{\partial y} - \frac{\partial v}{\partial x} &= 0, \\ \frac{\partial v}{\partial z} - \frac{\partial w}{\partial y} &= 0, \\ \frac{\partial w}{\partial x} - \frac{\partial u}{\partial z} &= 0. \end{aligned}$$

In diesem Falle ist

$$u\,dx + v\,dy + w\,dz = d\varphi$$

ein vollständiges Differential, und wir haben

$$u = \frac{\partial \varphi}{\partial x}, \qquad v = \frac{\partial \varphi}{\partial y}, \qquad w = \frac{\partial \varphi}{\partial z},$$

$$\text{(f)} \qquad \begin{aligned} P &= \frac{\partial}{\partial x}\left[\frac{\partial \varphi}{\partial t} + \frac{1}{2}(u^2 + v^2 + w^2)\right], \\ Q &= \frac{\partial}{\partial y}\left[\frac{\partial \varphi}{\partial t} + \frac{1}{2}(u^2 + v^2 + w^2)\right], \\ R &= \frac{\partial}{\partial z}\left[\frac{\partial \varphi}{\partial t} + \frac{1}{2}(u^2 + v^2 + w^2)\right]. \end{aligned}$$

Die Gleichungen (c) und (c*) lassen sich dann integriren, und man erhält

für compressible Flüssigkeiten:

$$\text{(I)} \qquad \frac{\partial \varphi}{\partial t} + \frac{1}{2}(u^2 + v^2 + w^2) = V - \int \frac{d p}{d \varrho} \frac{d \varrho}{\varrho} + T;$$

dagegen für incompressible Flüssigkeiten:

$$\text{(I*)} \qquad \frac{\partial \varphi}{\partial t} + \frac{1}{2}(u^2 + v^2 + w^2) = V - \frac{p}{\varrho} + T.$$

Die Integrationsconstante T ist von x, y, z unabhängig, kann aber noch eine Function von t sein.

Es fragt sich nun, unter welchen Umständen bei dem Vorhandensein einer Potentialfunction V die Gleichungen (e) für jedes Flüssigkeitstheilchen zu jeder Zeit erfüllt sind.

Wir setzen zur Abkürzung

$$\begin{aligned} \frac{\partial v}{\partial z} - \frac{\partial w}{\partial y} &= \mathfrak{x}, \\ \frac{\partial w}{\partial x} - \frac{\partial u}{\partial z} &= \mathfrak{y}, \\ \frac{\partial u}{\partial y} - \frac{\partial v}{\partial x} &= \mathfrak{z}. \end{aligned}$$

Die Gleichungen (d) lassen sich dann folgendermaassen schreiben

$$
\begin{aligned}
&\frac{\partial \mathfrak{z}}{\partial t} + u\frac{\partial \mathfrak{z}}{\partial x} + v\frac{\partial \mathfrak{z}}{\partial y} + w\frac{\partial \mathfrak{z}}{\partial z} \\
&+ \mathfrak{z}\left(\frac{\partial u}{\partial x} + \frac{\partial v}{\partial y} + \frac{\partial w}{\partial z}\right) - \mathfrak{x}\frac{\partial w}{\partial x} - \mathfrak{y}\frac{\partial w}{\partial y} - \mathfrak{z}\frac{\partial w}{\partial z} = 0, \\
&\frac{\partial \mathfrak{x}}{\partial t} + u\frac{\partial \mathfrak{x}}{\partial x} + v\frac{\partial \mathfrak{x}}{\partial y} + w\frac{\partial \mathfrak{x}}{\partial z} \\
\text{(d)}\quad &+ \mathfrak{x}\left(\frac{\partial u}{\partial x} + \frac{\partial v}{\partial y} + \frac{\partial w}{\partial z}\right) - \mathfrak{x}\frac{\partial u}{\partial x} - \mathfrak{y}\frac{\partial u}{\partial y} - \mathfrak{z}\frac{\partial u}{\partial z} = 0, \\
&\frac{\partial \mathfrak{y}}{\partial t} + u\frac{\partial \mathfrak{y}}{\partial x} + v\frac{\partial \mathfrak{y}}{\partial y} + w\frac{\partial \mathfrak{y}}{\partial z} \\
&+ \mathfrak{y}\left(\frac{\partial u}{\partial x} + \frac{\partial v}{\partial y} + \frac{\partial w}{\partial z}\right) - \mathfrak{x}\frac{\partial v}{\partial x} - \mathfrak{y}\frac{\partial v}{\partial y} - \mathfrak{z}\frac{\partial v}{\partial z} = 0.
\end{aligned}
$$

Wenn nun für irgend ein Flüssigkeitstheilchen zur Zeit t die Gleichungen (e) erfüllt sind, so vereinfachen sich für eben dieses Theilchen die Gleichungen (d) zu den folgenden:

$$
\begin{aligned}
\frac{\partial \mathfrak{x}}{\partial t} + u\frac{\partial \mathfrak{x}}{\partial x} + v\frac{\partial \mathfrak{x}}{\partial y} + w\frac{\partial \mathfrak{x}}{\partial z} &= 0, \\
\frac{\partial \mathfrak{y}}{\partial t} + u\frac{\partial \mathfrak{y}}{\partial x} + v\frac{\partial \mathfrak{y}}{\partial y} + w\frac{\partial \mathfrak{y}}{\partial z} &= 0, \\
\frac{\partial \mathfrak{z}}{\partial t} + u\frac{\partial \mathfrak{z}}{\partial x} + v\frac{\partial \mathfrak{z}}{\partial y} + w\frac{\partial \mathfrak{z}}{\partial z} &= 0.
\end{aligned}
$$

Daraus erkennt man, dass für eben dieses Flüssigkeitstheilchen auch diejenigen Werthe gleich Null sind, welche die Functionen $\mathfrak{x}$, $\mathfrak{y}$, $\mathfrak{z}$ zur Zeit $t + dt$ besitzen. Derselbe Schluss lässt sich dann fortwährend wiederholen, und wir gelangen dadurch zu dem wichtigen Satze:

Wenn die Componenten der äusseren beschleunigenden Kräfte die partiellen Derivirten einer Potentialfunction V sind [Gleichungen (a)] und die Seitengeschwindigkeiten u, v, w irgend eines Flüssigkeitstheilchens in einem gegebenen Zeitmoment den Gleichungen (e) Genüge leisten, so gelten für eben dieses Flüssigkeitstheilchen die Gleichungen (e) auch zu jeder späteren Zeit.

Wir wollen mit u_0, v_0, w_0 die Werthe von u, v, w zur Zeit $t = 0$ bezeichnen. Diese Anfangswerthe der Geschwindigkeits-Componenten sind Functionen von x, y, z. Wir wollen voraussetzen, dass sie für jedes Flüssigkeitstheilchen den partiellen Differentialgleichungen genügen:

$$
\text{(g)}\qquad
\begin{aligned}
\frac{\partial u_0}{\partial y} - \frac{\partial v_0}{\partial x} &= 0,\\
\frac{\partial v_0}{\partial z} - \frac{\partial w_0}{\partial y} &= 0,\\
\frac{\partial w_0}{\partial x} - \frac{\partial u_0}{\partial z} &= 0.
\end{aligned}
$$

Dann sind bei dem Vorhandensein einer Potentialfunction V die Gleichungen (e) zu jeder späteren Zeit für jedes Flüssigkeitstheilchen erfüllt, und in Folge davon kommen die Gleichungen (I) und resp. (I*) zu Stande.

II. Fortpflanzung der Schwingungen in einem compressibeln (elastischen) Medium.

§. 102.

Ableitung der partiellen Differentialgleichungen.

Wir wollen zunächst die äusseren Kräfte X, Y, Z gleich Null nehmen, also namentlich auch von der Schwere der compressibeln Masse abstrahiren. Die Masse sei im Gleichgewicht homogen. Das Gleichgewicht soll nur wenig gestört werden, so dass wir u, v, w als unendlich klein ansehen und Producte wie $u\frac{\partial u}{\partial x}$ als unendlich klein in zweiter Ordnung im Vergleich zu den unendlich kleinen Grössen erster Ordnung vernachlässigen dürfen. Dann reduciren sich die Gleichungen (1), (2), (3) des §. 100 auf folgende:

$$
\begin{aligned}
\frac{1}{\varrho}\frac{\partial p}{\partial x} &= -\frac{\partial u}{\partial t},\\
\frac{1}{\varrho}\frac{\partial p}{\partial y} &= -\frac{\partial v}{\partial t},\\
\frac{1}{\varrho}\frac{\partial p}{\partial z} &= -\frac{\partial w}{\partial t}.
\end{aligned}
$$

Die Dichtigkeit beim Gleichgewichtszustande sei $\varDelta$, während ϱ die veränderliche Dichtigkeit ist, welche sich aber nur sehr wenig von $\varDelta$ unterscheiden soll. Wir setzen demnach

$$\frac{\varrho}{\varDelta} = 1 + s$$

und verstehen unter s einen sehr kleinen Bruch, von welchem die höheren Potenzen auch vernachlässigt werden können. Diesen Bruch s nennt man die Condensation, wenn er positiv ist, die Dilatation, wenn er negativ ist.

Da nun $p = \varPhi(\varrho)$ ist, so haben wir

$$\frac{1}{\varrho}\frac{\partial p}{\partial x} = \frac{1}{\varrho}\varPhi'(\varrho)\frac{\partial \varrho}{\partial x} = \frac{\varDelta}{(1+s)\varDelta}\frac{\partial s}{\partial x}\cdot\varPhi'[\varDelta(1+s)].$$

In $\frac{1}{1+s}$ und in $\varPhi'[\varDelta(1+s)]$ darf s gegen die Einheit vernachlässigt werden, so dass wir behalten

$$\frac{1}{\varrho}\frac{\partial p}{\partial x} = \varPhi'(\varDelta)\frac{\partial s}{\partial x}.$$

$\varPhi'(\varDelta)$ ist positiv, da der Druck mit der Dichtigkeit wächst. Wir setzen also $\varPhi'(\varDelta) = a^2$ und erhalten nun statt der Gleichungen (1), (2), (3) des vorletzten §.

$$a^2\frac{\partial s}{\partial x} = -\frac{\partial u}{\partial t}, \tag{1}$$

$$a^2\frac{\partial s}{\partial y} = -\frac{\partial v}{\partial t}, \tag{2}$$

$$a^2\frac{\partial s}{\partial z} = -\frac{\partial w}{\partial t}. \tag{3}$$

Um die Gleichung (4) des §. 100 umzuformen, beachten wir, dass

$$\frac{\partial \varrho}{\partial t} = \varDelta\frac{\partial s}{\partial t},$$

$$\frac{\partial(\varrho u)}{\partial x} = \varDelta\frac{\partial u}{\partial x} + \varDelta\frac{\partial(s u)}{\partial x}$$

ist, und dass $\frac{\partial(s u)}{\partial x}$ als unendlich klein im Vergleich zu $\frac{\partial u}{\partial x}$ vernachlässigt werden kann. Bilden wir in derselben Weise die Differentialquotienten $\frac{\partial(\varrho v)}{\partial y}$ und $\frac{\partial(\varrho w)}{\partial z}$, so geht die Gleichung (4) des §. 100 über in

$$\frac{\partial s}{\partial t} + \frac{\partial u}{\partial x} + \frac{\partial v}{\partial y} + \frac{\partial w}{\partial z} = 0. \tag{4}$$

Die Gleichungen (1), (2), (3), (4) in der jetzt vorliegenden vereinfachten Form können wir leicht so combiniren, dass sie nur eine einzige abhängige Variable enthalten. Wir brauchen nur (1) nach x zu differentiiren, (2) nach y, (3) nach z und (4) nach t. Substituiren wir dann in die letzte Gleichung, was nach den drei ersten gleich

$$\frac{\partial^2 u}{\partial x \partial t}, \quad \frac{\partial^2 v}{\partial y \partial t}, \quad \frac{\partial^2 w}{\partial z \partial t}$$

ist, so ergibt sich

$$\text{(I)} \qquad \frac{\partial^2 s}{\partial t^2} = a^2 \left(\frac{\partial^2 s}{\partial x^2} + \frac{\partial^2 s}{\partial y^2} + \frac{\partial^2 s}{\partial z^2} \right).$$

Diese partielle Differentialgleichung ist von derselben Form, wie bei dem Problem der schwingenden Saiten und der schwingenden Membranen. Nur sind dort zwei und resp. drei unabhängige Variable vorhanden, hier dagegen vier. In ähnlicher Weise hatten wir bei den Untersuchungen über die Bewegung der Wärme im einfachsten Falle zwei unabhängige Veränderliche und in dem complicirtesten Falle vier, nemlich, gerade wie hier, die Zeit t und die drei Raumcoordinaten x, y, z.

Ueberlegen wir nun, was gegeben sein muss, und welchen Weg wir einzuschlagen haben, um zur Lösung der Aufgabe zu gelangen. Als direct gegeben dürfen wir den Anfangszustand des Mediums voraussetzen, d. h. für $t = 0$ die Componenten u_0, v_0, w_0 für jeden Punkt, und ebenso die anfängliche Condensation s_0. Die völlig bestimmte Lösung der partiellen Differentialgleichung (I) erfordert aber noch die Kenntniss des Differentialquotienten $\frac{\partial s}{d t}$ zur Zeit $t = 0$. Dieser lässt sich vermöge der Gleichung (4) aus den gegebenen Functionen u_0, v_0, w_0 ableiten, nemlich

$$\left(\frac{\partial s}{\partial t} \right)_{t=0} = - \frac{\partial u_0}{\partial x} - \frac{\partial v_0}{\partial y} - \frac{\partial w_0}{\partial z}.$$

Zunächst werden wir nun die allgemeine Lösung der partiellen Differentialgleichung (I) aufsuchen und in ihr die willkürlichen Constanten so bestimmen, dass für $t = 0$ die Function s und ihr Differentialquotient nach der Zeit $\frac{\partial s}{\partial t}$ in die gegebenen Functionen übergehen. Ist diesen Bedingungen entsprechend s bestimmt, so finden sich u, v, w mit Hülfe der Gleichungen (1), (2), (3) durch einfache Quadratur. Es ergibt sich

$$u = u_0 - a^2 \int_0^t \frac{\partial s}{\partial x} dt,$$

$$v = v_0 - a^2 \int_0^t \frac{\partial s}{\partial y} dt,$$

$$w = w_0 - a^2 \int_0^t \frac{\partial s}{\partial z} dt.$$

§. 103.

Fortpflanzung des Schalles in einer unendlichen Röhre.

Ehe wir das Problem in seiner Allgemeinheit behandeln, wollen wir den speciellen Fall vornehmen, in welchem alle Bewegungen einander parallel sind, also nur eine Raumcoordinate in Betracht kommt. Dieser Fall zeigt sich bei der Fortpflanzung des Schalles in einer Röhre. Es soll dabei auch die anfängliche Condensation nur von x abhängen und $v_0 = 0$, $w_0 = 0$ sein. Dann wird die Function s nur von x und t abhängig sein, ebenso u nur von x und t und es wird zu jeder Zeit $v = 0$, $w = 0$.

Die Aufgabe spricht sich aus in den beiden partiellen Differentialgleichungen

$$\frac{\partial u}{\partial t} + a^2 \frac{\partial s}{\partial x} = 0, \tag{1}$$

$$\frac{\partial s}{\partial t} + \frac{\partial u}{\partial x} = 0. \tag{2}$$

Aus ihnen leiten wir die eine Gleichung her

$$\frac{\partial^2 s}{\partial t^2} = a^2 \frac{\partial^2 s}{\partial x^2}. \tag{3}$$

Dazu kommen noch die Bedingungen

(4) $s = f(x)$ für $t = 0$,

(5) $u = F(x)$ „ $t = 0$.

Die Gleichung (3) ist von derselben Form wie bei dem Problem der schwingenden Saiten. Dort haben wir als allgemeine Lösung gefunden

$$s = \varphi(x + at) + \psi(x - at).$$

Von dieser gehen wir auch hier aus. Zunächst bestimmt sich aus der Gleichung (2)

$$\frac{\partial u}{\partial x} = -\frac{\partial s}{\partial t} = -a\varphi'(x+at) + a\psi'(x-at),$$

also

$$u = -a\varphi(x+at) + a\psi(x-at) + T.$$

Die Integrationsconstante T ist von x unabhängig, könnte aber noch eine Function von t sein. Setzen wir nun die gefundenen Lösungen in die partielle Differentialgleichung (1) ein und beachten, dass

$$\frac{\partial s}{\partial x} = \varphi'(x+at) + \psi'(x-at),$$

$$\frac{\partial u}{\partial t} = -a^2\varphi'(x+at) - a^2\psi'(x-at) + \frac{\partial T}{\partial t}$$

ist, so zeigt sich, dass die Gleichung (1) nur erfüllt werden kann, wenn

$$\frac{\partial T}{\partial t} = 0$$

ist. T kann also auch von t nicht abhängig sein. Auf die Grösse dieser Constanten kömmt aber gar nichts an, und wir dürfen dafür unbedenklich 0 setzen. Denn die eben gefundene Function s ändert sich nicht, wenn wir $\varphi(x+at)+k$ einsetzen statt $\varphi(x+at)$ und $\psi(x-at)-k$ statt $\psi(x-at)$. Führen wir dann dieselben neuen Functionen in den Ausdruck für u ein und nehmen die völlig willkürliche Grösse $k = \frac{T}{2a}$, so ergibt sich

$$u = -a\varphi(x+at) - \frac{1}{2}T + a\psi(x-at) - \frac{1}{2}T + T,$$

d. h.

$$u = -a\varphi(x+at) + a\psi(x-at).$$

Jetzt sind noch die Bedingungen (3) und (4) zu erfüllen. Für $t=0$ erhalten wir

$$s = \varphi(x) + \psi(x),$$
$$u = -a\varphi(x) + a\psi(x),$$

folglich lauten jene Bedingungen

$$\varphi(x) + \psi(x) = f(x),$$
$$-a\varphi(x) + a\psi(x) = F(x).$$

Daraus findet sich

$$\varphi(x) = \frac{1}{2} f(x) - \frac{1}{2a} F(x),$$

$$\psi(x) = \frac{1}{2} f(x) + \frac{1}{2a} F(x),$$

und die Lösung unserer Aufgabe ist in den beiden Gleichungen enthalten

$$s = \frac{1}{2} f(x+at) - \frac{1}{2a} F(x+at) + \frac{1}{2} f(x-at) + \frac{1}{2a} F(x-at),$$

(I)

$$u = -\frac{a}{2} f(x+at) + \frac{1}{2} F(x+at) + \frac{a}{2} f(x-at) + \frac{1}{2} F(x-at).$$

Diese Lösungen setzen aber voraus, dass die Functionen f und F für jeden Werth des Arguments bekannt seien. Demnach müssen wir die Röhre in der Richtung der x unendlich nehmen. Ist sie begrenzt, so kommen noch die Grenzbedingungen in Betracht, in derselben Weise wie bei dem Problem der schwingenden Saite.

§. 104.

Fortsetzung. Die ursprüngliche Erschütterung ist auf eine begrenzte Strecke beschränkt.

Wir nehmen den besondern Fall, dass ursprünglich nur in einem bestimmten Stück zwischen den Abscissen m und n, Fig. 44,

Fig. 44.

die Luft sich bewegt hat. Also sind die beiden Functionen f und F ausserhalb dieses Intervalles gleich Null,

$$\left.\begin{array}{l} f(x) = 0 \\ F(x) = 0 \end{array}\right\} \begin{array}{l} \text{für } x < m \\ \text{und } \;,,\; x > n. \end{array}$$

Wir betrachten zunächst einen Punkt, für welchen

$$x > n$$

ist. Für diesen sind immer $f(x + at)$ und $F(x + at)$ gleich Null. Also wird

$$(1)\qquad \begin{aligned} s &= \frac{1}{2} f(x - at) + \frac{1}{2a} F(x - at), \\ u &= \frac{a}{2} f(x - at) + \frac{1}{2} F(x - at), \end{aligned}$$

und diese sind nur dann von 0 verschieden, wenn

$$n > x - at > m.$$

Es tritt also zuerst Erschütterung ein, wenn

$$t' = \frac{x - n}{a},$$

und sie hört auf, wenn

$$t'' = \frac{x - m}{a}.$$

Die Dauer der Erschütterung ist demnach

$$t'' - t' = \frac{n - m}{a}.$$

Die Länge der Welle ist $n - m$, folglich a die Fortpflanzungsgeschwindigkeit. Zwischen s und u findet hier die Beziehung statt

$$u = a s,$$

d. h. die Geschwindigkeit ist der Verdichtung oder Verdünnung proportional. Wenn s positiv ist, also Condensation stattfindet, so ist auch u positiv, und die Bewegung des einzelnen Lufttheilchens geht nach derselben Seite hin, nach der die Welle fortschreitet. Ist dagegen s negativ, findet also Dilatation statt, so ist auch u negativ: die Bewegung des einzelnen Theilchens geht nach der entgegengesetzten Richtung wie die fortschreitende Welle.

Wir betrachten zweitens einen Punkt, für welchen

$$x < m.$$

Für diesen ist stets

$$\begin{aligned} f(x - at) &= 0, \\ F(x - at) &= 0, \end{aligned}$$

also haben wir jetzt

$$(2)\qquad \begin{aligned} s &= \frac{1}{2} f(x + at) - \frac{1}{2a} F(x + at), \\ u &= -\frac{a}{2} f(x + at) + \frac{1}{2} F(x + at). \end{aligned}$$

Die Erschütterung beginnt, wenn

$$t' = \frac{m - x}{a}.$$

und sie hört auf, wenn

$$t'' = \frac{n - x}{a}$$

ist. Ihre Dauer ist daher

$$t'' - t' = \frac{n - m}{a}.$$

Zwischen s und u findet die Beziehung statt

$$u = - a s.$$

Die Geschwindigkeit ist also hier ebenso wie vorher der Verdichtung oder Verdünnung proportional, und die Bewegung des einzelnen Lufttheilchens findet in der Richtung der fortschreitenden Welle oder in der entgegengesetzten Richtung statt, je nachdem Condensation oder Dilatation vorhanden ist.

Fassen wir das Resultat zusammen, so ergibt sich Folgendes. Durch die ursprünglich zwischen $x = m$ und $x = n$ auftretende Erschütterung werden zwei Wellen erregt, jede von der Länge $n - m$, welche mit der constanten Fortpflanzungsgeschwindigkeit a sich nach entgegengesetzten Richtungen parallel der x-Axe fortbewegen. Zur Zeit t befinden sich die Wellen an zwei Orten, welche von der Erregungsstelle nach entgegengesetzten Seiten gleich weit abstehen, nemlich die eine liegt

zwischen $x = m + at$ und $x = n + at$,

und die andere

zwischen $x = m - at$ und $x = n - at$.

Indem die eine Welle sich fortbewegt, ändert sich ihre Natur nicht, es wird nur ein und derselbe Erschütterungszustand mit der constanten Geschwindigkeit a verschoben. Dasselbe gilt von der andern Welle. Beide Wellen, auf einander gelegt, geben den ursprünglichen Zustand zur Zeit $t = 0$.

Wenn die ursprüngliche Geschwindigkeit $u_0 = 0$ ist, also $F(x) = 0$, so haben wir

$$s = \frac{1}{2} f(x - at) + \frac{1}{2} f(x + at),$$

$$u = \frac{a}{2} f(x - at) - \frac{a}{2} f(x + at).$$

Dann theilt sich die ursprüngliche Condensation und Dilatation in gleiche Theile, indem die eine Hälfte nach rechts, die andere Hälfte nach links geht. Die beiden Wellen sind also congruent.

Euler, von dem diese ganze Theorie herrührt, machte sich den Einwurf, weshalb jede der beiden Erschütterungen, die zur Zeit t stattfinden, sich nur einseitig fortpflanze, während doch durch die ursprüngliche Erschütterung zur Zeit $t = 0$ nach beiden Seiten eine Welle ausgesandt wird. Man könne ja auch den Zustand zur Zeit t als Anfangszustand ansehen. Dieser Einwurf erledigt sich sehr einfach. Der Grund der einseitigen Fortpflanzung der Welle liegt in den Beziehungen $u = as$ und resp. $u = -as$. Findet die eine oder die andere Beziehung auch für $t = 0$ statt, so bekommt man eine Welle, die von vorn herein nur einseitig fortschreitet. Wir können aber stets die willkürlich gegebenen Functionen $f(x)$ und $F(x)$ als Summen von je zwei Functionen darstellen

$$f(x) = f_1(x) + f_2(x),$$
$$F(x) = F_1(x) + F_2(x),$$

so dass zwischen $f_1(x)$ und $F_1(x)$ die Beziehung stattfindet $f_1(x) = \frac{1}{a} F_1(x)$ und zwischen $f_2(x)$ und $F_2(x)$ die Beziehung $f_2(x) = -\frac{1}{a} F_2(x)$. Zu dem Ende setzen wir

$$f_1(x) = \frac{1}{2} f(x) + \frac{1}{2a} F(x),$$

$$F_1(x) = \frac{a}{2} f(x) + \frac{1}{2} F(x),$$

$$f_2(x) = \frac{1}{2} f(x) - \frac{1}{2a} F(x),$$

$$F_2(x) = \frac{-a}{2} f(x) + \frac{1}{2} F(x).$$

Stellen wir dann nach der Gleichung (I) des vorigen §. die Functionen s_1 und u_1 her, welche den Anfangswerthen $f_1(x)$ und $F_1(x)$ entsprechen, so erhalten wir eine Welle, welche nur in der Richtung der positiven x fortschreitet, und zwar sind die gesuchten Functionen keine anderen als die in Gleichung (1) ausgedrückten. Ebenso erhalten wir aus den Anfangswerthen $f_2(x)$ und $F_2(x)$ zwei Functionen s_2 und u_2, die in der Gleichung (2) ausgedrückt sind, und durch sie wird eine Welle charakterisirt, die von vorn herein nur nach der Richtung der negativen x sich einseitig fortpflanzt. Es tritt hier also noch einmal hervor, dass der beliebig gegebene Anfangszustand durch Superposition hergestellt werden kann aus zwei einzelnen Zuständen, von denen der eine nur nach rechts, der andere nur nach links mit der constanten Geschwindigkeit a fortschreitet.

§. 105.

Fortsetzung. Reflexion an einer festen Wand.

Soll die Röhre für $x = 0$ durch eine feste Wand begrenzt sein, die in die yz-Ebene fällt, so sind die Functionen f und F nur für positive Werthe der Variabeln gegeben. Ausserdem tritt noch die Bedingung auf

$$u = 0 \text{ für } x = 0.$$

Wir hatten nun aber im §. 103 gefunden

$$u = -a\varphi(x + at) + a\psi(x - at).$$

Setzen wir darin $x = 0$ und beachten die eben aufgestellte Bedingung, so findet sich

$$\psi(-\varrho) = \varphi(\varrho).$$

Als Lösung der Aufgabe erhalten wir, wie in §. 103:

$$(1) \quad \begin{aligned} s &= \varphi(x + at) + \psi(x - at), \\ u &= -a\varphi(x + at) + a\psi(x - at), \end{aligned}$$

und so lange $x - at > 0$ ist, bleiben auch die Functionen φ und ψ dieselben wie dort, nemlich

$$(2) \quad \begin{aligned} \varphi(x + at) &= \frac{1}{2}f(x + at) - \frac{1}{2a}F(x + at), \\ \psi(x - at) &= \frac{1}{2}f(x - at) + \frac{1}{2a}F(x - at). \end{aligned}$$

Wird aber $x - at < 0$, so ist vermöge der eben gefundenen Gleichung

$$\psi(x - at) = \varphi(at - x),$$

d. h. wir haben dann

$$(3) \quad \begin{aligned} \varphi(x + at) &= \frac{1}{2}f(x + at) - \frac{1}{2a}F(x + at), \\ \psi(x - at) &= \frac{1}{2}f(at - x) - \frac{1}{2a}F(at - x). \end{aligned}$$

Die Gleichungen (2) und (3) lassen sich zusammenfassen, wenn wir setzen

$$(4) \qquad \begin{aligned} f(-\varrho) &= f(\varrho), \\ F(-\varrho) &= -F(\varrho). \end{aligned}$$

Diese Bestimmung dürfen wir treffen, da ursprünglich die Functionen f und F nur für positive Werthe der Variabeln gegeben sind. Hat man aber die Gleichungen (4) aufgestellt, so wird dadurch der Anfangszustand (für $t = 0$) auch auf dem Gebiete der negativen x festgesetzt, und zwar sind für zwei entgegengesetzt gleiche Abscissen die ursprünglichen Condensationen und resp. Dilatationen einander gleich, die ursprünglichen Geschwindigkeiten entgegengesetzt gleiche. D. h. wir ersetzen die feste Wand dadurch, dass wir auf der Seite der negativen x eine ursprüngliche Erregung annehmen, welche in einem mit der xy-Ebene zusammenfallenden Planspiegel als Bild der gegebenen Erregung auf der positiven Seite erscheinen würde. Aus dieser angenommenen Erregung entspringen zwei Wellen. Die eine schreitet mit der Fortpflanzungsgeschwindigkeit a in der Richtung der negativen x fort. Sie ist das Spiegelbild der Welle, für welche die Gleichungen (1) des vorigen §. gelten. Sie kommt hier nicht weiter in Betracht, da sie niemals auf das Gebiet der positiven x gelangt. Die andere schreitet von der negativen Erregungsstelle aus mit der Fortpflanzungsgeschwindigkeit a in der Richtung der positiven x fort. Sie ist das Spiegelbild der Welle, für welche die Gleichungen (2) des vorigen §. gelten.

Von der Zeit $t = \frac{m}{a}$ an bis zur Zeit $t = \frac{n}{a}$ begegnen sich also an der Stelle $x = 0$ zwei Wellen, von denen die eine das Spiegelbild der andern ist. Daraus folgt, dass für $x = 0$ die Lufttheilchen entgegengesetzt gleiche Geschwindigkeiten erhalten. Während der eben angegebenen Zeit tritt die von der positiven Erregungsstelle herrührende rückwärtsschreitende Welle auf das negative Gebiet und ihr Spiegelbild auf das positive Gebiet über. Von da an kommt nur die letzte von beiden in Betracht. Es findet also hier ganz dasselbe Gesetz statt wie bei der Spiegelung. Die von der positiven Erregungsstelle rückwärts schreitende Welle wird von der festen Wand reflectirt und pflanzt sich dann in der Richtung der positiven x fort. Sie ist nach der Reflexion zu jeder Zeit das Spiegelbild derjenigen Welle, die beim Fehlen der festen Wand auf dem Gebiete der negativen x in negativer Richtung verlaufen würde.

Ebenso können wir die Röhre auf beiden Seiten begrenzt denken, und haben dann nur dieselbe Betrachtung zu wiederholen. Der Schall läuft unaufhörlich in zwei Wellen hin und her, weil an jeder Seite die Wellen zurückgeworfen werden.

Bei dieser Untersuchung ist von jeder Reibung abgesehen.

§. 106.

Allgemeiner Fall. Umformung von Fourier's Lehrsatz.

Wir wollen jetzt zu der allgemeinen Aufgabe von der Bewegung des Schalles übergehen. Diese Aufgabe ist in §. 102 in den Gleichungen ausgesprochen

$$(1)\qquad \frac{\partial^2 s}{\partial t^2} = a^2\left(\frac{\partial^2 s}{\partial x^2} + \frac{\partial^2 s}{\partial y^2} + \frac{\partial^2 s}{\partial z^2}\right),$$

$$(2)\qquad s = f(x, y, z) \quad \text{für } t = 0,$$

$$(3)\qquad \frac{\partial s}{\partial t} = -\frac{\partial u_0}{\partial x} - \frac{\partial v_0}{\partial y} - \frac{\partial w_0}{\partial z} = F(x, y, z) \quad \text{für } t = 0.$$

Man kann die Aufgabe leicht lösen durch bestimmte Integrale, und zwar durch dreimalige Anwendung von Fourier's Lehrsatz. Daraus geht ein sechsfaches Integral hervor, das sich aber durch eine Reihe von gewöhnlichen Transformationen in ein Doppelintegral umwandeln lässt, und aus diesem kann man die wesentlichen Momente der Lösung erkennen. Das Auftreten des Doppelintegrals liegt aber in der Natur der Sache, denn es wird sich zeigen, dass die Veränderungen in einem Punkte von dem anfänglichen Zustande in einer bestimmten Kugelfläche abhängen, so dass diese das Doppelintegral selbst bedingt.

Ehe wir zu der eigentlichen Lösung der Aufgabe übergehen, wollen wir eine kleine Umwandlung von Fourier's Lehrsatz vornehmen. Wir haben denselben entwickelt für eine beliebige Anzahl von Veränderlichen. Für drei Variable lautet er

$$\chi(x,y,z) = \frac{1}{\pi^3}\int\int\int\int\int\int \chi(\lambda,\mu,\nu) \cos A \cos B \cos C \, d\alpha \, d\beta \, d\gamma \, d\lambda \, d\mu \, d\nu,$$

$$A = \alpha(x - \lambda), \quad B = \beta(y - \mu), \quad C = \gamma(z - \nu).$$

Die Integrale in Beziehung auf α, β, γ sind von 0 bis ∞, die Integrale in Beziehung auf λ, μ, ν von $-\infty$ bis $+\infty$ zu nehmen.

Die drei ersten Integrale geben aber, von $-\infty$ bis 0 erstreckt, dasselbe wie von 0 bis $+\infty$, folglich können wir auch schreiben

$$\chi(x, y, z) = \frac{1}{(2\pi)^3}\int\int\int\int\int\int \chi(\lambda, \mu, \nu)\cos A \cos B \cos C \, d\alpha\, d\beta\, d\gamma\, d\lambda\, d\mu\, d\nu,$$

und es sind nun alle sechs Integrale von $-\infty$ bis ∞ zu nehmen. Das Product $\cos A \cos B \cos C$ lässt sich leicht umformen in die Summe

$$\frac{1}{4}\left\{\begin{array}{l} \cos(A + B + C) + \cos(-A + B + C) \\ + \cos(A - B + C) + \cos(A + B - C) \end{array}\right\}$$

und danach zerfällt der vorige Ausdruck in eine Summe von vier Ausdrücken, die aber alle vier dasselbe Resultat der Integration geben. Denn es tritt z. B. in dem zweiten Ausdrucke der Cosinus auf von dem Winkel $-\alpha(x - \lambda) + \beta(y - \mu) + \gamma(z - \nu)$. Die Integration in Beziehung auf α ist zu erstrecken von $-\infty$ bis $+\infty$. Daher darf man $-\alpha$ mit $+\alpha$ vertauschen, und es wird durch diese Vertauschung der zweite Ausdruck mit dem ersten gleichlautend. Dasselbe gilt von dem dritten und vierten Ausdrucke, wenn man $-\beta$ mit $+\beta$ und resp. $-\gamma$ mit $+\gamma$ vertauscht. Wir erhalten demnach

$$\chi(x, y, z) = \frac{1}{8\pi^3}\int\int\int\int\int\int \chi(\lambda, \mu, \nu)\cos(A + B + C)\, d\alpha\, d\beta\, d\gamma\, d\lambda\, d\mu\, d\nu.$$

Von der Richtigkeit dieser Umformung kann man sich auch mit Hülfe des Imaginären überzeugen. Setzt man nemlich in dem vorletzten Ausdrucke für $\chi(x, y, z)$ statt irgend eines der drei Cosinus den Sinus, so wird das Resultat $= 0$, weil die Integration von $-\infty$ bis $+\infty$ erstreckt wird. D. h. es ist

$$0 = \frac{1}{(2\pi)^3}\int\int\int\int\int\int \chi(\lambda, \mu, \nu)\sin A \cos B \cos C \, d\alpha\, d\beta\, d\gamma\, d\lambda\, d\mu\, d\nu.$$

Multipliciren wir beide Seiten dieser Gleichung mit $i = \sqrt{-1}$ und addiren das Resultat zu dem vorletzten Ausdrucke für $\chi(x, y, z)$, so ergibt sich

$$\chi(x, y, z) = \frac{1}{8\pi^3}\int\int\int\int\int\int \chi(\lambda, \mu, \nu)\, e^{\alpha(x-\lambda)i}\cos B \cos C \, d\alpha\, d\beta\, d\gamma\, d\lambda\, d\mu\, d\nu.$$

Durch Wiederholung desselben Verfahrens erlangen wir

$$\chi(x,y,z) = \frac{1}{8\pi^3}\int\int\int\int\int\int \chi(\lambda,\mu,\nu)\, e^{[\alpha(x-\lambda)+\beta(y-\mu)+\gamma(z-\nu)]i} d\alpha\, d\beta\, d\gamma\, d\lambda\, d\mu\, d\nu.$$

Hier können wir wieder das Reelle vom Imaginären trennen und machen die Bemerkung, dass der Factor von i zu Null wird. Wir erhalten also wie vorher

$$\chi(x,y,z) = \frac{1}{8\pi^3}\int\int\int\int\int\int \chi(\lambda,\mu,\nu) \cos(A+B+C)\, d\alpha\, d\beta\, d\gamma\, d\lambda\, d\mu\, d\nu,$$

und die Integrationen sind sämmtlich von $-\infty$ bis $+\infty$ zu nehmen.

Nach dieser Abschweifung wenden wir uns zu der eigentlichen Aufgabe. Der partiellen Differentialgleichung (1) genügt die particuläre Lösung

$$s = e^{[\vartheta t + \alpha(x-\lambda)+\beta(y-\mu)+\gamma(z-\nu)]i},$$

wenn wir

$$\vartheta^2 = a^2(\alpha^2+\beta^2+\gamma^2)$$

setzen. Denn alsdann ist

$$\frac{\partial^2 s}{\partial t^2} = -a^2(\alpha^2+\beta^2+\gamma^2)s,$$

$$\frac{\partial^2 s}{\partial x^2} = -\alpha^2 s,\quad \frac{\partial^2 s}{\partial y^2} = -\beta^2 s,\quad \frac{\partial^2 s}{\partial z^2} = -\gamma^2 s.$$

Vermöge der Bedingungsgleichung für ϑ sind auch

$$e^{\vartheta t i} \cdot e^{\pm[\alpha(x-\lambda)+\beta(y-\mu)+\gamma(z-\nu)]i}$$

und

$$e^{-\vartheta t i} \cdot e^{\pm[\alpha(x-\lambda)+\beta(y-\mu)+\gamma(z-\nu)]i}$$

particuläre Lösungen, aus denen wir leicht die folgenden vier ableiten

$$\cos\vartheta t \cdot \cos[\alpha(x-\lambda)+\beta(y-\mu)+\gamma(z-\nu)],$$
$$\cos\vartheta t \cdot \sin[\alpha(x-\lambda)+\beta(y-\mu)+\gamma(z-\nu)],$$
$$\sin\vartheta t \cdot \cos[\alpha(x-\lambda)+\beta(y-\mu)+\gamma(z-\nu)],$$
$$\sin\vartheta t \cdot \sin[\alpha(x-\lambda)+\beta(y-\mu)+\gamma(z-\nu)].$$

Jede dieser vier Lösungen darf mit einer willkürlichen Function von λ, μ, ν multiplicirt werden. Auch darf man ein solches Product mit $d\alpha\, d\beta\, d\gamma\, d\lambda\, d\mu\, d\nu$ multipliciren und hierauf eine sechsfache Integration zwischen beliebigen Grenzen ausführen. Das Resultat ist immer noch eine Lösung der partiellen Differentialgleichung (1).

Um den Nebenbedingungen (2) und (3) Genüge zu leisten, decomponiren wir die Aufgabe. Wir setzen

$$s = s' + s''$$

und stellen die Nebenbedingungen auf

(2*) $$s' = f(x, y, z) \quad \text{für } t = 0,$$

(3*) $$\frac{\partial s'}{\partial t} = 0 \quad \text{„} \; t = 0,$$

und ferner

(2**) $$s'' = 0 \quad \text{für } t = 0,$$

(3**) $$\frac{\partial s''}{\partial t} = F(x, y, z) \quad \text{„} \; t = 0.$$

Wir gelangen zu einer Function s', welche der partiellen Differentialgleichung (1) genügt und die Nebenbedingungen (2*) und (3*) befriedigt, wenn wir ausgehen von der particulären Lösung

$$\cos a t \sqrt{\alpha^2 + \beta^2 + \gamma^2} \,.\, \cos[\alpha(x - \lambda) + \beta(y - \mu) + \gamma(z - \nu)] = \cos \vartheta t \,.\, \cos(A + B + C),$$

denn diese erfüllt schon die Gleichung (3*). Nach dem Lehrsatze von Fourier, wie er in diesem §. umgeformt ist, haben wir aber

$$f(x, y, z) = \frac{1}{8\pi^3} \int\int\int\int\int\int f(\lambda, \mu, \nu) \cos(A + B + C)\, d\alpha\, d\beta\, d\gamma\, d\lambda\, d\mu\, d\nu.$$

Folglich wird

(I) $$s' = \frac{1}{8\pi^3} \int\int\int\int\int\int f(\lambda, \mu, \nu) \cos(A + B + C) \cos \vartheta t\, d\alpha\, d\beta\, d\gamma\, d\lambda\, d\mu\, d\nu$$

die Lösung der partiellen Differentialgleichung sein, welche die Nebenbedingungen (2*) und (3*) befriedigt.

Zur Herstellung der Function s'' gehen wir aus von der particulären Lösung

$$\sin a t \sqrt{\alpha^2 + \beta^2 + \gamma^2} \,.\, \cos[\alpha(x - \lambda) + \beta(y - \mu) + \gamma(z - \nu)] = \sin \vartheta t \,.\, \cos(A + B + C),$$

denn sie genügt schon der Gleichung (2**). Beachten wir dann, in welcher Weise sich die Function $F(x, y, z)$ nach Fourier's Lehrsatze entwickeln lässt, so sehen wir, dass

(II) $$s'' = \frac{1}{8\pi^3} \int\int\int\int\int\int F(\lambda, \mu, \nu) \cos(A + B + C) \frac{\sin \vartheta t}{\vartheta}\, d\alpha\, d\beta\, d\gamma\, d\lambda\, d\mu\, d\nu$$

zu setzen ist. Die Integrationen in (I) und (II) erstrecken sich sämmtlich von $-\infty$ bis $+\infty$.

Es möchte nicht überflüssig sein zu bemerken, dass s' aus s'' hervorgeht, indem man f statt F schreibt und den Differentialquotienten nach t nimmt.

§. 107.

Fortsetzung. Reduction der sechsfachen Integrale auf Doppelintegrale.

Die sechsfachen Integrale in der Gleichung (I) sowohl als in (II) des vorigen Paragraphen lassen sich auf Doppelintegrale zurückführen. Wir wollen diese Umformung an dem Ausdrucke (II) vornehmen. Zu dem Ende fassen wir α, β, γ als rechtwinklige Coordinaten auf und führen statt derselben Kugel-Coordinaten ein durch die Gleichungen

$$\alpha = \varrho \cos \theta,$$
$$\beta = \varrho \sin \theta \cos \varphi,$$
$$\gamma = \varrho \sin \theta \sin \varphi.$$

Die Integrationen sind dann zu erstrecken von $\varrho = 0$ bis $\varrho = \infty$, von $\theta = 0$ bis $\theta = \pi$ und von $\varphi = 0$ bis $\varphi = 2\pi$. Das Raumelement war vorher $d\alpha\, d\beta\, d\gamma$ und ist jetzt $\varrho^2 \sin \theta\, d\varrho\, d\theta\, d\varphi$. In dem transformirten sechsfachen Integral können wir die Ordnung der Integrationen beliebig nehmen. Wir integriren also zuerst in Beziehung auf θ und φ, dann in Beziehung auf ν, μ, λ und endlich in Beziehung auf ϱ. Dadurch ergibt sich

$$(1) \quad s'' = \frac{1}{8\pi^3} \int_0^\infty \frac{\varrho^2 \sin \alpha \varrho t}{\alpha \varrho}\, d\varrho \int_{-\infty}^{\infty}\int_{-\infty}^{\infty}\int_{-\infty}^{\infty} F(\lambda, \mu, \nu)\, d\lambda\, d\mu\, d\nu \, .\, J.$$

$$J = \int_0^{2\pi} d\varphi \int_0^{\pi} \sin \theta \cos \Big(l \cos \theta + m \sin \theta \cos \varphi + n \sin \theta \sin \varphi \Big)\, d\theta.$$

Wir haben zur Abkürzung gesetzt

$$\varrho\,(x - \lambda) = l,$$
$$\varrho\,(y - \mu) = m,$$
$$\varrho\,(z - \nu) = n,$$

und schreiben noch

$$\cos (l \cos \theta + m \sin \theta \cos \varphi + n \sin \theta \sin \varphi)$$
$$= \chi\,(l \cos \theta + m \sin \theta \cos \varphi + n \sin \theta \sin \varphi).$$

so dass wir erhalten

$$(2)\ J = \int_0^{2\pi} d\varphi \int_0^{\pi} \chi(l\cos\theta + m\sin\theta\cos\varphi + n\sin\theta\sin\varphi)\sin\theta\, d\theta.$$

Geometrisch bedeutet dies eine Integration, die über eine Kugeloberfläche vom Radius 1 zu erstrecken ist. Mit φ ist die geographische Länge, mit θ die Poldistanz bezeichnet. Das Oberflächenelement findet sich $= \sin\theta\, d\theta\, d\varphi$ und χ ist eine Function des Ortes auf der Kugel.

Wir betrachten nun l, m, n als die rechtwinkligen Coordinaten eines Punktes im Raume und bemerken, dass der Anfangspunkt dieses Coordinatensystems in dem Mittelpunkte der eben erwähnten Kugelfläche liegt. Statt der rechtwinkligen Coordinaten l, m, n führen wir Kugel-Coordinaten ein, indem wir setzen

$$l = c\cos\sigma,$$
$$m = c\sin\sigma\cos\tau,$$
$$n = c\sin\sigma\sin\tau.$$

Die Function χ transformirt sich danach in folgender Weise

$$\chi\left[c\left\{\cos\sigma\cos\theta + \sin\sigma\sin\theta(\cos\tau\cos\varphi + \sin\tau\sin\varphi)\right\}\right]$$
$$= \chi\left[c\left\{\cos\sigma\cos\theta + \sin\sigma\sin\theta\cos(\tau - \varphi)\right\}\right].$$

Fig. 45.

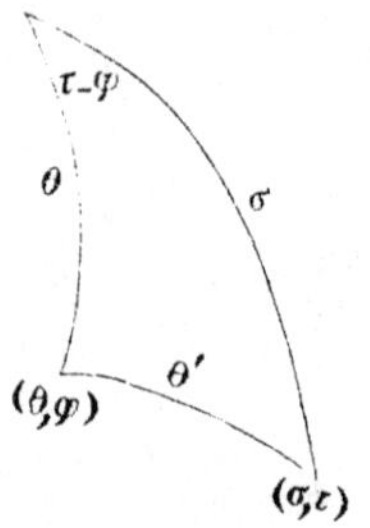

Die geometrische Bedeutung des neuen Arguments von χ ist leicht zu erkennen. Die Poldistanzen σ und θ schliessen am Pol den Winkel $(\tau - \varphi)$ ein. Nehmen wir also auf der Kugel vom Radius 1 den Pol als einen Eckpunkt eines sphärischen Dreiecks, dessen andere Eckpunkte in (θ, φ) und resp. (σ, τ) fallen, und bezeichnen (Fig. 45) die dritte Seite mit θ', so ist

$$\cos\sigma\cos\theta + \sin\sigma\sin\theta\cos(\tau - \varphi) = \cos\theta'.$$

Wir erhalten demnach

$$J = \int_0^{2\pi} d\varphi \int_0^{\pi} \chi(c\cos\theta')\sin\theta\, d\theta.$$

Nun dürfen wir den Pol auf der Kugel beliebig verlegen. Wählen wir den Punkt (σ, τ) zum neuen Pol, so wird das neue Oberflächenelement $\sin\theta'\, d\theta'\, d\varphi'$, und wir erhalten

$$J = \int_0^{\pi}\int_0^{2\pi} \chi(c \cos\theta') \sin\theta' \, d\theta' \, d\varphi'$$

$$= -2\pi \int_0^{\pi} \chi(c\cos\theta') \, d\cos\theta'.$$

Bezeichnen wir mit X eine Function, die, nach $\cos\theta'$ differentiirt, χ gibt, also

$$\frac{dX}{d\cos\theta'} = \chi,$$

so erhalten wir

$$J = \frac{2\pi}{c}\left\{X(c) - X(-c)\right\}.$$

Es ist aber vorhin mit χ die Cosinusfunction bezeichnet, folglich ist X der Sinus. Ferner ist

$$c = \sqrt{l^2 + m^2 + n^2} = \varrho\sqrt{(x-\lambda)^2 + (y-\mu)^2 + (z-\nu)^2}.$$

Daher wird

$$J = \frac{2\pi}{c} \cdot 2\sin c$$

und

$$(3) \quad s'' = \frac{1}{2a\pi^2}\int_0^{\infty} \varrho \sin a\varrho t \, d\varrho \int_{-\infty}^{\infty}\int_{-\infty}^{\infty}\int_{-\infty}^{\infty} F(\lambda,\mu,\nu)\frac{\sin c}{c}\, d\lambda\, d\mu\, d\nu.$$

Endlich betrachten wir λ, μ, ν als rechtwinklige Coordinaten eines Punktes im Raume. $d\lambda\, d\mu\, d\nu$ ist das Volumenelement, und die Integration erstreckt sich über den ganzen unendlichen Raum.

Wir legen in den Punkt (x, y, z) den Mittelpunkt eines Systems von Kugel-Coordinaten und setzen

$$\lambda - x = r\cos\theta$$
$$\mu - y = r\sin\theta\cos\varphi,$$
$$\nu - z = r\sin\theta\sin\varphi$$

also

$$c = r\varrho.$$

Dann ist

$$(4) \quad 2a\pi^2 s'' =$$

$$\int_0^{\infty} \sin a\varrho t\, d\varrho \int_0^{\infty} r \sin r\varrho\, dr \int_0^{\pi} \sin\theta\, d\theta \int_0^{2\pi} F(x + r\cos\theta,\, y + r\sin\theta\cos\varphi,$$
$$z + r\sin\theta\sin\varphi)\, d\varphi.$$

Dieses vierfache Integral zieht sich durch Anwendung von Fourier's Satze auf ein Doppelintegral zusammen. Wir haben nemlich

$$\psi(at) = \frac{2}{\pi}\int_0^\infty\int_0^\infty \psi(r)\sin at\varrho \sin r\varrho\, dr\, d\varrho,$$

und folglich, wenn wir $\psi(r) = rF(x + r\cos\theta, \ldots)$ setzen:

$$\frac{2}{\pi}\int_0^\infty\int_0^\infty rF(x + r\cos\theta, \ldots)\sin a\varrho t \sin r\varrho\, dr\, d\varrho$$

$$= atF(x + at\cos\theta,\ y + at\sin\theta\cos\varphi,\ z + at\sin\theta\sin\varphi).$$

Dadurch geht die Gleichung (4) über in

(II) $s'' =$

$$\frac{1}{4\pi}\int_0^\pi\int_0^{2\pi} tF(x + at\cos\theta, y + at\sin\theta\cos\varphi, z + at\sin\theta\sin\varphi)\sin\theta\, d\theta\, d\varphi.$$

Nach der letzten Bemerkung des vorigen §. ergibt sich nun sofort

(I) $s' =$

$$\frac{1}{4\pi}\frac{\partial}{\partial t}\int_0^\pi\int_0^{2\pi} tf(x + at\cos\theta, y + at\sin\theta\cos\varphi, z + at\sin\theta\sin\varphi)\sin\theta\, d\theta\, d\varphi.$$

Die Lösung der Aufgabe im vorigen §. ist

$$s = s' + s''.$$

§. 108.

Fortsetzung. Geometrische Bedeutung der Lösung.

Wir fragen nach der geometrischen Bedeutung des gewonnenen Resultates und betrachten zunächst s''. Die Function

$$F(x + at\cos\theta,\ y + at\sin\theta\cos\varphi,\ z + at\sin\theta\sin\varphi)$$

ist der Anfangswerth von $\frac{\partial s}{\partial t}$ in einem Punkte, dessen Coordinaten

$$x + at\cos\theta,$$
$$y + at\sin\theta\cos\varphi,$$
$$z + at\sin\theta\sin\varphi$$

sind. Dieser Punkt liegt auf der Kugeloberfläche, die mit dem Radius $R = at$ um den Punkt (x, y, z) als Mittelpunkt beschrieben ist. Der nach jenem Punkte gezogene Radius R schliesst mit der Richtung der positiven x den Winkel θ ein, und φ ist der Winkel der positiven y-Axe mit einer Ebene, die durch den Radius R parallel zur x-Axe gelegt wird. Ein Element der Kugeloberfläche, das an den Endpunkt des Radius R anstösst, ist

$$= a^2 t^2 \sin\theta \, d\theta \, d\varphi.$$

Danach sieht man, dass der Ausdruck

$$\frac{1}{4 a^2 t^2 \pi} \int_0^{\pi} \int_0^{2\pi} F(x + a t \cos\theta, \ldots) \, a^2 t^2 \sin\theta \, d\theta d\varphi$$

nichts anderes bedeutet als den Mittelwerth der Function F auf der eben betrachteten Kugeloberfläche, und daher ist

$$s'' = t \int_0^{\pi} \int_0^{2\pi} \frac{F(x + a t \cos\theta, \ldots)}{4 a^2 t^2 \pi} \, a^2 t^2 \sin\theta \, d\theta \, d\varphi$$

derselbe Mittelwerth, multiplicirt mit t.

In ähnlicher Weise ist s' zu interpretiren.

Die Condensation oder Dilatation, welche zur Zeit t im Punkte (x, y, z) stattfindet, hängt also ab von dem Anfangszustande auf einer um diesen Punkt mit dem Radius at beschriebenen Kugeloberfläche.

Das elastische Medium soll nun anfänglich nur in einem begrenzten Raume erschüttert sein. Der Punkt (x, y, z) liege ausserhalb dieses Raumes und habe von dem nächstgelegenen Punkte desselben den Abstand r', vom entferntesten den Abstand r''. Dann ist im Punkte (x, y, z)

$$s = 0, \quad \text{wenn } at < r',$$

und ebenfalls

$$s = 0, \quad \text{wenn } at > r''.$$

Die Erschütterung im Punkte (x, y, z) beginnt zur Zeit

$$t' = \frac{r'}{a},$$

und sie hört auf zur Zeit

$$t'' = \frac{r''}{a}.$$

Liegt der Punkt (x, y, z) innerhalb des ursprünglich erschütterten Raumes, so ist die Entfernung $r' = 0$ und daher auch $t' = 0$. D. h. die Erschütterung in dem Punkte dauert von der Zeit

$$t' = 0$$

bis zur Zeit

$$t'' = \frac{r''}{a}.$$

Bei der Integration ist zu bemerken, dass nur diejenigen Theile der Kugeloberfläche in Betracht kommen, welche in den anfänglich erschütterten Raum fallen, weil für alle übrigen Punkte $f = 0$ und $F = 0$ ist.

§. 109.

Fortsetzung. Die Geschwindigkeiten des einzelnen Lufttheilchens.

Für die Geschwindigkeiten u, v, w haben wir die Gleichungen gefunden

$$u = u_0 - a^2 \int_0^t \frac{\partial s}{\partial x} dt,$$

$$v = v_0 - a^2 \int_0^t \frac{\partial s}{\partial y} dt,$$

$$w = w_0 - a^2 \int_0^t \frac{\partial s}{\partial z} dt.$$

Betrachten wir zuerst wieder einen Punkt (x, y, z), der ausserhalb des ursprünglich erschütterten Raumes liegt. Für ihn sind die Componenten der Anfangsgeschwindigkeit $= 0$, und ferner ist $s = 0$, so lange $t < t'$ bleibt. Ebenso lange haben also auch die Integrale in den Ausdrücken für u, v, w den Werth 0. Folglich ergibt sich

$$\left.\begin{aligned} u &= 0, \\ v &= 0, \\ w &= 0 \end{aligned}\right\} \text{ für } t < t'. \tag{1}$$

Ist dagegen $t > t'$, so können wir in den Ausdrücken für u, v, w das Integral, das von 0 bis t genommen werden soll, in zwei zerlegen, von denen das erste von 0 bis t', das andere von t' bis t zu erstrecken ist. Das erste hat den Werth 0, und daher ist

$$\left.\begin{aligned} u &= -a^2 \int_{t'}^t \frac{\partial s}{\partial x} dt, \\ v &= -a^2 \int_{t'}^t \frac{\partial s}{\partial y} dt, \\ w &= -a^2 \int_{t'}^t \frac{\partial s}{\partial z} dt \end{aligned}\right\} \text{ für } t > t'. \tag{2}$$

Besondere Beachtung verdient noch der Fall, dass $t > t''$ ist. Dann kann man das Integral von t' bis t wieder zerlegen in eins von t' bis t'' und ein zweites von t'' bis t. Dies zweite hat den Werth 0, weil innerhalb der Integrationsgrenzen $s = 0$ ist. Wir behalten also

$$(3)\qquad \left.\begin{aligned} u &= -a^2 \int_{t'}^{t''} \frac{\partial s}{\partial x} dt, \\ v &= -a^2 \int_{t'}^{t''} \frac{\partial s}{\partial y} dt, \\ w &= -a^2 \int_{t'}^{t''} \frac{\partial s}{\partial z} dt \end{aligned}\right\} \text{ für } t > t''.$$

Diese Integrale sind noch genauer zu untersuchen, und zu dem Ende haben wir s wieder in seine Bestandtheile s' und s'' zu zerlegen. Nun sieht man leicht, dass

$$\int_{t'}^{t''} \frac{\partial s'}{\partial x} dt = 0$$

ist. Denn es ist

$$\frac{\partial s'}{\partial x} = \frac{1}{4\pi} \frac{\partial}{\partial t} \int_0^{\pi} \int_0^{2\pi} t \, \frac{\partial f(x + a t \cos\theta, \ldots)}{\partial x} \sin\theta \, d\theta \, d\varphi$$

und folglich

$$\int_{t'}^{t''} \frac{\partial s'}{\partial x} dt = \frac{1}{4\pi} \int_0^{\pi} \int_0^{2\pi} t'' \, \frac{\partial f(x + a t'' \cos\theta, \ldots)}{\partial x} \sin\theta \, d\theta \, d\varphi$$

$$- \frac{1}{4\pi} \int_0^{\pi} \int_0^{2\pi} t' \, \frac{\partial f(x + a t' \cos\theta, \ldots)}{\partial x} \sin\theta \, d\theta \, d\varphi.$$

Die Kugeln, welche mit den Radien $a t'$ und resp. $a t''$ um den Punkt (x, y, z) construirt werden, berühren aber den ursprünglich erschütterten Raum nur in je einem Punkte, und daher ist in jedem der beiden Integrale nur ein Element von 0 verschieden. D. h. es ist

$$\int_{t'}^{t''} \frac{\partial s'}{\partial x} dt = 0.$$

Ebenso erhalten wir

$$\int_{t'}^{t''} \frac{\partial s'}{\partial y} dt = 0, \quad \int_{t'}^{t''} \frac{\partial s'}{\partial z} dt = 0.$$

Wir haben noch den Beitrag zu untersuchen, welcher von s'' herrührt. Es ist

$$a^2 \int_{t'}^{t''} \frac{\partial s''}{\partial x} dt$$

$$= \frac{1}{4\pi} \int_{t'}^{t''} \int_0^{\pi} \int_0^{2\pi} \frac{1}{a t} \frac{\partial F(x + a t \cos\theta, \ldots)}{\partial x} a^2 t^2 \sin\theta \, a \, dt \, d\theta \, d\varphi.$$

Die dreifache Integration auf der rechten Seite erstreckt sich über den ganzen ursprünglich erschütterten Raum. Führen wir also wieder rechtwinklige Coordinaten ein durch die Gleichungen

$$a t \cos\theta = \xi,$$
$$a t \sin\theta \cos\varphi = \eta,$$
$$a t \sin\theta \sin\varphi = \zeta,$$

so können wir auch schreiben

$$a^2 \int_{t'}^{t''} \frac{\partial s''}{\partial x} dt = \frac{1}{4\pi} \int\int\int \frac{1}{r} \frac{\partial F(x + \xi, y + \eta, z + \zeta)}{\partial x} d\xi \, d\eta \, d\zeta,$$

wenn $r = \sqrt{\xi^2 + \eta^2 + \zeta^2}$ gesetzt und die dreifache Integration über den ursprünglich erschütterten Raum ausgedehnt wird. Nun ist aber, wie man leicht sieht,

$$\frac{\partial F}{\partial x} = \frac{\partial F}{\partial \xi},$$

und wenn wir die Bedeutung von F beachten:

$$\frac{\partial F}{\partial \xi} = -\left(\frac{\partial^2 u_0}{\partial \xi^2} + \frac{\partial^2 v_0}{\partial \eta \, \partial \xi} + \frac{\partial^2 w_0}{\partial \zeta \, \partial \xi}\right).$$

Wir wollen voraussetzen, dass die Anfangsgeschwindigkeiten die Bedingung des §. 101 erfüllen, d. h. dass

$$\frac{\partial v_0}{\partial \xi} = \frac{\partial u_0}{\partial \eta}, \quad \frac{\partial w_0}{\partial \eta} = \frac{\partial v_0}{\partial \zeta}, \quad \frac{\partial u_0}{\partial \zeta} = \frac{\partial w_0}{\partial \xi}$$

sei. Dann wird

$$\frac{\partial F}{\partial \xi} = -\left(\frac{\partial^2 u_0}{\partial \xi^2} + \frac{\partial^2 u_0}{\partial \eta^2} + \frac{\partial^2 u_0}{\partial \zeta^2}\right)$$

und

$$\text{(a)} \quad -a^2 \int_{t'}^{t''} \frac{\partial s''}{\partial x} dt = \frac{1}{4\pi} \int\int\int \frac{1}{r} \left(\frac{\partial^2 u_0}{\partial \xi^2} + \frac{\partial^2 u_0}{\partial \eta^2} + \frac{\partial^2 u_0}{\partial \zeta^2} \right) d\xi\, d\eta\, d\zeta.$$

Das Integral auf der rechten Seite zerlegen wir in seine drei Bestandtheile und behandeln zunächst den ersten Bestandtheil

$$\int\int\int \frac{1}{r} \frac{\partial^2 u_0}{\partial \xi^2}\, d\xi\, d\eta\, d\zeta.$$

Um dieses Integral bequem umformen zu können, gehen wir aus von

$$\int\int\int \left[\frac{1}{r} \frac{\partial^2 u_0}{\partial \xi^2} + \frac{\partial u_0}{\partial \xi} \frac{\partial \left(\frac{1}{r}\right)}{\partial \xi} \right] d\xi\, d\eta\, d\zeta$$

und beginnen mit der Integration nach ξ. Diese gibt, unbestimmt ausgeführt,

$$\frac{1}{r} \frac{\partial u_0}{\partial \xi}.$$

Zur Einführung der Grenzen nehmen wir (wie in §. 82) die geometrische Betrachtung zu Hülfe. Das Coordinatensystem möge

Fig. 46.

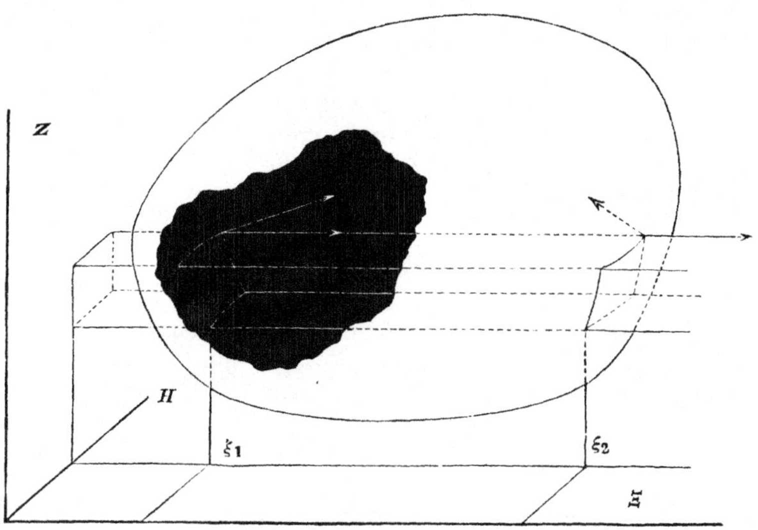

wieder so gelegt sein, dass alle Punkte im Inneren und in der Oberfläche des ursprünglich erschütterten Raumes positive Coordinaten haben. Wir haben zunächst η und ζ als constant angesehen. Es werde also in der $\eta\zeta$ Ebene ein Rechteck von den Seiten $d\eta, d\zeta$ gezeichnet, für welches der dem Coordinatenanfang zunächst gelegene Eckpunkt die Coordinaten η, ζ habe. Ueber diesem Rechteck errichten wir ein Prisma, dessen Kanten parallel der ξ-Axe laufen, und beachten die Stellen, an welchen dasselbe in den ursprünglich erschütterten Raum eintritt und resp. aus ihm heraustritt. Der einfachste Fall ist der, dass nur ein Eintritt und nur ein Austritt stattfindet. Im allgemeinen kann das Prisma auch öfter eintreten, aber auf jede Eintrittsstelle folgt dann eine Austrittsstelle, und beide Arten sind in gleicher Zahl vorhanden. Das Prisma möge eintreten an den Stellen

$$\xi_1, \xi_3, \ldots \xi_{2m-1}$$

und austreten an den Stellen

$$\xi_2, \xi_4, \ldots \xi_{2m}.$$

An jeder solchen Stelle wird ein Element aus der Oberfläche des erschütterten Raumes herausgeschnitten. Diese Oberflächenelemente seien der Reihe nach

$$d\sigma_1, d\sigma_2, d\sigma_3, \ldots d\sigma_{2m-1}, d\sigma_{2m}.$$

Für jedes derselben ziehen wir die nach innen gerichtete Normale und bemerken, dass der Winkel (ξ, n), den diese mit der positiven ξ-Axe einschliesst, einen positiven Cosinus hat an den Eintrittsstellen, dagegen einen negativen Cosinus an den Austrittsstellen. Die sämmtlichen herausgeschnittenen Oberflächenelemente haben in der $\eta\zeta$ Ebene dieselbe Projection, nemlich das Rechteck $d\eta d\zeta$ und daher ist

$$\begin{aligned} d\eta\, d\zeta &= d\sigma_{2k-1} \,.\, \cos(\xi, n)_{2k-1} \\ &= -\, d\sigma_{2k} \,.\, \cos(\xi, n)_{2k} \end{aligned}$$

für jedes ganze k von 1 bis m.

Nach dieser Vorbereitung finden wir leicht aus dem oben hergestellten unbestimmten Integral

$$\frac{1}{r}\frac{\partial u_0}{\partial \xi}$$

den Werth des bestimmten Integrals. Wir haben nur die Werthe von $\frac{1}{r}\frac{\partial u_0}{\partial \xi}$ an allen Austrittsstellen zu addiren und davon die Summe der Werthe derselben Function an allen Eintrittsstellen zu subtrahiren. Multipliciren wir dann mit $d\eta d\zeta$, so ergibt sich als Resultat

$$-\sum \frac{1}{r}\frac{\partial u_0}{\partial \xi} \cos(\xi, n)\, d\sigma,$$

wenn die Summe auf alle Stellen bezogen wird, an denen das Elementarprisma überhaupt durch die Oberfläche des ursprünglich erschütterten Raumes hindurchgeht.

Sollen hierauf auch die Integrationen nach η und ζ ausgeführt werden, so hat man die vorige Operation nicht für ein Elementarprisma vorzunehmen, sondern für alle, welche den ursprünglich erschütterten Raum überhaupt treffen. D. h. wir haben

$$\int\int\int\left[\frac{1}{r}\frac{\partial^2 u_0}{\partial \xi^2} + \frac{\partial u_0}{\partial \xi}\frac{\partial\left(\frac{1}{r}\right)}{\partial \xi}\right] d\xi\, d\eta\, d\zeta$$
$$= -\int \frac{1}{r}\frac{\partial u_0}{\partial \xi}\cos(\xi, n)\, d\sigma,$$

wenn die Integration auf der linken Seite über den ganzen anfänglich erschütterten Raum, die Integration auf der rechten Seite über seine gesammte Oberfläche ausgedehnt wird.

Danach ergibt sich

$$\int\int\int \frac{1}{r}\frac{\partial^2 u_0}{\partial \xi^2}\, d\xi\, d\eta\, d\zeta$$
$$= -\int \frac{1}{r}\frac{\partial u_0}{\partial \xi}\cos(\xi, n)\, d\sigma - \int\int\int \frac{\partial u_0}{\partial \xi}\frac{\partial\left(\frac{1}{r}\right)}{\partial \xi}\, d\xi\, d\eta\, d\zeta.$$

Auf das Raumintegral der rechten Seite können wir dieselbe Transformation noch einmal anwenden und erhalten dadurch

$$\int\int\int \frac{1}{r}\frac{\partial^2 u_0}{\partial \xi^2}\, d\xi\, d\eta\, d\zeta$$
$$= -\int \frac{1}{r}\frac{\partial u_0}{\partial \xi}\cos(\xi, n)\, d\sigma + \int u_0 \frac{\partial\left(\frac{1}{r}\right)}{\partial \xi}\cos(\xi, n)\, d\sigma$$
$$+ \int\int\int u_0 \frac{\partial^2\left(\frac{1}{r}\right)}{\partial \xi^2}\, d\xi\, d\eta\, d\zeta.$$

Wird der zweite und dritte Bestandtheil auf der rechten Seite der Gleichung (a) ebenso behandelt, so geht diese Gleichung über in

(b) $$-a^2\int_{t'}^{t''}\frac{\partial s''}{\partial x}\,dt$$

$$= -\frac{1}{4\pi}\int\frac{1}{r}\left\{\frac{\partial u_0}{\partial \xi}\cos(\xi,n)+\frac{\partial u_0}{\partial \eta}\cos(\eta,n)+\frac{\partial u_0}{\partial \zeta}\cos(\zeta\, n)\right\}d\sigma$$

$$+\frac{1}{4\pi}\int u_0\left\{\frac{\partial\left(\frac{1}{r}\right)}{\partial \xi}\cos(\xi,n)+\frac{\partial\left(\frac{1}{r}\right)}{\partial \eta}\cos(\eta,n)+\frac{\partial\left(\frac{1}{r}\right)}{\partial \zeta}\cos(\zeta,n)\right\}d\sigma$$

$$+\frac{1}{4\pi}\int\int\int u_0\left\{\frac{\partial^2\left(\frac{1}{r}\right)}{\partial \xi^2}+\frac{\partial^2\left(\frac{1}{r}\right)}{\partial \eta^2}+\frac{\partial^2\left(\frac{1}{r}\right)}{\partial \zeta^2}\right\}d\xi\, d\eta\, d\zeta.$$

Nun ist aber

$$\frac{\partial^2\left(\frac{1}{r}\right)}{\partial \xi^2}+\frac{\partial^2\left(\frac{1}{r}\right)}{\partial \eta^2}+\frac{\partial^2\left(\frac{1}{r}\right)}{\partial \zeta^2}=0,$$

also fällt das dreifache Integral weg.

Die beiden Oberflächen-Integrale lassen sich noch einfacher ausdrücken. Mit $\cos(\xi,n), \cos(\eta,n), \cos(\zeta,n)$ haben wir die Cosinus der Winkel bezeichnet, welche die vom Oberflächenelement $d\sigma$ aus nach innen gezogene Normale mit den Coordinatenaxen einschliesst. Der Fusspunkt dieser Normalen in der Oberfläche habe die Coordinaten ξ, η, ζ. Wir nehmen auf ihr im Innern des Körpers einen unendlich nahe an der Oberfläche gelegenen Punkt $(\xi + d\xi,\ \eta + d\eta,\ \zeta + d\zeta)$, der von dem erstgenannten Punkte den Abstand

$$dn = \sqrt{d\xi^2 + d\eta^2 + d\zeta^2}$$

hat. Dann ist

$$\cos(\xi,n)=\frac{d\xi}{dn},\quad \cos(\eta,n)=\frac{d\eta}{dn},\quad \cos(\zeta,n)=\frac{d\zeta}{dn},$$

und wir erhalten

$$\frac{\partial u_0}{\partial \xi}\cos(\xi,n)+\frac{\partial u_0}{\partial \eta}\cos(\eta,n)+\frac{\partial u_0}{\partial \zeta}\cos(\zeta,n)$$

$$=\frac{\partial u_0}{\partial \xi}\frac{d\xi}{dn}+\frac{\partial u_0}{\partial \eta}\frac{d\eta}{dn}+\frac{\partial u_0}{\partial \zeta}\frac{d\zeta}{dn}=\frac{\partial u_0}{\partial n},$$

$$\frac{\partial\left(\frac{1}{r}\right)}{\partial \xi}\cos(\xi,n)+\frac{\partial\left(\frac{1}{r}\right)}{\partial \eta}\cos(\eta,n)+\frac{\partial\left(\frac{1}{r}\right)}{\partial \zeta}\cos(\zeta,n)$$

$$=\frac{\partial\left(\frac{1}{r}\right)}{\partial n}.$$

Folglich geht die Gleichung (b) in die einfachere über

$$\text{(c)}\qquad -a^2\int_{t'}^{t''}\frac{\partial s''}{\partial x}\,dt = -\frac{1}{4\pi}\int\frac{1}{r}\frac{\partial u_0}{\partial n}\,d\sigma + \frac{1}{4\pi}\int u_0\frac{\partial\left(\frac{1}{r}\right)}{\partial n}\,d\sigma.$$

Die Integrale rechts sind über die Oberfläche des anfänglich erschütterten Raumes auszudehnen. Setzen wir nun voraus, dass in dieser Oberfläche

$$u_0 = 0,\quad \frac{\partial u_0}{\partial n} = 0$$

sei, so wird

$$\text{(d)}\qquad -a^2\int_{t'}^{t''}\frac{\partial s''}{\partial x}\,dt = 0.$$

Dem entsprechend sei in der Oberfläche des anfänglich erschütterten Raumes

$$v_0 = 0,\quad \frac{\partial v_0}{\partial n} = 0,$$

$$w_0 = 0,\quad \frac{\partial w_0}{\partial n} = 0.$$

Dann wird auch $-a^2\int_{t'}^{t''}\frac{\partial s''}{\partial y}\,dt = 0$ und $-a^2\int_{t'}^{t''}\frac{\partial s''}{\partial z}\,dt = 0$,

d. h. wir haben statt der Gleichungen (3)

$$\text{(3*)}\qquad \left.\begin{aligned} u &= 0,\\ v &= 0,\\ w &= 0 \end{aligned}\right\}\ \text{für } t > t''.$$

Diese Betrachtung bezog sich auf die Voraussetzung, dass der Punkt (x, y, z) ausserhalb des anfänglich erschütterten Raumes liegt.

Liegt er dagegen im Innern dieses erschütterten Raumes, so haben wir $t' = 0$ zu setzen. Danach ist

$$\text{(4)}\qquad \left.\begin{aligned} u &= u_0 - a^2\int_0^t\frac{\partial s}{\partial x}\,dt\\ v &= v_0 - a^2\int_0^t\frac{\partial s}{\partial y}\,dt\\ w &= w_0 - a^2\int_0^t\frac{\partial s}{\partial z}\,dt \end{aligned}\right\}\ \text{für } t < t''.$$

Wird $t \geqq t''$, so hat man als obere Grenze in den Integralen t'' zu nehmen wie vorher. Es wird nun auch zunächst wieder

$$\int_0^{t''} \frac{\partial s'}{\partial x} dt = 0, \quad \int_0^{t''} \frac{\partial s'}{\partial y} dt = 0, \quad \int_0^{t''} \frac{\partial s'}{\partial z} dt = 0.$$

Dagegen muss der von s'' herrührende Beitrag hier aufs neue sorgfältig betrachtet werden. Die Gleichung (a) bleibt gültig, wenn wir $t' = 0$ setzen. Es wird freilich in dem Integrale rechts $\frac{1}{r} = \frac{1}{0} = \infty$ für ein Element des Integrals. Aber zugleich wird das Raumelement

$$d\xi\, d\eta\, d\zeta = r^2 \sin\theta\, dr\, d\theta\, d\varphi$$

zu Null wie r^2, so dass also der betreffende Beitrag zu dem Integral nicht ∞, sondern 0 ist.

Um nun die frühere Transformation vornehmen zu können, legen wir um den Punkt (x, y, z) eine Kugel von einem beliebig kleinen, aber zunächst endlichen Radius $r' = at'$ und schliessen das Innere der Kugel von dem Gebiete der Integration aus. Dadurch wird bewirkt, dass zunächst der Punkt (x, y, z) ausserhalb des Raumes liegt, über den sich die Integration erstreckt. Nachher ist dann zu fragen, welches Resultat sich für ein unendlich klein werdendes r' ergibt. Auf diese Weise erhalten wir, wie in (b)

$$\text{(e)} \qquad -a^2 \int_{t'}^{t''} \frac{\partial s''}{\partial x} dt$$

$$= -\frac{1}{4\pi} \int \frac{1}{r} \frac{\partial u_0}{\partial n} d\sigma + \frac{1}{4\pi} \int u_0 \frac{\partial \left(\frac{1}{r}\right)}{\partial n} d\sigma$$

$$+ \frac{1}{4\pi} \int\!\!\int\!\!\int u_0 \left\{ \frac{\partial^2 \left(\frac{1}{r}\right)}{\partial \xi^2} + \frac{\partial^2 \left(\frac{1}{r}\right)}{\partial \eta^2} + \frac{\partial^2 \left(\frac{1}{r}\right)}{\partial \zeta^2} \right\} d\xi\, d\eta\, d\zeta.$$

Hier ist das dreifache Integral auf der rechten Seite $= 0$, so lange wir $r' = at'$ nicht verschwinden lassen. Die beiden ersten Integrale sind zu erstrecken über die äussere Begrenzung des anfänglich erschütterten Raumes, ausserdem aber noch über die Oberfläche der Kugel, die mit dem Radius r' um den Punkt (x, y, z) gelegt ist. Für die äussere Begrenzung ist jedes der beiden Integrale unter denselben Bedingungen $= 0$ wie vorher, und unabhängig von r'.

Lassen wir r' in 0 übergehen, so kommt zu dem dreifachen Integrale noch der Beitrag hinzu, der von dem vorher ausgeschlossenen Kugelraume herrührt. Dieser Beitrag ist 0. Denn führen wir wieder Kugelcoordinaten ein, so nimmt das dreifache Integral die Form an

$$\iiint u_0 \frac{1}{r^2} \frac{\partial \left[r^2 \frac{\partial \left(\frac{1}{r}\right)}{\partial r} \right]}{\partial r} r^2 \sin\theta\, d r\, d\theta\, d\varphi$$

$$= \iiint u_0 \frac{\partial \left[r^2 \frac{\partial \left(\frac{1}{r}\right)}{\partial r} \right]}{\partial r} \sin\theta\, dr\, d\theta\, d\varphi,$$

und da der Differentialquotient

$$\frac{\partial \left[r^2 \frac{\partial \left(\frac{1}{r}\right)}{\partial r} \right]}{\partial r} = 0$$

ist für jedes r, auch für $r = 0$, so behält das dreifache Integral in (e) seinen Werth 0, auch wenn man die Kugel um den Punkt (x, y, z) verschwinden lässt.

Jetzt sind noch die beiden Oberflächen-Integrale, ausgedehnt über die Kugelfläche vom Radius r', hinzuzufügen, und die Grenzwerthe zu ermitteln für $r' = 0$.

Das Integral

$$-\frac{1}{4\pi} \int \frac{1}{r} \frac{\partial u_0}{\partial n} d\sigma,$$

erstreckt über die Oberfläche der Kugel vom Radius r', geht in 0 über für $\lim r' = 0$. Dagegen wird das Integral

$$\frac{1}{4\pi} \int u_0 \frac{\partial \left(\frac{1}{r}\right)}{\partial n} d\sigma,$$

über dieselbe Kugeloberfläche ausgedehnt

$$= -\frac{1}{4\pi} \int_0^{\pi}\int_0^{2\pi} \frac{1}{r'^2} u_0 r'^2 \sin\theta\, d\theta\, d\varphi$$

$$= -\frac{1}{4\pi} \int_0^{\pi}\int_0^{2\pi} u_0 \sin\theta\, d\theta\, d\varphi,$$

und darin erhält u_0 beim Verschwinden von r' einen von θ und φ unabhängigen Werth, nemlich den Werth, den u_0 im Punkte (x, y, z) besitzt. Folglich ergibt sich

$$\text{(f)} \qquad -a^2 \int_0^{t''} \frac{\partial s''}{\partial x}\, dt = -\frac{1}{4\pi} \cdot u_0 \cdot 4\pi = -u_0,$$

und es wird also für den Punkt (x, y, z), der im Innern des anfänglich erschütterten Raumes liegt, wie für einen äusseren Punkt:

$$\text{(4)} \qquad \left.\begin{aligned} u &= 0, \\ v &= 0, \\ w &= 0 \end{aligned}\right\} \text{ für } t > t''.$$

Die Voraussetzung ist auch hier, dass u_0, v_0, w_0 die partiellen Derivirten einer und derselben Function φ sind, und dass in der Oberfläche des anfänglich erschütterten Raumes

$$u_0 = 0, \quad \frac{\partial u_0}{\partial n} = 0,$$

$$v_0 = 0, \quad \frac{\partial v_0}{\partial n} = 0,$$

$$w_0 = 0, \quad \frac{\partial w_0}{\partial n} = 0.$$

III. Bewegung eines festen Körpers in einer unbegrenzten incompressibeln Flüssigkeit.

§. 110.

Präcisirung der Aufgabe. Der Weg zur Lösung im allgemeinen.

In einer ruhenden incompressibeln Flüssigkeit von unbegrenzter Ausdehnung bewege sich ein fester Körper. Die beschleunigende Kraft soll zu einer und derselben Zeit für alle Punkte des Körpers nach Grösse und Richtung dieselbe sein, sie soll nur mit der Zeit sich ändern können. Die Untersuchung dieser Aufgabe lässt sich auf eine andere zurückführen. Man kann den festen Körper als unbeweglich ansehen und die Flüssigkeit gegen ihn sich bewegen lassen. Dann lautet die Aufgabe so:

Die Bewegung einer unbegrenzten incompressibeln Flüssigkeit zu untersuchen, die von einer beschleunigenden Kraft σ getrieben wird, und in welcher ein unbeweglicher fester Körper sich befindet. Die beschleunigende Kraft σ soll vom Orte unabhängig und nur eine Function der Zeit sein. Die Anfangsgeschwindigkeit nehmen wir $= 0$.

Vermöge der letzten Bestimmung sind die Gleichungen (g) des §. 101 erfüllt, und folglich können wir von der Gleichung (I*) desselben Paragraphen ausgehen. Ausserdem gilt die Gleichung (4a) des §. 100. Wir haben also die beiden Gleichungen

$$(1) \qquad \frac{\partial \varphi}{\partial t} + \frac{1}{2}(u^2 + v^2 + w^2) = V - \frac{p}{\varrho} + T,$$

$$(2) \qquad \frac{\partial^2 \varphi}{\partial x^2} + \frac{\partial^2 \varphi}{\partial y^2} + \frac{\partial^2 \varphi}{\partial z^2} = 0.$$

Ferner ist noch auszudrücken, dass die Geschwindigkeit normal gegen die Oberfläche des festen Körpers stets $= 0$ sei. Betrachten wir eine Curve, deren Bogen von irgend einem beliebig gewählten Anfangspunkte bis zum Punkte (x, y, z) mit s bezeichnet werde. Die Tangente der Curve im Punkte (x, y, z) schliesst mit den Coordinatenaxen Winkel ein, deren Cosinus resp.

$$\frac{dx}{ds}, \quad \frac{dy}{ds}, \quad \frac{dz}{ds}$$

sind. Bezeichnen wir also mit u, v, w die Componenten der Geschwindigkeit in demselben Punkte, so ist die Geschwindigkeit in der Richtung jener Tangente

$$\begin{aligned} &= u\frac{dx}{ds} + v\frac{dy}{ds} + w\frac{dz}{ds} \\ &= \frac{\partial \varphi}{\partial x}\frac{dx}{ds} + \frac{\partial \varphi}{\partial y}\frac{dy}{ds} + \frac{\partial \varphi}{\partial z}\frac{dz}{ds} \\ &= \frac{\partial \varphi}{\partial s}. \end{aligned}$$

Der Punkt (x, y, z) liege in der Oberfläche des festen Körpers, und mit n werde die von da aus nach innen gezogene Normale bezeichnet. Dann haben wir

(3) $$\frac{\partial \varphi}{\partial n} = 0$$

zu setzen für jeden Punkt in der Oberfläche des Körpers.

Die Componenten der beschleunigenden Kraft σ seien α, β, γ. In unendlicher Entfernung bewegt sich die Flüssigkeit frei, dort ist also

$$\frac{\partial u}{\partial t} = \alpha, \quad \frac{\partial v}{\partial t} = \beta, \quad \frac{\partial w}{\partial t} = \gamma,$$

folglich, wenn wir mit λ, μ, ν die Componenten der Geschwindigkeit in unendlicher Entfernung bezeichnen:

$$\lambda = \int_0^t \alpha\, dt,$$

$$\mu = \int_0^t \beta\, dt,$$

$$\nu = \int_0^t \gamma\, dt.$$

Daraus folgt, dass wir in unendlicher Entfernung haben

$$d\varphi = \lambda dx + \mu dy + \nu dz,$$

und daher ist

$$\lambda x + \mu y + \nu z$$

der Ausdruck für die Function φ in unendlicher Entfernung. Um den allgemein gültigen Ausdruck für φ zu erlangen, setzen wir

$$\varphi = \lambda x + \mu y + \nu z + \varphi_1.$$

Dann ist die Function φ_1 an die folgenden Bedingungen geknüpft. Sie muss der partiellen Differentialgleichung (2) genügen. An der Oberfläche des festen Körpers muss für φ die Gleichung (3) erfüllt sein. In unendlicher Entfernung muss

$$\frac{\partial \varphi_1}{\partial x} = 0, \quad \frac{\partial \varphi_1}{\partial y} = 0, \quad \frac{\partial \varphi_1}{\partial z} = 0$$

sein.

Hat man die Function φ bestimmt, so ergibt sich der Druck, welcher im Punkte (x, y, z) zur Zeit t ausgeübt wird, aus der Gleichung (1), nemlich:

$$\frac{p}{\varrho} = T + V - \frac{\partial \varphi}{\partial t} - \frac{1}{2}(u^2 + v^2 + w^2).$$

Darin ist

$$V = \alpha x + \beta y + \gamma z$$

zu setzen, weil in dem vorliegenden Falle α, β, γ von den Coordinaten unabhängig sind und allgemein

$$\frac{\partial V}{\partial x} = \alpha, \quad \frac{\partial V}{\partial y} = \beta, \quad \frac{\partial V}{\partial z} = \gamma$$

sein soll. T ist eine Function von t allein, die — wie schon Euler bemerkt hat — so lange unbestimmt bleibt, als nicht für jeden Augenblick der Druck in einem Punkte der Oberfläche der Flüssigkeit gegeben ist.

§. 111.

Der feste Körper ist eine Kugel.

Für den Fall, dass der in der Flüssigkeit befindliche feste Körper eine Kugel ist, hat Dirichlet die Aufgabe des vorigen Paragraphen gelöst in dem Berichte über die Verhandlungen der Akademie der Wissenschaften zu Berlin aus dem Jahre 1852.

Der Radius der Kugel sei c. Ihr Mittelpunkt liege im Anfangspunkte der Coordinaten. Statt der rechtwinkligen Coordinaten x, y, z führen wir Kugel-Coordinaten ein, nemlich den Radiusvector r, den Winkel θ, welchen r mit der positiven z-Axe einschliesst, und den Winkel ψ der durch r und die z-Axe gelegten Ebene mit der xz-Ebene. Dann haben wir

$$\begin{aligned} x &= r \sin\theta \cos\psi, \\ y &= r \sin\theta \sin\psi, \\ z &= r \cos\theta \end{aligned}$$

zu setzen, und es ist $r = \sqrt{x^2 + y^2 + z^2}$. Für die Function φ ergibt sich dadurch der Ausdruck

$$\varphi = r\,(\lambda \sin\theta \cos\psi + \mu \sin\theta \sin\psi + \nu \cos\theta) + \varphi_1.$$

Die partielle Differentialgleichung, welcher φ_1 Genüge leisten muss, ist die Gleichung (2) des vorigen Paragraphen. Es sind darin r, θ, ψ als unabhängige Variable einzuführen statt x, y, z. Diese Transformation haben wir im §. 71 durchgeführt. Es geht daraus die partielle Differentialgleichung hervor:

$$(1) \qquad \frac{\partial\left(r^2 \frac{\partial \varphi_1}{\partial r}\right)}{\partial r} + \frac{\partial\left(\sin\theta \frac{\partial \varphi_1}{\partial \theta}\right)}{\sin\theta\, \partial\theta} + \frac{1}{\sin\theta^2} \frac{\partial^2 \varphi_1}{\partial \psi^2} = 0.$$

In dieser Gleichung erkennen wir aber die partielle Differentialgleichung (III) des §. 72. Folglich muss sich φ_1 nach Kugelfunctionen entwickeln lassen. Die Coefficienten der Entwicklung ergeben sich aus der Bedingung (3) des vorigen Paragraphen. Diese lautet jetzt einfach

$$(2) \qquad -\frac{\partial \varphi}{\partial r} = 0 \quad \text{für } r = c,$$

d. h.

$$-\left(\frac{\partial \varphi_1}{\partial r}\right)_{r=c} = \lambda \sin\theta \cos\psi + \mu \sin\theta \sin\psi + \nu \cos\theta.$$

Da auf der rechten Seite dieser Gleichung nur die ersten Potenzen von $\cos\theta$, $\sin\theta \cos\psi$, $\sin\theta \sin\psi$ vorkommen und die Gleichung für jedes θ und jedes ψ erfüllt sein soll, so dürfen auch auf der linken Seite nur die ersten Potenzen vorhanden sein, und es sind getrennt einander gleich zu setzen die Coefficienten von $\cos\theta$, von $\sin\theta \cos\psi$ und von $\sin\theta \sin\psi$ auf der einen und auf der andern Seite. Danach beschränkt sich die Entwicklung von φ_1 auf das eine Glied, das die Kugelfunction ersten Ranges enthält, nemlich

$$\varphi_1 = \frac{P_1}{r^2},$$

und die Bedingungsgleichung (2) gibt

$$\frac{2 P_1}{c^3} = \lambda \sin\theta \cos\psi + \mu \sin\theta \sin\psi + \nu \cos\theta.$$

Also ist in dem vorliegenden Falle

$$\text{(I)} \qquad \varphi = \left(r + \frac{c^3}{2r^2}\right)(\lambda \sin\theta \cos\psi + \mu \sin\theta \sin\psi + \nu \cos\theta)$$

$$= \left(1 + \frac{c^3}{2r^3}\right)(\lambda x + \mu y + \nu z).$$

Daraus erhalten wir

$$u = \frac{\partial \varphi}{\partial x} = \left(1 + \frac{c^3}{2r^3}\right)\lambda - \frac{3c^3 x}{2r^5}(\lambda x + \mu y + \nu z),$$

$$v = \frac{\partial \varphi}{\partial y} = \left(1 + \frac{c^3}{2r^3}\right)\mu - \frac{3c^3 y}{2r^5}(\lambda x + \mu y + \nu z),$$

$$w = \frac{\partial \varphi}{\partial z} = \left(1 + \frac{c^3}{2r^3}\right)\nu - \frac{3c^3 z}{2r^5}(\lambda x + \mu y + \nu z),$$

$$\frac{\partial \varphi}{\partial t} = \left(1 + \frac{c^3}{2r^3}\right)(\alpha x + \beta y + \gamma z).$$

Die Gleichung (1) des vorigen Paragraphen geht hiernach über in folgende

$$\text{(II)} \qquad \frac{p}{\varrho} = T - \frac{c^3}{2r^3}(\alpha x + \beta y + \gamma z) - \frac{1}{2}(u^2 + v^2 + w^2).$$

Handelt es sich darum, die gesammten Druckkräfte, welche auf die Oberfläche des festen Körpers wirken, zu einer Resultirenden und einem Kräftepaare zu vereinigen, so kommt die nur von t abhängige, unbestimmte Function T nicht mit in Betracht. Denn sie liefert zu den Componenten der gesammten Druckkraft die Beiträge

$$\int \varrho \; T \cos(n,x) \; d\omega,$$
$$\int \varrho \; T \cos(n,y) \; d\omega,$$
$$\int \varrho \; T \cos(n,z) \; d\omega,$$

und zu den Drehungsmomenten die Beiträge

$$\int \varrho \, T \Big[y \cos(n,z) - z \cos(n,y) \Big] \, d\omega,$$
$$\int \varrho \, T \Big[z \cos(n,x) - x \cos(n,z) \Big] \, d\omega,$$
$$\int \varrho \, T \Big[x \cos(n,y) - y \cos(n,x) \Big] \, d\omega.$$

Dabei sind mit (n, x), (n, y), (n, z) die Winkel bezeichnet, welche die im Punkte (x, y, z) der Oberfläche des Körpers nach innen gezogene Normale mit den Richtungen der wachsenden Coordinaten einschliesst. $d\omega$ ist das Element der Oberfläche, und die Integration hat man über die ganze Oberfläche auszudehnen. Bei dieser Integration kann $\varrho \, T$ vor das Integralzeichen genommen werden. Die Integrale haben sämmtlich den Werth 0, sobald man sie über die ganze Oberfläche des völlig begrenzten Körpers erstreckt. Denn es heben bei einer geschlossenen Oberfläche, wie sie auch gestaltet sein möge, je zwei Elemente der Integrale einander auf.

In unserm Falle kann auch der letzte Bestandtheil von p unberücksichtigt bleiben. Denn bei der Kugeloberfläche haben die Integrale, welche von dem Gliede

$$-\frac{1}{2}\varrho(u^2 + v^2 + w^2)$$

herrühren, den Werth Null. Von der auf das Oberflächenelement $d\omega$ ausgeübten Druckkraft kommt also nur der Theil

$$-\varrho\frac{c^3}{2r^3}(\alpha x+\beta y+\gamma z)\,d\omega \qquad \text{für } r=c,$$

d. h.

$$-\frac{\varrho}{2}(\alpha x+\beta y+\gamma z)\,d\omega$$

in Betracht. Wir erhalten die Componenten parallel den Coordinatenaxen, indem wir resp. mit $-\frac{x}{c}$, $-\frac{y}{c}$, $-\frac{z}{c}$ multipliciren.

Diese Componenten verlegen wir in den Anfangspunkt der Coordinaten. Die Componenten der gesammten Druckkraft ergeben sich dann durch Integration über die ganze Kugeloberfläche, also

$$\frac{\varrho}{2c}\int(\alpha x^2+\beta xy+\gamma xz)\,d\omega,$$
$$\frac{\varrho}{2c}\int(\alpha xy+\beta y^2+\gamma yz)\,d\omega,$$
$$\frac{\varrho}{2c}\int(\alpha xz+\beta yz+\gamma z^2)\,d\omega.$$

Zur Ausführung der Integration nehmen wir wieder Kugelcoordinaten und bemerken, dass für die Kugeloberfläche

$$\begin{aligned}x&=c\sin\theta\cos\psi,\\ y&=c\sin\theta\sin\psi,\\ z&=c\cos\theta,\\ d\omega&=c^2\sin\theta\,d\theta\,d\psi\end{aligned}$$

ist. Danach findet sich

$$\int xy\,d\omega=\int xz\,d\omega=\int yz\,d\omega=0,$$

$$\int x^2 d\omega=c^4\int\limits_{\theta=0}^{\pi}\int\limits_{\psi=0}^{2\pi}\sin\theta^3\cos\psi^2\,d\theta\,d\psi=\frac{4}{3}c^4\pi,$$

$$\int y^2 d\omega=c^4\int\limits_{\theta=0}^{\pi}\int\limits_{\psi=0}^{2\pi}\sin\theta^3\sin\psi^2\,d\theta\,d\psi=\frac{4}{3}c^4\pi,$$

$$\int z^2 d\omega=c^4\int\limits_{\theta=0}^{\pi}\int\limits_{\psi=0}^{2\pi}\sin\theta\cos\theta^2\,d\theta\,d\psi=\frac{4}{3}c^4\pi.$$

Die im Anfangspunkte der Coordinaten angreifenden Componenten der gesammten Druckkraft sind also

$$\frac{2}{3}\pi\varrho c^3\alpha, \quad \frac{2}{3}\pi\varrho c^3\beta, \quad \frac{2}{3}\pi\varrho c^3\gamma.$$

Sie setzen sich zu einer Resultirenden

$$\frac{2}{3}\pi\varrho c^3\sigma$$

zusammen, die parallel zu der den Flüssigkeitstheilchen gegebenen Acceleration σ durch den Mittelpunkt der Kugel geht.

Es sind noch die Drehungsmomente zu betrachten, die von der parallelen Verschiebung der auf $d\omega$ wirkenden Componenten herrühren. Man erhält dabei drei Kräftepaare, die auf Drehung resp. um die x-Axe, die y-Axe, die z-Axe wirken. Ihre Momente sind

$$\frac{\varrho}{2c}(\alpha x + \beta y + \gamma z)\, d\omega \,.\, (yz - zy),$$

$$\frac{\varrho}{2c}(\alpha x + \beta y + \gamma z)\, d\omega \,.\, (zx - xz),$$

$$\frac{\varrho}{2c}(\alpha x + \beta y + \gamma z)\, d\omega \,.\, (xy - yx),$$

d. h. gleich 0, es findet also keine Drehung statt.

§. 112.

Bewegung nach dem Aufhören der Beschleunigung.

Wir betrachten noch besonders den Fall, dass nach Ablauf einer gewissen Zeit t_1 die beschleunigende Kraft σ aufhört, und untersuchen die Bewegung für eine spätere Zeit. Gleichzeitig mit σ wird auch der Druck der Flüssigkeit gegen die Kugel aufhören. λ, μ, ν werden constant, nemlich

$$\lambda = \int_0^{t_1} \alpha\, dt, \quad \mu = \int_0^{t_1} \beta\, dt, \quad \nu = \int_0^{t_1} \gamma\, dt.$$

Wir legen durch den Anfangspunkt der Coordinaten eine gerade Linie, so dass die Cosinus der Winkel, welche sie mit den Coordinatenaxen einschliesst, die Werthe haben

$$\frac{\lambda}{\sqrt{\lambda^2+\mu^2+\nu^2}}, \quad \frac{\mu}{\sqrt{\lambda^2+\mu^2+\nu^2}}, \quad \frac{\nu}{\sqrt{\lambda^2+\mu^2+\nu^2}}.$$

Diese Linie wählen wir zur Axe eines neuen Polar-Coordinatensystems. Es sei ϑ der Winkel, welchen mit ihr der nach dem Punkte (x, y, z) gezogene Radiusvector r bildet. Dann ist

$$\cos\vartheta = \frac{\lambda x + \mu y + \nu z}{r\sqrt{\lambda^2+\mu^2+\nu^2}}$$

und daraus findet sich

$$\varphi = r\cos\vartheta\left(1+\frac{c^3}{2r^3}\right)\sqrt{\lambda^2+\mu^2+\nu^2}.$$

Geben wir φ einen constanten Werth, so wird dadurch eine Oberfläche festgelegt, deren Gleichung

$$(1) \qquad \left(1+\frac{c^3}{2r^3}\right) r\cos\vartheta = const.$$

ist. Und zwar gibt die Gleichung (1) zu erkennen, dass die Oberfläche eine Rotationsfläche ist, welche die eben angenommene Polaraxe zur Rotationsaxe hat. Ertheilen wir der Constanten, welcher φ gleichgesetzt wird, andere und andere Werthe, so ergibt sich eine Schaar von unendlich vielen Rotationsflächen, welche die Rotationsaxe gemein haben. In jeder von ihnen hat die Function φ einen besonderen constanten Werth.

Wir nehmen vom Punkte (x, y, z) aus in einer der eben besprochenen Flächen eine unendlich kleine Verschiebung vor, deren Projectionen auf den rechtwinkligen Coordinatenaxen resp. δx, δy, δz sein mögen. Dann ergibt die Gleichung der Fläche, $\varphi = const.$, durch Differentiation

$$(2) \qquad \frac{\partial\varphi}{\partial x}\delta x + \frac{\partial\varphi}{\partial y}\delta y + \frac{\partial\varphi}{\partial z}\delta z = 0.$$

Nun sind aber δx, δy, δz den Cosinus der Winkel proportional, welche die in der Fläche vorgenommene Verschiebung mit den Coordinatenaxen einschliesst. $\frac{\partial\varphi}{\partial x}, \frac{\partial\varphi}{\partial y}, \frac{\partial\varphi}{\partial z}$ sind die Geschwindigkeitscomponenten des Flüssigkeitstheilchens im Punkte (x, y, z) und daher proportional den Cosinus der Winkel, welche die Bahn dieses Theilchens an der Stelle (x, y, z) mit den Coordinatenaxen bildet. Demnach gibt die Gleichung (2) zu erkennen, dass die Bahn des Flüssigkeitstheilchens normal zur Fläche $\varphi = const.$ liegt.

Die Normale in irgend einem Punkte einer Rotationsfläche schneidet die Rotationsaxe und fällt mit ihr in eine Ebene, die durch die Rotationsaxe und den Punkt (x, y, z) vollständig festgelegt ist. In dieser Ebene liegt dann also auch der Punkt $(x + dx, y + dy, z + dz)$ der Bahn des Flüssigkeitstheilchens. D. h. das Theilchen tritt aus der Ebene überhaupt nicht heraus.

Da der Punkt $(x + dx, y + dy, z + dz)$ auf der Normale der Fläche ($\varphi = const.$) liegt, so haben wir

$$dx\,\delta x + dy\,\delta y + dz\,\delta z = 0$$

und folglich aus (2)

$$dx : dy : dz = \frac{\partial \varphi}{\partial x} : \frac{\partial \varphi}{\partial y} : \frac{\partial \varphi}{\partial z}. \tag{3}$$

Diese Gleichung hat man mit der Gleichung einer durch die Polaraxe gelegten Ebene zu verbinden und durch Integration die Bahn des Flüssigkeitstheilchens zu bestimmen. Dazu gelangt man jedoch einfacher so. Wir denken uns die Ebene durch die Rotationsaxe und den Punkt (x, y, z) gelegt und betrachten in der Fläche ($\varphi = const.$) und normal gegen dieselbe nur solche Verschiebungen, welche in jener Ebene liegen. Dem Punkte (x, y, z) gehören dann in der Ebene die Polarcoordinaten r, ϑ an. Nehmen wir auf r die Verschiebung δr und rechtwinklig dagegen die Verschiebung $r\,\delta\vartheta$ vor, so gelangen wir zu einem Punkte $(r + \delta r, \vartheta + \delta\vartheta)$, der noch in der Fläche ($\varphi = const.$) liegen möge. Alsdann ist

$$\frac{\partial \varphi}{\partial r}\,\delta r + \frac{\partial \varphi}{r\,\partial \vartheta}\,r\,\delta\vartheta = 0.$$

Nehmen wir aber auf r die Verschiebung dr und rechtwinklig dagegen die Verschiebung $r\,d\vartheta$ vor, so gelangen wir zu einem Punkte $(r + dr, \vartheta + d\vartheta)$, dessen Verbindungslinie mit dem Punkte (r, ϑ) normal zur Fläche ($\varphi = const.$) liegen möge und also ein Element der gesuchten Bahn ist. Dann haben wir

$$dr\,.\,\delta r + r\,d\vartheta\,.\,r\,\delta\vartheta = 0$$

und folglich

$$dr : r\,d\vartheta = \frac{\partial \varphi}{\partial r} : \frac{\partial \varphi}{r\,\partial \vartheta}. \tag{4}$$

Wir haben gefunden

$$\varphi = r \cos\vartheta \left(1 + \frac{c^3}{2r^3}\right) \sqrt{\lambda^2 + \mu^2 + \nu^2},$$

folglich ist

$$\frac{\partial \varphi}{\partial r} = \left(1 - \frac{c^3}{r^3}\right) \sqrt{\lambda^2 + \mu^2 + \nu^2} \cos \vartheta,$$

$$\frac{\partial \varphi}{r \partial \vartheta} = -\left(1 + \frac{c^3}{2 r^3}\right) \sqrt{\lambda^2 + \mu^2 + \nu^2} \sin \vartheta.$$

Die Gleichung (4) gibt also

$$dr : r d\vartheta = - \frac{\left(1 - \frac{c^3}{r^3}\right)}{\left(1 + \frac{c^3}{2 r^3}\right)} \operatorname{cotg} \vartheta$$

oder

$$\frac{1 + \frac{c^3}{2 r^3}}{1 - \frac{c^3}{r^3}} \frac{dr}{r} = - \operatorname{cotg} \vartheta \, d\vartheta.$$

Dieser Differentialgleichung gehört das Integral an

(I) $$\frac{\varepsilon r}{r^3 - c^3} = \sin \vartheta^2,$$

wenn ε die Integrationsconstante bezeichnet. Da nach der Natur der Aufgabe $r \geqq c$ genommen werden muss, wenn man überhaupt zu Flüssigkeitstheilchen gelangen will, so darf ε nicht negativ genommen werden. Wir erhalten in der einen Ebene alle Bahncurven der Flüssigkeitstheilchen, wenn wir ε alle Werthe von 0 bis ∞ beilegen. Da aber die Gleichung (I) ganz unabhängig von der besondern Lage der Ebene ist, so zeigt sich, dass die Bewegung der Flüssigkeit völlig symmetrisch zu der Rotationsaxe der Flächen ($\varphi = const.$) vor sich geht. Hat man also in der einen Ebene die Bahncurven gezeichnet, so erhält man durch Drehung der Ebene um die Rotationsaxe eine Schaar von Bahnflächen. Jede durch die Rotationsaxe gelegte Ebene schneidet diese Schaar Flächen in einer Schaar von Bahncurven.

Wir wollen noch die äussersten Fälle $\varepsilon = 0$ und $\varepsilon = \infty$ betrachten. Für $\varepsilon = 0$ ist entweder

$$r = c,$$

oder

$$\vartheta = 0.$$

Die Curve besteht also aus dem Durchschnittskreise der festen Kugel mit einer Ebene, die durch die Rotationsaxe der Flächen ($\varphi = const.$) gelegt ist ($r = c$), und aus dieser Axe selbst, soweit sie ausserhalb der Kugel liegt ($\vartheta = 0$).

Ist $\varepsilon = \infty$, so hat man zu bedenken, dass

$$\frac{\varepsilon r}{r^3 - c^3} \leqq 1$$

sein muss, also r sehr gross, so dass man $lim \frac{c^3}{r^3} = 0$ zu nehmen hat. Man erhält danach

$$r^2 \sin \vartheta^2 = \frac{\varepsilon}{1 - \frac{c^3}{r^3}}$$

$$lim\, r^2 \sin \vartheta^2 = \varepsilon,$$

d. h. für $\varepsilon = \infty$ geht das Flüssigkeitstheilchen in unendlicher Entfernung parallel zur Axe der Rotationsflächen ($\varphi = const.$).

§. 113.

Bewegung der Kugel von constanter Dichtigkeit.

Die Kugel soll die constante Dichtigkeit ϱ' haben, also die Masse $\frac{4}{3} \pi \varrho' c^3$. Um die Druckkraft aufzuheben, welche die Flüssigkeit auf die Kugel übt, müssen wir auf sie eine beschleunigende Kraft wirken lassen, deren Componenten parallel den Coordinatenaxen resp.

$$-\frac{\varrho}{2\varrho'}\alpha, \quad -\frac{\varrho}{2\varrho'}\beta, \quad -\frac{\varrho}{2\varrho'}\gamma$$

sind, d. h. eine beschleunigende Kraft

$$-\frac{\varrho}{2\varrho'}\sigma,$$

welche der auf die Flüssigkeit wirkenden Kraft σ gerade entgegengesetzt gerichtet ist. Dann kann die Kugel, auch wenn sie frei ist, ihre Stelle nicht ändern.

Nun soll noch auf das ganze System die beschleunigende Kraft $-\sigma$ mit den Componenten $-\alpha$, $-\beta$, $-\gamma$ einwirken. Dadurch wird jeder Punkt des Systems um dasselbe Stück verschoben. Der Punkt, welcher ohne die Einwirkung der Kraft $-\sigma$ zur Zeit t sich an der Stelle (x, y, z) befunden hätte, hat in Wirklichkeit zur Zeit t die Coordinaten

$$x - \int_0^t \lambda\, dt, \quad y - \int_0^t \mu\, dt, \quad z - \int_0^t \nu\, dt.$$

Die Componenten der auf die Flüssigkeit ausgeübten beschleunigenden Kraft sind jetzt

$$\alpha - \alpha, \quad \beta - \beta, \quad \gamma - \gamma,$$

d. h. $= 0$. Auf die Kugel dagegen wirken die Componenten der Beschleunigung

$$-\alpha\left(1 + \frac{\varrho}{2\varrho'}\right), \quad -\beta\left(1 + \frac{\varrho}{2\varrho'}\right), \quad -\gamma\left(1 + \frac{\varrho}{2\varrho'}\right).$$

Ihre Geschwindigkeiten parallel den Axen sind

$$-\lambda, \quad -\mu, \quad -\nu.$$

Sie bewegt sich also genau so, als ob die Flüssigkeit nicht vorhanden wäre, und die beschleunigenden Kräfte

$$-\alpha, \quad -\beta, \quad -\gamma$$

parallel den Axen wirkten.

Die Richtung der beschleunigenden Kraft wird durch die Flüssigkeit nicht geändert, ihre Grösse aber im Verhältniss

$$1 + \frac{\varrho}{2\varrho'} : 1$$

verkleinert.

Damit also die Kugel, von Flüssigkeit umgeben, sich so bewege, als ob sie frei wäre und durch die beschleunigende Kraft $-\sigma$ getrieben würde, muss man noch die beschleunigende Kraft

$$-\frac{\varrho}{2\varrho'}\sigma$$

hinzufügen. Dieser Zusatz überwindet den Widerstand der Flüssigkeit.

* * *

Anmerkung. Die Grundlagen der wissenschaftlichen Hydrodynamik verdanken wir Euler. Von den in §. 98 erwähnten beiden Wegen hat er zuerst den zweiten eingeschlagen in der Abhandlung: Principes généraux du mouvement des fluides (Histoire de l'Acad. de Berlin 1755). Später hat er auch den ersten Weg verfolgt (De principiis motus fluidorum. Novi Comment. acad. Petrop. T. 14. P. 1. 1759). Nach Euler hat Lagrange diese Methode reproducirt in der Mécanique analytique (Ed. 3. T. 2. p. 250), nachdem er die Gleichungen der ersten Euler'schen Abhandlung seinem Mémoire sur la théorie du mouvement des fluides (Nouveaux Mém. de l'Acad. de Berlin 1781) zu Grunde gelegt hatte.

Von neueren Arbeiten sind zu nennen:

Clebsch. Ueber eine allgemeine Transformation der hydrodynamischen Gleichungen. (Borchardt's Journal Bd. 54.)

Clebsch. Ueber die Integration der hydrodynamischen Gleichungen. (Borchardt's Journal Bd. 56.)

Helmholtz. Ueber Integrale der hydrodynamischen Gleichungen, welche den Wirbelbewegungen entsprechen. (Borchardt's Journal Bd. 55.)

Hankel. Zur allgemeinen Theorie der Bewegung der Flüssigkeiten. (Preisschrift. Göttingen 1861.)

Dirichlet. Untersuchungen über ein Problem der Hydrodynamik. Aus dem Nachlass hergestellt von Dedekind. (Abhandlungen der Ges. der Wissenschaften zu Göttingen Bd. 8.)

Riemann. Beitrag zu den Untersuchungen über die Bewegung eines flüssigen gleichartigen Ellipsoids. (Abhandlungen der Ges. der Wissenschaften zu Göttingen. Bd. 9.)

Die Bewegung eines festen Körpers in einer unendlichen incompressibeln Flüssigkeit ist, wie schon angeführt, zuerst von Dirichlet untersucht und zwar für die Kugel. Nach ihm hat Clebsch die Aufgabe für das Ellipsoid behandelt (Crelle's Journ. Bd. 52. 53). Für einen Ring von kreisförmigem Querschnitt hat Riemann in den Vorlesungen vom Wintersemester 1860/61 die Lösung der Aufgabe angedeutet. Die Ausführung der Rechnung muss jedoch einer besondern Veröffentlichung vorbehalten bleiben.

Die Untersuchungen der §§. 103 bis 105 rühren von Euler her: De la propagation du son (Hist. de l'Acad. de Berlin 1759). Der allgemeine Fall ist von Poisson behandelt (Mémoires de l'Acad. de Paris. T. 10). Noch ist anzuführen die Abhandlung von Riemann: Ueber die Fortpflanzung ebener Luftwellen von endlicher Schwingungsweite. (Abhandlungen der Gesellschaft der Wissenschaften zu Göttingen. Bd. 8.)

Printed in Dunstable, United Kingdom

91221348R00198